计算机网络经典教材系列

计算机网络

创新实验教程

舒兆港　编著

電子工業出版社
Publishing House of Electronics Industry
北京 · BEIJING

内容简介

本书基于计算机网络的基本原理，结合当前网络工程的应用场景，选取了几个技术主题，详细深入地描述了这些技术主题的实验过程。实验平台采用当前流行的网络模拟器 PKT 和 EVE-NG，实验内容主要包括 PKT 模拟器入门、EVE-NG 模拟器入门、以太网交换机与 VLAN 技术、路由器与静态路由、RIPv2 协议、EIGRP 协议及应用层服务器技术。每个技术主题基于一个综合的网络拓扑设计了若干基础实验和进阶实验，这些实验的内容由浅入深、相互关联，引导读者验证并深入理解计算机网络的工作原理和应用场景，了解在实际网络系统应用中应注意的问题。

本书可作为谢希仁教授编著的《计算机网络（第 8 版）》的配套实验教材，也可作为研究生高级计算机网络专业课程的实验教材或网络技术爱好者的实验参考资料。

图书在版编目（CIP）数据

计算机网络创新实验教程 / 舒兆港编著. —北京：电子工业出版社，2023.1

ISBN 978-7-121-44917-8

Ⅰ. ①计… Ⅱ. ①舒… Ⅲ. ①计算机网络－高等学校－教材 Ⅳ. ①TP393

中国国家版本馆 CIP 数据核字（2023）第 015361 号

责任编辑：牛晓丽　　特约编辑：田学清
印　　刷：三河市鑫金马印装有限公司
装　　订：三河市鑫金马印装有限公司
出版发行：电子工业出版社
　　　　　北京市海淀区万寿路 173 信箱　　邮编：100036
开　　本：787×1092　1/16　　印张：16.75　　字数：428.8 千字
版　　次：2023 年 1 月第 1 版
印　　次：2024 年 8 月第 3 次印刷
定　　价：59.80 元

凡所购买电子工业出版社图书有缺损问题，请向购买书店调换。若书店售缺，请与本社发行部联系，联系及邮购电话：（010）88254888，88258888。

质量投诉请发邮件至 zlts@phei.com.cn，盗版侵权举报请发邮件至 dbqq@phei.com.cn。

本书咨询联系方式：9616328（QQ）。

前　言

笔者多年来在高校从事计算机网络技术相关的科研和教学工作，在此之前也曾在企业从事过网络设备研发工作，一直想编写一本有关计算机网络的实验教材，主要有以下两点原因。

第一，大部分学生在学习计算机网络相关课程时，更多地以学习网络基本原理（如网络分层模型、各种网络协议的交互过程等）为主，对于网络原理如何应用在实际网络系统中了解不多。虽然这门课程也有一定数量的网络技术实验课时，但大部分实验内容都是单个独立的小实验，实验拓扑也相对简单（基本以验证某个协议功能为主），与实际网络系统应用相差甚远。为了将网络基本原理与实际网络系统应用结合起来，设计一些系统性、综合性比较强的网络实验案例是非常有必要的，这样可以使学生更深入地理解网络原理，发现并解决实际网络系统中存在的问题。

第二，部分高校为了提高学生的网络技术实践能力，适当地引进了一些相关企业的网络技术认证培训教材，如思科的CCNA/CCNP/CCIE认证培训教材、华为的HCIA/HCIP/HCIE认证培训教材等。然而，这些培训教材具有一定的设备偏向性，在实际网络系统中通常不会只使用一家厂商的设备，这样不利于学生全面了解当前实际网络系统应用情况。因此，编写一本既不局限于某个厂商的设备，又能在一定程度上达到以上培训认证效果的实验教材是一项紧迫的任务。

基于以上教学理念，笔者将自己在教学过程中积累的网络实验案例整理成本书，并以一种新颖的模式讲解这些网络实验案例，这也是笔者将本书命名为《计算机网络创新实验教程》的原因。本书网络实验案例的新颖性体现为：以不同的技术主题为主线，为每个技术主题设计一个综合的网络拓扑，基于同一个网络拓扑设计多个不同的子实验（包括基础实验和进阶实验），这些子实验的内容由浅入深、相互关联，不仅讲解如何连接和配置网络设备，还详细讲解如何验证网络配置的正确性，其背后的工作原理是什么，以及在实际网络系统应用中可能会遇到什么问题，有哪些应对的方案等。

为了方便高校教师使用本书，笔者对每个技术主题的子实验都给出了实验学时与选择建议，其中大部分基础实验为必选实验，部分进阶实验为可选实验，教师也可以根据实际情况进行调整。另外，本书中所有的实验都通过网络模拟器PKT和EVE-NG来完成，只要有一台计算机，就可以完成本书中的所有实验，从而降低了实验条件和硬件要求。

本书在编写过程中得到了福建农林大学计算机与信息学院领导钟一文书记和陈日清院长的支持和鼓励，也得到了学院计算机网络课程教学团队老师的支持和帮助，包括周术诚教授、蒋萌辉副教授和严金妹老师，学院云计算实验室研究生团队也提供了相应的支持和帮助，包括冯浩贤、刘智伟、张治方和王媛滔等，在此表示衷心感谢！同时，感谢电子工业出版社牛晓丽编辑为本书出版提供的支持与帮助。最后，特别感谢福建农林大学教材出版基金项目的资助。

由于笔者水平有限，书中难免存在一些疏漏和不足之处，恳请广大读者和专家批评指正。如对本书内容有相关意见或建议，请发邮件至笔者邮箱（zgshu@fafu.edu.cn），谢谢！

舒兆港

2022 年 9 月于福州

目　　录

第 1 章　计算机网络实验概述

1.1　网络模拟器概述

计算机网络是一门应用性很强的专业课程，相关专业的学生除了要学习网络模型和协议原理，还要进行大量的网络实验，这样才能真正深入理解这些网络模型和协议，才能在实际网络系统中灵活运用它们并完成相关工程任务，包括设计规划网络系统、部署配置网络设备、排查网络故障及优化网络系统性能等。

由于当前网络设备类型和型号众多，价格也比较昂贵，很多高校在计算机网络实验教学过程中，很难购买大量的真机设备用于网络实验，而且基于真机设备的网络实验只能在机房进行，大大限制了学生进行网络实验的时间。因此，为了提高网络实验的灵活性和扩大其覆盖面，很多高校开始采用网络模拟器来开展计算机网络实验教学。网络模拟器是一种可以在单台计算机上运行的网络系统模拟软件，可以模拟多个相互连接的网络节点，根据需要对其中的网络设备进行配置，并验证网络节点之间的通信过程是否符合网络协议原理，还可以用来设计和分析网络系统的可行性和有效性。网络模拟器的出现，大大降低了高校开展计算机网络实验教学的成本，同时为广大网络技术爱好者带来了便利，使得构建“基于台式机的网络系统实验室”成为可能。

当前主流的网络模拟器有思科开发的 PKT（Packet Tracer）模拟器，华为开发的 eNSP（Enterprise Network Simulation Platform）模拟器，H3C 开发的 HCL（H3C Cloud Lab）模拟器，以及开源社区开发的 GNS3（Graphical Network Simulator 3）模拟器和 EVE-NG（Emulated Virtual Environment-Next Generation）模拟器。这些模拟器各有特点，表 1-1 中描述了这些模拟器的相关信息和主要特点，并给出了使用建议。

表 1-1　当前主流的网络模拟器

模拟器名称	最新版本（截至 2022 年 8 月）	来　源	主要特点	使用建议
PKT	V8.1.1	思科	1．纯软件客户端模式； 2．简单易用； 3．资源消耗小； 4．主要模拟思科设备，且功能有限	适合思科设备系统命令的初学者使用
eNSP	V100R003C00SPC200T	华为	1．简单易用； 2．基于 VirtualBox+软件客户端模式； 3．主要模拟华为设备； 4．资源消耗较大	适合华为设备系统命令的初学者使用

续表

模拟器名称	最新版本 （截至 2022 年 8 月）	来　源	主要特点	使用建议
HCL	V3.0.1	H3C	1．简单易用； 2．基于 VirtualBox+软件客户端模式； 3．主要模拟 H3C 设备； 4．资源消耗较大	适合H3C设备系统命令的初学者使用
GNS3	V2.2.33.1	开源社区	1．基于 VMware Workstation+软件客户端模式； 2．更接近真实设备系统，可以模拟不同厂商的设备； 3．资源消耗较大，功能较强	适合有一定实验基础的学习者使用
EVE-NG	V5.0.1-13	开源社区	1．基于 VMware Workstation+浏览器模式； 2．可以模拟大部分主流厂商的设备，更接近真实设备系统； 3．资源消耗最大，功能最强	适合有一定实验基础的学习者使用

1.2　本书网络模拟器选择

经过权衡以上网络模拟器的特点，本书选择 PKT 模拟器和 EVE-NG 模拟器作为主要的实验平台，即一部分章节实验采用 PKT 模拟器，另一部分章节实验采用 EVE-NG 模拟器，主要原因如下。

（1）PKT 模拟器作为入门级的网络模拟器，主要缺点是功能有限，对很多高级配置命令是不支持的，但其图形化界面很丰富，在模拟各种网络终端设备、网络线缆、网络客户端程序、网络应用层服务器等方面比较有优势。因此，验证基本网络功能，以及与客户端、服务器相关的实验，可以采用 PKT 模拟器。

（2）EVE-NG 模拟器作为当前功能最强的网络模拟器，可以导入不同设备厂商的系统镜像，模拟不同厂商（包括思科、华为、H3C、Juniper、锐捷等）的网络设备，支持的功能几乎接近真实设备，并且可以集成各种强大的辅助工具，如远程登录软件 SecureCRT、抓包软件 Wireshark、虚拟容器软件 UltraVNC 等。因此，验证不同厂商设备的互操作性或高级设备特性，以及开展协议报文分析实验，可以采用 EVE-NG 模拟器。

本书将根据不同技术主题的特点，穿插使用这两种网络模拟器开展实验，帮助读者拓展网络实验技术的知识面，提升网络实验技能。

1.3　实验设计特点与描述体例

本书实验以技术主题的方式进行组织，每个技术主题的实验设计相对独立，单独成章。

每章实验又分为若干个子实验，这些子实验的内容由浅入深、相互关联。作者为每个技术主题精心设计了一个综合网络拓扑，使得该技术主题的所有子实验能够在同一个网络拓扑中完成。

本书不仅会介绍实验配置步骤和命令，还会详细讲解相关技术原理，对实验结果进行验证和分析，给出在实际网络系统应用中的建议和评价。总体教学目标是让读者不仅能够深入理解并完整复现本书描述的实验，而且可以触类旁通，自己构思相关网络实验场景，验证网络解决方案的可行性，并且灵活在实际网络系统中进行应用。

为了做到统一风格和简洁易懂，本书实验采用统一的描述体例。每个技术主题按照技术原理概述→实验平台选择与网络拓扑设计→VLAN 或 IP 地址规划→基础实验→进阶实验的总体思路进行描述。每个具体的子实验又按照实验步骤和配置命令→显示结果与分析→改变参数或拓扑→再次显示结果与分析→得出结论的总体思路进行描述。在描述实验配置命令时，统一采用如下格式（以基于 EVE-NG 的思科 IOL 路由器配置为例）：

```
Router#configure terminal  #进入配置模式
Router(config)#hostname R1-IOL  #配置设备名
R1-IOL(config)#interface ethernet 0/0  #进入第一个端口配置模式
R1-IOL(config-if)#ip address 192.168.1.2 255.255.255.0  #为第一个端口配置 IP 地址
```

如上所示，在对每个设备进行配置之前，先将设备名修改成容易识别的名称，如将路由器名称修改成 R1-IOL。配置命令描述段落统一设置灰色底纹，命令关键字本身设置成粗体。如果要对命令进行解释或说明，则说明文字以字符“#”开头。

如果要显示当前系统的状态信息或配置结果，则对于重点关注的信息有时也进行字体加粗，必要时还会增加文字说明，说明文字同样以字符“#”开头，如下所示：

```
R1-IOL#show ip route  #显示当前路由表
Codes: L - local, C - connected, S - static, R - RIP, M - mobile, B - BGP
       D - EIGRP, EX - EIGRP external, O - OSPF, IA - OSPF inter area
       N1 - OSPF NSSA external type 1, N2 - OSPF NSSA external type 2
       E1 - OSPF external type 1, E2 - OSPF external type 2
       i - IS-IS, su - IS-IS summary, L1 - IS-IS level-1, L2 - IS-IS level-2
       ia - IS-IS inter area, * - candidate default, U - per-user static route
       o - ODR, P - periodic downloaded static route, H - NHRP, l - LISP
       a - application route
       + - replicated route, % - next hop override, p - overrides from PfR
Gateway of last resort is 192.168.2.2 to network 0.0.0.0
S*    0.0.0.0/0 [1/0] via 192.168.2.2  #增加了默认路由条目
      192.168.1.0/24 is variably subnetted, 2 subnets, 2 masks
C        192.168.1.0/24 is directly connected, Ethernet0/0
L        192.168.1.2/32 is directly connected, Ethernet0/0
      192.168.2.0/24 is variably subnetted, 2 subnets, 2 masks
C        192.168.2.0/24 is directly connected, Ethernet0/1
L        192.168.2.1/32 is directly connected, Ethernet0/1
```

在上述 R1-IOL 路由表信息中，对默认路由条目 S* 0.0.0.0/0 [1/0] via 192.168.2.2 也进行了加粗和说明，目的是提示读者重点关注该信息。

1.4 实验章节总体安排

本书采用网络模拟器 PKT 和 EVE-NG 进行实验讲解，先通过简单网络实验案例详细介绍 PKT 模拟器和 EVE-NG 模拟器的基本操作，后续章节会根据该章技术主题的特点，以及网络模拟器是否支持相关实验配置命令，选择采用哪种网络模拟器。

网络的技术主题很多，限于篇幅，本书只选取了以太网交换机与 VLAN 技术、路由器与静态路由、RIPv2 协议、EIGRP 协议及应用层服务器技术 5 个基础技术主题进行实验讲解，力求在一章中把对应技术主题讲深、讲透。

为了让读者提前对后续实验章节内容有一个大致的了解，表 1-2 中汇总了第 2 章至第 8 章的主要实验内容，以及采用的网络模拟器。

表 1-2 实验章节总体安排

编号	名称	主要实验内容	采用的网络模拟器
第 2 章	PKT 模拟器入门	PKT 模拟器软件获取、安装与基本操作； PKT 模拟器软件的拓扑视图和运行模式	PKT V8.1.1
第 3 章	EVE-NG 模拟器入门	EVE-NG 模拟器软件获取与安装； Hello_EVE-NG 网络实验案例 1； Hello_EVE-NG 网络实验案例 2	EVE-NG V5.0.1-13
第 4 章	以太网交换机与 VLAN 技术	网络拓扑搭建； 单交换机基础配置； 跨交换机同 VLAN 主机通信； 不同 VLAN 通信； 配置特殊 VLAN	PKT V8.1.1
第 5 章	路由器与静态路由	网络拓扑搭建； 路由器连接与配置； 路由汇总； 特殊静态路由（不包含策略路由）； 路由环路与下一跳优化（包含策略路由）	PKT V8.1.1、EVE-NG V5.0.1-13
第 6 章	RIPv2 协议	网络拓扑搭建； RIPv2 基础实验 1； RIPv2 基础实验 2； RIPv2 进阶实验 1； RIPv2 进阶实验 2	EVE-NG V5.0.1-13
第 7 章	EIGRP 协议	EIGRP 基础实验 1； EIGRP 基础实验 2； EIGRP 进阶实验 1； EIGRP 进阶实验 2	EVE-NG V5.0.1-13
第 8 章	应用层服务器技术	网络拓扑搭建； 服务器配置基础实验； 服务器配置进阶实验 1； 服务器配置进阶实验 2	PKT V8.1.1

第 2 章　PKT 模拟器入门

2.1　本章实验设计

2.1.1　实验内容与目标

本章首先介绍 PKT 模拟器软件获取与安装过程及其操作界面，其次通过一个 Hello_PKT 网络实验案例带领读者快速熟悉 PKT 模拟器软件的基本使用方法。本章实验目标是让读者获得以下知识和技能。

（1）掌握 PKT 模拟器软件获取与安装方法，熟悉 PKT 模拟器软件操作界面。

（2）掌握 PKT 模拟器软件的基本使用方法，包括添加网络设备、配置设备属性、连接设备及网络配置与验证等。

（3）了解 PKT 模拟器软件的逻辑视图和物理视图的差别，掌握在两种拓扑视图下设计网络拓扑结构的方法。

（4）了解 PKT 模拟器软件的实时模式和仿真模式的差别，掌握在两种运行模式下进行实验操作的方法。

2.1.2　实验学时与选择建议

本章实验学时与选择建议如表 2-1 所示。

表 2-1　本章实验学时与选择建议

主要实验内容	对应章节	实验学时建议	选择建议
PKT 模拟器软件获取、安装与基本操作	2.2.1、2.2.2，2.3.1～2.3.4	2 学时	必选
PKT 模拟器软件的拓扑视图和运行模式	2.3.5、2.3.6	2 学时	必选

2.2　PKT 模拟器软件获取与安装及其操作界面概览

2.2.1　PKT 模拟器软件获取与安装

PKT 模拟器软件可以从其官方网站上免费下载，访问 PKT 官方网站主页，在主页上方找到【DOWNLOAD】链接，如图 2-1 所示，单击该链接即可进入 PKT 模拟器软件下载页面。

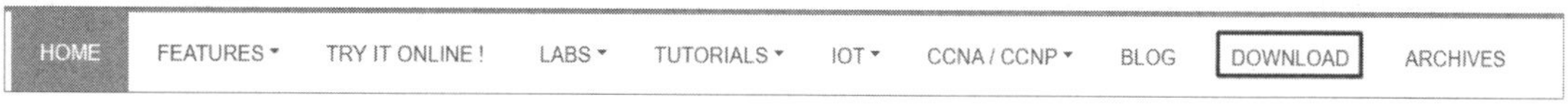

HOME　FEATURES　TRY IT ONLINE !　LABS　TUTORIALS　IOT　CCNA / CCNP　BLOG　DOWNLOAD　ARCHIVES

图 2-1　【DOWNLOAD】链接

进入 PKT 模拟器软件下载页面后，向下拖动页面，会看到如图 2-2 所示的内容。根据本地操作系统类型，选择对应的文件下载链接。例如，本地操作系统为 64 位 Windows，则下载的文件名为 CiscoPacketTracer_811_Windows_64bit.exe。单击对应的文件下载链接后，会转到思科用户登录页面，先按照提示注册一个用户账号，然后用注册的用户账号登录，就可以下载 PKT 模拟器软件了。下载完成后，双击该 exe 文件开始安装，一直单击【next】按钮即可完成安装。默认安装路径为 C:\Program Files\Cisco Packet Tracer 8.1.1，也可以更改安装路径。

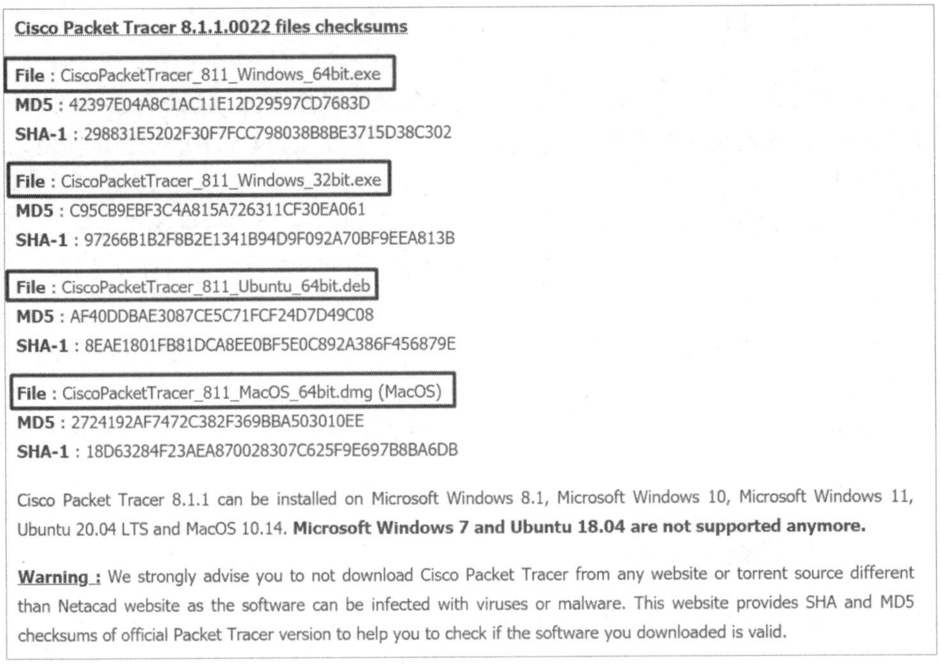

Cisco Packet Tracer 8.1.1.0022 files checksums

File : CiscoPacketTracer_811_Windows_64bit.exe
MD5 : 42397E04A8C1AC11E12D29597CD7683D
SHA-1 : 298831E5202F30F7FCC798038B8BE3715D38C302

File : CiscoPacketTracer_811_Windows_32bit.exe
MD5 : C95CB9EBF3C4A815A726311CF30EA061
SHA-1 : 97266B1B2F8B2E1341B94D9F092A70BF9EEA813B

File : CiscoPacketTracer_811_Ubuntu_64bit.deb
MD5 : AF40DDBAE3087CE5C71FCF24D7D49C08
SHA-1 : 8EAE1801FB81DCA8EE0BF5E0C892A386F456879E

File : CiscoPacketTracer_811_MacOS_64bit.dmg (MacOS)
MD5 : 2724192AF7472C382F369BBA503010EE
SHA-1 : 18D63284F23AEA870028307C625F9E697B8BA6DB

Cisco Packet Tracer 8.1.1 can be installed on Microsoft Windows 8.1, Microsoft Windows 10, Microsoft Windows 11, Ubuntu 20.04 LTS and MacOS 10.14. **Microsoft Windows 7 and Ubuntu 18.04 are not supported anymore.**

Warning : We strongly advise you to not download Cisco Packet Tracer from any website or torrent source different than Netacad website as the software can be infected with viruses or malware. This website provides SHA and MD5 checksums of official Packet Tracer version to help you to check if the software you downloaded is valid.

图 2-2　PKT 模拟器软件下载页面

2.2.2　PKT 模拟器软件操作界面概览

双击安装好的 PKT 模拟器软件，在进入操作界面之前，系统会提示输入用户名和密码，登录成功后才可以进入 PKT 模拟器软件操作界面。PKT 模拟器软件操作界面如图 2-3 所示。

PKT 模拟器软件操作界面主要包括几大操作区域：主工作区、功能按钮区、设备目录区、设备列表区及协议报文调试区。其中，主工作区是用来创建、修改和展示网络拓扑结构的区域。功能按钮区包括可实现新建拓扑、保存/另存拓扑、打印拓扑、在拓扑图上添加辅助图形（圆形、长方形、箭头等）、添加文字、选中元素、删除元素、放大/缩小视图等功能的按钮。在使用 PKT 模拟器软件进行网络实验时，一般遵循以下步骤。

第 1 步：从设备目录区选择设备目录。设备目录分为两级，上面是第一级设备目录区，下面是第二级设备目录区。第一级设备目录区从左至右依次为网络设备（Network Devices）、终端设备（End Devices）、硬件组件（Components）、连接线（Connections）、杂项（Miscellaneous）、多用户连接（Multiple Connection）。先选择第一级设备目录，再选择第二级设备目录，选好设备目录后，设备列表区会自动出现对应的可用设备型号或连接线型号。

第 2 步：从设备列表区选择具体的设备型号或连接线型号。常用的设备包括交换机（Switches）、路由器（Routers）、防火墙（Firewalls）、PC 终端、应用层服务器；常见的连接线包括双绞线（Cut-Through 或 Cross-Over）、串行线（Serial）和光纤线（Fiber）等。从 8.0 版本开始，PKT 模拟器软件增加了很多物联网终端设备类型以及无线设备类型。PKT 模拟器软件支持的设备类型很多，如果不清楚当前图标表示什么设备，则可以把鼠标指针移到图标上停留几秒，图标下方会出现对应的提示文字。

第 3 步：将选中的设备用鼠标直接拖到主工作区，并根据实际情况将设备的端口用对应的连接线进行连接。如果不清楚当前设备功能如何使用，则可以把设备拖到主工作区并单击，打开对应的配置界面进行查看，友好的图形化配置界面会让操作者慢慢熟悉这些设备功能的使用方法。

第 4 步：在主工作区单击对应的设备，打开设备的图形化配置界面或命令行界面（Command Line Interface，CLI），为设备配置相关的信息，并验证网络通信的正确性。

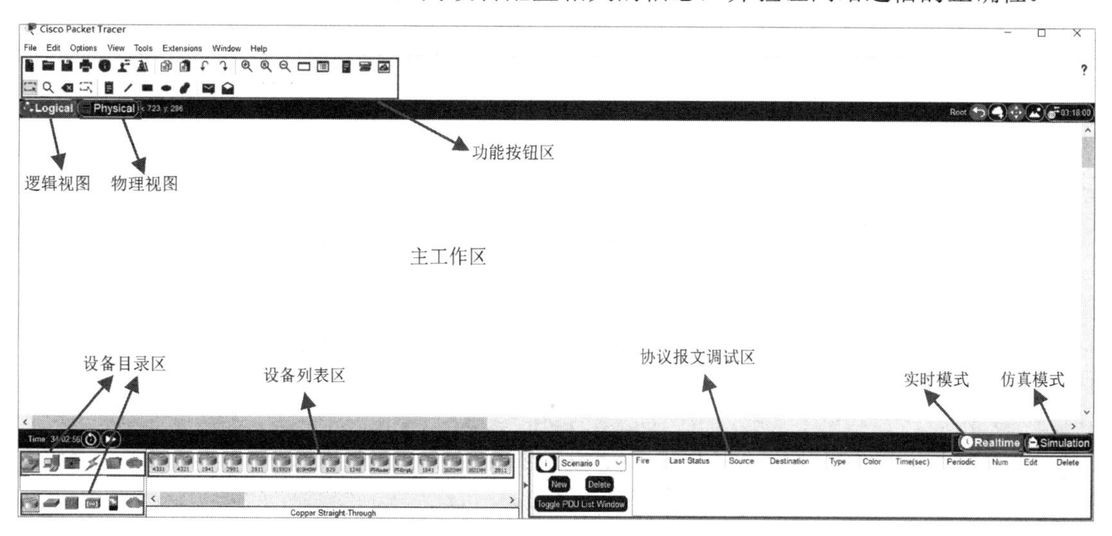

图 2-3 PKT 模拟器软件操作界面

除了以上基本实验步骤，还要理解并灵活运用 PKT 模拟器软件的两种拓扑视图和两种运行模式。拓扑视图是指当前主工作区网络拓扑结构的两种不同呈现方式，包括逻辑（Logical）视图和物理（Physical）视图，可通过单击主工作区左上方的【Logical】按钮和【Physical】按钮进行切换。逻辑视图的特点是忽略网络设备的具体物理位置与距离，只呈现网络设备的逻辑连接关系。物理视图重点关注当前网络设备放在哪个物理机架上，物理机架放在哪个机房或城市中，以及这些线路是如何连接的，尽量模拟真实的物理设备安装部署情况。我们在进行网络实验时，一般只关注逻辑视图，物理视图仅作为实际网络系统施工的参考，较少使用。

PKT 模拟器软件的运行模式包括实时（Realtime）模式和仿真（Simulation）模式，可通过单击主工作区右下方的【Realtime】按钮和【Simulation】按钮进行切换。实时模式是常规的实验模式，该模式模拟网络的实时运行状态。仿真模式主要用来对协议进行调试，可通过图形化的方式查看协议报文从源节点传输到目的节点的过程，并查看当前网络协议报文的具体内容，一般在排查网络故障或验证协议报文格式时切换到该模式，该模式一般配合协议报文调试区的功能进行使用。

以上仅对 PKT 模拟器软件操作界面进行了概览性介绍，限于篇幅，本书不会全面介绍 PKT 模拟器软件的所有操作功能。下面将通过一个简单的网络实验案例，展示 PKT 模拟器软件的常用核心操作功能。读者若想全面了解 PKT 模拟器软件的所有操作功能，则可以参考 PKT 模拟器软件自带的帮助文档（选择【Help】→【Contents】菜单命令），也可以参考 PKT 官方网站提供的教学视频（选择【Help】→【Tutorials】菜单命令）。

2.3 Hello_PKT 网络实验案例

很多编程语言教材都使用 Hello World 作为第一个程序实验案例，本书也借鉴该做法，使读者通过一个名为 Hello_PKT 的网络实验案例，快速熟悉基于 PKT 模拟器软件的实验流程。Hello_PKT 网络拓扑结构很简单，只包含 1 个交换机（S1）和 2 个 PC 终端（PC1 和 PC2），三者通过 PC1←→S1←→PC2 的方式进行连接，实验的目的是使得 PC1 和 PC2 能够相互通信，下面分阶段详细描述实验流程与步骤。

2.3.1 添加网络设备

首先把需要用到的网络设备添加到主工作区，操作步骤如下。

第 1 步：打开 PKT 模拟器软件，当前主工作区默认处于逻辑视图和实时模式。

第 2 步：先在第一级设备目录区单击【Network Devices】图标，然后在第二级设备目录区单击【Switches】图标，设备列表区中将出现当前可用的交换机型号列表，如图 2-4 所示。

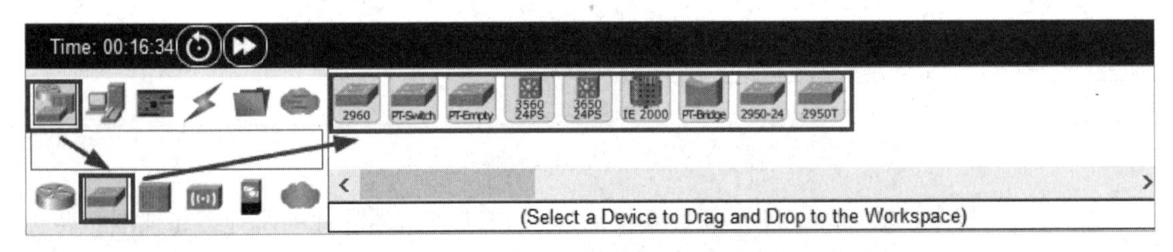

图 2-4　交换机设备目录与型号列表

从图 2-4 中可以看到，PKT 模拟器软件支持的交换机型号有 2960、PT-Switch、PT-Empty、3560 24PS、3650 24PS、IE 2000、PT-Bridge、2950-24 及 2950T。

第 3 步：选择一个交换机型号。为了展示更多网络设备的操作细节，这里选择 PT-Empty 型号（Empty 表示端口为空）。因为该型号的交换机并不是一个真正的思科交换机产品型号，而是一个可自定义硬件功能模块的虚拟交换机。用鼠标将【PT-Empty】图标拖到主工作区，主工作区中将出现一个名为 Switch-PT-Empty 的交换机，效果如图 2-5 所示。

第 4 步：继续在主工作区添加 2 个 PC 终端，添加方式与添加交换机的方式类似。先在第一级设备目录区和第二级设备目录区找到【End Devices】图标，然后在设备列表区找到 PC 终端，将其拖到主工作区，拖动 2 次，因为需要 2 个 PC 终端，效果如图 2-6 所示。

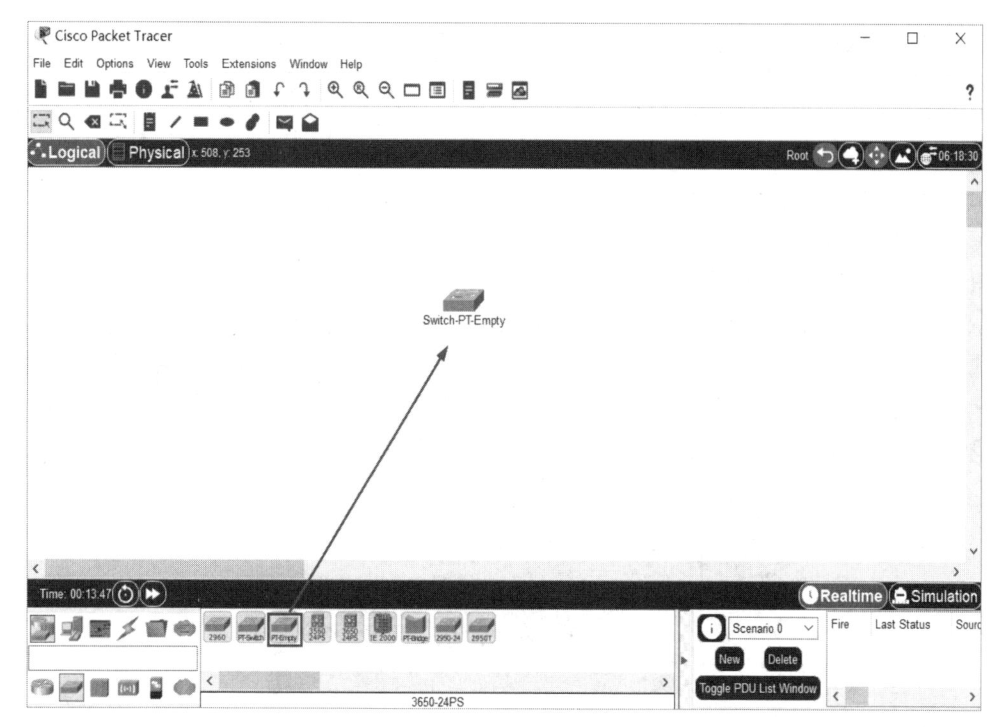

图 2-5　添加 Switch-PT-Empty 交换机

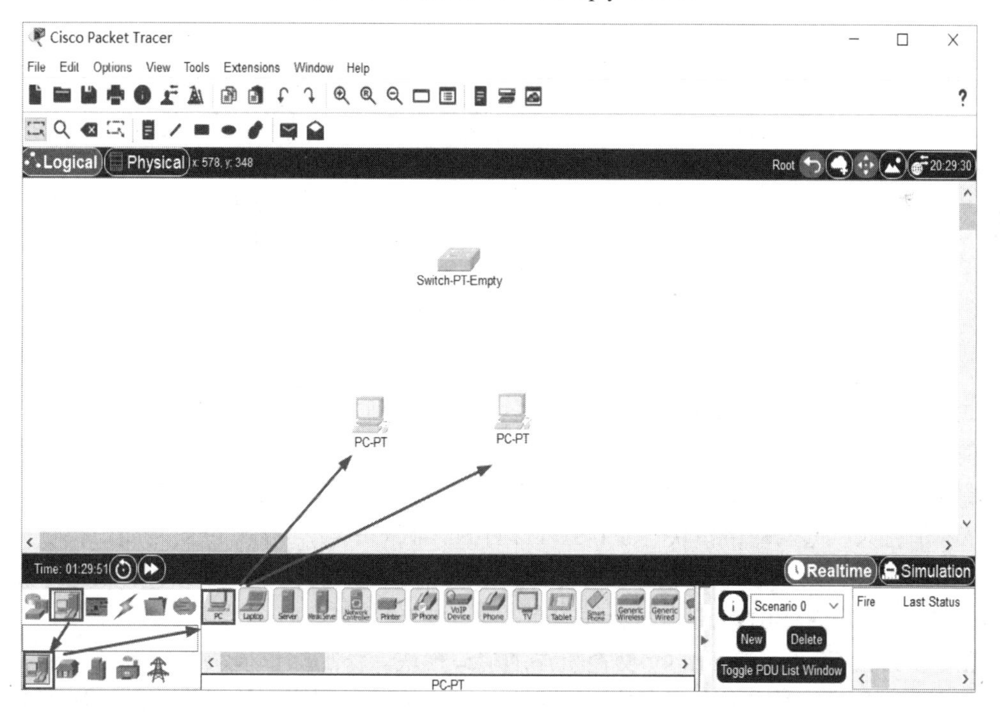

图 2-6　添加 2 个 PC 终端

注意： 如果要在主工作区删除多余的设备，则可以单击功能按钮区的【Delete】按钮，当鼠标指针变成“X”号时，单击对应的设备即可，或者单击选中设备，按键盘上的 Delete 键直接将其删除。

2.3.2 配置设备属性

将网络设备添加到主工作区以后，接下来需要对设备的属性进行修改或配置。如前所述，PT-Empty 型号的交换机没有任何物理端口，也就不能与 PC 终端进行连接。因此，下面需要为其添加硬件端口模块，步骤如下。

第 1 步：单击主工作区中的交换机图标，弹出交换机配置窗口。该窗口上方有 4 个功能页按钮：【Physical】【Config】【CLI】【Attributes】。其中，【Physical】功能页中包含的功能有关闭/开启电源、添加/删除硬件模块等。【Config】功能页中包含的功能有修改设备名、修改设备属性、导入/保存配置文件等。【CLI】功能页为命令行配置页面。【Attributes】功能页主要用于修改与设备物理属性相关的参数，如成本、电源个数、电压等，在网络实验中很少用到。单击【Physical】功能页按钮，打开【Physical】功能页，如图 2-7 所示。

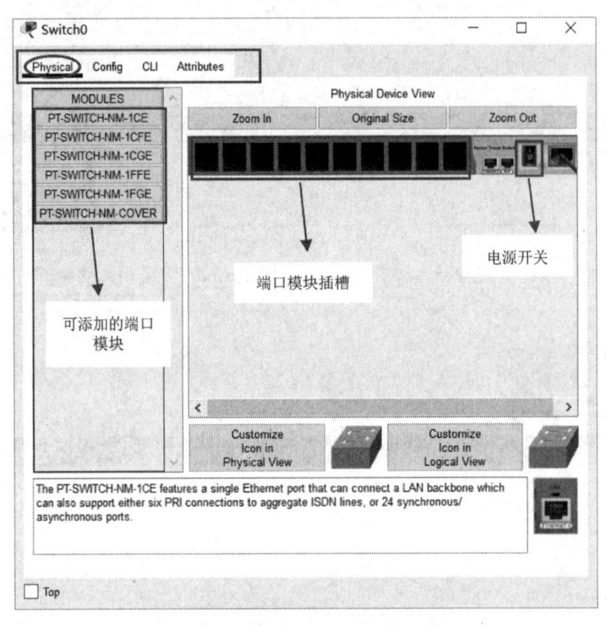

图 2-7 【Physical】功能页

如图 2-7 所示，Switch-PT-Empty 交换机默认没有任何端口模块，其端口模块插槽都是空的。单击【MODULES】按钮可以显示/隐藏可添加的端口模块。可以看到，目前该设备可添加的端口模块类型有 PT-SWITCH-NM-1CE（1 个十兆以太网端口模块），PT-SWITCH-NM-1CFE（1 个百兆以太网端口模块），PT-SWITCH-NM-1CGE（1 个千兆以太网端口模块），PT-SWITCH-NM-1FFE（1 个百兆光纤端口模块），PT-SWITCH-NM-1FGE（1 个千兆光纤端口模块），PT-SWITCH-NM-COVER（模块护套）。

第 2 步：为 Switch-PT-Empty 交换机添加端口模块。添加端口模块的方法是先单击对应的端口模块，页面右下方将出现当前端口模块的文字描述与图标，然后将该图标拖到空的端口模块插槽中。如果想删除端口模块，则将端口模块插槽中的端口模块拖到页面右下方的图标区域。

注意： 在为设备添加/删除端口模块时，必须先将设备电源关闭（单击【电源开关】按钮可关闭/开启设备电源），否则会出现如图 2-8 所示的添加模块错误提示。

为交换机添加了 2 个百兆以太网端口模块的效果如图 2-9 所示。

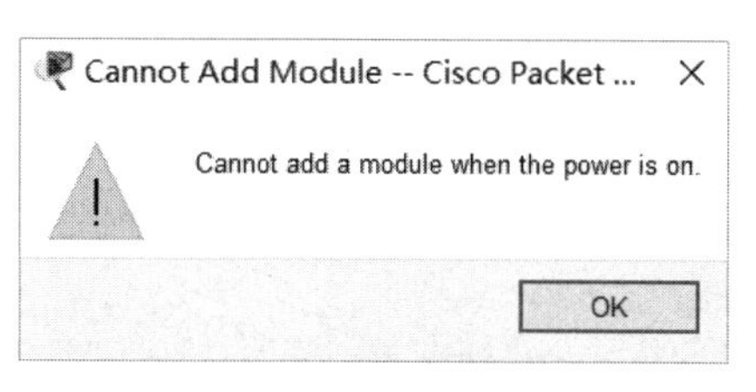

图 2-8　添加模块错误提示

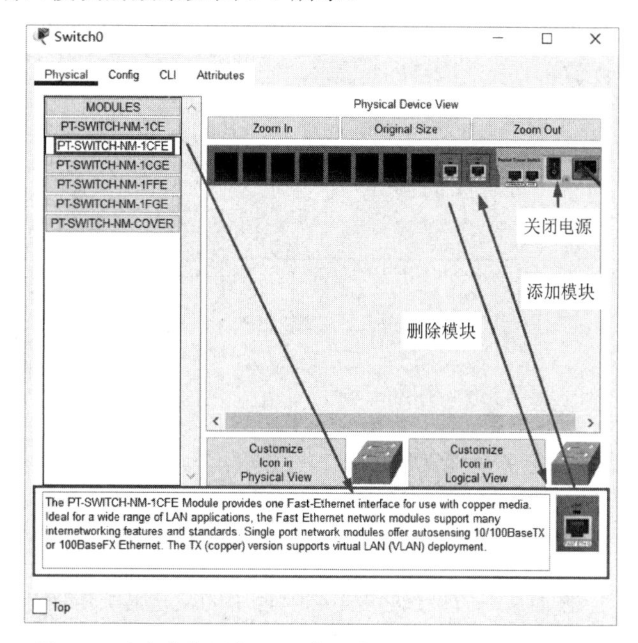

图 2-9　为交换机添加了 2 个百兆以太网端口模块的效果

第 3 步：修改设备名称并使其显示在主工作区。为了在主工作区更好地识别设备，一般会为设备设置一个有意义的名称。例如，本例中我们将交换机名称修改为 S1，将 2 个 PC 终端的名称修改为 PC1 和 PC2。修改交换机名称的方法如下。打开交换机配置窗口中的【Config】功能页，在【Display Name】输入框和【Hostname】输入框中都输入 S1 即可。Display Name 表示显示在主工作区的设备名称，Hostname 表示命令行的提示名称（S1），而 PC 终端只有 Display Name。修改设备名称的操作界面如图 2-10 所示。

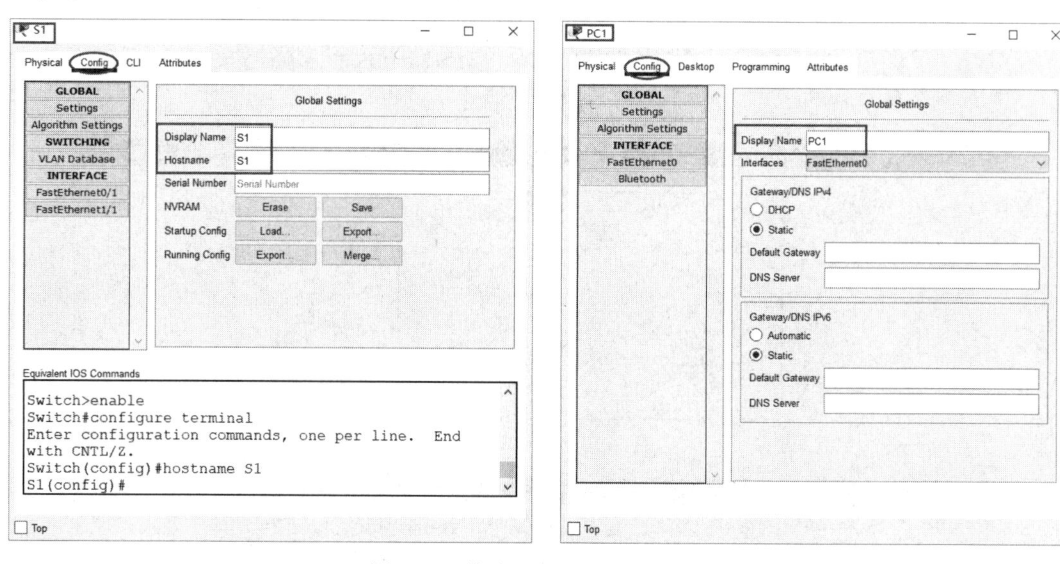

图 2-10　修改设备名称的操作界面

修改完设备名称以后，要在主工作区显示设备名称，还要进行相关的设置。选择

【Options】→【Preferences】菜单命令，打开选项配置窗口，在该窗口中主要对 PKT 模拟器软件界面环境进行设置，如界面布局、字体大小等。本节只介绍【Interface】功能页中的常用配置项，如图 2-11 所示。

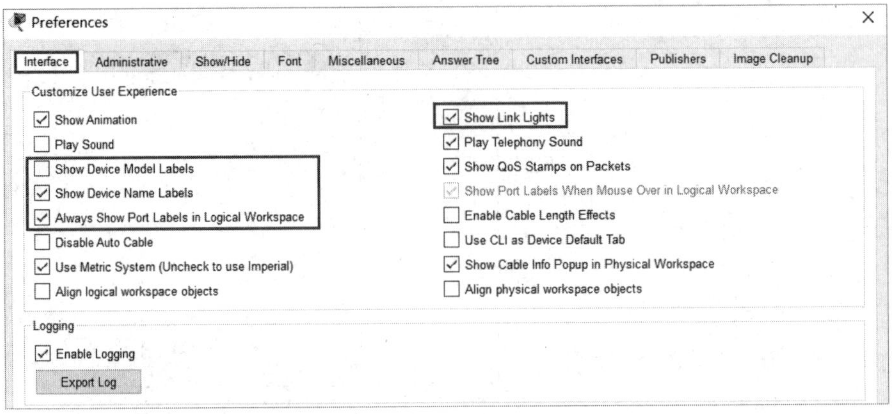

图 2-11 【Interface】功能页

图 2-11 中的方框内有 4 个有用的复选项，描述如下。

（1）Show Device Model Labels：显示设备类型名称，如上述交换机显示 PT-Empty，建议不勾选。

（2）Show Device Name Labels：显示设备名称，即上述修改后的名称 S1、PC1、PC2，建议勾选。

（3）Always Show Port Labels in Logical Workspace：显示在逻辑视图下连接的端口名称，建议勾选。

（4）Show Link Lights：显示连接线的指示灯，正常为绿色，故障为红色，建议勾选。

设置完成后的主工作区设备显示效果如图 2-12 所示。

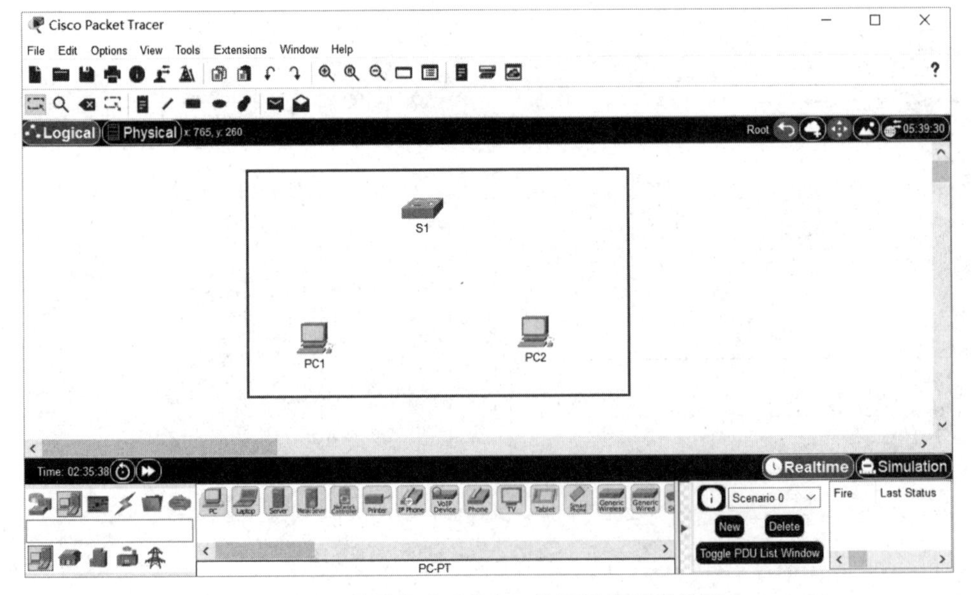

图 2-12 设置完成后的主工作区设备显示效果

2.3.3 连接设备

在进行设备连接之前，有必要先介绍一下 PKT 模拟器软件提供的连接线类型。单击两级设备目录区中的【Connections】图标，右边会出现所有可用的连接线类型，如图 2-13 所示。

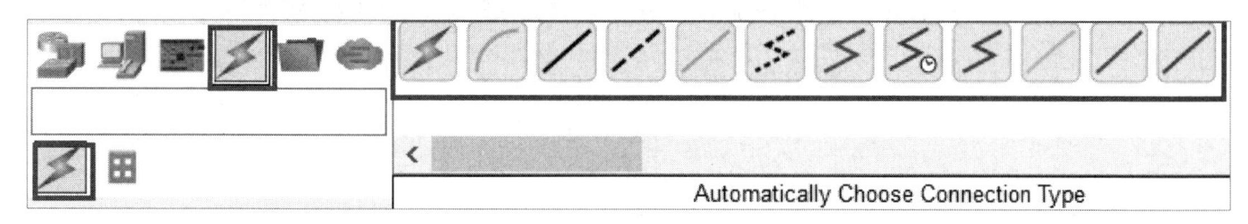

图 2-13　PKT 模拟器软件提供的连接线类型

从左至右各连接线类型及其作用如下。

- 自动连接类型（Automatic，）：如果不确定当前连接用什么类型的连接线，则选择该类型，PKT 模拟器软件会自动选择正确的连接线类型，建议使用。
- 终端管理线（Console，）：用于从 PC 终端连接网络设备的管理端口（MGMT 端口）。
- 直通双绞线（Copper Cut-Through，）：用于连接不同类型的以太网端口设备。
- 交叉双绞线（Copper Cross-Over，）：用于连接相同类型的以太网端口设备。
- 光纤（Fiber，）：用于连接光纤端口设备。
- 电话线（Phone，）：用于连接电话机。
- 同轴电缆（Coaxial，）：一般用于连接有线电视，不常用。
- 串行线缆（Serial，）：一般用于连接串口设备。这种线缆有 2 种图标，一种带时钟图标，需要设置时钟速率；另一种不带时钟图标，不用设置时钟速率，通过对端进行时钟同步。
- 八爪鱼线缆（Octal，）：用于从终端服务器连接网络设备的管理端口。
- 物联网自定义线缆（IoT Custom Cable，）：用于连接物联网传感器终端端口。
- USB 线缆（USB，）：用于连接 USB 端口设备。

下面对 PC1 和 PC2 与 S1 进行连接，具体操作步骤如下。

第 1 步：选择正确的连接线类型和源设备端口。由于 PC 终端和交换机都是以太网端口设备，且 PC 终端和交换机属于不同类型的设备，所以选择直通双绞线。单击该连接线类型后，其图标变为正在使用图标，在主工作区单击交换机 S1，出现 S1 当前可用的端口，如图 2-14 所示。

从图 2-14 中可以看到，S1 当前可用的端口有 3 个，1 个 Console 管理端口，2 个百兆以太网端口（FastEthernet0/1 和 FastEthernet1/1），这 2 个百兆以太网端口就是前面为其添加的 2 个端口模块。0/1 中前面的 0 表示端口模块插槽的编号，后面的 1 表示该插槽端口的编号。因为先连接 PC1，所以先选择 FastEthernet0/1 端口进行连接。

第 2 步：选择正确的目的设备端口，完成设备连接。单击【FastEthernet0/1】端口后，会出现一条线，随着鼠标指针位置的移动而移动。将鼠标指针移动到 PC1 上并单击，出现 PC1 当前可用的端口，如图 2-15 所示。

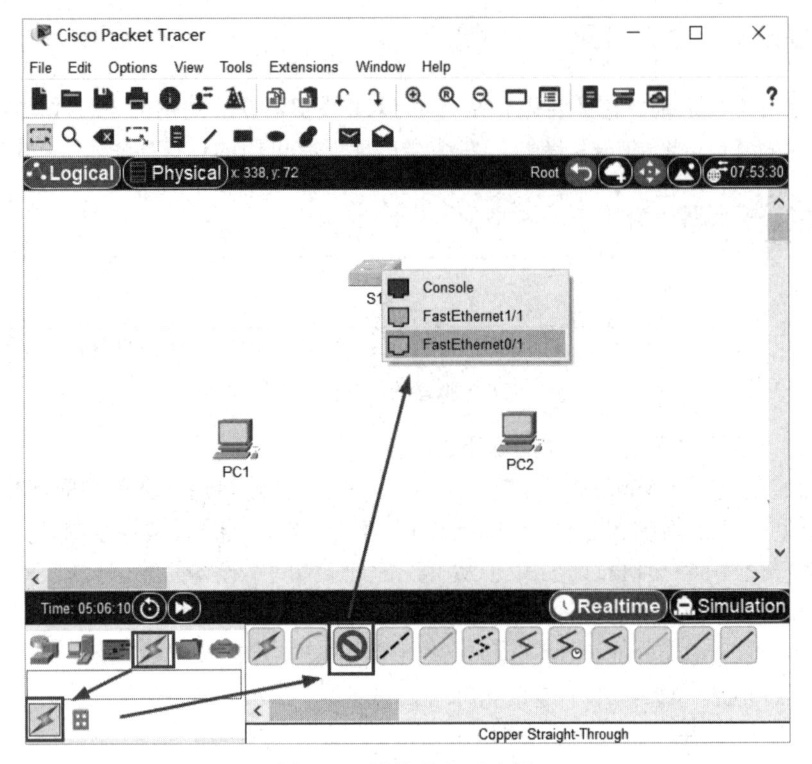

图 2-14　连接设备示意图

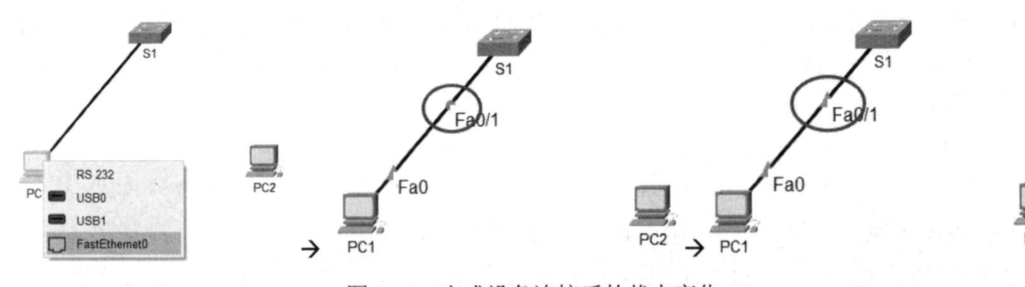

图 2-15　完成设备连接后的状态变化

从图 2-15 中可以看到，PC1 有 4 个可用的端口，分别是 1 个 RS 232 串口（可与设备的 Console 管理端口连接），2 个 USB 端口（USB0 和 USB1），1 个百兆以太网端口（FastEthernet0）。这里选择百兆以太网端口，这样设备就连接完成了。如图 2-15 所示，连接完成后，在连接线两端会出现连接端口的名称（Fa0/1，Fa0）。一开始连接线的指示灯一端为绿色，另一端为黄色。一段时间（15s 左右）后，连接线的指示灯两端全部变为绿色，表明端口已经正常工作了。

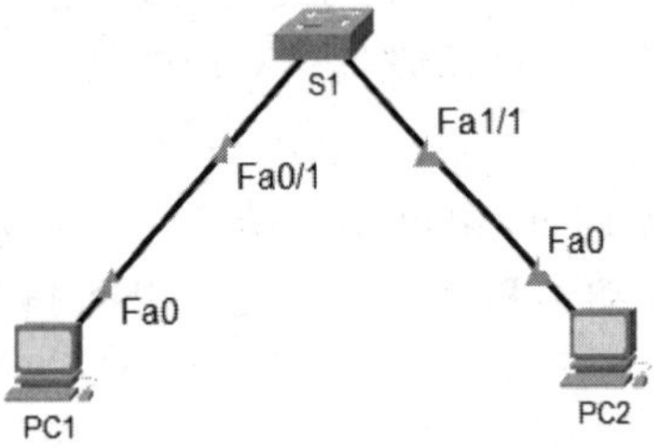

第 3 步：完成 PC2 与 S1 的连接。PC2 与 S1 的连接操作与上面完全一样，只是选择 S1 的另一个百兆以太网端口。最终连接好的网络拓扑图如图 2-16 所示。

图 2-16　最终连接好的网络拓扑图

注意： 如果要在主工作区删除错误的连接线，则同样可以单击功能按钮区的【Delete】按钮，当鼠标指针变成“X”号时，单击要删除的连接线即可。

2.3.4　网络配置与验证

现在网络拓扑环境已经搭建完成，可以开始进行网络实验。Hello_PKT 网络实验目的很简单，就是让 PC1 和 PC2 能够相互通信。由于两个 PC 终端和 S1 处于同一个局域网，因此只需要为两个 PC 终端的以太网端口配置同网段的 IP 地址即可达到实验目的，S1 不需要进行任何配置。

这里为 PC1 配置的 IP 地址为 192.168.1.1，子网掩码为 255.255.255.0，为 PC2 配置的 IP 地址为 192.168.1.2，子网掩码也为 255.255.255.0。PC1 和 PC2 的以太网端口 MAC 地址是系统自动分配的（分别是 0001.63B7.530B 和 0001.9608.B29C），不可更改，如图 2-17 所示。

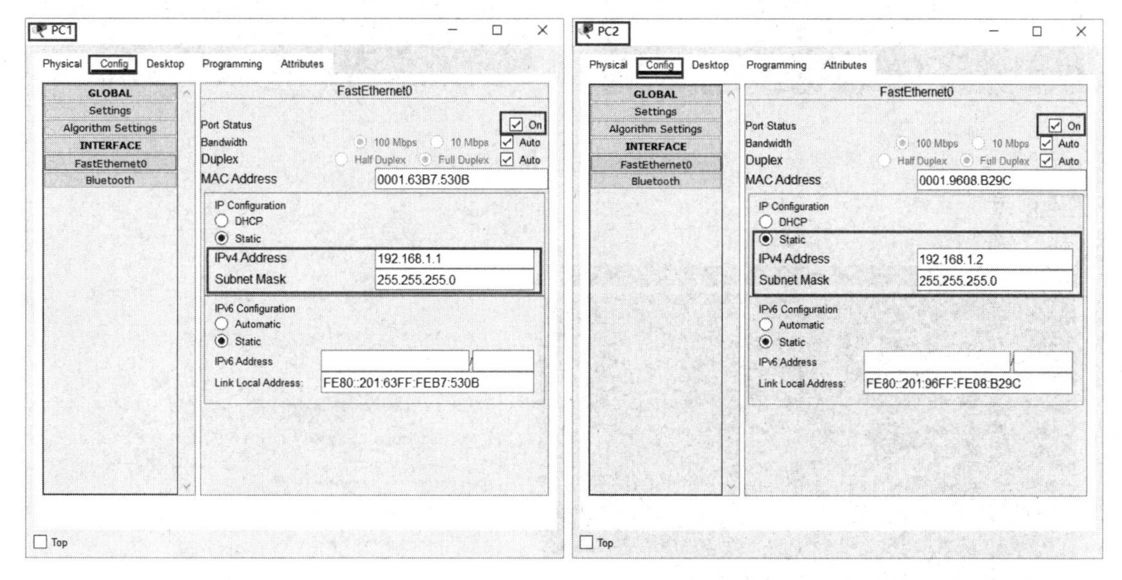

图 2-17　为 PC 终端配置 IP 地址和子网掩码

这样 PC1 和 PC2 就可以进行通信了。通常测试两个节点是否连通的方式是，先通过 ping 命令发送 Internet 控制报文协议（Internet Control Message Protocol，ICMP）请求（Request）报文，然后验证能否接收到目的端的 ICMP 应答（Reply）报文。下面测试 PC1 和 PC2 的连通性。打开 PC1 配置窗口，先单击【Desktop】功能页按钮，再单击【Command Prompt】图标，即可打开 PC1 的命令行界面，如图 2-18 所示。

在 PC1 的命令行界面中输入命令 ping 192.168.1.2 并按回车键，结果如图 2-19 所示。

从图 2-19 中可以看到，PC1 能够顺利接收到来自 PC2（IP 地址为 192.168.1.2）的 ICMP 应答报文。至此，成功完成了 Hello_PKT 网络实验。为了能够下次在原来的网络基础上继续进行实验，可以将本次实验的网络拓扑结构和配置保存到硬盘中。单击功能按钮区的【Save】按钮，或者选择【File】→【Save】菜单命令进行保存，保存后的文件后缀名为 pkt，如 Hello_PKT.pkt。双击 pkt 文件可以重新打开该实验文件。也可以以图片格式保存网络拓扑结构，单击功能按钮区的【Print】按钮，或者选择【File】→【Print】菜单命令，弹出如图 2-20 所示的对话框。

图 2-18　打开 PC1 的命令行界面

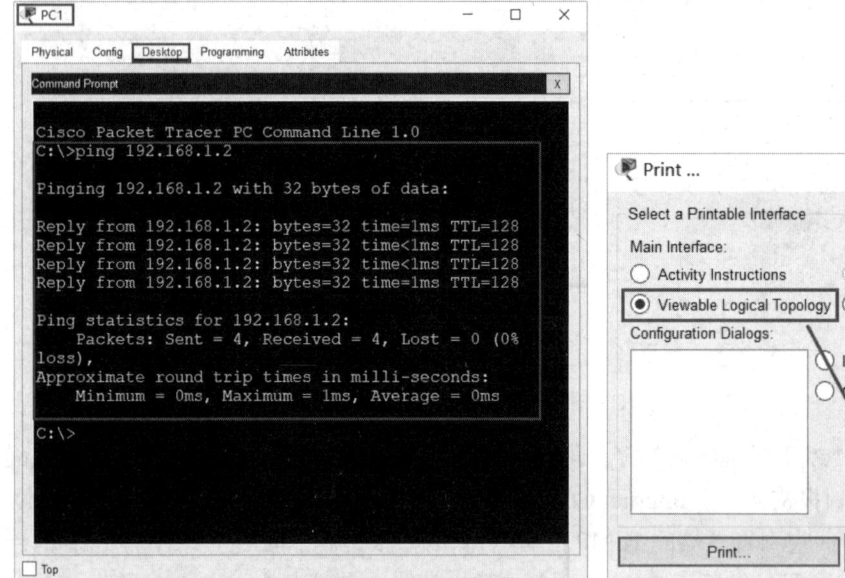

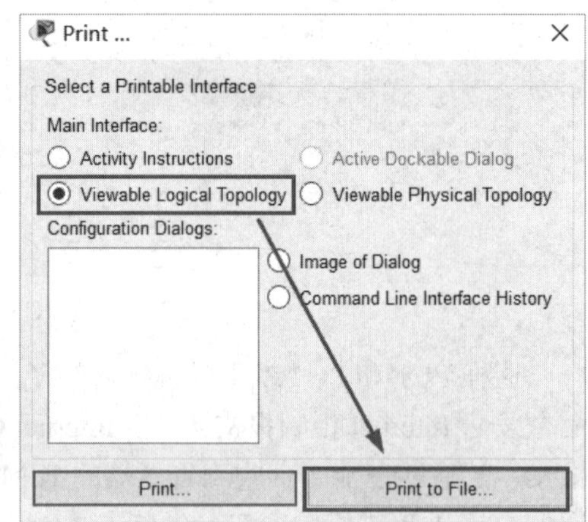

图 2-19　PC1 和 PC2 的连通性测试结果　　　　图 2-20　打印网络拓扑结构图

单击【Viewable Logical Topology】单选按钮，并单击【Print to File】按钮，可以将网络拓扑结构的逻辑视图以 png 图片格式保存到文件，如 Hello_PKT.png。

2.3.5　逻辑视图和物理视图

如前所述，PKT 模拟器软件主工作区中的网络拓扑结构可以用两种拓扑视图来呈现：逻辑视图和物理视图。本节将以 Hello_PKT 网络拓扑结构为例，展示 PKT 模拟器软件的逻辑视图和物理视图的差异。PKT 模拟器软件的主工作区默认处于逻辑视图，如图 2-21 所示。

在逻辑视图中，我们可以在网络拓扑结构中添加相关图形和文字，用来加强说明拓扑的含义，或者美化拓扑效果。在功能按钮区中可以找到实现这些功能的按钮。添加图形的操作方式：先单击对应的图形绘制按钮，然后将鼠标指针移到主工作区，按住鼠标左键不放并拖动鼠标就可以绘制图形。添加文字的操作方式：先单击对应的功能按钮，然后在主工作区单击，就可以在出现的文本框中输入文字。例如，在 Hello_PKT 网络拓扑结构的逻辑视图中为 PC1 和 PC2 添加 IP 地址说明，并将其放在一个矩形框中，效果如图 2-22 所示。

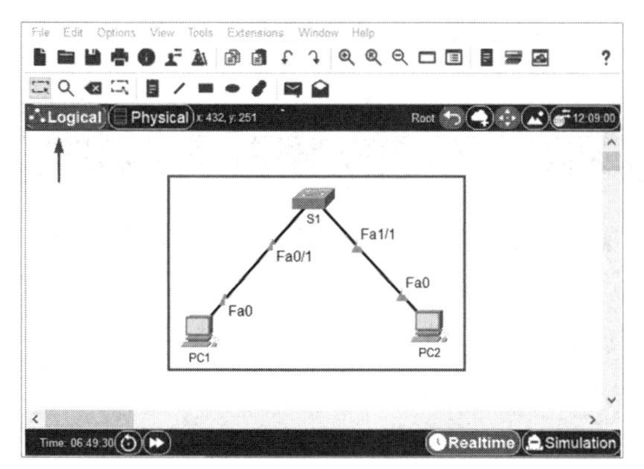

图 2-21　逻辑视图

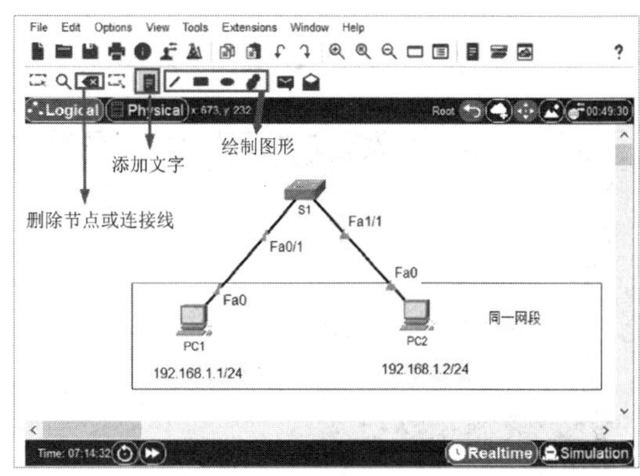

图 2-22　PC1 和 PC2 的 IP 地址说明

单击左上方的【Physical】按钮可切换到物理视图。进入物理视图后，需要单击右上方最后一个按钮（【Home】按钮），才可以看到与逻辑视图对应的物理设备，如图 2-23 所示。

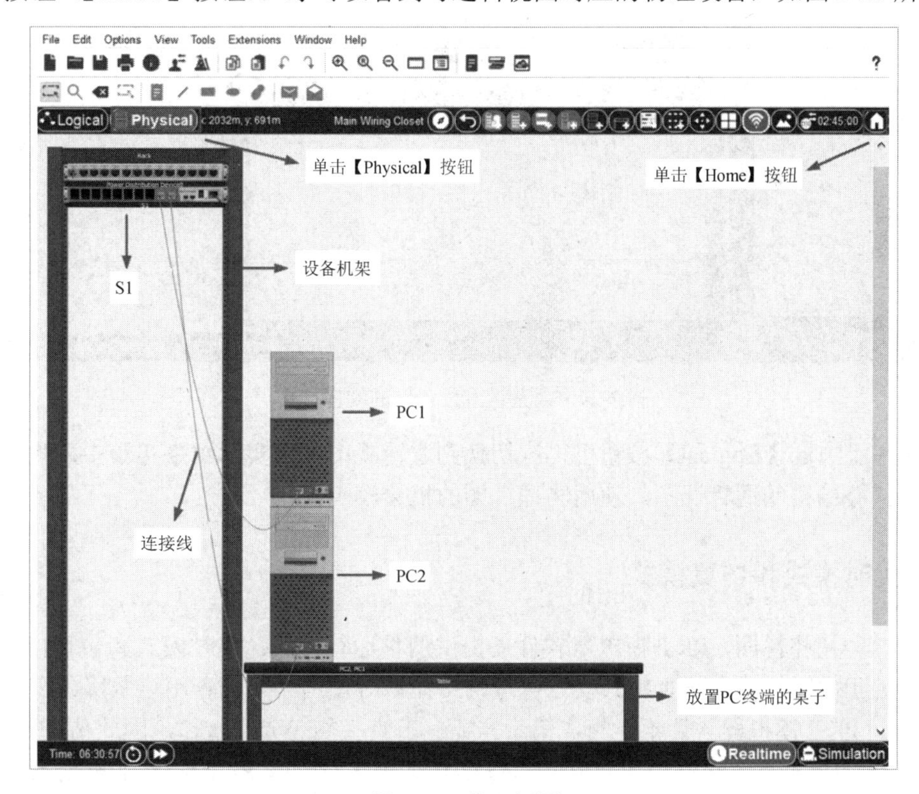

图 2-23　物理视图

从图 2-23 中可以看到，物理视图中的设备和逻辑视图中的设备是一一对应的，都有 2 个

PC 终端（PC1 和 PC2）和 1 个交换机（S1），只不过物理视图中为交换机添加了一个设备机架（Rack），为 2 个 PC 终端添加了一张桌子（Table）。在物理视图中，我们可以单击对应的物理设备图片（如交换机图片）进入设备配置窗口，也可以自由移动物理设备的位置，还可以利用物理视图上方的一排按钮添加更多设备机架和辅助物理单元（如机房房间、机架、理线架等）。图 2-24 所示为调整设备位置后的物理视图。

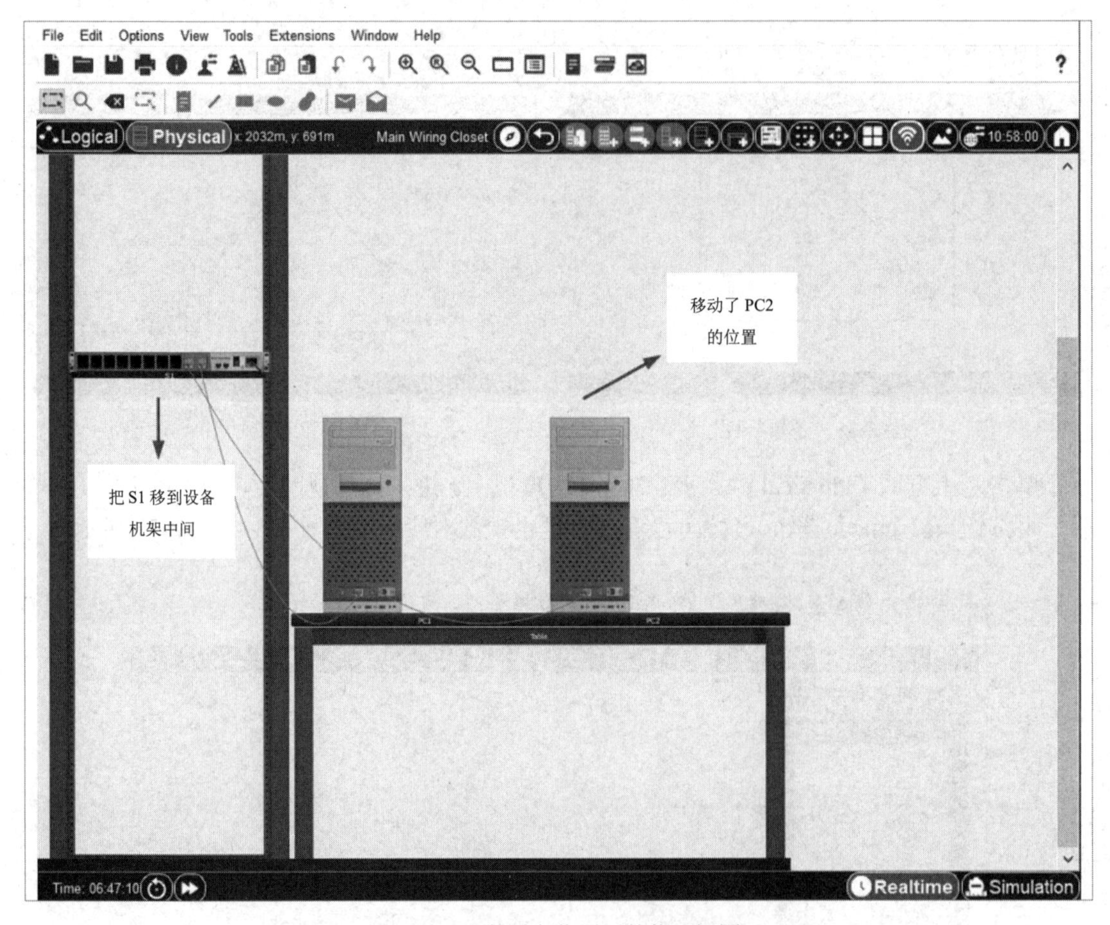

图 2-24　调整设备位置后的物理视图

单击左上方的【Logical】按钮可再次切换到逻辑视图。在实际网络实验中，我们一般只关注网络拓扑结构的逻辑视图，使用物理视图的机会较少。

2.3.6　实时模式和仿真模式

除了两种拓扑视图，PKT 模拟器软件还提供两种运行模式：实时模式和仿真模式。主工作区默认处于实时模式。仿真模式仅在进行网络调试时使用，如排查网络故障或分析协议报文等。由于 PKT 模拟器软件不能集成第三方抓包工具（如 Wireshark），因此仿真是 PKT 模拟器软件查看/分析协议报文内容的唯一手段。接下来将 Hello_PKT 网络实验切换到仿真模式，单击右下方的【Simulation】按钮，打开仿真模式界面，如图 2-25 所示。

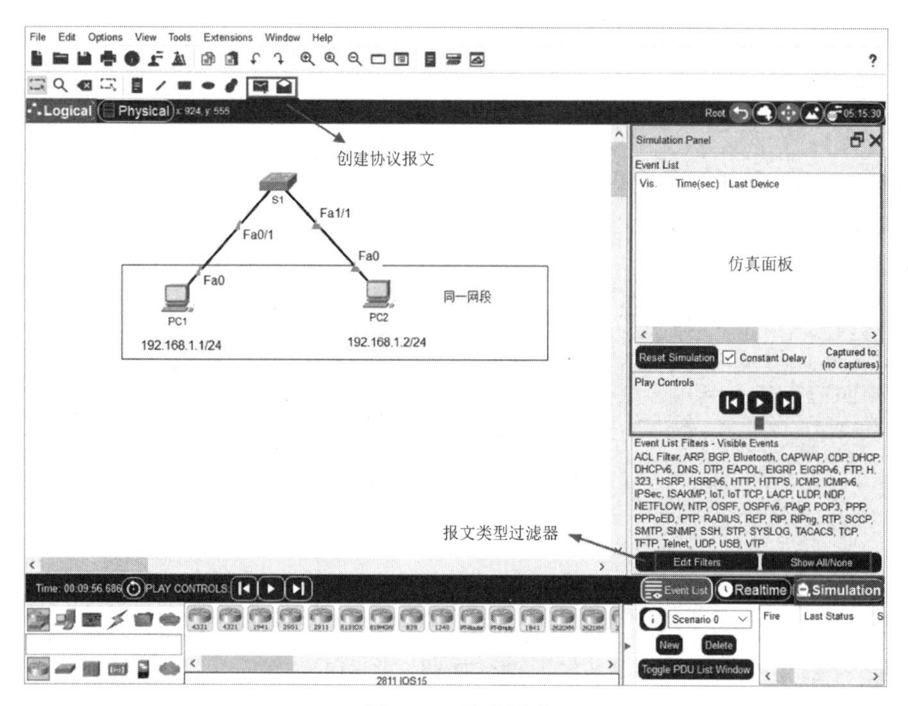

图 2-25　仿真模式

在仿真模式界面，右侧上方有一个仿真面板（Simulation Panel），中间有一个控制按钮（Play Controls）区，单击中间的三角形按钮可启动仿真。启动仿真后，主工作区中会以动画的方式展示当前网络拓扑中正在传输的协议报文。例如，S1 会周期性发送 STP 报文，如图 2-26 所示。

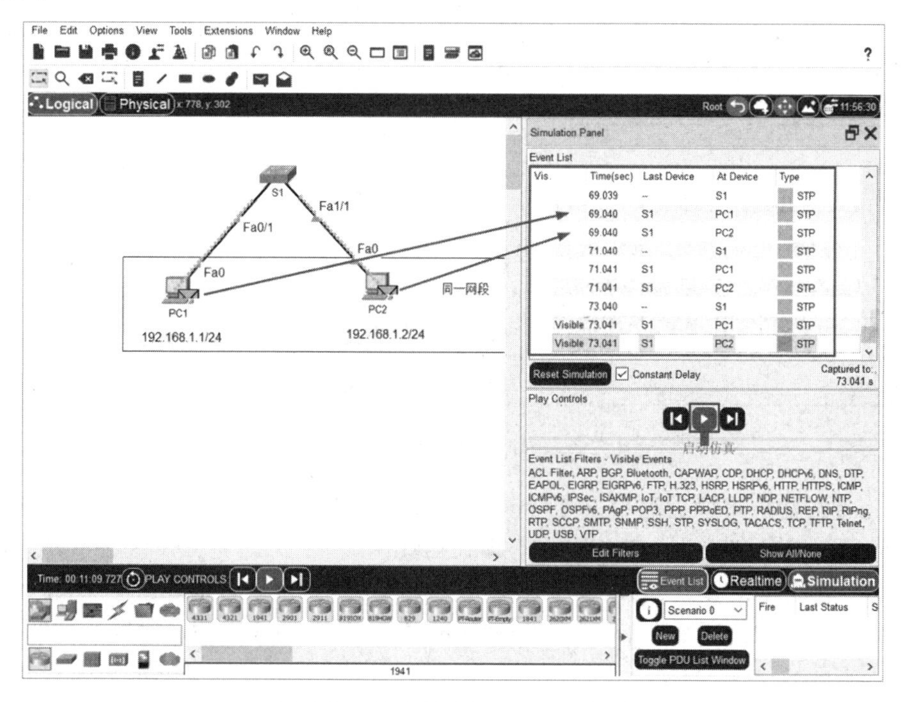

图 2-26　仿真模式下 STP 报文传输

在仿真面板中，单击其中一条 STP 报文条目，会弹出如图 2-27 所示的窗口，显示 S1 发出的 STP 报文的详细内容。

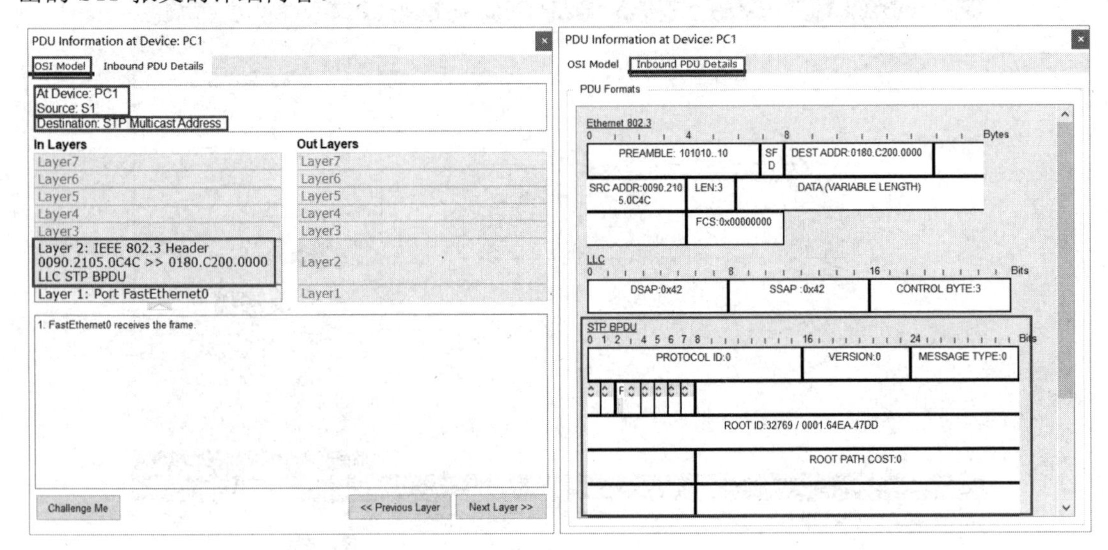

图 2-27　查看 STP 报文的详细内容

在进行仿真时，为了不在仿真面板中列出太多不同协议的报文，可以单击【Edit Filters】按钮，在弹出的协议过滤窗口中进行设置，只列出选中的协议（打钩）的报文，过滤掉没有选中的协议的报文。由于当前网络协议类型很多，协议过滤窗口对协议进行了分类，将其分布在 3 个功能页中，这 3 个功能页分别是【IPv4】【IPv6】【Misc】，如图 2-28 所示。

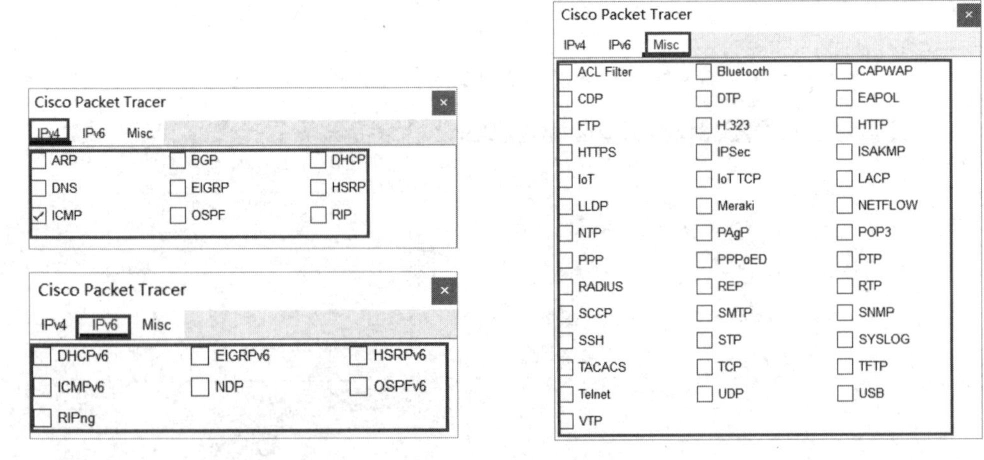

图 2-28　仿真模式下的协议过滤窗口

为了方便过滤，可以通过单击【Show All/None】按钮全选或清空所有选中的协议。如图 2-28 所示，当前只选中了 ICMP 协议，即在仿真模式下，只在主工作区显示 ICMP 报文收发情况，其他协议报文都不显示。接下来看一个仿真实例，仿真从 PC1 到 PC2 的 ICMP 报文收发过程，操作步骤如下。先单击功能按钮区的【Add Simple PDU】按钮，再单击 PC1，然后单击 PC2，最后单击三角形按钮启动仿真，主工作区中将会以动画的形式展示 ICMP 报文先从 PC1 发往 PC2，再从 PC2 返回 PC1 的仿真过程。仿真结束后的界面如图 2-29 所示。

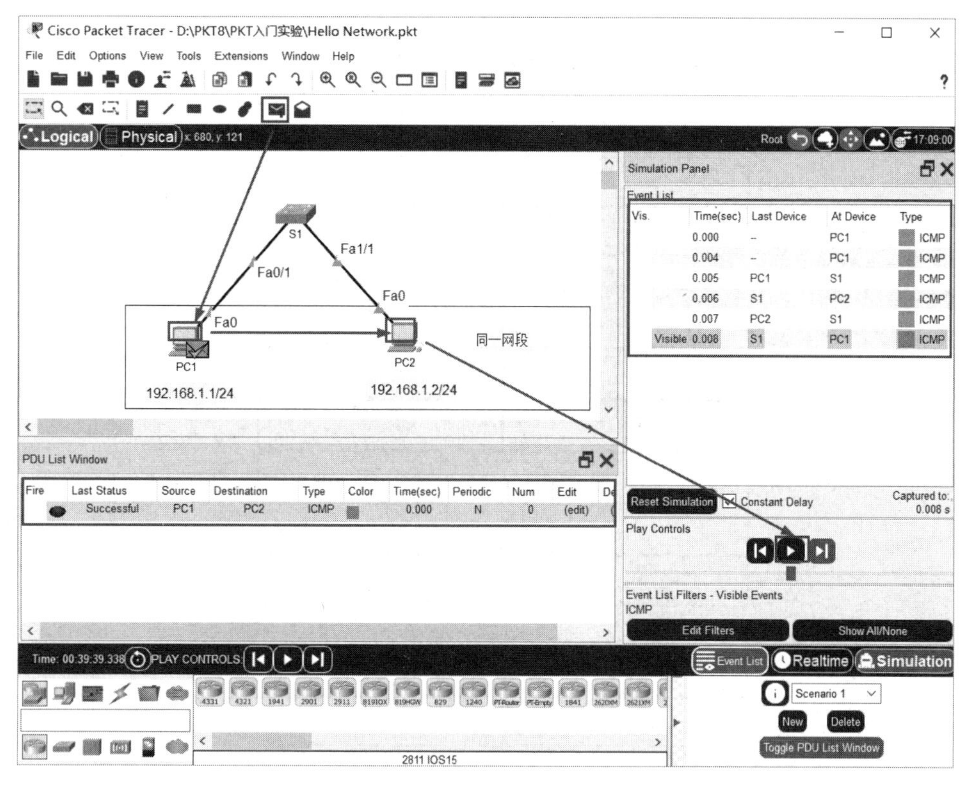

图 2-29　仿真结束后的界面

如图 2-29 所示,【PDU List Window】窗口中显示 Source 为 PC1，Destination 为 PC2，Type 为 ICMP，Last Status 为 Successful，表示从 PC1 到 PC2 的 ICMP 报文传输仿真成功。在仿真面板中，详细列出了 ICMP 报文在 PC1、S1、PC2 中的转发情况。例如，单击打开第 3 项 At Device 为 S1 的 ICMP 报文（报文刚好走到 S1)，查看其详细内容，如图 2-30 所示。

在【OSI Model】功能页中，可以看到该 ICMP 报文模型只有 2 层，即物理层和数据链路层，因为 S1 是二层交换机。ICMP 报文源 MAC 地址为 0001.63B7.530B，目的 MAC 地址为 0001.9608.B29C，以上 MAC 地址就是 PC1 和 PC2 的 MAC 地址，可以打开 PC1/PC2 配置窗口进行查看验证。单击【Inbound PDU Details】功能页按钮，ICMP 报文详细内容如图 2-31 所示。

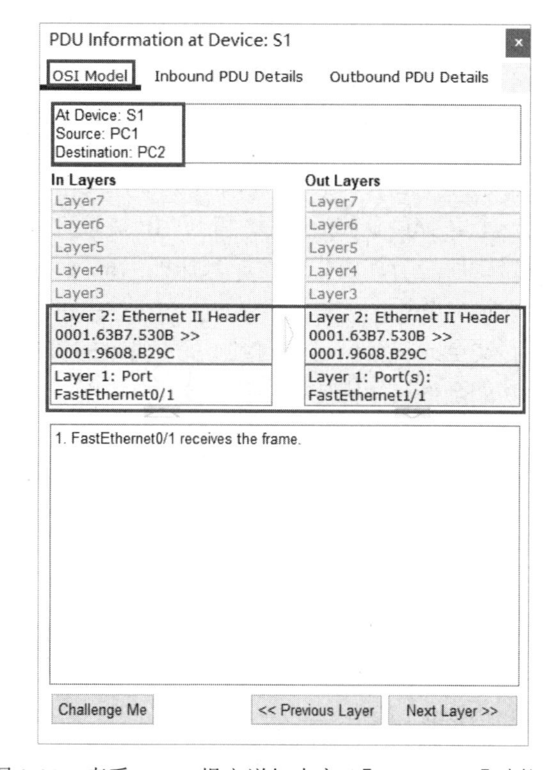

图 2-30　查看 ICMP 报文详细内容（【OSI Model】功能页）

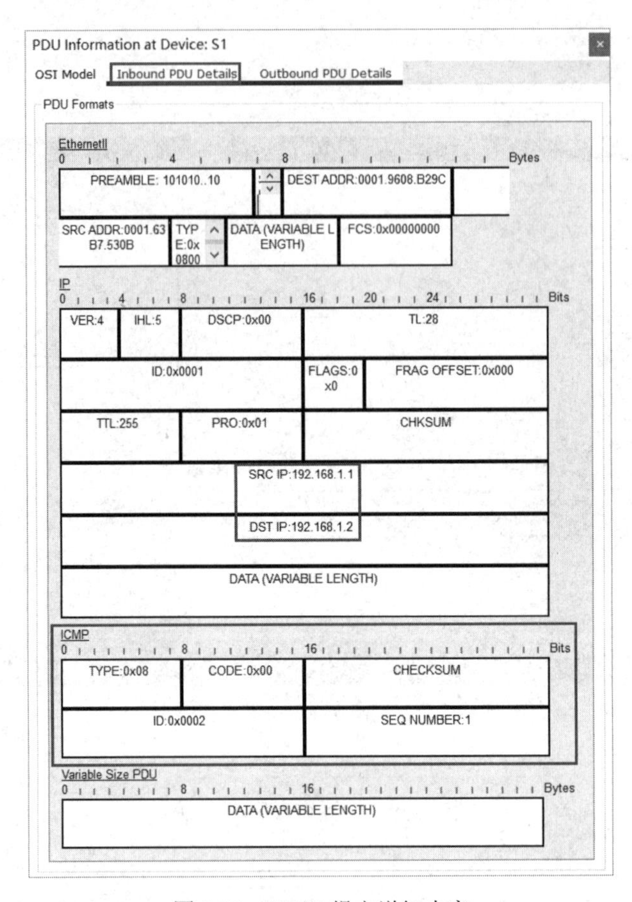

图 2-31 ICMP 报文详细内容

如图 2-31 所示，当 ICMP 报文从 PC1 传输到 S1 时，IP 协议头部的源 IP 地址和目的 IP 地址分别是 192.168.1.1 和 192.168.1.2，ICMP 协议头部字段 TYPE=0x08，CODE=0x00，说明是一个 ICMP 请求报文，这和 ICMP 协议理论上是相符的。由以上过程可以看出，利用 PKT 模拟器软件的仿真模式可以深入探究当前网络协议报文的内部细节，有效进行网络故障排查和协议报文分析。

行文至此，我们已经通过一个简单的 Hello_PKT 网络实验案例，把 PKT 模拟器软件的核心功能全部展示完毕。

2.4 本章小结

本章首先介绍了 PKT 模拟器软件获取与安装过程及其操作界面。其次以一个简单的 Hello_PKT 网络实验案例详细介绍了在 PKT 模拟器软件上进行网络实验的流程，包括添加网络设备、配置设备属性、连接设备及网络配置与验证等。最后介绍了 PKT 模拟器软件的逻辑视图和物理视图的差别和操作方法，以及实时模式和仿真模式的差别与操作功能。PKT 模拟器软件界面友好、操作简单，相信读者在完成以上实验流程的基础上，不断勤加练习，举一反三，肯定能够在 PKT 模拟器软件上完成更加复杂的网络实验。

第 3 章　EVE-NG 模拟器入门

3.1　本章实验设计

3.1.1　实验内容与目标

本章首先介绍 EVE-NG 模拟器软件获取与安装过程，其次通过一个 Hello_EVE-NG 网络实验案例带领读者快速熟悉 EVE-NG 模拟器软件的系统配置和操作方法。本章实验目标是让读者获得以下知识和技能。

（1）掌握 EVE-NG 模拟器核心软件获取与安装方法，熟悉 EVE-NG 模拟器软件的功能界面。

（2）掌握主流厂商设备镜像获取方法、镜像安装与配置方法，并测试镜像的有效性。

（3）掌握 EVE-NG 模拟器第三方辅助软件获取与安装方法，包括抓包软件 Wireshark、远程登录软件 SecureCRT 及虚拟容器软件 UltraVNC 等，并通过浏览器正确调用这些软件。

（4）掌握 EVE-NG 模拟器软件的基本使用方法，包括添加/连接设备、启动/登录设备及网络配置与验证等。

（5）理解 EVE-NG 模拟器软件跨厂商、跨平台的特点，并能利用 EVE-NG 模拟器软件强大的扩展功能，搭建属于自己的网络实验平台或个人网络实验室。

3.1.2　实验学时与选择建议

本章实验学时与选择建议如表 3-1 所示。

表 3-1　本章实验学时与选择建议

主要实验内容	对应章节	实验学时建议	选择建议
EVE-NG 模拟器软件获取与安装	3.2.1～3.2.3	2 学时	必选
Hello_EVE-NG 网络实验案例 1	3.3.1～3.3.3	2 学时	必选
Hello_EVE-NG 网络实验案例 2	3.3.4、3.3.5	2 学时	必选

3.2　EVE-NG 模拟器软件获取与安装

EVE-NG 模拟器是一款运行在 VMware Workstation 中的大型网络模拟实验平台，需要安装的软件种类比较多，且软件占用的磁盘空间较大，安装过程相对复杂，但功能十分强大。EVE-NG 模拟器需要安装的软件有以下 3 类。

（1）核心软件。

（2）主流厂商设备镜像。

（3）第三方辅助软件。

下面分别介绍这 3 类软件的获取与安装过程，以及安装注意事项。

3.2.1 核心软件获取与安装

EVE-NG 模拟器核心软件是一款运行在 VMware Workstation 中的专用 Ubuntu 虚拟机系统，该系统对外提供 Web 服务。虚拟机系统启动后，使用者通过网络浏览器（如 Firefox、Chrome 等）登录虚拟机系统提供的 Web 页面，所有的网络实验操作与配置都在 Web 页面中进行。因此，EVE-NG 虚拟机系统是一种典型的 B/S（Browser/Server）模式的软件系统。

EVE-NG 虚拟机系统可以在其官方网站上下载，进入下载页面，可以看到 EVE-NG 虚拟机系统有两个版本：专业版（Professional）和社区版（Community）。EVE-NG 社区版虚拟机系统是免费的，而 EVE-NG 专业版虚拟机系统是收费的，其功能比社区版强大一些（如支持多人同时实验、支持串口抓取报文等）。对于个人用户而言，社区版基本可以满足绝大部分网络实验需求。因此，本书将基于 EVE-NG 社区版虚拟机系统进行介绍和开展实验。

EVE-NG 社区版虚拟机系统目前最新的版本为 V5.0.1-13（2022 年 7 月发布），上一个版本为 V2.0.3-112。为什么版本编号突然从 V2 跨越式升级到 V5 了呢？主要原因是 V2 的虚拟机系统版本为 Ubuntu 16.04，而 V5 的虚拟机系统版本为 Ubuntu 20.04。根据 EVE-NG 官方说明，从 V2.0.3-112 升级到 V5.0.1-13 已经不可能采用在线升级的方式了，只能重新下载虚拟机系统，在本地离线安装。接下来以 V5.0.1-13 版本为例，介绍 EVE-NG 社区版虚拟机系统的下载和安装过程。进入 EVE-NG 官方网站下载页面，EVE-NG 社区版虚拟机系统下载页面如图 3-1 所示。

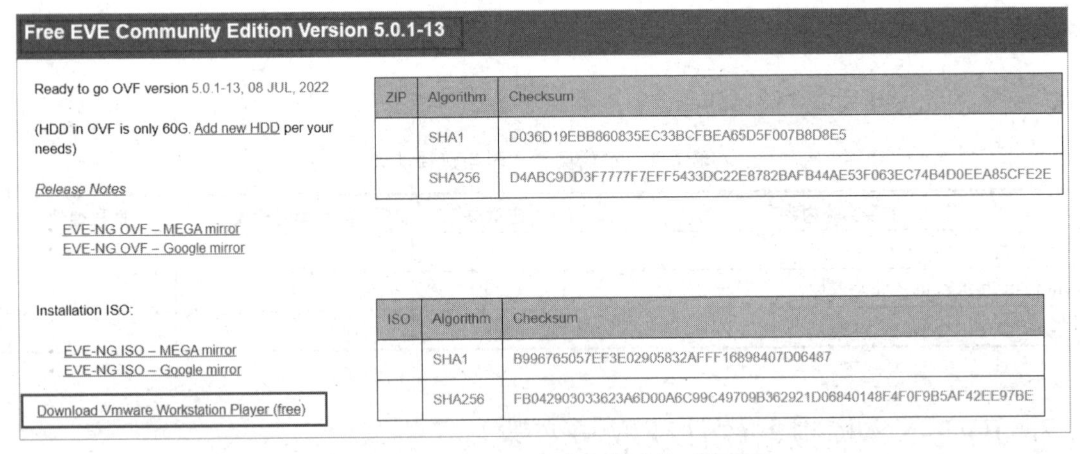

图 3-1　EVE-NG 社区版虚拟机系统下载页面

首先单击【Download Vmware Workstation Player（free）】链接跳转到 VMware Workstation Player 下载页面（截至目前最新版本为 VMware Workstation Player 16.2.4），下载的文件是一个 exe 安装文件。其次单击【Installation ISO】下面的【EVE-NG ISO-MEGA mirror】链接或【EVE-NG ISO-Google mirror】链接，下载 EVE-NG 社区版虚拟机系统。下载的 EVE-NG 社区版虚拟机系统压缩文件大小约为 3GB，解压后的文件列表如图 3-2 所示。

名称	修改日期	类型	大小
EVE-COM-5.mf	2022/7/9 3:02	MF 文件	1 KB
EVE-COM-5	2022/7/9 2:56	开放虚拟化格式程序包	15 KB
EVE-COM-5-0.vmdk	2022/7/9 3:01	360zip	2,844,299 KB

图 3-2　解压后的文件列表

注意： 由于 EVE-NG 虚拟机系统安装文件很大，国内用户如果直接从官方网站下载，则速度很慢、耗时很长，而且经常掉线，很难下载成功。因此，建议国内用户在相关网络技术论坛上寻找国内的服务器镜像进行下载。以上软件准备好以后，安装过程很简单，主要分为以下 3 个步骤。

第 1 步：安装 VMware Workstation 软件，该软件是一个 exe 安装文件，按照提示单击【next】按钮即可完成安装。

第 2 步：启动 VMware Workstation 软件，并导入 EVE-NG 虚拟机系统，操作方式如下。选择【文件】→【打开】菜单命令，弹出【打开】对话框，如图 3-3 所示。

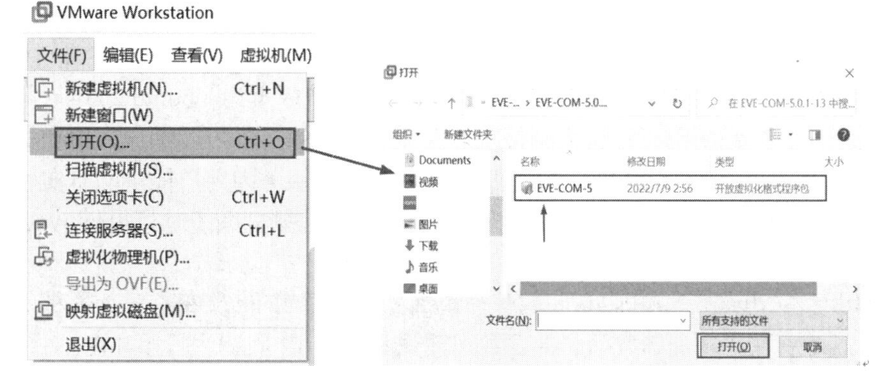

图 3-3　导入 EVE-NG 虚拟机系统

找到解压后的 EVE-NG 虚拟机系统并选中 EVE-COM-5，单击【打开】按钮，系统开始导入 EVE-NG 虚拟机系统，整个过程耗时约十几分钟。导入成功后，VMware Workstation 软件主界面中将会新增一个名为【EVE-COM-5】的虚拟机，如图 3-4 所示。

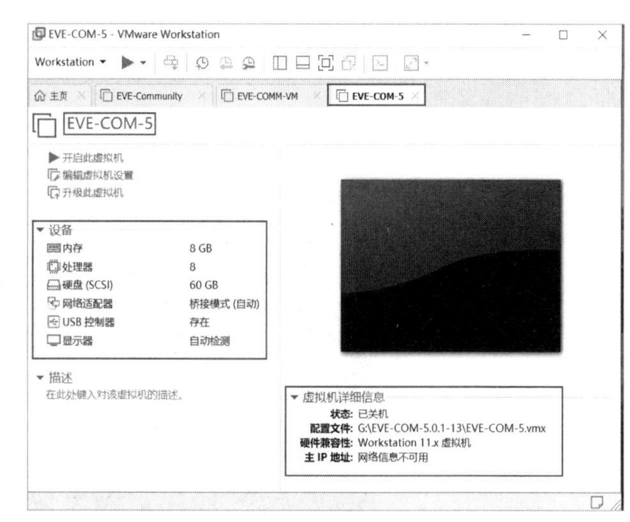

图 3-4　EVE-NG 虚拟机系统成功导入效果图

从图 3-4 中可以看到，系统默认为 EVE-COM-5 虚拟机配置了 8GB 内存，8 个处理器内核，以及 60GB 硬盘空间，网络适配器默认为桥接模式（自动）。当然，可以单击【编辑虚拟机设置】按钮对以上参数进行修改，但不建议修改，因为这是官方认为能够保证 EVE-COM-5 虚拟机流畅运行的最低资源配置。

第 3 步：单击图 3-4 中的【开启此虚拟机】按钮，即可启动 EVE-COM-5 虚拟机，成功启动的 EVE-COM-5 虚拟机界面如图 3-5 所示。

图 3-5　成功启动的 EVE-COM-5 虚拟机界面

从图 3-5 中可以看到，EVE-COM-5 虚拟机的操作系统版本为 Ubuntu 20.04，可以输入用户名（默认为 root）和密码（默认为 eve）进入虚拟机系统，但一般不进入虚拟机系统进行配置，因为 EVE-NG 模拟器主要通过虚拟机提供的 Web 服务为用户提供网络实验的操作界面。系统提示 Use http://192.168.31.11/，这就是 EVE-NG 虚拟机系统对外提供 Web 服务的 IP 地址。

注意： 由于 VMware Workstation 软件的配置差别，该 IP 地址在不同计算机上的显示可能不一样，这是正常的，只要按照系统提示的 IP 地址访问就可以。

如果获取不到 IP 地址，则可以尝试修改 EVE-NG 虚拟机系统的网络适配器的模式，如改为 NAT 模式。为了达到更好的显示效果，官方建议采用 Firefox 或 Chrome 浏览器访问 EVE-NG 虚拟机系统的 Web 页面，因为采用其他浏览器可能会出现异常。图 3-6 所示为通过 Firefox 浏览器访问 EVE-NG 虚拟机系统的 Web 登录页面。

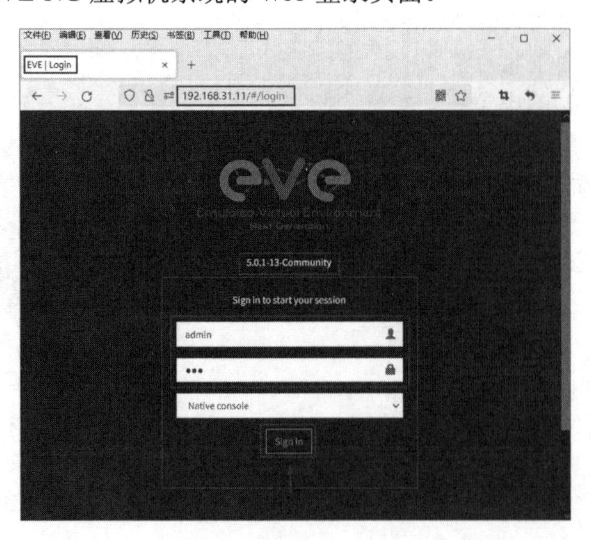

图 3-6　通过 Firefox 浏览器访问 EVE-NG 虚拟机系统的 Web 登录页面

在如图 3-6 所示的 Web 登录页面中，只需要输入用户名（默认为 admin）和密码（默认为 eve），并单击【Sign In】按钮即可进入 EVE-NG 虚拟机系统主工作区页面，如图 3-7 所示。至此 EVE-NG 模拟器核心软件就安装成功了。

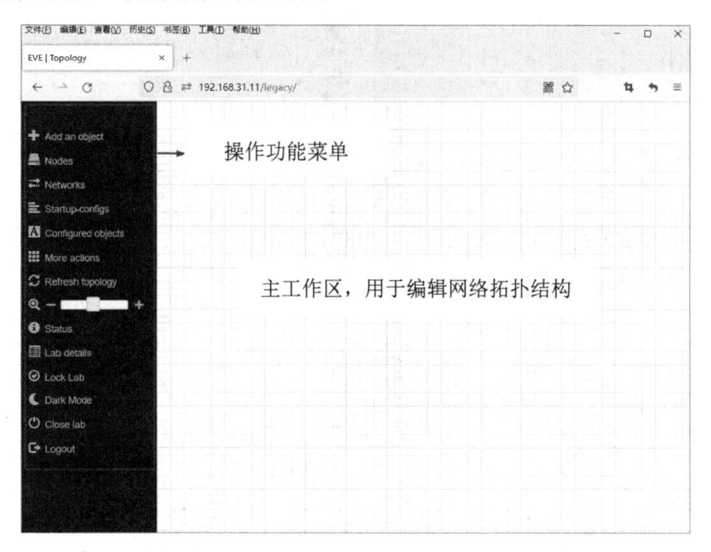

图 3-7　EVE-NG 虚拟机系统主工作区页面

3.2.2　主流厂商设备镜像获取与导入

进入 EVE-NG 虚拟机系统主工作区页面，并不代表能够真正开始做实验，因为 EVE-NG 模拟器核心软件本身默认并不包含可用的设备（如交换机、路由器等），只包含虚拟 PC 终端（VPCS）。在 EVE-NG 虚拟机系统主工作区页面中，在左边区域依次选择【Add an object】→【Node】选项，弹出如图 3-8 所示界面。

图 3-8　添加网络设备

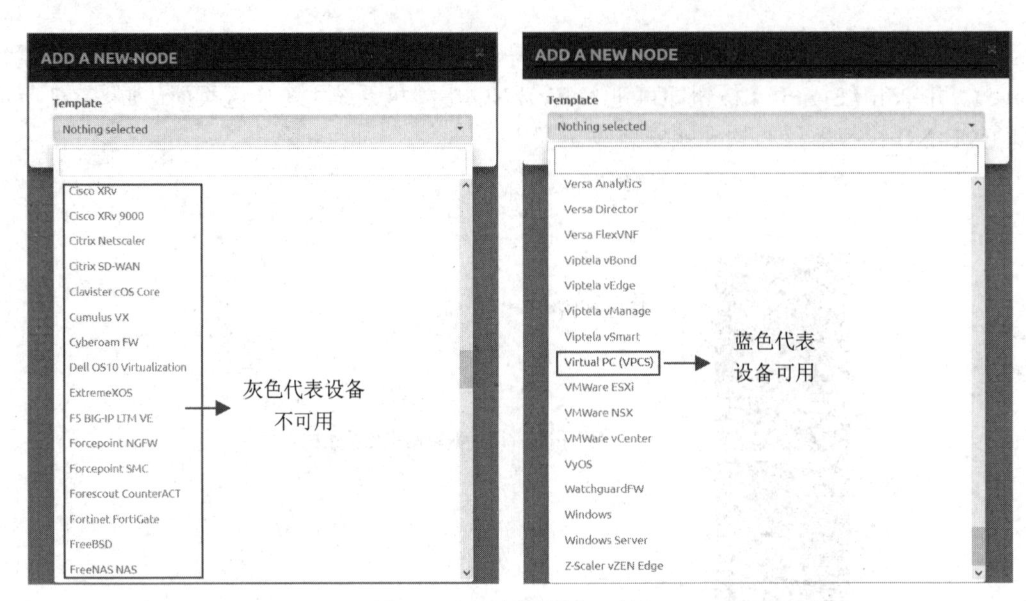

图 3-8　添加网络设备（续）

从图 3-8 中可以看到，设备名称列表中列出了不同厂商的很多设备，但绝大部分设备名称都是灰色的，表明该设备当前不可用。向下拖动设备列表，只有 Virtual PC(VPCS)是蓝色的，表明该设备可用，这个设备是 EVE-NG 虚拟机系统内置的虚拟 PC 终端。如果要使用以上列表中的设备，则必须在设备厂商的官方网站或相关网络技术论坛搜索下载对应的设备镜像文件，并将其正确导入 EVE-NG 虚拟机系统。

EVE-NG 虚拟机系统可以支持当前大部分主流厂商的设备，是一款真正跨厂商、跨平台的虚拟化网络模拟环境。EVE-NG 虚拟机系统集成了 3 种经典网络模拟器的功能：Dynamips、IOL（Cisco IOS on Linux）和 QEMU（Quick Emulator）。Dynamips 是基于虚拟化技术的经典网络模拟器，用于运行思科路由器的真实操作系统。IOL 是运行在 Linux 操作系统上的 Cisco IOS，比 Dynamips 性能更优，占用的资源更少，不仅可以模拟路由器，而且可以模拟交换机。QEMU 是网络虚拟化领域中的集大成者，Dynamips 与 IOL 仅支持模拟思科设备，而 QEMU 理论上可以仿真任意厂商、任意型号的设备。此外，EVE-NG 虚拟机系统通过 QEMU 不仅能仿真网络设备，还能仿真当前主流或非主流定制化的操作系统，如 Windows 7/10、Windows Server 2008/2012/2016、Redhat/CentOS/Fedora/SUSE/Ubuntu/Debian、VMware ESXi/NSX/vCenter 等，甚至可以仿真基于 UNIX/Linux 操作系统的软路由、软防火墙或软存储服务器，如 OpenWRT、Panabit、Pfsense、FreeNAS 等。因此，有了 QEMU 的助力，EVE-NG 虚拟机系统如虎添翼，可以说 QEMU 技术是 EVE-NG 虚拟机系统之所以如此强大的灵魂所在。

以上 3 种网络模拟器都有自己的镜像文件格式，其中 Dynamips 镜像文件后缀名为 image，现在较少使用，仅用来模拟思科路由器。IOL 只支持思科内部的镜像文件格式，IOL 镜像文件后缀名为 bin，不区分具体的思科设备型号，只从大的方向分为 2 类：文件名包含 l2 的为交换机，作为二层或三层交换机使用；文件名包含 l3 的为路由器，作为通用路由器使用，其端口仅支持三层功能，不支持二层功能。QEMU 可以支持多种镜像文件格式，如 qcow2、ova 及 ISO 等。在选择 QEMU 镜像文件格式时，建议优先选择 qcow2，这是 EVE-NG 虚拟机系统天然支持的格式。直接将 qcow2 格式的 QEMU 镜像文件上传到 EVE-NG 虚拟机系统相应目录下，改名为 virtioa.qcow2 或 hda.qcow2，设备就可以直接使用。

相比 Dynamips 镜像，IOL 镜像有很多优点，如支持交换机的高级特性、系统开销更小且启动速度更快，所以 IOL 镜像是模拟思科设备的最佳选择，强烈建议读者使用 IOL 镜像替代 Dynamips 镜像。因此，下面重点详细介绍如何获取并导入 IOL 镜像文件，而对 Dynamips 镜像文件的相关内容不进行介绍。

3.2.2.1 导入 IOL 镜像文件

由于 IOL 镜像文件仅是在思科内部使用的镜像文件，因此 EVE-NG 官方网站不提供 IOL 镜像文件下载服务，这些镜像文件可以从相关网络技术论坛搜索下载。本书找到目前最新的交换机和路由器 IOL 镜像文件，文件名分别为 i86bin-linux-l2-adventerprisek9-m-15.2.bin 和 i86bin-linux-l3-adventerprisek9-m-15.7(3)-m2.bin。前者文件名中包含 l2，表明是一个思科交换机镜像文件（大小约为 120MB）；后者文件名中包含 l3，表明是思科路由器镜像文件（大小约为 180MB）。IOL 镜像文件命名规则如下。

- i86bin：面向 x86 硬件平台。
- linux：运行在 Linux 操作系统上。
- l2 或 l3：如果是 l2，则表示 Layer 2，支持二层功能；如果是 l3，则表示 Layer 3，支持三层功能。
- adventerprisek9：Cisco IOS 的特性。
- m：表示镜像从 RAM 运行。
- 15.2 或 15.7(3)-m2：Cisco IOS 的版本，其中 m2 是可选内容，表示版本发布方式。
- bin：镜像文件后缀名，代表是可执行二进制文件。

如果要在 EVE-NG 虚拟机系统中运行基于 IOL 的网络设备，除了需要以上镜像文件，还需要名为 iourc 的 license 文件。该文件是通过名为 CiscoIOUKeygen.py 的工具自动生成的，用于匹配当前 EVE-NG 虚拟机系统的最佳系统资源值（非常重要）。导入 IOL 镜像文件并进行验证测试的详细步骤如下。

第 1 步：在 VMware Workstation 中启动 EVE-NG 虚拟机系统，记录虚拟机的 IP 地址，如上文启动后的 EVE-COM-5 虚拟机的 IP 地址为 192.168.31.11。

第 2 步：通过 FTP 服务器（如 FlashXP、WinSCP 等）访问 EVE-NG 虚拟机系统的文件目录，将准备好的镜像文件上传到 EVE-NG 虚拟机系统对应文件的目录下。下面以 WinSCP（V5.21.1）为例访问 EVE-NG 虚拟机系统的文件目录。打开 WinSCP 后，弹出对话框提示输入 FTP 服务器的主机名（这里输入 192.168.31.11）、用户名（默认为 root）和密码（默认为 eve），端口号默认为 22，文件协议默认为 SFTP，如图 3-9 所示。

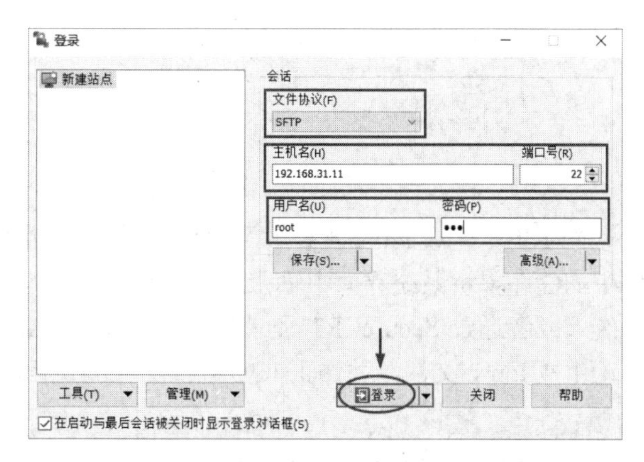

图 3-9 通过 WinSCP 访问 EVE-NG 虚拟机系统的文件目录

单击【登录】按钮，进入 WinSCP 界面后就可以看到 EVE-NG 虚拟机系统的文件目录。WinSCP 界面如图 3-10 所示。

第 3 步：将下载到本地的两个 IOL 镜像文件上传到 EVE-NG 虚拟机系统的/opt/unetlab/addons/iol/bin/目录下。同时将 iourc 文件的生成工具 CiscoIOUKeygen.py 也上传到该目录下。上传的方法：选中本地文件目录下的文件，直接将其拖到右边对应的 EVE-NG 虚拟机系统的文件目录下即可。上传后的文件列表情况如图 3-11 所示。

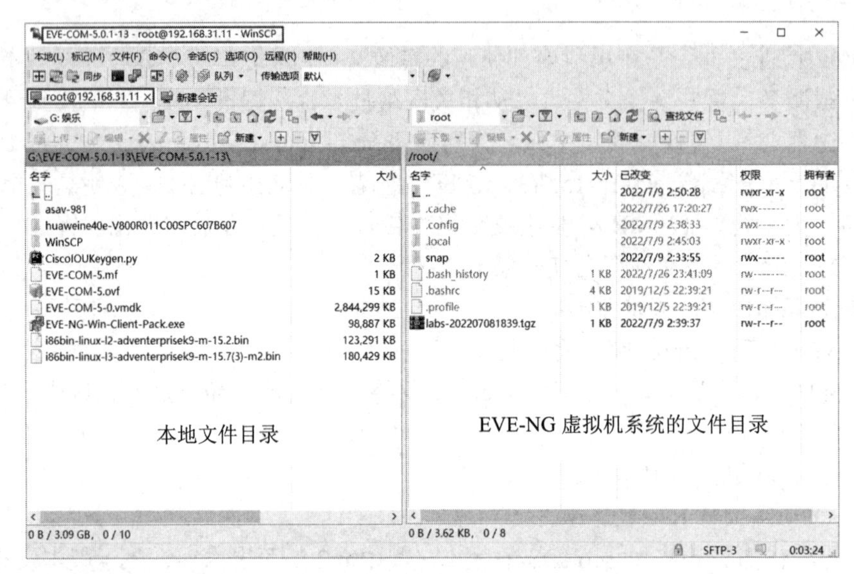

图 3-10　WinSCP 界面

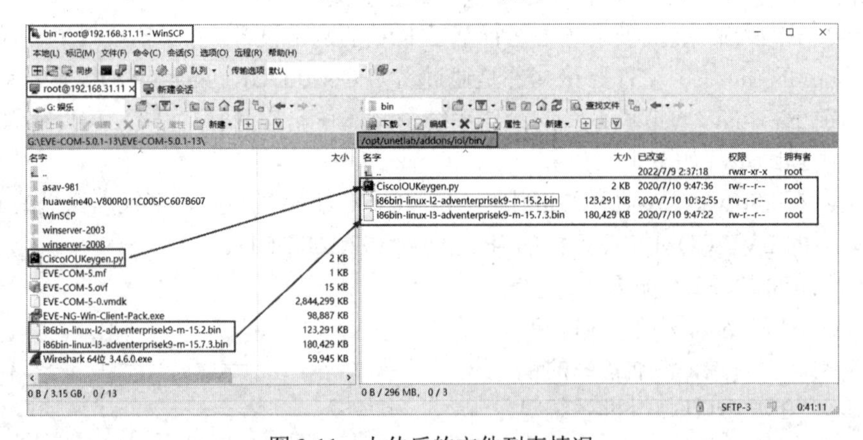

图 3-11　上传后的文件列表情况

第 4 步：生成 iourc 文件并为 IOL 镜像文件增加可执行权限。在 VMware Workstation 的 EVE-NG 虚拟机系统界面中输入用户名 root、密码 eve，登录 EVE-COM-5 的 Ubuntu 虚拟机系统（或者通过 SecureCRT 登录）。先进入/opt/unetlab/addons/iol/bin/目录，为 IOL 镜像文件自动生成 iourc 文件，并修正 IOL 镜像文件的访问权限，输入命令和过程如下：

```
Last login: Wed Jul 27 02:30:20 2022
root@eve-ng:~# cd /opt/unetlab/addons/iol/bin/   #进入 IOL 镜像文件目录
root@eve-ng:/opt/unetlab/addons/iol/bin# ls -l   #查看当前文件列表
```

```
    total 303732
    -rw-r--r-- 1 root root      1202 Jul 10  2020  CiscoIOUKeygen.py
    -rw-r--r-- 1 root root 126249700 Jul 10  2020  i86bin-linux-l2-adventerprisek9-
m-15.2.bin
    -rw-r--r-- 1 root root 184759244 Jul 10  2020  i86bin-linux-l3-adventerprisek9-
m-15.7.3.bin
    #通过下面的命令自动生成 iourc 文件（非常重要）
    root@eve-ng:/opt/unetlab/addons/iol/bin# python3 CiscoIOUKeygen.py | grep -A 1
'license' > iourc
    root@eve-ng:/opt/unetlab/addons/iol/bin# ls -l  #再次查看文件列表
    total 303736
    -rw-r--r-- 1 root root      1202 Jul 10  2020  CiscoIOUKeygen.py
    -rw-r--r-- 1 root root 126249700 Jul 10  2020  i86bin-linux-l2-adventerprisek9-
m-15.2.bin
    -rw-r--r-- 1 root root 184759244 Jul 10  2020  i86bin-linux-l3-adventerprisek9-
m-15.7.3.bin
    -rw-r--r-- 1 root root        37 Jul 27 02:57  iourc   #可以看到，iourc 文件已经生成
    root@eve-ng:/opt/unetlab/addons/iol/bin# cat iourc   #查看 iourc 文件内容
    [license]
    eve-ng = 972f30267ef51616;   #这种格式说明生成的 iourc 文件是正确的
    #通过下面的命令修正 IOL 镜像文件的访问权限（非常重要，否则文件不能执行，因为没有可执行权限）
    root@eve-ng:/opt/unetlab/addons/iol/bin#  /opt/unetlab/wrappers/unl_wrapper  -a
fixpermissions
    #再次查看文件列表，可以看到 bin 文件增加了可执行权限（x）
    root@eve-ng:/opt/unetlab/addons/iol/bin# ls -l
    total 303736
    -rw-r--r-- 1 root root      1202 Jul 10  2020  CiscoIOUKeygen.py
    -rwxr-xr-x 1 root root 126249700 Jul 10  2020  i86bin-linux-l2-adventerprisek9-
m-15.2.bin
    -rwxr-xr-x 1 root root 184759244 Jul 10  2020  i86bin-linux-l3-adventerprisek9-
 m-15.7.3.bin
    -rw-r--r-- 1 root root        37 Jul 27 02:57  iourc
```

第 5 步：验证 IOL 镜像文件是否可以正常运行。可以直接在 EVE-COM-5 的 Ubuntu 虚拟机系统中输入命令直接运行该 IOL 镜像文件，运行命令和结果如下：

```
    root@eve-ng:/opt/unetlab/addons/iol/bin# touch NETMAP   #生成 NETMAP 文件
    root@eve-ng:/opt/unetlab/addons/iol/bin# ls -l
    total 303736
    -rw-r--r-- 1 root root      1202 Jul 10  2020  CiscoIOUKeygen.py
    -rwxr-xr-x 1 root root 126249700 Jul 10  2020  i86bin-linux-l2-adventerprisek9-
m-15.2.bin
    -rwxr-xr-x 1 root root 184759244 Jul 10  2020  i86bin-linux-l3-adventerprisek9-
m-15.7.3.bin
    -rw-r--r-- 1 root root        37 Jul 27 02:57  iourc
    -rw-r--r-- 1 root root         0 Jul 27 03:18  NETMAP
    #以下命令开始运行交换机 IOL 镜像文件
```

```
root@eve-ng:/opt/unetlab/addons/iol/bin#LD_LIBRARY_PATH=/opt/unetlab/addons/iol/lib/
/opt/unetlab/addons/iol/bin/i86bin-linux-l2-adventerprisek9-m-15.2.bin 1
************************************************************
#IOL 镜像文件可以成功运行
IOS On Unix - Cisco Systems confidential, internal use only

            Restricted Rights Legend

Use, duplication, or disclosure by the Government is
subject to restrictions as set forth in subparagraph
(c) of the Commercial Computer Software - Restricted
Rights clause at FAR sec. 52.227-19 and subparagraph
(c) (1) (ii) of the Rights in Technical Data and Computer
Software clause at DFARS sec. 252.227-7013.
         cisco Systems, Inc.
         170 West Tasman Drive
         San Jose, California 95134-1706
#IOS 版本号与预期一致
Cisco IOS Software, Linux Software (I86BI_LINUXL2-ADVENTERPRISEK9-M),
Version 15.2(CML_NIGHTLY_20190423)FLO_DSGS7, EARLY DEPLOYMENT DEVELOPMENT BUILD,
synced to V152_6_0_81_E
Technical Support: http:#www.cisco.com/techsupport
Copyright (c) 1986-2019 by Cisco Systems, Inc.
Compiled Tue 23-Apr-19 02:38 by mmen
…… #中间信息省略
Switch>   #最后会出现交换机命令行提示符，表明 IOL 镜像文件运行成功
```

由以上结果可以看出，交换机的 IOL 镜像文件可以成功运行。通过 SecureCRT 重新登录一个 EVE-NG 虚拟机系统将以上运行的 IOL 镜像文件进程关闭，过程如下：

```
#查看 IOL 镜像文件运行的进程号
root@eve-ng:/opt/unetlab/addons/iol/bin# ps aux | grep iol
root  38829 1.0  2.4 267912 195492 pts/0   S+   03:20   0:20 /opt/unetlab/addons/iol/bin/i86bin-linux-l2-adventerprisek9-m-15.2.bin 1
root  44534 0.0  0.0   6440   720 pts/1    R+   03:51   0:00 grep --color=auto iol
root@eve-ng:/opt/unetlab/addons/iol/bin# kill 38829   #终止 IOL 镜像文件运行的进程
#IOL 镜像文件运行结束后，会产生一些临时文件，需要将其删除
root@eve-ng:/opt/unetlab/addons/iol/bin# ls -l
total 303804
-rw-r--r-- 1 root root      1202 Jul 10  2020  CiscoIOUKeygen.py
-rwxr-xr-x 1 root root 126249700 Jul 10  2020  i86bin-linux-l2-adventerprisek9-m-15.2.bin
-rwxr-xr-x 1 root root 184759244 Jul 10  2020  i86bin-linux-l3-adventerprisek9-m-15.7.3.bin
-rw-r--r-- 1 root root        37 Jul 27 02:57  iourc
-rw-r--r-- 1 root root         0 Jul 27 03:18  NETMAP
```

```
-rw-r----- 1 root root     20480 Jul 27 03:42  nvram_00001
-rw-r--r-- 1 root root     42671 Jul 27 03:42  pnp-tech-discovery-summary
-rw-r--r-- 1 root root        35 Jul 27 03:42  pnp-tech-time
root@eve-ng:/opt/unetlab/addons/iol/bin# rm NETMAP   #删除临时文件，下同
root@eve-ng:/opt/unetlab/addons/iol/bin# rm nvram_00001
root@eve-ng:/opt/unetlab/addons/iol/bin# rm pnp-tech-discovery-summary
root@eve-ng:/opt/unetlab/addons/iol/bin# rm pnp-tech-time
root@eve-ng:/opt/unetlab/addons/iol/bin# ls -l   #恢复 IOL 镜像文件运行前的文件列表
total 303736
-rw-r--r-- 1 root root      1202 Jul 10  2020  CiscoIOUKeygen.py
-rwxr-xr-x 1 root root 126249700 Jul 10  2020  i86bin-linux-l2-adventerprisek9-m-15.2.bin
-rwxr-xr-x 1 root root 184759244 Jul 10  2020  i86bin-linux-l3-adventerprisek9-m-15.7.3.bin
-rw-r--r-- 1 root root        37 Jul 27 02:57  iourc
root@eve-ng:/opt/unetlab/addons/iol/bin#
```

这样交换机 IOL 镜像文件就导入成功了。可以按照以上过程导入路由器 IOL 镜像文件，这里不再重复介绍。至此，IOL 镜像文件的获取、上传、导入与验证过程全部展示完毕。

3.2.2.2　导入 QEMU 镜像文件

EVE-NG 虚拟机系统的强大之处在于能够通过 QEMU 技术导入任意厂商的任意设备镜像文件。接下来以 Huawei NE40、Windows Server 及 Cisco ASAv 为例，来展示 QEMU 镜像文件的导入过程。

首先查看 EVE-NG 虚拟机系统已有的设备列表，可以看到 EVE-COM-5 虚拟机的设备列表中有 Huawei NE40，说明可以直接为其导入该型号设备的镜像文件。EVE-NG 虚拟机系统默认支持的 QEMU 镜像文件后缀名为 qcow2，该格式文件本质上是一个操作系统的虚拟硬盘文件，和 VMware Workstation 的 vmdk 文件类似。为 EVE-NG 虚拟机系统已有模板的设备导入镜像文件其实很简单，只要将下载到本地的 qcow2 镜像文件上传到 EVE-NG 虚拟机系统的/opt/unetlab/addons/qemu/目录下，为镜像文件创建一个新的目录名，并为其增加可执行权限即可。图 3-12 所示为通过 WinSCP 上传 Huawei NE40 的镜像文件的示意图。

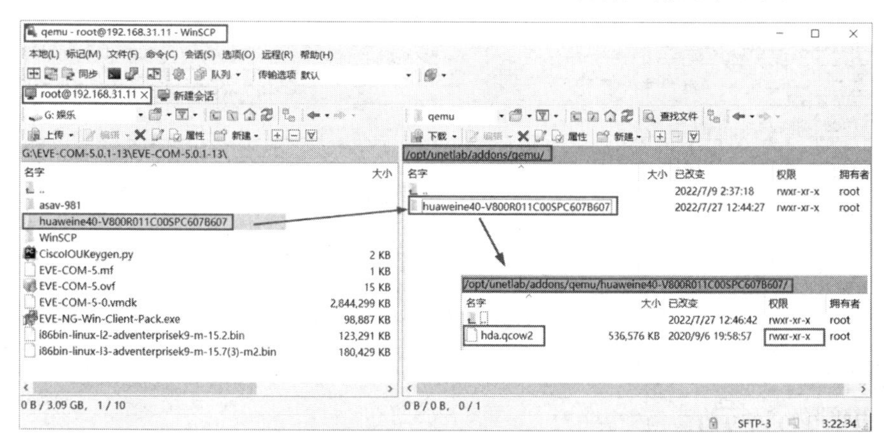

图 3-12　通过 WinSCP 上传 Huawei NE40 的镜像文件的示意图

如图 3-12 所示，QEMU 镜像文件配置关键点有以下两个。

（1）必须在/opt/unetlab/addons/qemu/目录下为镜像文件新建一个文件夹，并将镜像文件名修改为 had.qcow2、virtioa.qcow2 或 sataa.qcow2，最后将镜像文件上传到该文件夹中。其中文件夹的命名也是有严格规定的，否则在添加设备时该设备型号仍然为灰色不可用状态。对于上述 Huawei NE40，其文件夹名称必须以 huaweine40-开头，连字符后面的字符串可以自定义（如可以定义为镜像文件的版本）。不同设备的 QEMU 镜像文件的文件夹和镜像文件命名规范，可以参考 EVE-NG 官方网站上的镜像文件命名指南。打开该指南页面，可以看到不同厂商设备型号文件夹和 QEMU 镜像文件命名规范，如图 3-13 所示。

Qemu folder name EVE	Vendor	Qemu image .qcow2 name
a10-	A10-vthunder	hda
acs-	ACS	hda
asa-	ASA ported	hda
asav-	ASAv	virtioa
ampcloud-	Ampcloud Private	hda, hdb, hdc
alteon-	Radware	virtioa
barracuda-	Barracuda FW	hda
bigip-	F5	virtioa, virtiob
brocadevadx-	Brocade	virtioa

图 3-13　EVE-NG 官方网站上的镜像文件命名指南（部分厂商）

（2）必须为 qcow2 镜像文件增加可执行权限。操作方式和 IOL 镜像文件一样，同样须执行命令/opt/unetlab/wrappers/unl_wrapper -a fixpermissions。

在 EVE-COM-5 虚拟机的设备列表中，也有 Cisco ASAv 和 Windows Server，我们也上传了 Windows Server 和 Cisco ASAv 的 QEMU 镜像文件，并为镜像文件增加了可执行权限，如图 3-14 所示。

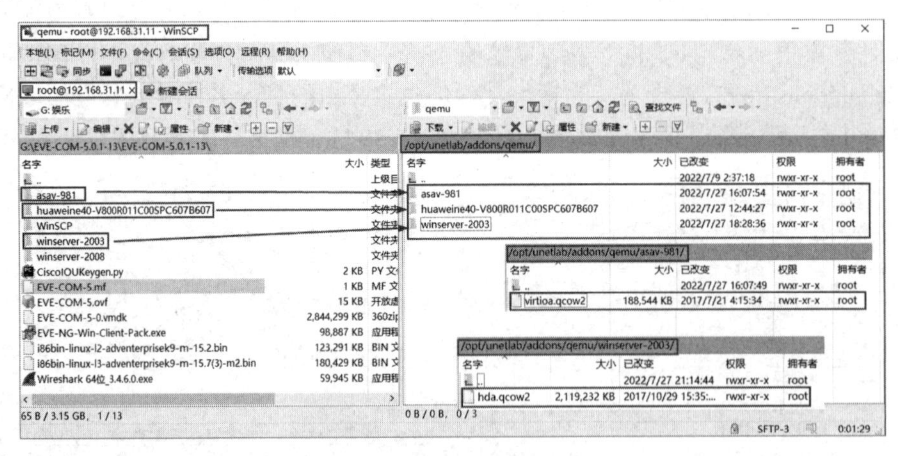

图 3-14　修改权限后的镜像文件

现在查看在 EVE-COM-5 虚拟机的设备列表，发现有 5 个可用设备，如图 3-15 所示（框住的为可用设备）。

从图 3-15 中可以看到，目前可用的设备包括 Cisco ASAv、Cisco IOL、Huawei NE40、

Virtual PC(VPCS)及 Windows Server。这样就为 EVE-COM-5 虚拟机成功导入了不同厂商设备的镜像文件。此外，EVE-NG 虚拟机系统还支持导入设备列表里没有的设备（自定义设备类型），但由于以上 5 种镜像文件基本上可以满足本书中的绝大部分实验需求，限于篇幅，这里对自定义设备类型和镜像文件导入不进行过多介绍。

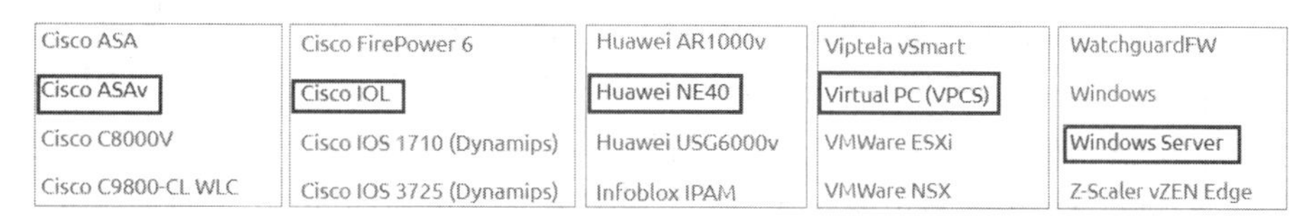

图 3-15　EVE-COM-5 虚拟机的设备列表

3.2.3　第三方辅助软件获取与安装

EVE-NG 模拟器第三方辅助软件或插件主要包括抓包软件 Wireshark、远程登录软件 SecureCRT 及虚拟容器软件 UltraVNC 等。EVE-NG 官方网站已经将这些软件打包成一个 exe 安装文件，下载后按照提示直接安装即可。进入 EVE-NG 官方网站下载页面，选择对应的下载链接进行下载，如图 3-16 所示。

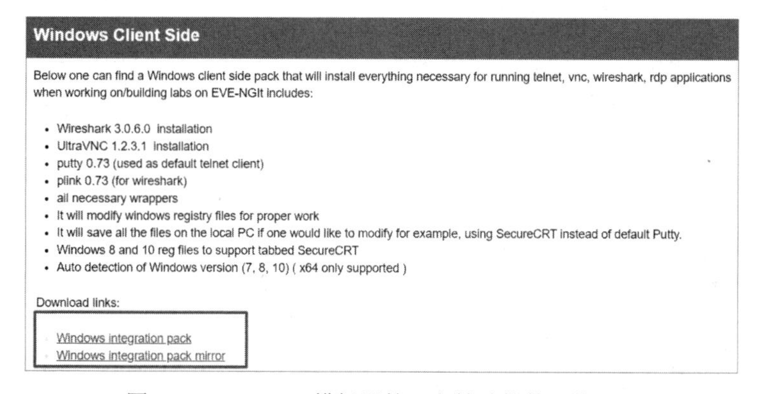

图 3-16　EVE-NG 模拟器第三方辅助软件下载页面

第三方辅助软件的初始安装界面如图 3-17 所示。

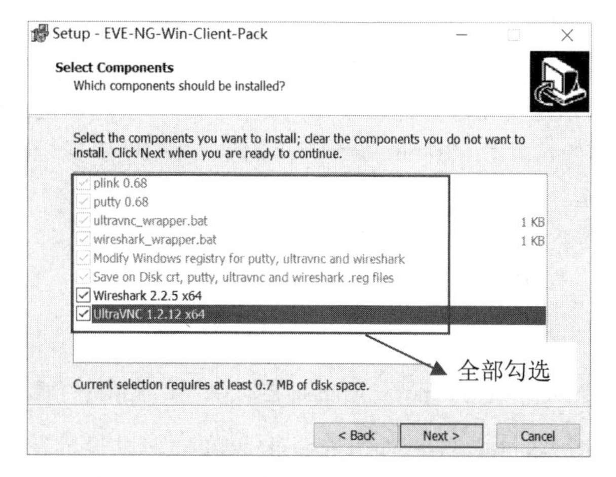

图 3-17　第三方辅助软件的初始安装界面

图 3-17 显示的是 Setup-EVE-NG-Win-Client-Pack 1.0 版本的安装界面，2.0 版本中 Wireshark 的版本和 UltraVNC 的版本要高一些，但 1.0 版本配合最新版的 EVE-COM-5 虚拟机也可以正常使用，不影响功能使用。

注意： 在安装过程中，以上安装插件要全部勾选，且不要修改其中任何一个插件的默认安装路径，否则可能会出现不可预知的错误。以上安装插件中不包含 SecureCRT 软件，需要单独下载并安装该软件，本书写作时采用的 SecureCRT 版本为 V8.7.1。

以上所有第三方辅助软件和插件都安装好以后，需要在浏览器中对这些软件进行关联设置，以便 EVE-NG 虚拟机系统能够正确调用这些应用软件。以 Firefox 浏览器为例（强烈建议使用 Firefox 浏览器），在地址栏输入 about:preferences，或者单击右上角的【设置】按钮，打开浏览器设置页面，如图 3-18 所示。

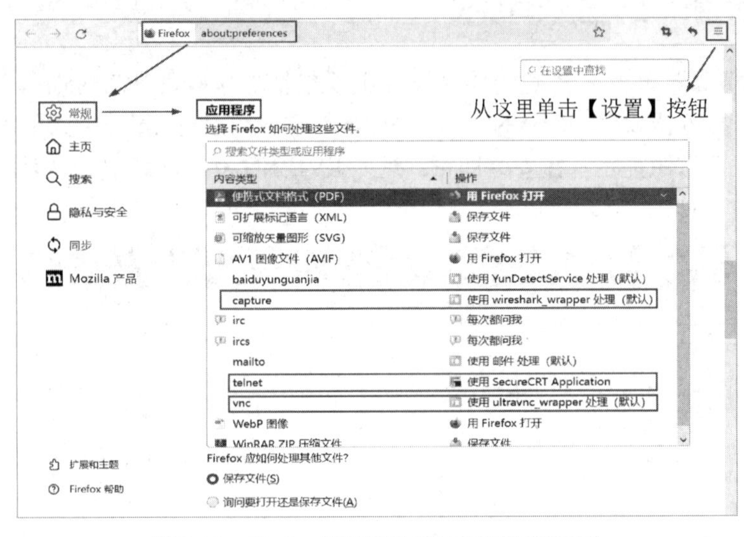

图 3-18　Firefox 浏览器的应用程序调用设置

在 Firefox 浏览器设置页面中，选择【常规】→【应用程序】选项，需要对 3 个应用程序进行关联设置，分别是 capture、telnet 和 vnc，单击每个应用程序对应项会出现对应的选择菜单。capture 会在 Web 页面直接调用抓包软件，选择使用 wireshark_wrapper 处理（默认）。telnet 会在 Web 页面直接调用终端软件远程登录设备，选择使用 SecureCRT Application。vnc 会调用虚拟容器软件启动 QEMU 虚拟机，选择使用 ultravnc_wrapper 处理（默认）。在第一次调用软件时，浏览器会提示是否允许打开，设置为一律允许（勾选该复选框）之后，再次调用软件就不会提示了。例如，调用 ultravnc_wrapper 启动 QEMU 虚拟机的提示如图 3-19 所示。

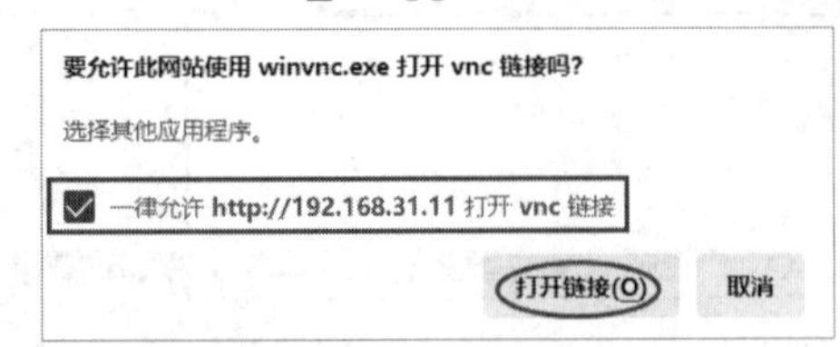

图 3-19　调用 ultravnc_wrapper 启动 QEMU 虚拟机的提示

另外，Web 页面关联 SecureCRT 软件远程登录设备时，默认设置是每个设备单独打开一个 SecureCRT 窗口，这样在实验时会打开多个 SecureCRT 窗口，很不方便。因此，我们希望在同一个 SecureCRT 窗口中以多个功能页的方式同时打开多个设备的登录界面。这是可以实现的，设置的方式是打开 SecureCRT 软件，选择【Options】→【Global Options】选项，打开设置对话框，查看 SecureCRT 软件的配置文件路径，如图 3-20 所示。

从图 3-20 中可以看到，SecureCRT 软件的配置文件路径为 C:\Users\zgshu\AppData\Roaming\VanDyke\Config，在该路径下找到 globe.ini 配置文件。双击打开 globe.ini 配置文件，查找 Single Instance 参数，将原来的 D:"Single Instance"=00000000 改成 D:"Single Instance"=00000001。这样就可以实现在同一个 SecureCRT 窗口中同时登录多个设备了，效果如图 3-21 所示。

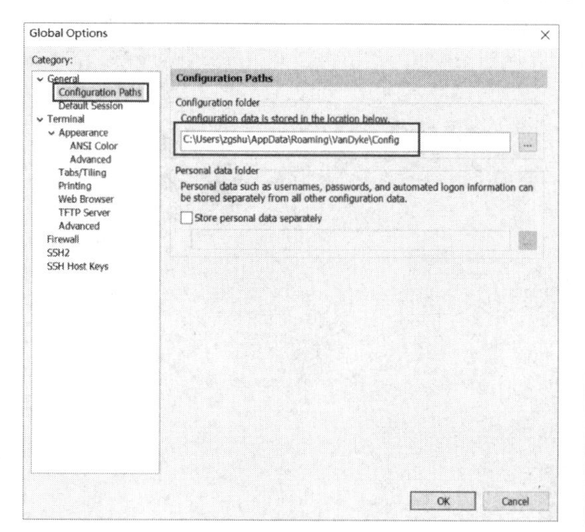

图 3-20　SecureCRT 软件的配置文件路径

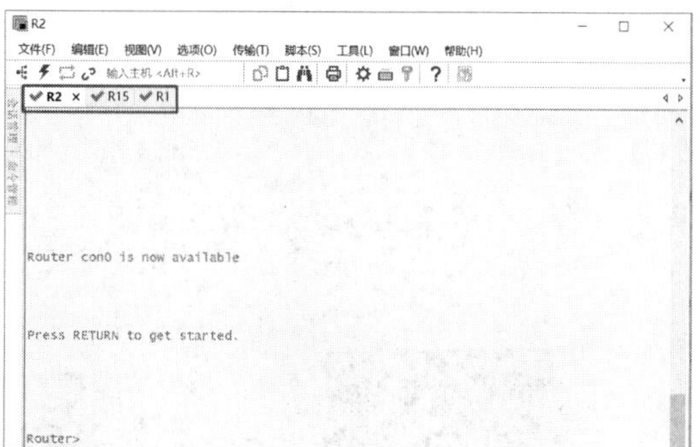

图 3-21　在同一个 SecureCRT 窗口中同时登录多个设备的效果

3.3　Hello_EVE-NG 网络实验案例

EVE-NG 模拟器实验环境全部准备好以后，接下来先简单介绍 EVE-NG 模拟器的操作界面，然后以一个名为 Hello_EVE-NG 的简单网络实验案例，把以上可用的网络设备全部连接起来，以此来详细介绍 EVE-NG 模拟器网络实验流程。

3.3.1　EVE-NG 模拟器的操作界面概览

基于 EVE-NG 模拟器的网络实验所有功能基本都在 Web 页面中进行操作。在第一次单击【Sign In】按钮登录时，会弹出创建新实验的提示框，如图 3-22 所示。

图 3-22 中带*的是必填项，其他的为选填项。例如，在【Name】输入框中输入 Hello_EVE-NG，在【Version】输入框中默认输入 1。单击【Save】按钮，进入 EVE-NG 虚拟机系统主工作区页面。该页面的左边有一列操作选项，其中最常用的选项是【Add an object】（添加对象），其次是【More actions】（更多操作）。选择【Add an object】选项，会弹出可添加的对象菜单，包括【Node】（节点）、【Network】（网络）、【Picture】（图片）、【Custom Shape】（自定义图形）及【Text】（文字）选项。选择【More actions】选项，会弹出功能菜单，包括

【Start all nodes】（启动所有节点）、【Stop all nodes】（关闭所有节点）、【Wipe all nodes】（擦除所有节点配置）、【Console To All Nodes】（远程登录到所有节点）、【Export all CFGs】（导出所有配置）、【Edit lab】（编辑实验）等选项，如图 3-23 所示。

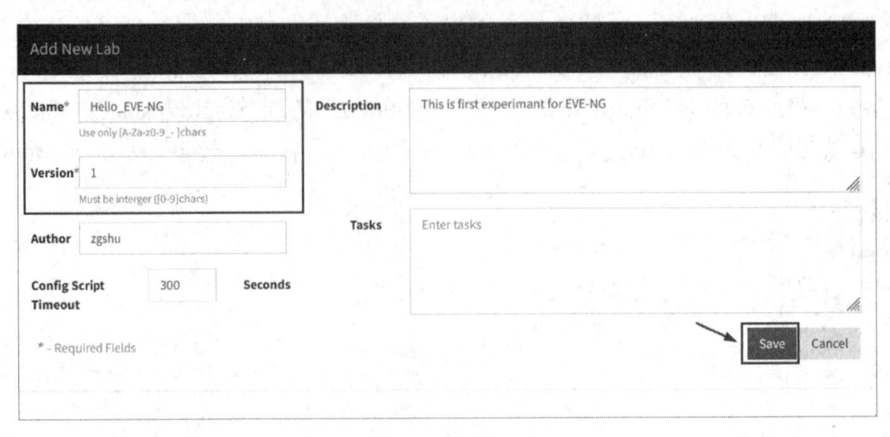

图 3-22　创建新实验的提示框

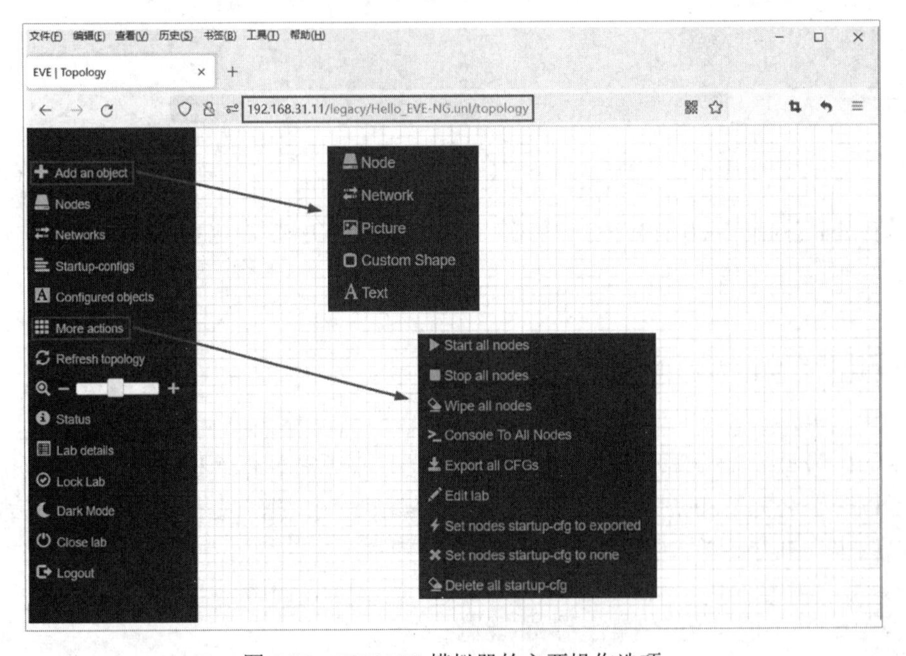

图 3-23　EVE-NG 模拟器的主要操作选项

其中，【Export all CFGs】选项非常重要，因为在设备的 CLI 配置界面中使用保存配置命令（如 write 或 save）并没有真正将配置文件保存到 EVE-NG 模拟器的 unl 文件中，而是仅将配置文件保存到一个临时配置文件中，所以还需要选择【Export all CFGs】选项将配置文件保存到 EVE-NG 模拟器的 unl 文件中。【Set nodes startup-cfg to exported】选项用于在设置设备启动方式时，使用导出的配置文件进行启动，否则设备将使用临时配置文件进行启动。如果找不到临时配置文件，则以空配置启动。当然也可以通过选择【Set nodes startup-cfg to none】选项指定设备以空配置启动。【Delete all startup-cfg】选项用于彻底删除所有设备的配置文件，请慎用该命令。

其他常用的操作选项包括【Close Lab】(关闭实验)、【Status】(显示当前系统状态)及【Dark/Light Mode】(白天/夜间模式切换)。选择【Status】选项，可以显示当前 EVE-NG 模拟器的版本号，系统资源（CPU、磁盘、内存等）利用率，以及当前运行的各种虚拟机节点个数，如图 3-24 所示。

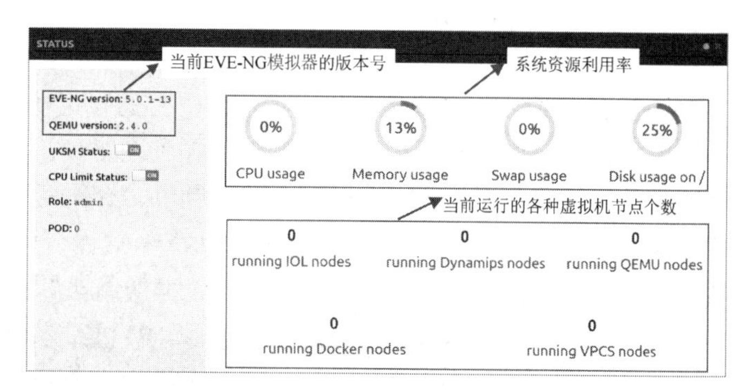

图 3-24　EVE-NG 模拟器系统状态页面

从图 3-24 中可以看到，当前 EVE-NG 模拟器的版本号为 5.0.1-13，QEMU 的版本号为 2.4.0。EVE-NG 模拟器提供在线更新功能，可以通过两个命令将 EVE-NG 模拟器更新到最新版本。使用用户名（默认为 root）和密码（默认为 eve）通过 telnet 或 SSH 登录 EVE-NG，先输入 root@eve-ng:~# apt-get update 命令，再输入 root@eve-ng:~# apt-get dist-upgrade -y 命令，按照提示分步操作即可完成版本在线更新。

EVE-NG 模拟器把虚拟机节点分为 5 类：IOL nodes、Dynamips nodes、QEMU nodes、Docker nodes 及 VPCS nodes。由于当前没有添加任何虚拟机节点，所以上述显示运行节点个数都为 0。选择【Close lab】选项（见图 3-23），可切换到实验文件管理界面，如图 3-25 所示。

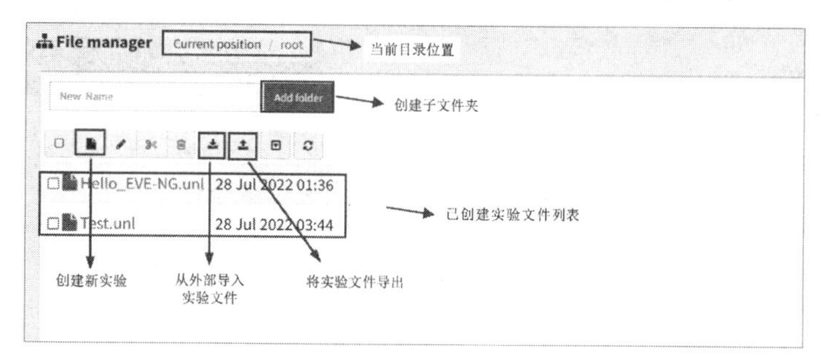

图 3-25　实验文件管理界面

在实验文件管理界面中，最上方显示的当前目录位置为/root，实际上对应系统真实的存放目录为/opt/unetlab/labs，可以通过 WinSCP 登录系统查看目录下所有实验文件（后缀名为 unl）。如果单击【Add folder】按钮，则可在/opt/unetlab/labs 目录下创建子文件夹。接下来是一排功能按钮，可实现创建新实验、从外部导入实验文件及将实验文件导出等功能。可以利用将实验文件导出功能备份实验文件，防止 EVE-NG 模拟器系统崩溃导致实验文件丢失。最下方列出了已经创建并保存的实验列表，单击对应的文件名，右边区域会出现该实验文件的网络拓扑预览信息，可以打开、编辑、删除该文件，如图 3-26 所示。

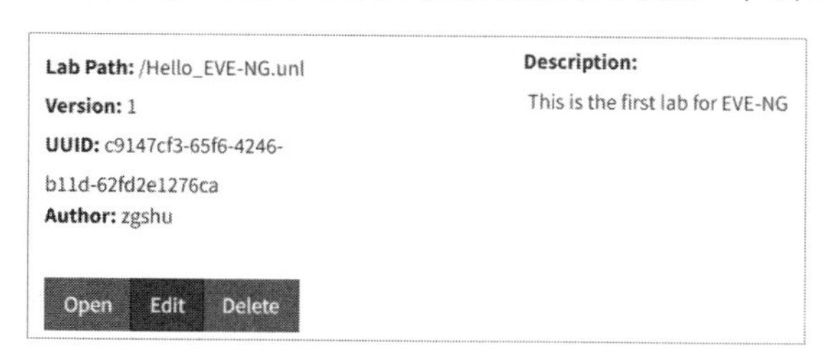

图 3-26　实验文件的网络拓扑预览信息

单击图 3-26 中的【Open】按钮可转到 EVE-NG 虚拟机系统主工作区页面。以上就是 EVE-NG 模拟器的 Web 页面功能分布概览，总体上还是比较简洁清晰的，读者只要多练习，很容易就能熟练掌握其操作功能。

3.3.2 添加/连接设备

为了展示 EVE-NG 模拟器跨厂商、跨平台的强大功能，我们在 Hello_EVE-NG 网络实验案例中，把当前可用的所有设备类型全部加到网络拓扑中，并通过简单的配置使这些不同厂商的设备能够相互通信。如前所述，当前可用的设备包括 Cisco IOL（IOL 交换机、IOL 路由器）、Cisco ASAv、Huawei NE40、Windows Server 及 Virtual PC(VPCS)。在添加 IOL 设备时，选择【Add an object】→【Node】选项，弹出如图 3-27 所示的界面。

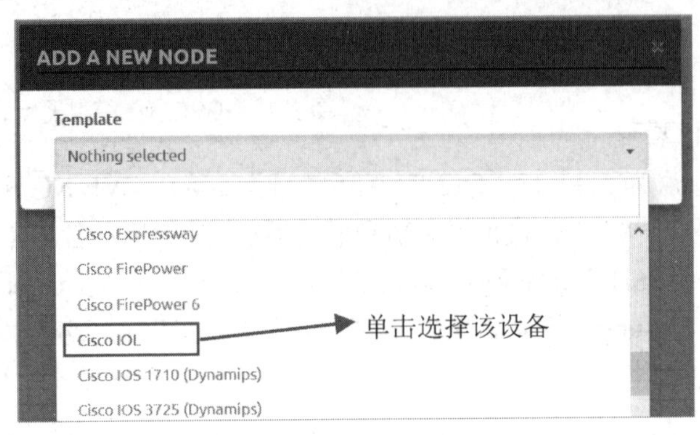

图 3-27 添加 IOL 设备

在设备列表中选择【Cisco IOL】选项，弹出如图 3-28 所示的界面。

在如图 3-28 所示的界面中，需要填入的信息如下。

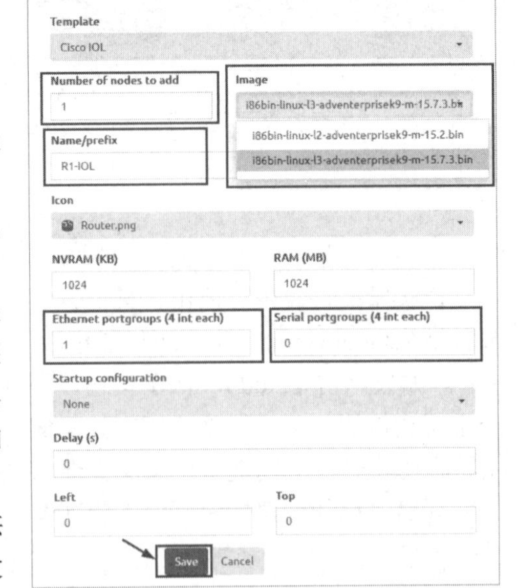

图 3-28 IOL 设备的属性配置页面

- 设备数量（Number of nodes to add）：可以一次性添加 1 个或多个该型号的设备。
- 镜像文件（Image）：会列出所有上传的 bin 镜像文件，可以根据实际需求进行选择。文件名包含 l2 的为 IOL 交换机，文件名包含 l3 的为 IOL 路由器。
- 设备名称或名称前缀（Name/prefix）：如果设备数量为 1，则填入的是设备名称；如果设备数量大于 1，则填入的是名称前缀，具体设备名称是前缀自动加上数字编号，如 R1、R2 等。
- 设备图标（Icon）：EVE-NG 模拟器内部提供了很多类型的设备图标。选择一个正确的设备图标，可以加强网络拓扑的显示效果。
- 内存大小（NVRAM、RAM）：默认为 1024MB，建议不要修改。
- 以太网端口模块数量（Ethernet portgroups(4 int each)）：根据需要添加，1 个模块包含 4 个端口。
- 串口模块数量（Serial portgroups(4 int each)）：根据需要添加，1 个模块包含 4 个端口。

- 初始配置文件（Startup configuration）/延迟（Delay(s)）/位置（Left、Top）：一般保留默认值 None 或 0。

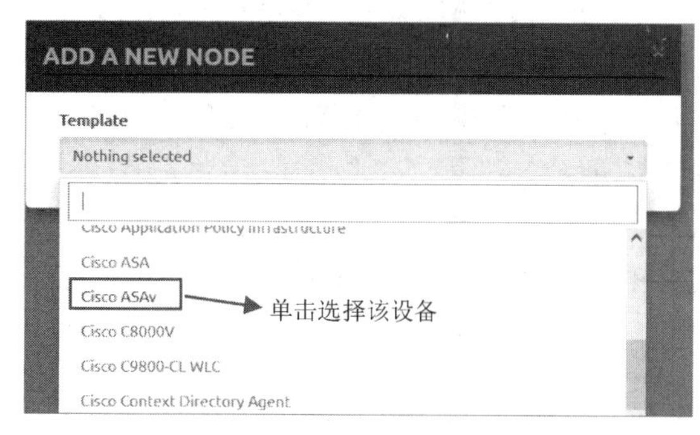

图 3-29　添加 ASAv 防火墙

同理，可以按照以上步骤添加其他类型的设备。在添加设备时，大部分设备类型都包括以上选项，但 QEMU 镜像设备类型还有自己的特殊选项，如添加 ASAv 防火墙，在如图 3-29 所示的设备列表中选择【Cisco ASAv】选项，弹出的属性配置界面如图 3-30 所示。

与 IOL 设备不同的是，ASAv 防火墙的属性配置中包含 QEMU 的相关参数（如 CPU、内存及硬件架构等），一般建议使用镜像文件的默认参数，不要修改。图 3-30 中还有一个【Console】选项区，有 telnet、vnc 及 rdp 三个选项，如果是命令行界面的系统，则默认为 telnet（调用 SecureCRT 登录）；如果是图形化界面的系统，则默认为 vnc。例如，添加 Winserver 2003 设备，则【Console】选项区默认为 vnc（调用 UltraVNC 登录）。

设备添加完成以后，开始连接设备。EVE-NG 模拟器现在还不支持在设备运行时添加连接或删除连接，如果要修改设备连接，则必须使设备停止运行。在添加连接时，将鼠标指针移到对应设备上，会出现一个黄色的插头图标，将鼠标指针放到该插头图标上并按住鼠标左键不放，将鼠标指针移到需要连接的对端设备，松开鼠标左键，则会弹出端口连接对话框。例如，为 R1-IOL 和 ASAv-891 两个设备添加连接，弹出的端口连接对话框如图 3-31 所示。

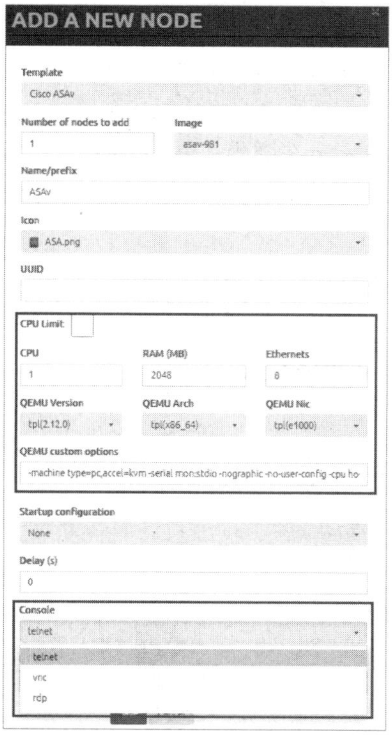

图 3-30　ASAv 防火墙的属性配置界面

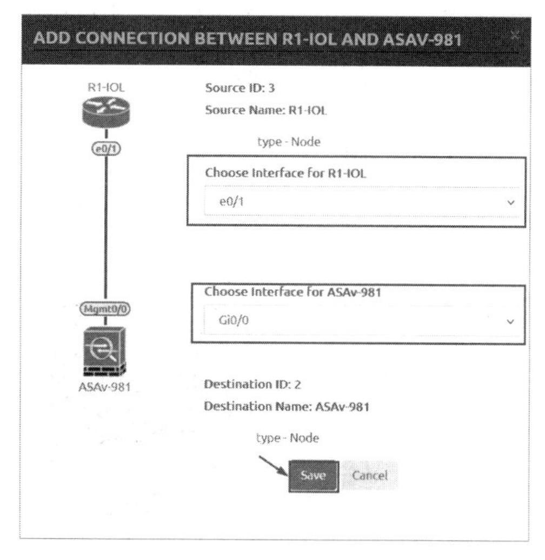

图 3-31　设备连接示意图

在图 3-31 中，先选择源设备端口，再选择目标设备端口，最后单击【Save】按钮即可成功添加连接。

注意： 源设备端口和目的设备端口的类型必须是匹配的，只有这样才能添加连接成功。例如，以太网端口和串口是不能进行连接的。

如果要删除某个连接，则右击该连接线，在弹出的快捷菜单中选择【Delete】选项即可。添加完所有设备和连接后的网络拓扑示意图如图 3-32 所示。

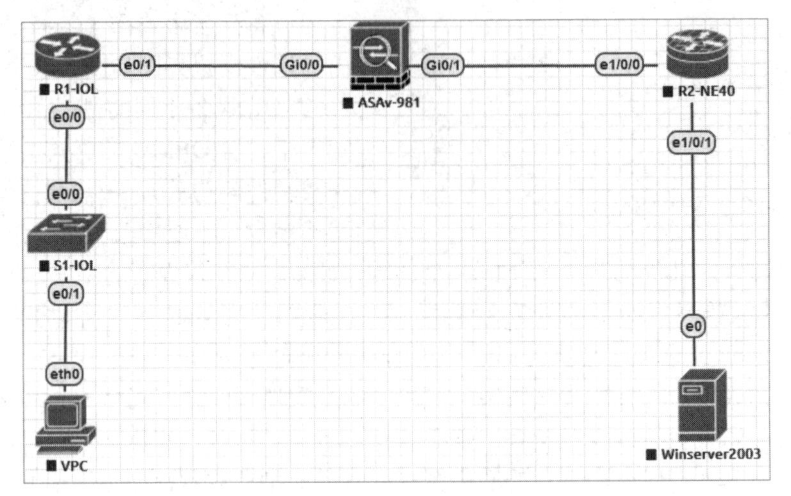

图 3-32　添加完所有设备和连接后的网络拓扑示意图

3.3.3　启动/登录设备

确认所有设备连接好以后，开始启动设备。启动设备的方式有很多，可以一次启动单个设备（单击设备图标，或者右击设备图标，在弹出的快捷菜单中选择【Start】选项），也可以先选中多个设备，然后同时启动多个设备（右击设备图标，在弹出的快捷菜单中选择【Start Selected】选项），还可以选择【More actions】→【Start all nodes】选项同时启动所有设备。用户可以根据需要选择合适的设备启动方式，如图 3-33 所示。

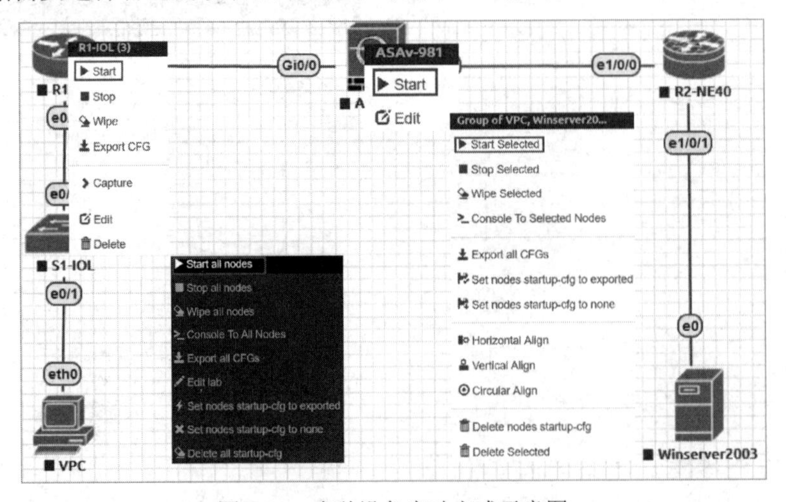

图 3-33　多种设备启动方式示意图

如图 3-33 所示，右键菜单中除了启动设备命令，还有对应的停止设备命令，如【Stop】【Stop Selected】【Stop all nodes】，同时还有编辑（【Edit】）和删除（【Delete】）命令，【Edit】和【Delete】命令只有在设备停止时才能使用。设备启动前，设备图标是灰色的，设备启动后，设备图标会变成浅蓝色的。图 3-34 所示为所有设备启动后的效果图。

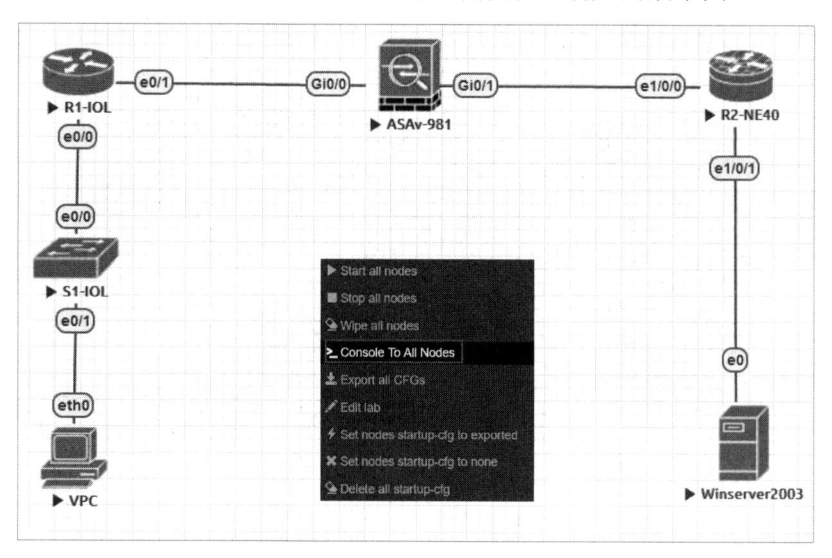

图 3-34　所有设备启动后的效果图

设备启动后，就可以登录设备对其进行配置。登录设备和启动设备一样，也有多种方式，可以直接单击设备图标登录单个设备，也可以先选中多个设备，再右击，在弹出的快捷菜单中选择【Console To Selected Nodes】选项同时登录选中的设备，还可以通过选择【More actions】→【Console To All Nodes】选项同时登录所有设备。在第一次登录设备时，会提示是否允许登录，设置为一律允许即可。通过 SecureCRT 登录 R2-NE40、S1-IOL、R1-IOL、ASAv-981 及 VPC，效果如图 3-35 所示。

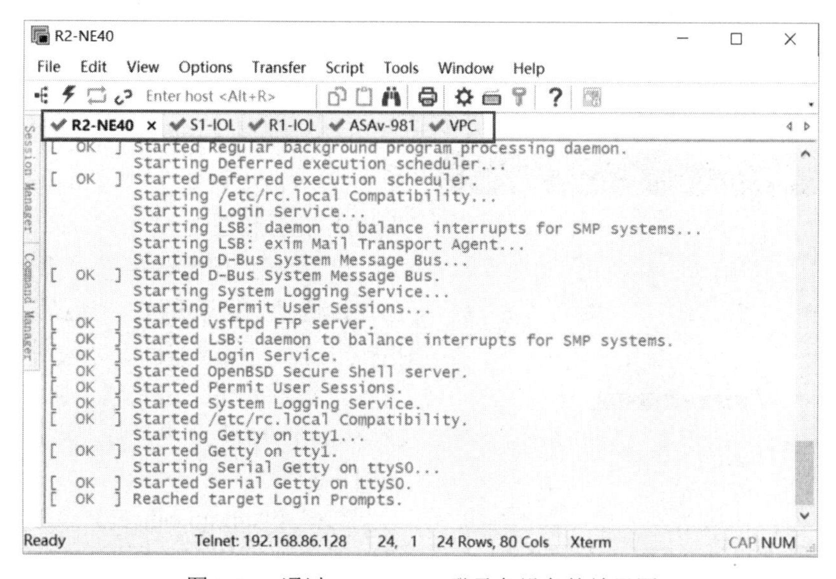

图 3-35　通过 SecureCRT 登录各设备的效果图

通过 UltraVNC 打开 Windows Server 2003 操作系统终端，效果如图 3-36 所示。

图 3-36　基于 QEMU 的 Winserver2003 虚拟机

3.3.4　网络配置与验证

本节对以上网络拓扑中的设备进行配置和验证。我们把 Hello_EVE-NG 网络拓扑划分为 4 个网段，网段 IP 地址描述如下。

（1）第 1 个网段为 192.168.1.0/24， VPC 和 R1-IOL 连接端口的 IP 地址分别设置为 192.168.1.1 和 192.168.1.2。

（2）第 2 个网段为 192.168.2.0/24，R1-IOL 和 ASAv-891 连接端口的 IP 地址分别设置为 192.168.2.1 和 192.168.2.2。

（3）第 3 个网段为 202.1.1.0/24， ASAv-891 和 R2-NE40 连接端口的 IP 地址分别设置为 202.1.1.2 和 202.1.1.1。

（4）第 4 个网段为 203.1.1.0/24，R2-NE40 和 Winserver2003 连接端口的 IP 地址分别设置为 203.1.1.2 和 203.1.1.1。

可以利用 EVE-NG 模拟器的绘图和文字工具，将以上网段和 IP 地址信息标注在网络拓扑中，也可以添加自定义的图形，以加强网络拓扑显示效果。选择【Add an object】→【Custom Shape】选项，可以添加自定义图形，如图 3-37 所示。

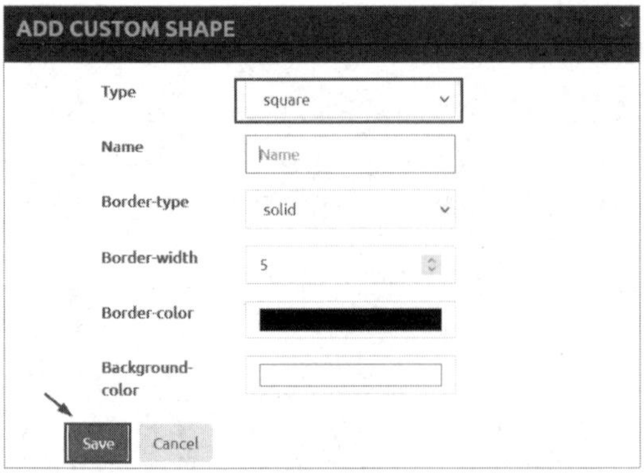

图 3-37　在网络拓扑中添加自定义图形

选择【Add an object】→【Text】选项，可以添加自定义说明文字，如图 3-38 所示。

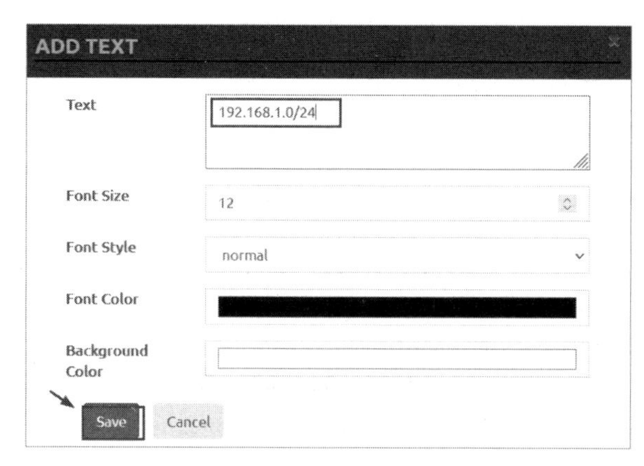

图 3-38　在网络拓扑中添加自定义说明文字

添加自定义图形和说明文字后的网络拓扑效果如图 3-39 所示。

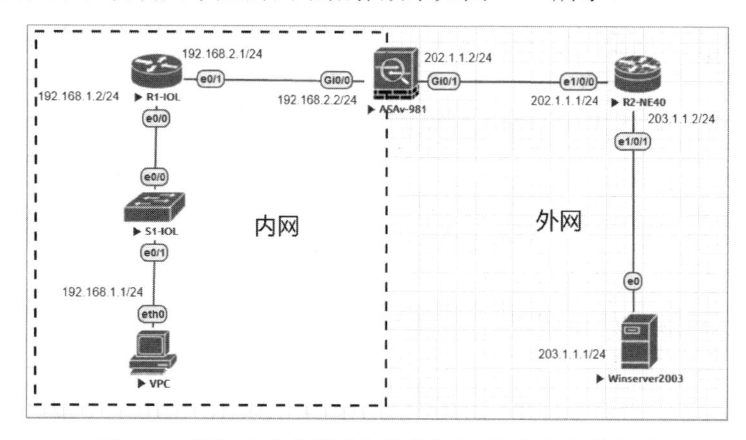

图 3-39　添加自定义图形和说明文字后的网络拓扑效果

本网络实验案例的目标是使内网 VPC 和外网 Winserver2003 能够相互通信。主要配置任务是给 VPC、R1-IOL、ASAv-981、R2-NE40 和 Winserver2003 配置 IP 地址，并为路由器和防火墙设置简单的静态路由（第 5 章将会详细介绍静态路由，二层交换机 S1-IOL 不需要进行任何配置）。登录对应设备的控制台，下面详细描述每个设备的配置步骤和命令。

VPC 是 EVE-NG 模拟器提供的内置虚拟 PC 终端，配置步骤和命令如下：

```
VPCS>ip 192.168.1.1/24 192.168.1.2    #设置 IP 地址和网关
Checking for duplicate address...
PC1 : 192.168.1.1 255.255.255.0 gateway 192.168.1.2
VPCS>save    #保存配置
Saving startup configuration to startup.vpc
. done
VPCS>show ip    #显示当前 IP 地址信息
NAME        : VPCS[1]
IP/MASK     : 192.168.1.1/24
GATEWAY     : 192.168.1.2
DNS         :
MAC         : 00:50:79:66:68:04
```

```
LPORT        : 20000
RHOST:PORT   : 127.0.0.1:30000
MTU          : 1500
```

R1-IOL 的配置步骤和命令如下：

```
Router#configure terminal   #进入配置模式
Router(config)#hostname R1-IOL   #配置设备名
R1-IOL(config)#interface ethernet 0/0   #进入第一个端口配置模式
R1-IOL(config-if)#ip address 192.168.1.2 255.255.255.0   #为第一个端口配置 IP 地址
R1-IOL(config-if)#no shutdown   #启用端口
R1-IOL(config-if)#exit
R1-IOL(config)#interface ethernet 0/1   #进入第二个端口模式
R1-IOL(config-if)#ip address 192.168.2.1 255.255.255.0   #为第二个端口配置 IP 地址
R1-IOL(config-if)#no shutdown   #启用端口
R1-IOL(config-if)#exit
#配置一条默认路由，下一跳是 ASAv 防火墙
R1-IOL(config)#ip route 0.0.0.0 0.0.0.0 192.168.2.2
R1-IOL(config)#end
R1-IOL#write   #保存配置
```

ASAv-891 的配置步骤和命令如下：

```
ciscoasa# configure terminal   #进入配置模式
ciscoasa(config)# hostname ASAv-981   #配置设备名
ASAv-981(config)# interface gigabitEthernet 0/0   #进入内部端口配置模式
ASAv-981(config-if)# nameif inside   #指定内部端口属性
ASAv-981(config-if)# ip address 192.168.2.2 255.255.255.0   #配置 IP 地址
ASAv-981(config-if)# no shutdown   #启用端口
ASAv-981(config-if)# exit
ASAv-981(config)# interface gigabitEthernet 0/1   #进入外部端口配置模式
ASAv-981(config-if)# nameif outside   #指定外部端口属性
ASAv-981(config-if)# ip address 202.1.1.2 255.255.255.0   #配置 IP 地址
ASAv-981(config-if)# no shutdown   #启用端口
ASAv-981(config-if)# exit
#配置一条通往 VPC 网段的路由，下一跳是 R1-IOL
ASAv-981(config)# route inside 192.168.1.0 255.255.255.0 192.168.2.1
#配置一条通往 Winserver2003 网段的路由，下一跳是 R2-NE40
ASAv-981(config)# route outside 203.1.1.0 255.255.255.0 202.1.1.1
#创建一条 ACL 规则，允许外部通过 ICMP 协议访问内部
ASAv-981(config)# access-list 1 permit icmp any any
ASAv-981(config)# access-group 1 in interface outside   #将 ACL 规则应用到外部端口
ASAv-981(config)#end
ASAv-981#write   #保存配置
```

下面简要介绍一下防火墙的基础知识。防火墙的端口分为内部（inside）端口和外部（outside）端口。在默认情况下，防火墙外部网络是不能访问内部网络的，为了能够从外部

ping 通内部，需要配置 1 条访问控制列表（Access Control List，ACL），允许 ping 命令的 ICMP 报文通过，同时为从防火墙到达 VPC 网段和 Winserver2003 网段各配置一条静态路由，下一跳分别指向 R1-IOL 和 R2-NE40。

R2-NE40 是华为路由器，其配置命令和思科设备的配置命令差别很大，命令格式可以参考华为对应设备的配置手册（可以从其官方网站下载）。R2-NE40 的配置步骤和命令如下：

```
<HUAWEI>system-view    #进入系统配置模式
[~HUAWEI]sysname R2-NE40    #配置设备名称
[*HUAWEI]interface Ethernet 1/0/0    #进入端口配置模式
[*HUAWEI-Ethernet1/0/0]ip address 202.1.1.1 24    #为端口配置 IP 地址
[*HUAWEI-Ethernet1/0/0]undo shutdown    #启用端口
[*HUAWEI-Ethernet1/0/0]quit
[*HUAWEI]interface Ethernet 1/0/1    #进入端口配置模式
[*HUAWEI-Ethernet1/0/1]ip address 203.1.1.2 24    #为端口配置 IP 地址
[*HUAWEI-Ethernet1/0/1]undo shutdown    #启用端口
[*HUAWEI-Ethernet1/0/1]quit
#配置默认静态路由，下一跳指向防火墙
[*HUAWEI]ip route-static 0.0.0.0 0.0.0.0 202.1.1.2
[*HUAWEI]commit    #提交配置
[~R2-NE40]quit
<R2-NE40>save    #保存配置
Warning: The current configuration will be written to the device.
Are you sure to continue? [Y/N]:y    #输入 y 继续
Now saving the current configuration to the slot 17 ..
Info: Save the configuration successfully.    #保存配置成功
```

虽然华为设备的配置命令和思科设备的配置命令在格式上有很大差别，但命令功能几乎是一一对应的。因此，读者如果熟悉思科设备的配置命令，那么应该也可以快速熟悉华为设备的配置命令。最后为 Winserver2003 配置 IP 地址和网关，配置方式和普通 Windows 操作系统是一样的。打开 Winserver2003 虚拟机，找到本地连接网卡，静态指定 IP 地址为 203.1.1.1，子网掩码为 255.255.255.0，网关为 203.1.1.2（下一跳指向 R2-NE40），配置界面如图 3-40 和图 3-41 所示。

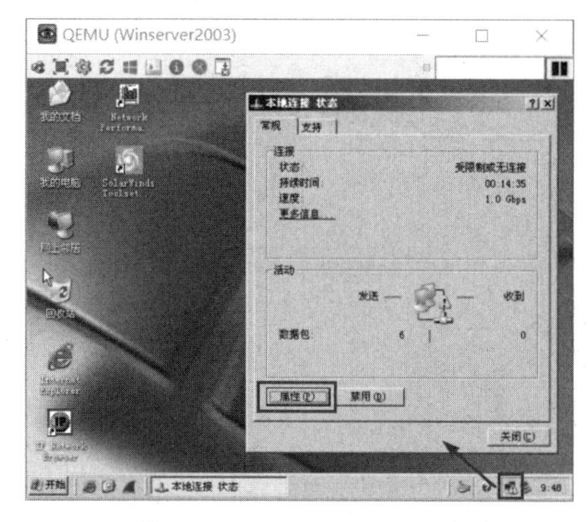

图 3-40　单击 Winserver2003 虚拟机的本地网卡

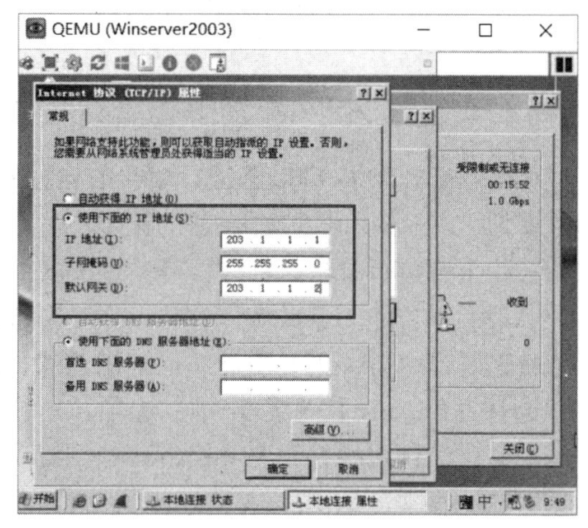

图 3-41　配置 Winserver2003 虚拟机的 IP 地址

相信熟悉 Windows 操作系统网络配置的读者很容易找到以上配置界面，这样就完成了所有设备的配置。下面开始验证 VPC 是否可以和 Winserver2003 通信。验证方法是相互 ping 对方的 IP 地址，以下是从 VPC 执行 ping 203.1.1.1 命令的结果，可以 ping 通。

```
VPCS>ping 203.1.1.1
84 bytes from 203.1.1.1 icmp_seq=1 ttl=126 time=100.657 ms
84 bytes from 203.1.1.1 icmp_seq=2 ttl=126 time=6.301 ms
84 bytes from 203.1.1.1 icmp_seq=3 ttl=126 time=376.293 ms
84 bytes from 203.1.1.1 icmp_seq=4 ttl=126 time=195.789 ms
84 bytes from 203.1.1.1 icmp_seq=5 ttl=126 time=74.501 ms
```

同理，也可以从 Winserver2003 执行 ping 192.168.1.1 命令，结果如图 3-42 所示。

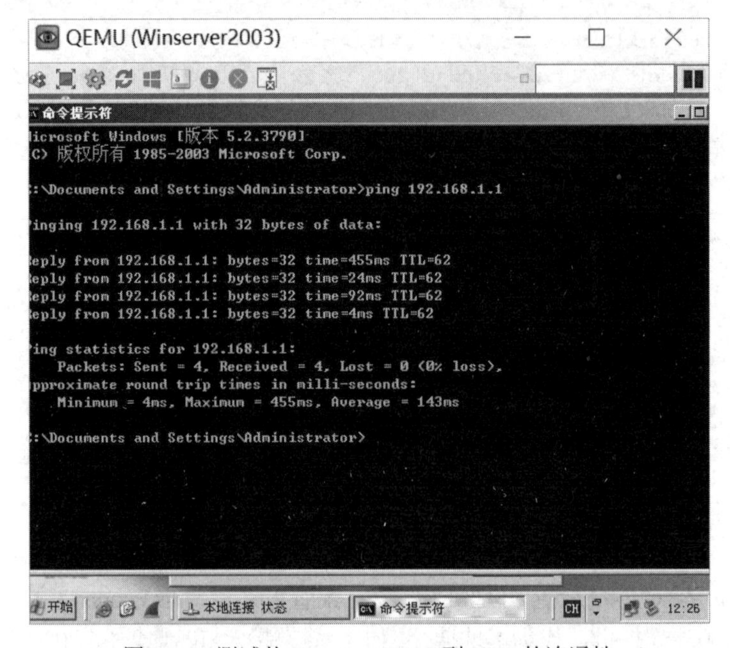

图 3-42　测试从 Winserver2003 到 VPC 的连通性

由以上结果可以看出，VPC 和 Winserver2003 可以相互通信，表明实验成功了。

3.3.5　用 Wireshark 抓取报文

在使用 EVE-NG 模拟器进行实验的过程中，通常要通过 Wireshark 监控设备的某个端口，抓取相关的报文进行分析。例如，在本实验拓扑中监控 ASAv-981 的 Gi0/0 端口并抓取报文，设置方法是先右击 ASAv-981 图标，在弹出的快捷菜单中选择【Capture】→【Gi0/0】选项，这样浏览器就会自动调用并打开 Wireshark，开始抓取进出该端口的报文，如图 3-43 所示。

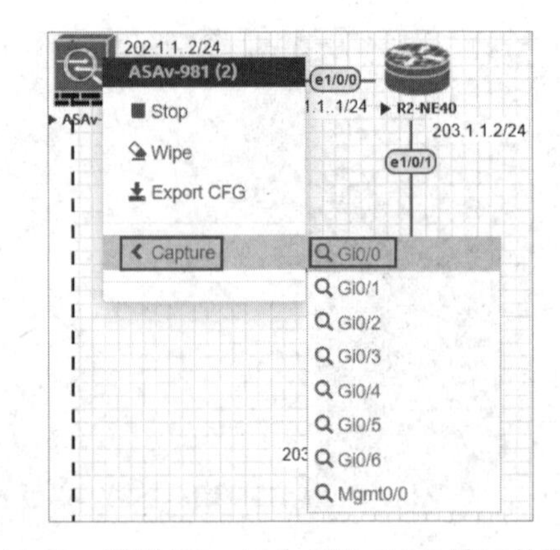

图 3-43　调用 Wireshark 抓取 Gi0/0 端口的报文

当在 VPC 中执行 ping 203.1.1.1 命令时，

ICMP 报文必然会经过 ASAv-981 的 Gi0/0 端口，此时抓取到的报文列表如图 3-44 所示。

以上报文列表中，除了有 ICMP 报文，还有很多其他协议的报文，如思科发现协议（Cisco Discovery Protocol，CDP）报文和地址解析协议（Address Resolution Protocol，ARP）报文。Wireshark 提供强大的报文过滤规则，可以按照需要保留一种或多种协议的报文。操作方式是在上端的报文过滤器中输入对应的过滤规则，如输入 icmp||arp 并按回车键，表示保留 ICMP 报文和 ARP 报文，如图 3-45 所示。

No.	Time	Source	Destination	Protocol	Length	Info
1	0.000000	aa:bb:cc:00:30:10	CDP/VTP/DTP/P…	CDP	377	Device ID: R1-IOL Port ID: Ethernet0/1
2	3.539839	aa:bb:cc:00:30:10	aa:bb:cc:00:3…	LOOP	60	Reply
3	13.544032	aa:bb:cc:00:30:10	aa:bb:cc:00:3…	LOOP	60	Reply
4	23.553058	aa:bb:cc:00:30:10	aa:bb:cc:00:3…	LOOP	60	Reply
5	36.172344	aa:bb:cc:00:30:10	aa:bb:cc:00:3…	LOOP	60	Reply
6	36.283628	aa:bb:cc:00:30:10	Broadcast	ARP	60	Who has 192.168.2.2? Tell 192.168.2.1
7	37.904435	50:00:00:02:00:01	aa:bb:cc:00:3…	ARP	60	192.168.2.2 is at 50:00:00:02:00:01
8	37.904829	192.168.1.1	203.1.1.1	ICMP	98	Echo (ping) request id=0x7b86, seq=1/256, ttl=63 (no response found…
9	38.653884	192.168.1.1	203.1.1.1	ICMP	98	Echo (ping) request id=0x7f86, seq=3/768, ttl=63 (no response found…
10	40.654492	192.168.1.1	203.1.1.1	ICMP	98	Echo (ping) request id=0x8186, seq=4/1024, ttl=63 (no response foun…
11	42.694303	192.168.1.1	203.1.1.1	ICMP	98	Echo (ping) request id=0x8386, seq=5/1280, ttl=63 (reply in 12)
12	43.139923	203.1.1.1	192.168.1.1	ICMP	98	Echo (ping) reply id=0x8386, seq=5/1280, ttl=127 (request in 11)
13	46.180933	aa:bb:cc:00:30:10	aa:bb:cc:00:3…	LOOP	60	Reply
14	54.840816	aa:bb:cc:00:30:10	CDP/VTP/DTP/P…	CDP	377	Device ID: R1-IOL Port ID: Ethernet0/1
15	56.180755	aa:bb:cc:00:30:10	aa:bb:cc:00:3…	LOOP	60	Reply
16	58.850869	192.168.1.1	203.1.1.1	ICMP	98	Echo (ping) request id=0x9386, seq=1/256, ttl=63 (reply in 17)
17	59.041773	203.1.1.1	192.168.1.1	ICMP	98	Echo (ping) reply id=0x9386, seq=1/256, ttl=127 (request in 16)
18	60.588847	192.168.1.1	203.1.1.1	ICMP	98	Echo (ping) request id=0x9586, seq=2/512, ttl=63 (reply in 19)
19	60.710346	203.1.1.1	192.168.1.1	ICMP	98	Echo (ping) reply id=0x9586, seq=2/512, ttl=127 (request in 18)
20	61.712857	192.168.1.1	203.1.1.1	ICMP	98	Echo (ping) request id=0x9686, seq=3/768, ttl=63 (reply in 21)
21	61.954954	203.1.1.1	192.168.1.1	ICMP	98	Echo (ping) reply id=0x9686, seq=3/768, ttl=127 (request in 20)
22	62.957676	192.168.1.1	203.1.1.1	ICMP	98	Echo (ping) request id=0x9786, seq=4/1024, ttl=63 (reply in 23)
23	63.460331	203.1.1.1	192.168.1.1	ICMP	98	Echo (ping) reply id=0x9786, seq=4/1024, ttl=127 (request in 22)

图 3-44　Wireshark 抓取到的报文列表

No.	Time	Source	Destination	Protocol	Length	Info
6	36.283628	aa:bb:cc:00:30:10	Broadcast	ARP	60	Who has 192.168.2.2? Tell 192.168.2.1
7	37.904435	50:00:00:02:00:01	aa:bb:cc:00:3…	ARP	60	192.168.2.2 is at 50:00:00:02:00:01
8	37.904829	192.168.1.1	203.1.1.1	ICMP	98	Echo (ping) request id=0x7b86, seq=1/256, ttl=63 (no response found…
9	38.653884	192.168.1.1	203.1.1.1	ICMP	98	Echo (ping) request id=0x7f86, seq=3/768, ttl=63 (no response found…
10	40.654492	192.168.1.1	203.1.1.1	ICMP	98	Echo (ping) request id=0x8186, seq=4/1024, ttl=63 (no response foun…
11	42.694303	192.168.1.1	203.1.1.1	ICMP	98	Echo (ping) request id=0x8386, seq=5/1280, ttl=63 (reply in 12)
12	43.139923	203.1.1.1	192.168.1.1	ICMP	98	Echo (ping) reply id=0x8386, seq=5/1280, ttl=127 (request in 11)
16	58.850869	192.168.1.1	203.1.1.1	ICMP	98	Echo (ping) request id=0x9386, seq=1/256, ttl=63 (reply in 17)
17	59.041773	203.1.1.1	192.168.1.1	ICMP	98	Echo (ping) reply id=0x9386, seq=1/256, ttl=127 (request in 16)
18	60.588847	192.168.1.1	203.1.1.1	ICMP	98	Echo (ping) request id=0x9586, seq=2/512, ttl=63 (reply in 19)
19	60.710346	203.1.1.1	192.168.1.1	ICMP	98	Echo (ping) reply id=0x9586, seq=2/512, ttl=127 (request in 18)
20	61.712857	192.168.1.1	203.1.1.1	ICMP	98	Echo (ping) request id=0x9686, seq=3/768, ttl=63 (reply in 21)
21	61.954954	203.1.1.1	192.168.1.1	ICMP	98	Echo (ping) reply id=0x9686, seq=3/768, ttl=127 (request in 20)
22	62.957676	192.168.1.1	203.1.1.1	ICMP	98	Echo (ping) request id=0x9786, seq=4/1024, ttl=63 (reply in 23)

图 3-45　只显示 ICMP 报文和 ARP 报文

如果只想保留 ICMP 报文，则直接输入 icmp 并按回车键即可，如图 3-46 所示。

No.	Time	Source	Destination	Protocol	Length	Info
8	37.904829	192.168.1.1	203.1.1.1	ICMP	98	Echo (ping) request id=0x7b86, seq=1/256, ttl=63 (no response found!)
9	38.653884	192.168.1.1	203.1.1.1	ICMP	98	Echo (ping) request id=0x7f86, seq=3/768, ttl=63 (no response found!)
10	40.654492	192.168.1.1	203.1.1.1	ICMP	98	Echo (ping) request id=0x8186, seq=4/1024, ttl=63 (no response found!)
11	42.694303	192.168.1.1	203.1.1.1	ICMP	98	Echo (ping) request id=0x8386, seq=5/1280, ttl=63 (reply in 12)
12	43.139923	203.1.1.1	192.168.1.1	ICMP	98	Echo (ping) reply id=0x8386, seq=5/1280, ttl=127 (request in 11)
16	58.850869	192.168.1.1	203.1.1.1	ICMP	98	Echo (ping) request id=0x9386, seq=1/256, ttl=63 (reply in 17)
17	59.041773	203.1.1.1	192.168.1.1	ICMP	98	Echo (ping) reply id=0x9386, seq=1/256, ttl=127 (request in 16)
18	60.588847	192.168.1.1	203.1.1.1	ICMP	98	Echo (ping) request id=0x9586, seq=2/512, ttl=63 (reply in 19)
19	60.710346	203.1.1.1	192.168.1.1	ICMP	98	Echo (ping) reply id=0x9586, seq=2/512, ttl=127 (request in 18)
20	61.712857	192.168.1.1	203.1.1.1	ICMP	98	Echo (ping) request id=0x9686, seq=3/768, ttl=63 (reply in 21)
21	61.954954	203.1.1.1	192.168.1.1	ICMP	98	Echo (ping) reply id=0x9686, seq=3/768, ttl=127 (request in 20)
22	62.957676	192.168.1.1	203.1.1.1	ICMP	98	Echo (ping) request id=0x9786, seq=4/1024, ttl=63 (reply in 23)
23	63.460331	203.1.1.1	192.168.1.1	ICMP	98	Echo (ping) reply id=0x9786, seq=4/1024, ttl=127 (request in 22)
24	64.461877	192.168.1.1	203.1.1.1	ICMP	98	Echo (ping) request id=0x9986, seq=5/1280, ttl=63 (reply in 25)
25	64.527386	203.1.1.1	192.168.1.1	ICMP	98	Echo (ping) reply id=0x9986, seq=5/1280, ttl=127 (request in 24)

图 3-46　只显示 ICMP 报文

单击报文列表中的任意一个报文，在下面区域将显示出该报文的详细内容。例如，单击序号为 16 的 ICMP 报文，其详细内容如图 3-47 所示。

```
> Frame 16: 98 bytes on wire (784 bits), 98 bytes captured (784 bits) on interface 0
> Ethernet II, Src: aa:bb:cc:00:30:10 (aa:bb:cc:00:30:10), Dst: 50:00:00:02:00:01 (50:00:00:02:00:01)
> Internet Protocol Version 4, Src: 192.168.1.1, Dst: 203.1.1.1
v Internet Control Message Protocol
    Type: 8 (Echo (ping) request)
    Code: 0
    Checksum: 0x8c84 [correct]
    [Checksum Status: Good]
    Identifier (BE): 37766 (0x9386)
    Identifier (LE): 34451 (0x8693)
    Sequence number (BE): 1 (0x0001)
    Sequence number (LE): 256 (0x0100)
    [Response frame: 17]
  > Data (56 bytes)
```

图 3-47　序号为 16 的 ICMP 报文的详细内容

16 号 ICMP 报文是一个 ICMP 请求报文，其源 IP 地址和目的 IP 地址分别是 192.168.1.1 和 203.1.1.1，这正是 VPC 和 Winserver2003 的 IP 地址，与预期一致，这样就验证了该 ICMP 请求报文确实是经过 ASAv-981 转发的。

另外，为了便于使用者区分和识别不同的报文，Wireshark 提供了为不同报文打上不同颜色的功能，操作方式为在菜单栏中选择【视图】→【着色分组列表】选项；还提供了为不同报文自定义不同颜色的功能，操作方式为在菜单栏中选择【视图】→【着色规则】选项，弹出如图 3-48 所示的对话框，对其颜色规则进行修改。

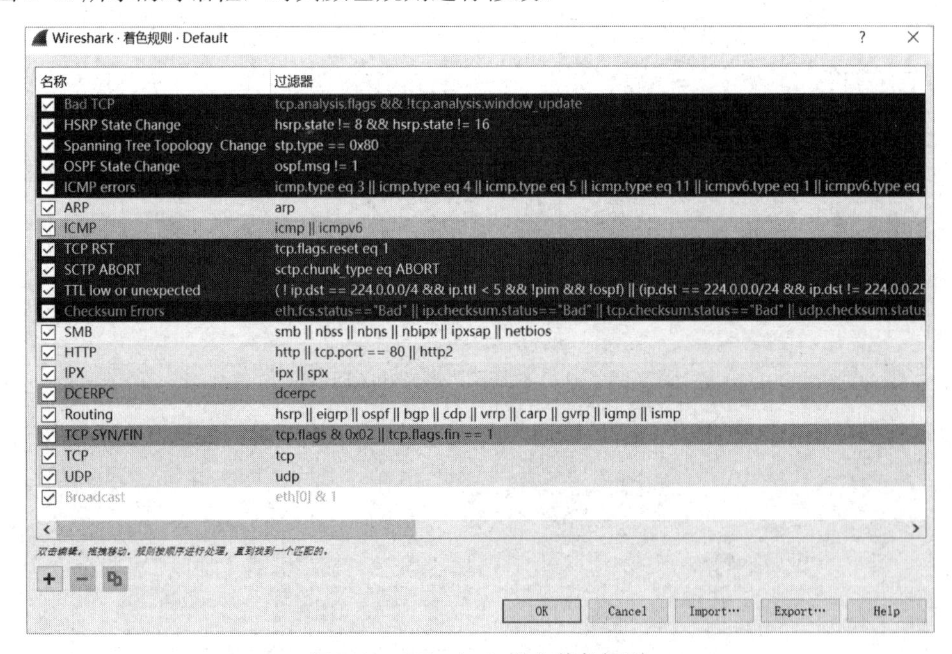

图 3-48　Wireshark 报文着色规则

至此，Hello_EVE-NG 网络实验圆满完成。总而言之，EVE-NG 模拟器能够集成不同厂商不同型号的设备，并在同一个网络拓扑中进行通信，甚至可以连接真实的网络，由此可以看出 EVE-NG 模拟器的功能非常强大。

3.4　本章小结

本章首先介绍了 EVE-NG 模拟器的 3 种软件的获取和安装过程，包括核心软件、主流厂商设备镜像及第三方辅助软件，并对其基于 Web 的操作界面进行了概览性介绍。其次通过一个简单的 Hello_EVE-NG 网络实验案例，描述了基于 EVE-NG 模拟器的网络实验详细流程和注意事项。读者通过对这个网络实验案例的学习，能够对 EVE-NG 模拟器有比较全面的了解，同时体会到 EVE-NG 模拟器的无限扩展性及其强大的功能。

第 4 章 以太网交换机与 VLAN 技术

4.1 技术原理概述

4.1.1 以太网交换机

由于目前局域网中的二层协议大部分采用以太网（Ethernet）协议，其他类型的协议（如令牌环、FDDI 协议）已经销声匿迹，因此以太网交换机（以下简称交换机）成为网络系统中最常见的网络设备之一。在以太网链路上传输的数据包称作以太网数据帧（以下简称以太帧），以太帧的格式不止一种，如 802.2 LLC 格式、Novell raw 802.3 格式和 Ethernet II 格式，目前最流行的是 Ethernet II 格式，其他格式没有得到普及，因此大部分交换机都默认支持 Ethernet II 格式。

Ethernet II 格式是 DEC、Intel 和 Xerox 三家公司合作设计的，因此常取三家公司名字的首字母称作 DIX 格式。Ethernet II 格式以太帧起始部分由前同步码和帧开始定界符组成，后面紧跟着以太网报头，最后为 4 字节循环冗余校验（Cyclic Redundancy Check，CRC）码，用于检验数据传输是否出现损坏。Ethernet II 格式以太帧结构如图 4-1 所示。

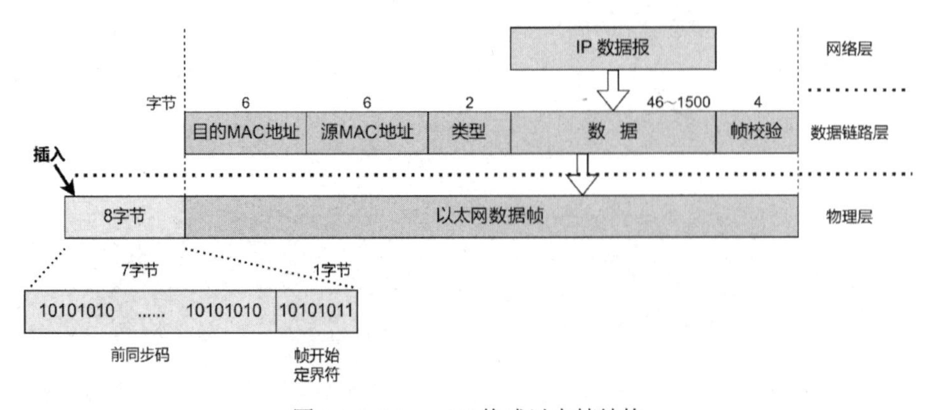

图 4-1 Ethernet II 格式以太帧结构

Ethernet II 格式以太帧结构各个字段的含义如下。

- 前同步码：用来使接收端适配器在接收以太帧时能够迅速调整时钟频率，使它和发送端的频率相同。前同步码占 7 字节，1 和 0 交替。
- 帧开始定界符：以太帧的起始符，占 1 字节。前 6 位 1 和 0 交替，最后 2 位连续的 2 个 1 用于告诉接收端适配器以太帧要来了，请准备接收。
- 目的 MAC 地址：接收端适配器的物理地址，占 6 字节。当接收端适配器接收到一个以太帧时，首先会检查该帧的目的 MAC 地址是否与当前网络适配器的物理地址相同，如果相同，则进行进一步处理；如果不同，则直接丢弃。
- 源 MAC 地址：发送端适配器的物理地址，也占 6 字节。

- 类型：上层协议的类型。由于上层协议众多，因此在处理数据时必须设置该字段，表示将数据交付哪个上层协议处理。例如，类型字段为 0x0800，表示上层协议为 IP 协议；类型字段为 0x0806，表示上层协议为 ARP 协议；类型字段为 0x0835，表示上层协议为逆地址解析协议（Reverse Address Resolution Protocol，RARP）；类型字段为 0x8137，表示上层协议为 IPX 协议和 SPX 协议。
- 数据：也称为效载荷，表示交付上层协议的数据。Ethernet II 格式以太帧数据长度最小为 46 字节，最大为 1500 字节。当不足 46 字节时，会填充 0 至达到最小长度。最大长度数据也叫最大传输单元（Maximum Transmission Unit，MTU）。Ethernet II 格式以太帧的帧长度必须在 64 字节到 1518 字节之间（不包含前同步码）。有些千兆以太网或更高速以太网支持更大的帧长度，最大可以支持 9000 字节，这种帧称作巨型帧。
- 帧校验：用于检测该帧是否出现差错，占 4 字节。发送方计算该帧的 CRC 码，将其写到帧里。接收方计算机重新计算 CRC 码，与该字段的 CRC 码进行比较。如果两个码不相同，则表示传输过程中发生了数据丢失或改变，这时就需要重新传输这个帧。
- 帧间距：当一个以太帧发送出去之后，发送方在下次发送帧之前，需要再发送至少 12 字节的空闲线路状态码，称为帧间距。

注意：Ethernet II 格式以太帧没有帧长度字段，一个以太帧是否传输结束是靠发送方和接收方协商的链路物理编码信号来判断的，不同速率的以太网，其编码信号不一样。

交换机主要分为二层交换机和三层交换机。二层交换机一般放在接入层，主要功能是为局域网终端提供接入、隔离网段，以及实现二层以太帧的转发。三层交换机可以放在汇聚层或核心层，除了具有二层交换机的功能，还具有三层路由转发功能。三层交换机一般比二层交换机具有更高的性能和更高的端口带宽，其主要作用是为网络核心区域提供数据交换功能。

基于 MAC 地址表的自动学习和转发是交换机的基础功能。交换机上电初始化后，其 MAC 地址表为空。当一个以太帧从其中一个端口进入交换机时，交换机开始自动学习 MAC 地址，其学习过程如图 4-2 所示。

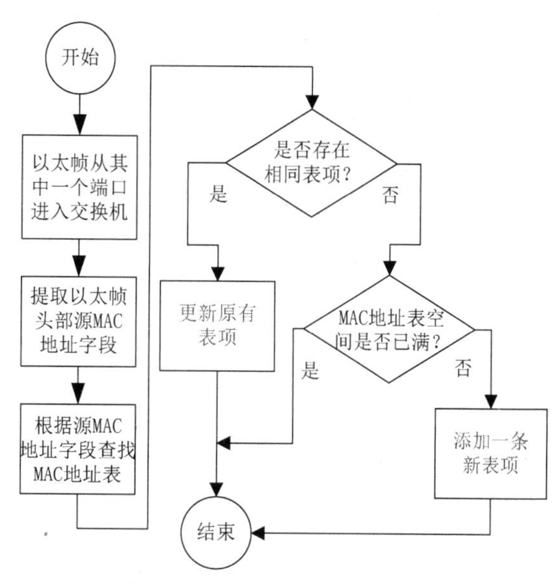

图 4-2　交换机 MAC 地址智能学习过程

在学习了源 MAC 地址之后，提取网络协议报文的目的 MAC 地址，查找当前 MAC 地址表。如果当前 MAC 地址表中有和目的 MAC 地址相同的表项，则将网络协议报文从该表项对应的端口转发出去，而不像集线器那样进行泛洪，从而提高了转发效率。

4.1.2　VLAN 技术

虚拟局域网（Virtual Local Area Network，VLAN）技术是一项重要的网络技术，其主要功能是在同一个交换机上划分不同的广播域。在 VLAN 技术出现以前，一个交换机的所有端口处于同一个广播域，即从任何端口发送一个广播报文，会从其他所有端口发送出去。有了 VLAN 技术以后，只有属于同一个 VLAN 的端口才处于同一个广播域，这样可以有效隔离不同的网段，不仅增加了安全性，还有效提高了网络管理的灵活性，降低了设备成本。

IEEE 802.1Q 标准实现了 VLAN 技术，实现方式是在 Ethernet II 格式以太帧的源 MAC 地址字段和类型字段之间加入 4 字节的 802.1Q 标签，其结构如图 4-3 所示。

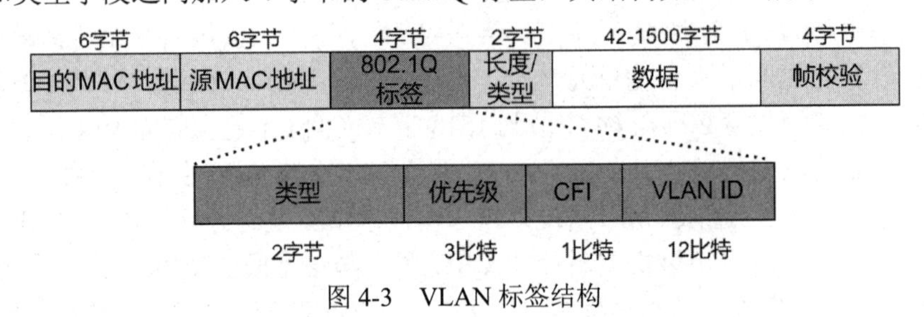

图 4-3　VLAN 标签结构

VLAN 标签结构各个字段的含义如下。

- 类型（Type）：表示帧类型，也叫作 TPID（Tag Protocol Identifier），占 2 字节。类型取值为 0x8100 表示 802.1Q 标签帧。不支持 802.1Q 的设备收到这样的帧，会将其丢弃。
- 优先级（Priority，PRI）：占 3 比特，取值范围为 0～7，值越大表示优先级越高。当端口出现拥塞时，优先级高的以太帧优先转发。
- CFI（Canonical Format Indicator，标准格式指示位）：指示 MAC 地址是否为经典格式，占 1 比特。CFI 为 0 表示为标准格式，CFI 为 1 表示为非标准格式。用于区分以太帧、FDDI 帧和令牌环帧。在以太网中，CFI 默认为 0。
- VLAN ID（VID）：表示该帧所属的 VLAN，占 12 比特。可配置的 VID 取值范围为 1～4094，0 和 4095 为预留值。三种特殊类型的 VID 如下。

  0x000：设置优先级但无 VID，仅用于优先级设置。

  0x001：默认 VID。

  0xFFF：预留 VID。

交换机端口分为两种：Access 端口和 Trunk 端口。Access 端口只能属于唯一一个 VLAN，Trunk 端口可以同时属于多个 VLAN。Access 端口一般用于连接普通的主机终端，而 Trunk 端口一般用于连接交换机与交换机。与 VLAN 的相关的概念包括默认 VLAN、数据 VLAN、语音 VLAN、管理 VLAN、Native VLAN 及黑洞 VLAN。大部分交换机默认有一个 ID 为 1 的 VLAN，并把所有的端口默认全部加到 VLAN 1 中，这就是默认 VLAN。数据 VLAN 为用户数据的转发 VLAN。语音 VLAN 是一种特殊的 VLAN，主要为电话终端传送语音数据。管理 VLAN 主要用于网络管理员登录管理设备。Native VLAN 是 Trunk 端口的一个特殊 VLAN，也称为本征 VLAN。当带有 Native VLAN 标签的以太帧经过 Trunk 端口时，交换机会将 VLAN 标签去掉，反之保留。黑洞 VLAN 是指里面没有任何可用端口的 VLAN。在进行网络设计时，数据 VLAN、语音 VLAN、管理 VLAN 及 Native VLAN 一般不要使用 VLAN 1，VLAN 1 上只运行相关的控制协议，这些协议包括标准化的生成树协议（Spanning Tree Protocol，STP）、快速生成树协议（Rapid Spanning Tree Protocol，RSTP）、多生成树协议（Multiple Spanning Tree Protocol，MSTP）、链路汇聚控制协议（Link Aggregation Control Protocol，LACP）等，以及思科专有的动态中继协议（Dynamic Trunk Protocol，DTP）、虚拟中继协议（Virtual Trunk Protocol，VTP）、每个 VLAN 生成树（Per Vlan Spanning Tree，PVST）协议、端口聚合协议（Port Aggregation Protocol，PAP）、思科发现协议（Cisco Discovery Protocol，CDP）等。

目前除了基本的 VLAN 技术，还有 Super VLAN、Private VLAN 和 QinQ 等高级 VLAN 技术。Super VLAN 又称为 VLAN 聚合（VLAN Aggregation），主要原理是把多个子 VLAN 聚合成一个 Super VLAN，这些子 VLAN 使用同一个子网和默认网关。每个子 VLAN 都是一个独立的广播域，可保证不同用户之间的隔离，子 VLAN 之间的通信通过 Super VLAN 进行路由。然而，使用 Super VLAN 技术，虽然可以节省 IP 地址和实现通信隔离，但不能实现更复杂的隔离需求。例如，要求在同一个子网内的主机不能随便相互访问，同时又都可以和某个特定主机，如网关、服务器等进行通信，因而出现了 Private VLAN 技术，用来实现更复杂的通信隔离。

随着三层交换机的不断成熟和大量应用，许多企业网和小型城域网用户都倾向于使用三层交换机来搭建骨干网，但基于 MPLS+IP 协议的 VPN 方案配置复杂，成本高，而且 IEEE 802.1Q 标准中定义的 VLAN 标签域只有 12 比特用于表示 VID，所以设备最多可以支持 4094 个可用 VLAN。在实际应用中，尤其是在城域网中，需要大量的 VLAN 来隔离用户，4094 个 VLAN 远远不能满足需求。基于以上两点原因，业界开发了 QinQ 技术。QinQ 技术通过在原有的 VLAN 标签结构中再增加一个 VLAN 标签形成嵌套 VLAN 标签，类似于一个隧道，所以 QinQ 又有 dot1Q-tunneling、Tag in Tag、VLAN VPN、Stack VLAN 等名称，其双层标签结构如图 4-4 所示。

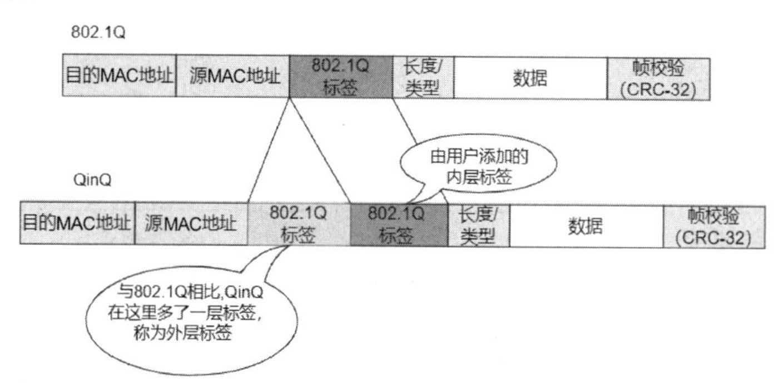

图 4-4　QinQ 的双层标签结构

QinQ 技术不需要其他协议的支持，可以实现简单的 L2 VPN（二层虚拟专用网），特别适用于以三层交换机为骨干的 ISP 城域网，也可以解决日益紧缺的公网 VID 问题，用户可以通过 QinQ 规划自己的私网 VID，不会与公网 VID 冲突。

4.2　本章实验设计

4.2.1　实验内容与目标

本章的实验内容主要围绕交换机与 VLAN 技术展开，实验目标是让读者获得以下知识和技能。

（1）掌握交换机的基本使用方法，如查看交换机型号及版本、查看端口和 VLAN 信息、查看 MAC 地址表，并验证交换机 MAC 地址自动学习原理。

（2）理解 VLAN 技术的原理，掌握如何在单个交换机上配置 VLAN（创建、删除、命名），如何把 PC 终端加入或移出对应 VLAN，并验证其正确性。

（3）理解 Trunk 端口和 Native VLAN 的作用，掌握如何为交换机配置 Trunk 端口和 Native VLAN，并验证其正确性。

（4）理解思科 VTP 协议的原理，掌握 VTP 协议的应用场景和配置过程，并验证其正确性。

（5）理解在单交换机环境下，处于不同 VLAN 的 PC 终端之间如何进行通信，掌握如何打开三层交换机的路由功能，如何配置 SVI 端口，并验证其正确性。

（6）理解在跨交换机环境下，处于相同 VLAN 和不同 VLAN 的 PC 终端之间如何进行通信，并验证其正确性。

（7）理解三层交换机的路由端口和 SVI 端口区别，掌握其配置方法，并验证其正确性。

（8）理解二层交换机和三层交换机管理 VLAN 的作用，掌握管理 VLAN 的配置方法和注意事项，并验证其正确性

（9）理解语音 VLAN 的工作原理，掌握语音 VLAN 的配置方法，并验证其正确性。

其中，（1）～（4）为基础实验目标，（5）～（9）为进阶实验目标。由于篇幅限制，本章实验不包含 Private VLAN、Super VLAN 及 QinQ 技术的内容。

4.2.2 实验学时与选择建议

本章实验学时与选择建议如表 4-1 所示。

表 4-1 本章实验学时与选择建议

主要实验内容	对应章节	实验学时建议	选择建议
网络拓扑搭建	4.2.3、4.2.4	1 学时	必选
单交换机基础配置	4.3.1	1 学时	必选
跨交换机同 VLAN 主机通信	4.3.2	2 学时	必选
不同 VLAN 通信	4.4.1	2 学时	可选
配置特殊 VLAN	4.4.2	2 学时	可选

4.2.3 实验环境与网络拓扑

本章实验环境采用 PKT V8.1.1，操作系统为 Windows 10。本章实验的网络拓扑结构图如图 4-5 所示。

本章实验的网络拓扑结构设计的主要意图说明如下。

（1）网络拓扑中部署了 2 个 3650 三层交换机（需要单独添加电源模块 AC-Power-Supply），2 个 2960 二层交换机，交换机与交换机之间通过 Trunk 端口进行连接，可以开展交换机 MAC 地址自动学习、为 Trunk 端口配置 Native VLAN 及 VTP 协议配置实验。

（2）PC11～PC13 与 MS1-3650 连接，可以开展单交换机的 VLAN 通信实验、SVI 端口

配置及三层路由功能验证实验。

（3）MS2-3650 连接了 1 个服务器 Server1，可以开展三层交换机的路由端口配置实验。

（4）PC101/102 和 PC201/202 分别连接到 S1-2960 和 S2-2960，可以开展跨交换机的 VLAN 通信实验。

（5）R1-2811 与 MS2-3650 连接，其功能是提供 DHCP 服务和电话号码的自动注册服务。Phone1 和 Phone2 分别连接到 S1-2960 和 S2-2960，两者配合可以开展跨交换机的语音 VLAN 实验。

（6）所有交换机都创建 VLAN 100，可以开展交换机管理 VLAN 实验。

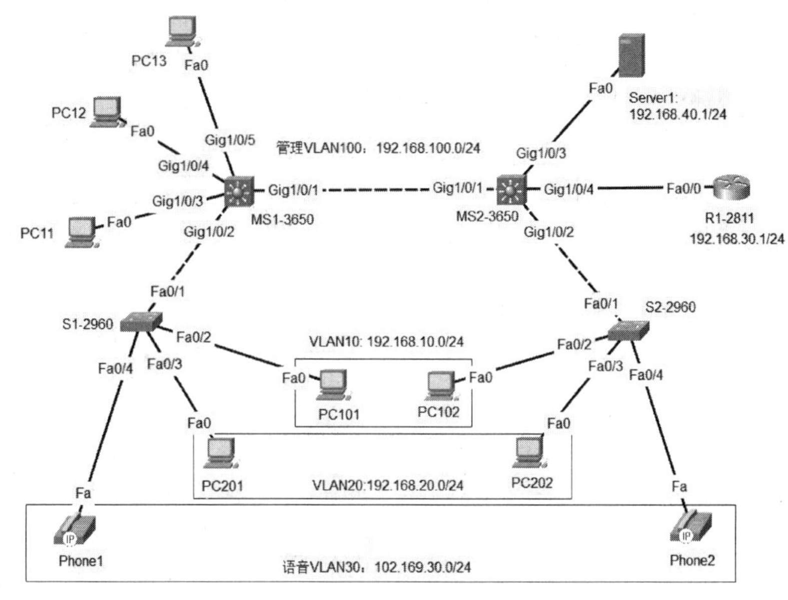

图 4-5　本章实验的网络拓扑结构图

4.2.4　设备端口连接和 IP 地址规划

本章实验网络拓扑的设备端口连接和 IP 地址规划如表 4-2 所示。

表 4-2　本章实验网络拓扑的设备端口连接和 IP 地址规划

设　备　名	端　　口	IP　地　址	对端设备端口	其他备注
MS1-3650+ 电源模块 AC-Power-Supply	Gig1/0/1		MS2-3650-Gig1/0/1	Trunk 端口
	Gig1/0/2		S1-2960-Fa0/1	Trunk 端口
	Gig1/0/3		PC11-Fa0	Access 端口或三层路由端口
	Gig1/0/4		PC12-Fa0	Access 端口或三层路由端口
	Gig1/0/5		PC13-Fa0	Access 端口或三层路由端口
	SVI:VLAN 10	192.168.10.254/24	SVI 端口	作为 VLAN 10 的网关
	SVI:VLAN 20	192.168.20.254/24	SVI 端口	作为 VLAN 20 的网关
	SVI:VLAN 30	192.168.30.254/24	SVI 端口	作为 VLAN 30 的网关，同时作为语音 VLAN
	SVI:VLAN 100	192.168.100.254/24	SVI 端口	作为 VLAN 100 的网关和管理地址

续表

设 备 名	端 口	IP 地 址	对端设备端口	其他备注
MS2-3650+电源模块AC-Power-Supply	Gig1/0/1		MS1-3650-Gig1/0/1	Trunk 端口
	Gig1/0/2		S2-2960-Fa0/1	Trunk 端口
	Gig1/0/3	192.168.40.253/24	Server1-Fa0	三层路由端口
	Gig1/0/4		R1-2811-Fa0/0	Access 端口，属于 VLAN 30
	SVI:VLAN 10	192.168.10.253/24	SVI 端口	
	SVI:VLAN 20	192.168.20.253/24	SVI 端口	
	SVI:VLAN 30	192.168.30.253/24	SVI 端口	语音 VLAN
	SVI:VLAN 100	192.168.100.253/24	SVI 端口	作为 VLAN 100 的网关和管理地址
S1-2960	Fa0/1		MS1-3650-Gig1/0/2	Trunk 端口
	Fa0/2		PC101-Fa0	Access 端口，属于 VLAN 10
	Fa0/3		PC201-Fa0	Access 端口，属于 VLAN 20
	Fa0/4		Phone1-Fa	属于 VLAN 30
	SVI:VLAN 100	192.168.100.1/24	SVI 端口	设备的管理地址
S2-2960	Fa0/1		MS2-3650-Gig1/0/2	Trunk 端口
	Fa0/2		PC102-Fa0	Access 端口，属于 VLAN 10
	Fa0/3		PC202-Fa0	Access 端口，属于 VLAN 20
	Fa0/4		Phone2Fa	属于 VLAN 30
	SVI:VLAN 100	192.168.100.2/24	SVI 端口	设备的管理地址
Server1	Fa0	192.168.40.1/24	MS2-3650-Gig1/0/3	网关：192.168.40.253
R1-2811	Fa0/0	192.168.30.1/24	MS2-3650-Gig1/0/4	作为电话终端的 DHCP 服务器和拨号服务器
PC11	Fa0	192.168.10.11/24	MS1-3650-Gig1/0/3	网关：192.168.10.254
PC12	Fa0	192.168.20.12/24	MS1-3650-Gig1/0/4	网关：192.168.20.254
PC13	Fa0	192.168.30.13/24	MS1-3650-Gig1/0/5	网关：192.168.30.254
PC101	Fa0	192.168.10.101/24	S1-2960-Fa0/2	网关：192.168.10.254
PC201	Fa0	192.168.20.201/24	S1-2960-Fa0/3	网关：192.168.20.254
Phone1	Fa	DHCP	S1-2960-Fa0/4	网关：192.168.30.254
PC102	Fa0	192.168.10.102/24	S2-2960-Fa0/2	网关：192.168.10.253
PC202	Fa0	192.168.20.202/24	S2-2960-Fa0/3	网关：192.168.20.253
Phone2	Fa	DHCP	S2-2960-Fa0/4	网关：192.168.30.253

4.3　基础实验

4.3.1　单交换机基础配置

本节以 MS1-3650 交换机为例，详细讲解单交换机的端口和 VLAN 基础配置过程。

4.3.1.1　查看交换机端口状态和 VLAN 基本信息

单击 MS1-3650 图标打开设备配置窗口，单击【CLI】功能页按钮进入 Console 控制台。默认的命令行提示符为 Switch，我们修改设备名为 MS1-3650，并通过 show interfaces status 命令和 show vlan brief 命令查看当前交换机端口状态和 VLAN 基本信息，配置步骤和命令如下：

```
Switch>enable   #进入特权模式，默认无密码
Switch#configure terminal   #进入配置模式
Switch(config)#hostname MS1-3650   #修改设备名
MS1-3650(config)#end
MS1-3650#show interfaces status   #查看当前交换机端口状态
Port      Name               Status       Vlan       Duplex  Speed Type
Gig1/0/1                     connected     1         auto    auto  10/100BaseTX
Gig1/0/2                     connected     1         auto    auto  10/100BaseTX
Gig1/0/3                     connected     1         auto    auto  10/100BaseTX
Gig1/0/4                     connected     1         auto    auto  10/100BaseTX
Gig1/0/5                     connected     1         auto    auto  10/100BaseTX
Gig1/0/6                     notconnect    1         auto    auto  10/100BaseTX
Gig1/0/7                     notconnect    1         auto    auto  10/100BaseTX
Gig1/0/8                     notconnect    1         auto    auto  10/100BaseTX
Gig1/0/9                     notconnect    1         auto    auto  10/100BaseTX
Gig1/0/10                    notconnect    1         auto    auto  10/100BaseTX
Gig1/0/11                    notconnect    1         auto    auto  10/100BaseTX
Gig1/0/12                    notconnect    1         auto    auto  10/100BaseTX
Gig1/0/13                    notconnect    1         auto    auto  10/100BaseTX
Gig1/0/14                    notconnect    1         auto    auto  10/100BaseTX
Gig1/0/15                    notconnect    1         auto    auto  10/100BaseTX
Gig1/0/16                    notconnect    1         auto    auto  10/100BaseTX
Gig1/0/17                    notconnect    1         auto    auto  10/100BaseTX
Gig1/0/18                    notconnect    1         auto    auto  10/100BaseTX
Gig1/0/19                    notconnect    1         auto    auto  10/100BaseTX
Gig1/0/20                    notconnect    1         auto    auto  10/100BaseTX
Gig1/0/21                    notconnect    1         auto    auto  10/100BaseTX
Gig1/0/22                    notconnect    1         auto    auto  10/100BaseTX
Gig1/0/23                    notconnect    1         auto    auto  10/100BaseTX
Gig1/0/24                    notconnect    1         auto    auto  10/100BaseTX
Gig1/1/1                     notconnect    1         auto    auto  10/100BaseTX
Gig1/1/2                     notconnect    1         auto    auto  10/100BaseTX
Gig1/1/3                     notconnect    1         auto    auto  10/100BaseTX
Gig1/1/4                     notconnect    1         auto    auto  10/100BaseTX
```

```
MS1-3650#show vlan brief    #查看当前VLAN信息，如果要显示更多VLAN信息，则可以去掉“brief”
VLAN  Name      Status    Ports
---- ------------------------------- ----------------------------------------
-------------------------------
1    default    active    Gig1/0/1, Gig1/0/2,Gig1/0/3,Gig1/0/4
                          Gig1/0/5, Gig1/0/6,Gig1/0/7,Gig1/0/8
                          Gig1/0/9, Gig1/0/10,Gig1/0/11,Gig1/0/12
                          Gig1/0/13, Gig1/0/14,Gig1/0/15,Gig1/0/16
                          Gig1/0/17, Gig1/0/18,Gig1/0/19,Gig1/0/20
                          Gig1/0/21, Gig1/0/22,Gig1/0/23,Gig1/0/24
                          Gig1/1/1, Gig1/1/2,Gig1/1/3,Gig1/1/4
1002 fddi-default         active
1003 token-ring-default   active
1004 fddinet-default      active
1005 trnet-default        active
```

由此可以看到，交换机当前只有前5个端口（Gig1/0/1～Gig1/0/5）状态为connected，其他端口状态为 notconnect，与上述网络拓扑的端口连接状态是吻合的。交换机所有的端口默认都属于VLAN 1。交换机除了VLAN 1，还有一些特殊的VLAN，其VID分别为1002、1003、1004、1005，名称分别为fddi-default、token-ring-default、fddinet-default、trnet-default。这些VLAN作为其他不常见网络类型（如令牌环、分布式光纤网等）的保留VLAN。VLAN 1和这些保留VLAN不可删除，也不可修改默认名称，但可以将某个端口加到这些VLAN中，测试效果如下：

```
MS1-3650(config)#no vlan 1    #试图删除VLAN 1
Default VLAN 1 may not be deleted.   #提示不能删除VLAN 1
MS1-3650(config)#vlan 1    #进入VLAN 1配置模式
MS1-3650(config-vlan)#name test    #试图修改VLAN 1的名称
Default VLAN 1 may not have its name changed.   # 提示不允许修改VLAN 1的名称
MS1-3650(config-vlan)#exit
MS1-3650(config)#no vlan 1002    #测试VLAN 1002～1005，结果与VLAN 1一样
Default VLAN 1002 may not be deleted.
MS1-3650(config)#vlan 1002
MS1-3650(config-vlan)#name test
Default VLAN 1002 may not have its name changed.
MS1-3650(config-vlan)#exit
MS1-3650(config)# interface gigabitEthernet 1/1/1    #进入端口Gig1/1/1配置模式
MS1-3650(config-if)#switchport access vlan 1002    #将端口加到VLAN 1002中，操作成功
MS1-3650(config-if)#end
MS1-3650#show vlan brief
VLAN  Name            Status    Ports
---- ------------------------------- ----------------------------------------
-------------------------------
1    default          active    Gig1/0/1, Gig1/0/2, Gig1/0/3, Gig1/0/4
```

```
                                        Gig1/0/5, Gig1/0/6, Gig1/0/7, Gig1/0/8
                                        Gig1/0/9, Gig1/0/10, Gig1/0/11, Gig1/0/12
                                        Gig1/0/13, Gig1/0/14, Gig1/0/15, Gig1/0/16
                                        Gig1/0/17, Gig1/0/18, Gig1/0/19, Gig1/0/20
                                        Gig1/0/21, Gig1/0/22, Gig1/0/23, Gig1/0/24
                                        Gig1/1/2, Gig1/1/3, Gig1/1/4
1002 fddi-default         active        Gig1/1/1   #端口 Gig1/1/1 从 VLAN 1 中移到 VLAN 1002 中了
1003 token-ring-default   active
1004 fddinet-default      active
1005 trnet-default        active
```

在实际应用中，建议不要使用默认 VLAN 或保留 VLAN 作为数据通信 VLAN 或管理 VLAN。根据 4.1.2 节中对 VLAN 标签结构的描述，VID 占 12 比特，可表示的数值范围为 0～4095。交换机一般可用的 VID 可表示的数值范围为 2～1001 以及 1006～4094，0 和 4095 属于预留值，不可用。

4.3.1.2　VLAN 基础配置

本节演示如何创建新的 VLAN、删除已有的 VLAN 和设置 VLAN 名称，以及如何将 PC11、PC12 和 PC13 连接的交换机端口 Gig1/0/3、Gig1/0/4、Gig1/0/5 加到对应的 VLAN 中（或移出该 VLAN），并验证配置的结果，配置步骤和命令如下：

```
MS1-3650(config)#vlan 10   #创建 VLAN 10
MS1-3650(config-vlan)#name subnet10   #将 VLAN 10 命名为 subnet10
MS1-3650(config-vlan)#vlan 20   #创建 VLAN 20
MS1-3650(config-vlan)#name subnet20   #将 VLAN 10 命名为 subnet20
MS1-3650(config-vlan)#vlan 30   #创建 VLAN 30
MS1-3650(config-vlan)#name subnet30   #将 VLAN 10 命名为 subnet30
MS1-3650(config)#interface gigabitEthernet 1/0/3   #进入端口 Gig1/0/3 配置模式
MS1-3650(config-if)#switchport access vlan 10   #将端口 Gig1/0/3 加到 VLAN 10 中
MS1-3650(config-if)#interface gigabitEthernet 1/0/4   #进入端口 Gig1/0/4 配置模式
MS1-3650(config-if)#switchport access vlan 20   #将端口 Gig1/0/4 加到 VLAN 20 中
MS1-3650(config-if)#interface gigabitEthernet 1/0/5   #进入端口 Gig1/0/5 配置模式
MS1-3650(config-if)#switchport access vlan 30   #将端口 Gig1/0/5 加到 VLAN 30 中
MS1-3650(config-if)#end
MS1-3650#show vlan brief   #再次验证 VLAN 信息
VLAN Name            Status    Ports
---- -------------------------------- ---------------------------------------------------------------------------------
1    default          active     Gig1/0/1, Gig1/0/2, Gig1/0/6, Gig1/0/7
                                 Gig1/0/8, Gig1/0/9, Gig1/0/10, Gig1/0/11
                                 Gig1/0/12, Gig1/0/13, Gig1/0/14, Gig1/0/15
                                 Gig1/0/16, Gig1/0/17, Gig1/0/18, Gig1/0/19
                                 Gig1/0/20, Gig1/0/21, Gig1/0/22, Gig1/0/23
                                 Gig1/0/24, Gig1/1/2, Gig1/1/3, Gig1/1/4
10   subnet10                    Gig1/0/3   #端口已经被加到对应 VLAN 中
20   subnet20                    Gig1/0/4
```

```
30   subnet30                       Gig1/0/5
1002  fddi-default         active   Gig1/1/1
1003  token-ring-default  active
1004  fddinet-default      active
1005  trnet-default        active
```

由此可以看到，Gig1/0/3～Gig1/0/5 分别被加到 VLAN 10～VLAN 30 中。如果此时将 VLAN 10 删除，则 VLAN 10 中的端口也会一并被删除，验证步骤和命令如下：

```
MS1-3650#configure terminal
MS1-3650(config)#no vlan 10   #删除 VLAN 10
MS1-3650(config)#exit
MS1-3650#show vlan brief   #再次验证 VLAN 信息
VLAN  Name          Status    Ports
----  --------------------------------  ------------------------------------------------------------------------
1     default              active   Gig1/0/1, Gig1/0/2, Gig1/0/6, Gig1/0/7
                                    Gig1/0/8, Gig1/0/9, Gig1/0/10, Gig1/0/11
                                    Gig1/0/12, Gig1/0/13, Gig1/0/14, Gig1/0/15
                                    Gig1/0/16, Gig1/0/17, Gig1/0/18, Gig1/0/19
                                    Gig1/0/20, Gig1/0/21, Gig1/0/22, Gig1/0/23
                                    Gig1/0/24, Gig1/1/2, Gig1/1/3, Gig1/1/4
20   subnet20                       Gig1/0/4
30   subnet30                       Gig1/0/5
1002  fddi-default         active   Gig1/1/1
1003  token-ring-default  active
1004  fddinet-default      active
1005  trnet-default        active
```

此时端口 Gig1/0/3 并未显示在 VLAN 信息中，实际上当前端口 Gig1/0/3 处于游离状态，是不可用的。要使端口 Gig1/0/3 恢复正常，需要将其重新加到已创建的其他 VLAN（如 VLAN 20 和 VLAN 30）中，或者重新创建原来的 VLAN 10。下面我们重新创建 VLAN 10，验证端口 Gig1/0/3 是否会自动加到 VLAN 10 中，验证结果如下：

```
MS1-3650#configure terminal
MS1-3650(config)#vlan 10   #重新创建 VLAN 10
MS1-3650(config-vlan)#name subnet10   #将 VLAN 10 重新命名为 subnet10
MS1-3650(config-vlan)#end
MS1-3650#show vlan brief   #再次查看 VLAN 信息
VLAN  Name          Status    Ports
----  --------------------------------  ------------------------------------------------------------------------
1     default              active   Gig1/0/1, Gig1/0/2, Gig1/0/6, Gig1/0/7
                                    Gig1/0/8, Gig1/0/9, Gig1/0/10, Gig1/0/11
                                    Gig1/0/12, Gig1/0/13, Gig1/0/14, Gig1/0/15
                                    Gig1/0/16, Gig1/0/17, Gig1/0/18, Gig1/0/19
```

```
                                             Gig1/0/20, Gig1/0/21, Gig1/0/22, Gig1/0/23
                                             Gig1/0/24, Gig1/1/2, Gig1/1/3, Gig1/1/4
10   subnet10                                Gig1/0/3   #此时 Gig1/0/3 又自动加到 VLAN 10 中了
20   subnet20                                Gig1/0/4
30   subnet30                                Gig1/0/5
1002  fddi-default            active         Gig1/1/1
1003  token-ring-default active
1004  fddinet-default         active
1005  trnet-default           active
```

由此可以看到，重新创建 VLAN 10 后，端口 Gig1/0/3 又自动加到 VLAN 10 中了。在实际应用中应尽量避免出现游离端口的情况，正确的做法是在删除某个 VLAN 之前，应该先把该 VLAN 中的端口全部移出。接下来将 PC12 和 PC13 从原有 VLAN 中移出，并全部加到 VLAN 10 中，配置步骤和验证结果如下：

```
MS1-3650(config)#interface range gigabitEthernet 1/0/4-5   #进入批量端口配置模式
#将 Gig1/0/4 和 Gig1/0/5 加到 VLAN 10 中
MS1-3650(config-if-range)#switchport access vlan 10
MS1-3650(config-if-range)#end
MS1-3650#show vlan brief   #验证结果
VLAN Name            Status    Ports
---- ------------------------------ ---------------------------------------
-------------------------------
1    default                  active   Gig1/0/1, Gig1/0/2, Gig1/0/6, Gig1/0/7
                                       Gig1/0/8, Gig1/0/9, Gig1/0/10, Gig1/0/11
                                       Gig1/0/12, Gig1/0/13, Gig1/0/14, Gig1/0/15
                                       Gig1/0/16, Gig1/0/17, Gig1/0/18, Gig1/0/19
                                       Gig1/0/20, Gig1/0/21, Gig1/0/22, Gig1/0/23
                                       Gig1/0/24, Gig1/1/2, Gig1/1/3, Gig1/1/4
10   subnet10                          Gig1/0/3, Gig1/0/4, Gig1/0/5
20   subnet20
30   subnet30
1002  fddi-default            active   Gig1/1/1
1003  token-ring-default active
1004  fddinet-default         active
1005  trnet-default           active
```

由此可以看到，现在 Gig1/0/3、Gig1/0/4、Gig1/0/5 都属于 VLAN 10 了，而 VLAN 20 和 VLAN 30 的端口为空，所以是黑洞 VLAN。

4.3.1.3　同 VLAN 主机 ping 测试

现在 Gig1/0/3、Gig1/0/4、Gig1/0/5 都属于 VLAN 10，说明与这 3 个端口连接的 3 个 PC 终端 PC11、PC12、PC13 处于同一网段。如果给这 3 个 PC 终端配置同一网段的 IP 地址，则它们之间可以两两 ping 通，下面进行配置和测试。首先为 PC11、PC12、PC13 配置静态 IP 地址，分别为 192.168.1.1、192.168.1.2、192.168.1.3，子网掩码都为 255.255.255.0。以 PC11 为例，其 IP 地址和子网掩码配置界面如图 4-6 所示。

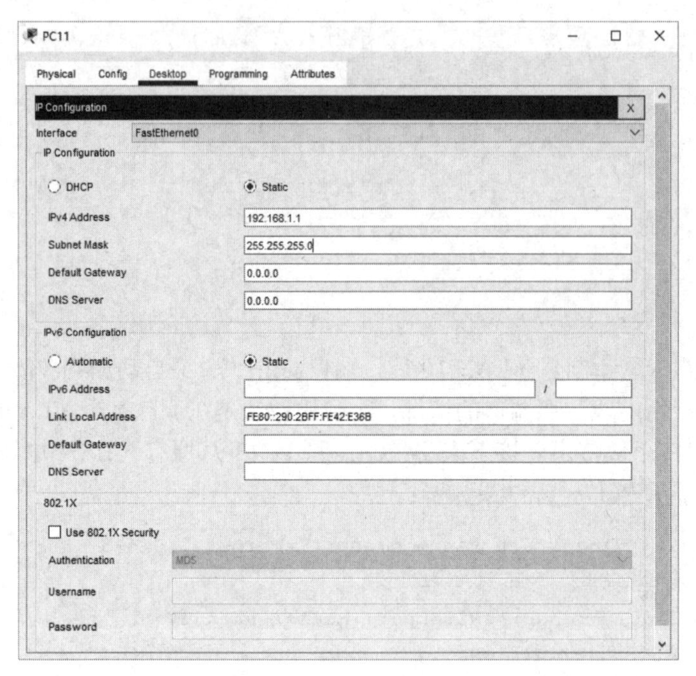

图 4-6　PC11 的 IP 地址和子网掩码配置界面

注意： 我们只需要配置 IP 地址和子网掩码，并不需要为 PC11 配置网关（默认网关是无效的地址 0.0.0.0）。因为同网段通信不需要通过网关进行转发，跨网段通信的才需要指定网关。

下面测试从 PC11 到 PC12 和 PC13 连通性，打开 PC11 的命令行界面，执行 ping 命令，测试结果如图 4-7 所示。

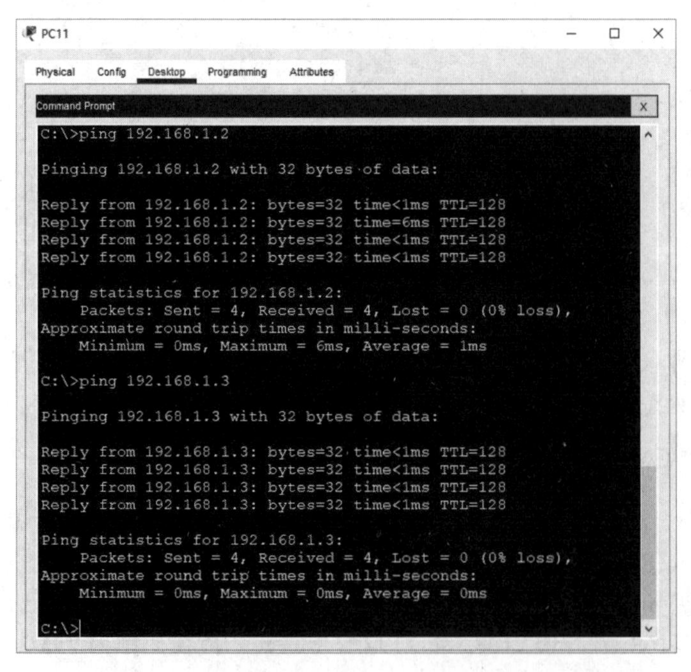

图 4-7　从 PC11 到 PC12 和 PC13 的连通性测试结果

如预期的一样，PC11 可以成功 ping 通 PC12 和 PC13 的 IP 地址。接下来验证 PC11 是否正确添加了 ARP 表项。根据以太网的工作原理，PC11 执行 ping 命令（发送 ICMP 报文）之前必须通过 ARP 请求获取 PC12 和 PC13 的 MAC 地址。先通过 arp -a 命令查看 PC11 的 ARP 表，如图 4-8 所示。

图 4-8　查看 PC11 的 ARP 表

从图 4-8 中可以看到，PC11 添加了 2 条 ARP 表项，分别对应 PC12 和 PC13 的 IP 地址/MAC 地址。再查看 PC12 和 PC13 的 ARP 表，如图 4-9 和图 4-10 所示。

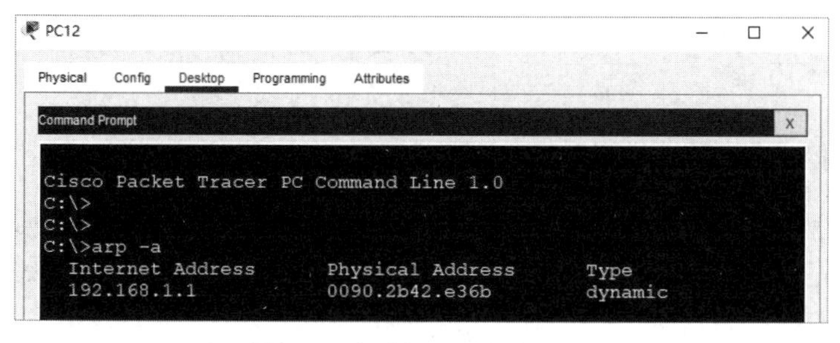

图 4-9　查看 PC12 的 ARP 表

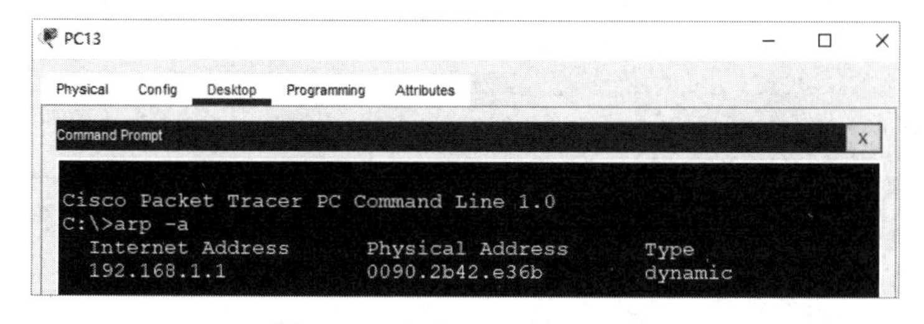

图 4-10　查看 PC13 的 ARP 表

结果显示，PC12 和 PC13 上只有 1 条 ARP 表项，对应 PC11 的 IP 地址/MAC 地址，因为 PC12 和 PC13 只和 PC11 通过信。要验证以上 ARP 表中显示的 MAC 地址确实是 PC11、PC12、PC13 的 MAC 地址，可以单击对应 PC 终端图标打开设备配置窗口，先单击【Config】功能页按钮，然后在左边单击【FastEthernet0】按钮，右边会出现该端口的 MAC 地址信息。PC11 端口的 MAC 地址信息如图 4-11 所示。

从图 4-11 中可以看到，ARP 表中的 PC11 的 MAC 地址确实为 PC11 的 MAC 地址，即 0090:2B42:E36B。可以用同样的方式验证 PC12 和 PC13 的 MAC 地址的正确性，这里不再重复描述。

注意： 当读者在自己的计算机上用 PKT 模拟器软件进行实验时，设备的 MAC 地址不一定与本书中的完全一致，因为 PKT 模拟器软件是根据使用者添加设备情况随机生成 MAC 地址的，只要 MAC 地址与对应设备匹配，实验结果就是正确的。

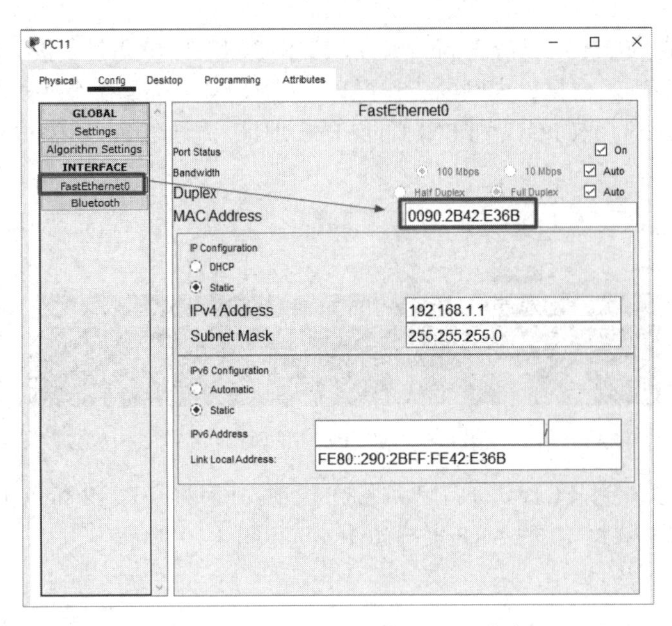

图 4-11　PC11 端口的 MAC 地址信息

4.3.1.4　交换机 MAC 地址表验证与配置

自动学习 MAC 地址是交换机的核心功能，本节将进行交换机 MAC 地址表验证与配置。首先通过 show mac address-table 命令查看 MS1-3650 交换机的 MAC 地址表，查看命令和结果如下：

```
MS1-3650#show mac address-table    #显示MS1-3650交换机当前的MAC地址表
          Mac Address Table
---------------------------------------------------------------------------
Vlan     Mac Address         Type         Ports
----     -----------------   ----------   ---------------
   1     000a.f324.9101      DYNAMIC      Gig1/0/2    #推断为S1-2960的Fa0/1端口的MAC地址
   #推断为MS2-3650的Gig1/0/1端口的MAC地址
   1     0010.115b.9701      DYNAMIC      Gig1/0/1
  10     0002.4a20.77a2      DYNAMIC      Gig1/0/4    #对应PC12
  10     000c.855c.0140      DYNAMIC      Gig1/0/5    #对应PC13
  10     0090.2b42.e36b      DYNAMIC      Gig1/0/3    #对应PC11
```

注意： 在二层交换机（如 S1-2960）上显示地址表的命令是 show mac-address-table，其中 mac 与 address 用连字符连起来，与在三层交换机上的命令格式稍有不同。

交换机的每条 MAC 地址表项包含 VID（Vlan）、MAC 地址（Mac Address）、类型（Type）和端口号（Ports）等字段信息。结果显示，MS1-3650 交换机动态学习了 5 条 MAC 地址表项（类型为 DYNAMIC）。其中，前面 2 条 MAC 地址表项属于 VLAN 1，后面 3 条 MAC 地址表项属于 VLAN 10，分别对应 3 个 PC 终端的 MAC 地址。MAC 地址 0010.115b.9701 对应的端口为 Gig1/0/1，由此可以推断，该 MAC 地址为与之连接的对端设备 MS2-3650 的端口 Gig1/0/1 的 MAC 地址。进入 MS2-3650 的命令行配置界面，修改设备名，并查看端口 Gig1/0/1 的信息，配置命令和查看过程如下：

```
Switch>enable   #进入特权模式，默认无密码
Switch#configure terminal   #进入配置模式
Switch(config)#hostname MS2-3650   #修改设备名
MS2-3650(config)#end
MS2-3650#show interfaces gigabitEthernet 1/0/1   #查看端口 Gig1/0/1 的信息
GigabitEthernet1/0/1 is up, line protocol is up (connected)
 Hardware is Lance, address is 0010.115b.9701 (bia 0010.115b.9701)   #端口的MAC 地址
  MTU 1500 bytes, BW 1000000 Kbit, DLY 1000 usec,
    reliability 255/255, txload 1/255, rxload 1/255
  Encapsulation ARPA, loopback not set
......#以下输出信息省略
```

由此可以看到，MS2-3650 的端口 Gig1/0/1 的 MAC 地址正是 0010.115b.9701。同理，可以验证与端口 Gig1/0/2 相连的对端交换机 S1-2960 的端口 Fa0/1 的 MAC 地址为 000a.f324.9101，验证结果如下：

```
Switch>enable   #进入特权模式，默认无密码
Switch#configure terminal   #进入配置模式
Switch(config)#hostnameS1-2960   #修改设备名
S1-2960 (config)#end
S1-2960# show interfaces fastEthernet 0/1   #查看端口 Fa0/1 的信息
FastEthernet0/1 is up, line protocol is up (connected)
 Hardware is Lance, address is 000a.f324.9101 (bia 000a.f324.9101)   #端口的MAC 地址
  BW 100000 Kbit, DLY 1000 usec,
    reliability 255/255, txload 1/255, rxload 1/255
  Encapsulation ARPA, loopback not set
```

读者可能会有疑问，为什么会出现 5 条 MAC 地址表项呢？前面通过 PC11 向 PC12 和 PC13 发送了 ICMP 请求报文，PC12 和 PC13 会进行 ICMP 应答，因此学习到 3 个 PC 终端的 MAC 地址是符合逻辑的。那前面 2 条 MAC 地址表项是怎么来的？思科交换机默认打开了 STP 协议，每隔 2s 会相互发送 STP 报文，因此交换机 MS1-3650 通过 STP 报文学习到了邻居交换机端口的 MAC 地址，这一点读者可以自行切换到 PKT 模拟器软件的仿真模式进行验证。

以上 MAC 地址表项都是动态添加的，交换机会为每个 MAC 地址表项启动老化定时器（默认定时时间为 300s）。如果 300s 内这些表项没有被使用，即交换机根据 MAC 地址表转发报文时没有命中该表项，则该表项会自动老化并被删除。这样设计的目的是避免不活动的主机 MAC 地址表项一直占用交换机 MAC 地址表空间，因为交换机可容纳的 MAC 地址表项数量是有限的。真实交换机的 MAC 地址表项老化时间可以通过 mac address-table aging-time 命令进行更改，但 PKT 模拟器软件目前不支持该命令，EVE-NG 模拟器软件中的 IOL 交换机支持该命令，读者可以自行验证。

与动态 MAC 地址表项相对应的是静态 MAC 地址表项。静态 MAC 地址表项有什么作用呢？静态 MAC 地址表项的主要作用是防止非法用户利用动态 MAC 地址表项的缺陷攻击服务器。攻击方式是，攻击主机在向交换机发送报文时，将报文的源 MAC 地址手工修改成目标服务器的 MAC 地址，这样交换机会误认为攻击主机就是目标服务器，并添加对应的 MAC 地址表项。这会导致当其他主机访问服务器时，交换机将会把报文转发到攻击主机上，从而

导致访问服务器失败，这就是典型的 ARP 攻击。为了应对这种攻击，可以将服务器 MAC 地址和某个端口进行静态绑定，静态绑定后的MAC地址表项会一直存在，并且不可以通过MAC地址自动学习过程修改对应的端口，除非手工清除或者 shutdown 对应的端口。

接下来介绍如何添加静态 MAC 地址表项。例如，PC13 是一个服务器，我们将 PC13 的 MAC 地址与端口 Gig1/0/5 进行静态绑定，并且加入的 VID 为 10，配置命令和验证结果如下：

```
#将 PC13 的 MAC 地址与端口 Gig1/0/5 进行静态绑定
MS1-3650(config)#mac address-table static 000C.855C.0140 vlan 10 interface Gi1/0/5
MS1-3650(config)#exit
MS1-3650#show mac address-table   #验证绑定后的效果
          Mac Address Table
-------------------------------------------------------------
Vlan    Mac Address       Type          Ports
----    -------------------   ---------------   --------------------
   1    000a.f324.9101    DYNAMIC     Gig1/0/2
   1    0010.115b.9701   DYNAMIC    Gig1/0/1
  10    000c.855c.0140    STATIC Gig1/0/5    #该表项类型为静态
```

此时可以看到，增加了一条类型为 STATIC 的静态 MAC 地址表项。同时，与 PC11 和 PC12 对应的动态 MAC 地址表项已经老化消失，前面 2 条动态 MAC 地址表项因为有交换机一直相互发送 STP 报文，所以一直存在。在绑定 MAC 地址和端口时，要同时指定 VLAN。静态 MAC 地址表项添加后，不能更改端口对应的 VLAN。例如，添加以上静态 MAC 地址表项后，尝试把端口 Gig1/0/5 加到 VLAN 20 中，会导致 PC13 的通信异常，请读者自行验证该情况。

4.3.2 跨交换机同 VLAN 主机通信

4.3.1 节验证了单交换机同 VLAN 主机通信的过程，本节介绍跨交换机同 VLAN 主机如何通信，实验目标是将 PC11 和 PC101 加到 VLAN 10 中并为其配置同一网段的 IP 地址，将 PC12 和 PC201 加到 VLAN 20 中并为其配置同一网段的 IP 地址，最后使得两对 PC 终端能够跨 MS1-3650 和 S1-2960 两个交换机进行通信。

4.3.2.1 调整主机的 VLAN 归属和 IP 地址

为了达成以上实验目标，需要对相关主机的 VLAN 归属进行调整。首先将 PC12 重新加到 VLAN 20 中，将 PC13 重新加到 VLAN 30 中（后面有用），并手工清除 PC13 的静态 MAC 地址表项，配置过程和命令如下：

```
MS1-3650#configure terminal
MS1-3650(config-if)#interface gigabitEthernet 1/0/4
MS1-3650(config-if)#switchport access vlan 20
MS1-3650(config-if)#interface gigabitEthernet 1/0/5
MS1-3650(config-if)#switchport access vlan 30
#清除前面添加的静态 MAC 地址表项
MS1-3650(config)#no mac address-table static 000C.855C.0140 vlan 10 interface Gi
```

```
1/0/5
    MS1-3650(config)#end
    MS1-3650(config)#show vlan brief   #重新查看当前 VLAN 信息
    VLAN  Name            Status    Ports
    ---- -------------------------------- ---------------------------------------------------------------------
    1    default                  active   Gig1/0/1, Gig1/0/2, Gig1/0/6, Gig1/0/7
                                           Gig1/0/8, Gig1/0/9, Gig1/0/10, Gig1/0/11
                                           Gig1/0/12, Gig1/0/13, Gig1/0/14, Gig1/0/15
                                           Gig1/0/16, Gig1/0/17, Gig1/0/18, Gig1/0/19
                                           Gig1/0/20, Gig1/0/21, Gig1/0/22, Gig1/0/23
                                           Gig1/0/24, Gig1/1/2, Gig1/1/3, Gig1/1/4
    10   subnet10                          Gig1/0/3   #端口 VLAN 已经调整到最初状态
    20   subnet20                          Gig1/0/4
    30   subnet30                          Gig1/0/5
    1002  fddi-default           active   Gig1/1/1
    1003  token-ring-default active
    1004  fddinet-default        active
    1005  trnet-default          active
```

然后在交换机 S1-2960 中将 PC101 和 PC201 分别加到 VLAN 10 和 VLAN 20 中，配置过程和命令如下：

```
    S1-2960(config)#interface fastEthernet 0/2
    S1-2960(config-if)#switchport access vlan 10    #将 Fa0/2 端口加到 VLAN 10 中
    #提示如果当前 VLAN 不存在，则会直接创建之后再加入
    % Access VLAN does not exist. Creating vlan 10
    S1-2960(config-if)#interface fastEthernet 0/3
    S1-2960(config-if)#switchport access vlan 20    #将 Fa0/3 端口加到 VLAN 20 中
    % Access VLAN does not exist. Creating vlan 20
    S1-2960(config-if)#end
    S1-2960#show vlan brief
    VLAN Name                             Status    Ports
    ---- -------------------------------- --------- -------------------------------
    1    default                          active    Fa0/1,Fa0/4, Fa0/5, Fa0/6
    Fa0/7,Fa0/8, Fa0/9, Fa0/10
    Fa0/11,Fa0/12, Fa0/13, Fa0/14
    Fa0/15,Fa0/16, Fa0/17, Fa0/18
    Fa0/19,Fa0/20, Fa0/21, Fa0/22
    Fa0/23,Fa0/24, Gig0/1, Gig0/2
    10   VLAN0010                         active    Fa0/2   #端口已经加到正确 VLAN 中
    20   VLAN0020                         active    Fa0/3
    1002 fddi-default                     active
    1003 token-ring-default               active
    1004 fddinet-default                  active
    1005 trnet-default                    active
```

现在 PC11 和 PC101 同属于 VLAN 10，PC12 和 PC201 同属于 VLAN 20，只不过跨了两个交换机。由于 PC11 和 PC101 属于同一网段，其 IP 必须分别配置同一网段的 IP 地址。为了好记，将其 IP 地址分别配置为 192.168.10.11/24 和 192.168.10.101/24。同理，将 PC12 和 PC201 的 IP 地址分别配置为 192.168.20.12/24 和 192.168.20.201/24。

此时，PC11 和 PC12 虽然连接在同一个交换机上，但处于不同网段，它们之间显然是不能通信的，因为既没有给它们设置下一跳网关，它们所连接的交换机 MS1-3650 也没有打开三层路由功能。那么处于同一网段的 PC11 和 PC101 能否相互 ping 通呢？PC11 和 PC101 的连通性测试结果 1 如图 4-12 所示。

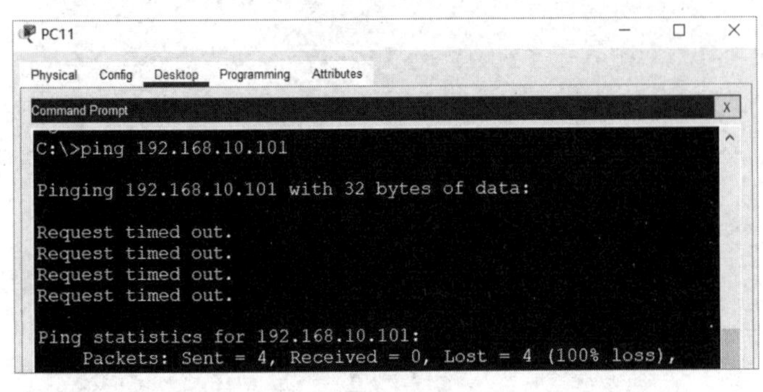

图 4-12　PC11 和 PC101 的连通性测试结果 1

如图 4-12 所示，测试结果显示 ping 不通。原因分析如下：跨交换机后，交换机 MS1-3650 和 S1-2960 之间的连接端口（Gig1/0/2 和 Fa0/1）默认都属于 VLAN 1，因此这条链路只允许 VID=1 的以太帧通过。但是 PC11 和 PC101 发出的以太帧 VID=10，所以 ping 不通是合乎逻辑的。

4.3.2.2　Trunk 端口配置

为了实现跨交换机同 VLAN 主机通信，交换机之间的连接端口应允许多个 VLAN 的以太帧通过。例如，MS1-3650 和 S1-2960 之间的连接端口默认允许 VID=1 的以太帧通过，同时要允许 VID=10 和 VID=20 的以太帧通过。我们把允许多个不同 VLAN 以太帧通过的端口称为 Trunk 端口，连接 Trunk 端口的链路称为 Trunk 链路。接下来将 MS1-3650 和 S1-2960 之间的连接端口配置为 Trunk 端口。MS1-3650 的配置命令和验证结果如下：

```
MS1-3650(config)#interface gigabitEthernet 1/0/2   #进入与交换机 S1-2960 连接的端口
MS1-3650(config-if)#switchport mode trunk   #将该端口配置成 Trunk 模式
MS1-3650(config-if)#end
MS1-3650#show interfaces trunk   #显示当前 Trunk 端口的信息
Port        Mode         Encapsulation  Status        Native vlan
Gig1/0/2    on           802.1q         trunking      1
Port        Vlans allowed on trunk   #允许 VLAN 列表
Gig1/0/2    1-1005
Port        Vlans allowed and active in management domain   #当前活动 VLAN 列表
Gig1/0/2    1,10,20,30
Port        Vlans in spanning tree forwarding state and not pruned   #可剪枝的 VLAN 列表
Gig1/0/2    1,10,20,30
```

S1-2960 的配置命令和验证结果如下：

```
S1-2960(config)#interface fastEthernet 0/1
```

```
S1-2960(config-if)#switchport mode trunk    #将该端口配置成 Trunk 模式
S1-2960#show interfaces trunk   #显示当前 Trunk 端口的信息
Port        Mode         Encapsulation  Status        Native vlan
Fa0/1       on           802.1q         trunking      1
Port        Vlans allowed on trunk   #允许 VLAN 列表
Fa0/1       1-1005
Port        Vlans allowed and active in management domain   #当前活动 VLAN 列表
Fa0/1       1,10,20
Port       Vlans in spanning tree forwarding state and not pruned   #可剪枝的 VLAN 列表
Fa0/1       1,10,20
```

由此可以看到，两个交换机的连接端口都已经设置成了 Trunk 端口，封装协议为 802.1q，默认允许通过的 VLAN 的 VID 取值范围都为 1～1005，Native VLAN 的 VID 都默认为 1，有关 Native VLAN 的含义将在 4.3.2.3 节专门介绍。另外，还列出两种 VLAN 列表。

（1）当前活动 VLAN 列表。MS1-3650 的活动 VLAN 的 VID 有 1、10、20 和 30，而 S1-2960 的活动 VLAN 的 VID 只有 1、10、20，所以 Trunk 链路两端的当前活动 VLAN 列表允许不同。

（2）处于 STP 转发状态且可 VTP 剪枝的 VLAN 列表。该列表一般与当前活动 VLAN 列表是一致的。至于什么是 VLAN 的 VTP 剪枝，请参考 4.3.2.4 节中关于 VTP 协议配置的描述。读者只需记住 VLAN 剪枝的目的是减少不必要的广播流量或组播流量，与单播转发无关。

以上信息表明，VLAN 10 和 VLAN 20 的报文是可以通过 Trunk 端口转发的。再次测试 PC11 和 PC101，以及 PC12 和 PC201 的连通性，测试结果分别如图 4-13 和图 4-14 所示。

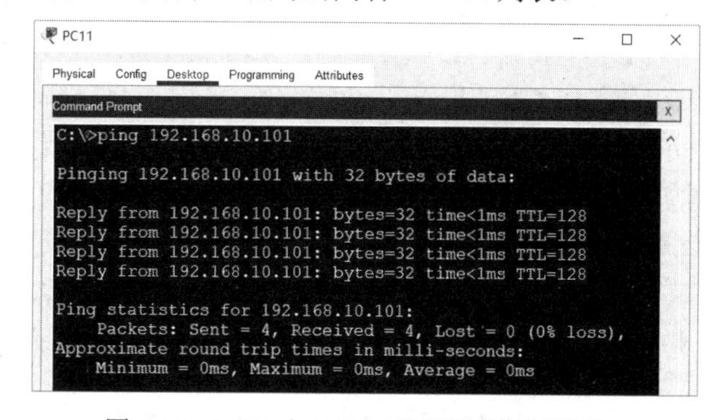

图 4-13　PC11 和 PC101 的连通性测试结果 2

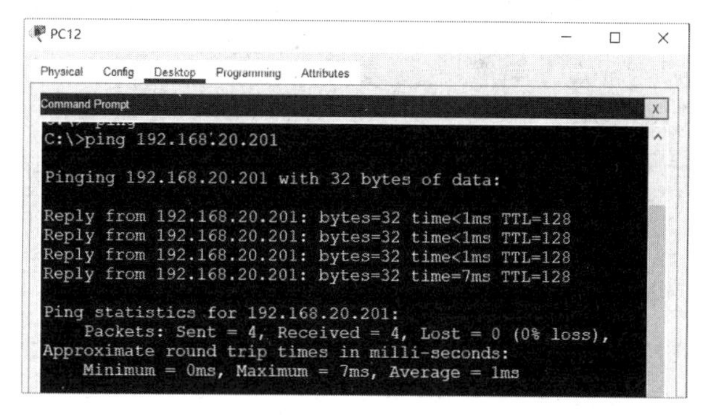

图 4-14　PC12 和 PC201 的连通性测试结果 1

结果显示，两对跨交换机同 VLAN 的 PC 终端都可以相互 ping 通。

Trunk 端口也可以通过思科的 DTP 协议自动协商成 Trunk 模式，前提是对端端口已经配置为自动协商模式。例如，将 S1-2960 的 Fa0/1 端口配置为自动协商模式，配置命令和验证结果如下：

```
S1-2960(config)# interface fastEthernet 0/1
S1-2960(config-if)#switchport mode dynamic auto   #将端口配置为自动协商模式
S1-2960(config-if)#end
S1-2960#show interfaces trunk   #显示 Trunk 端口信息
```

```
Port        Mode         Encapsulation  Status        Native vlan
Fa0/1       auto         n-802.1q       trunking      1
Port        Vlans allowed on trunk   #允许 VLAN 列表
Fa0/1       1-1005
Port        Vlans allowed and active in management domain   #当前活动 VLAN 列表
Fa0/1       1,10,20
Port        Vlans in spanning tree forwarding state and not pruned   #可剪枝的 VLAN 列表
Fa0/1       1,10,20
```

由此可以看到，将 Fa0/1 配置为自动协商模式以后，Mode 变为 auto，协商后的封装协议变为 n-802.1q，这里 n 代表协商（negotiation），实际上 VLAN 协议除了标准的 802.1q，还有思科的私有协议 ISL（Inter-Switch Link）。允许 VLAN 列表和当前活动 VLAN 列表与 Mode 为 on 的情况一样。此时 PC11 和 PC101、PC12 和 PC201 同样是可以 ping 通的，请读者自行验证，这里不再重复描述。

此外，在某些应用场景下，管理员希望某些 VLAN 的报文能通过 Trunk 链路，而另一些 VLAN 的报文不能通过 Trunk 链路，此时可以在 Trunk 端口模式下，执行配置命令 switchport trunk allowed vlan {remove|add}，关键字 remove 表示移出某个 vlan，add 表示增加某个 vlan。例如，在 S1-2960 的 Trunk 端口配置模式下，将 VLAN 20 移出允许 VLAN 列表，配置命令步骤如下：

```
S1-2960(config)# interface fastEthernet 0/1
S1-2960(config-if)#switchport trunk allowed vlan remove 20   #将 VLAN 20 移出允许 VLAN 列表
S1-2960(config-if)#end
S1-2960#show interfaces trunk   #再次显示 Trunk 端口信息
Port        Mode         Encapsulation  Status        Native vlan
Fa0/1       auto         n-802.1q       trunking      1
Port        Vlans allowed on trunk   #以下所有列表中不再含有 VLAN 20
Fa0/1       1-19,21-1005
Port        Vlans allowed and active in management domain
Fa0/1       1,10
Port        Vlans in spanning tree forwarding state and not pruned
Fa0/1       1,10
```

再次测试 PC11 和 PC101，以及 PC12 和 PC201 的连通性，测试结果分别如图 4-15 和图 4-16 所示。

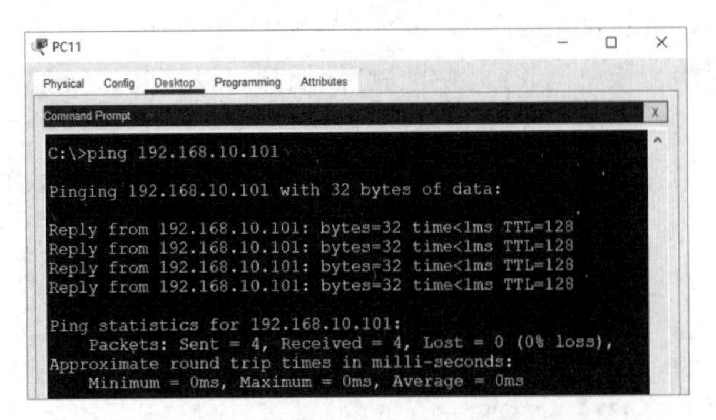

图 4-15　PC11 和 PC101 的连通性测试结果 3

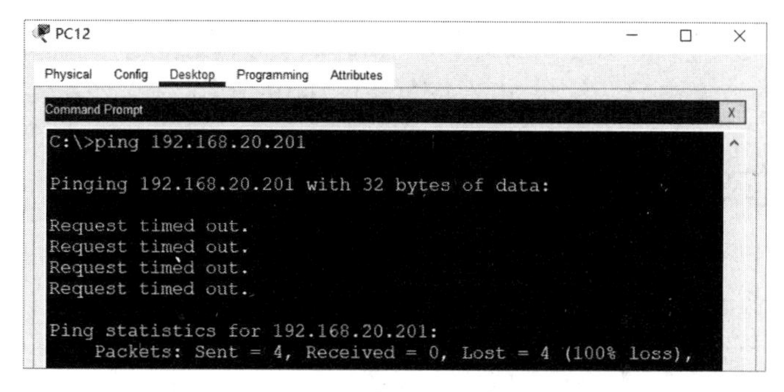

图 4-16　PC12 和 PC201 的连通性测试结果 2

如预期的一样，现在 PC11 和 PC101 仍然可以 ping 通，而 PC12 和 PC201 就 ping 不通了，因为 VLAN 20 的以太帧不再被允许通过。如果要恢复通信，则可以通过 switchport trunk allowed vlan add 20 命令将 VLAN 20 重新加到 Trunk 端口的允许 VLAN 列表中。

4.3.2.3　Native VLAN 的作用与配置

如前所述，每个 Trunk 端口都有 Native VLAN，其 VID 默认为 1。思科交换机的 Native VLAN 也称为本征 VLAN。华为交换机也有类似的功能，称为基于端口的 VID（Port-Base VLAN ID，PVID）。

为什么要为 Trunk 端口配置 Native VLAN 呢？其实最开始的目的是兼容老设备。这些设备有多老？说出来你可能不相信，老到不支持 VLAN 功能。兼容原理：当 Trunk 端口发送未指定 VLAN 的报文时（如 STP 协议的 BPDU 报文，早期的 STP 协议就是不支持 VLAN 的），默认使用 Native VLAN 来传送。而 Trunk 端口规定，当发出 Native VLAN 报文时，将 VLAN 标签直接去掉再发送，这样即使对端是老设备也可以处理。那么问题来了：为什么现在不支持 VLAN 的设备基本上已经消失了，但 Native VLAN 的配置还没去掉呢？原因是当前很多协议默认运行在 Native VLAN 上，如 STP 协议、CDP 协议及 DTP 协议等。另外，利用 Native VLAN 不打标签特性，在一定程度上可以减少带宽消耗。

下面来验证 Trunk 端口的报文转发时 VLAN 标签情况，以及修改 Native VLAN 的 VID 对报文转发的影响。当前，MS1-3650 和 S1-2960 之间的 Trunk 端口的 Native VLAN 的 VID 都默认为 1，切换到 PKT 模拟器软件的仿真模式，模拟从 PC11 发送 ICMP 报文到 PC101，并查看 ICMP 报文通过 MS1-3650 和 S1-2960 之间的 Trunk 端口时以太帧是否打上了 802.1Q 标签。图 4-17 显示了 ICMP 报文从 PC11 到 PC101 的往返过程。

Simulation Panel

Event List

Vis.	Time(sec)	Last Device	At Device	Type
	0.000	--	PC11	ICMP
	0.001	PC11	MS1-3650	ICMP
	0.002	MS1-3650	S1-2960	ICMP
	0.003	S1-2960	PC101	ICMP
	0.004	PC101	S1-2960	ICMP
	0.005	S1-2960	MS1-3650	ICMP
	0.006	MS1-3650	PC11	ICMP

图 4-17　ICMP 报文从 PC11 到 PC101 的往返过程

查看 ICMP 报文从 PC11 到达交换机 MS1-3650 时，其入报文（Inbound PDU）和出报文（Outbound PDU）的详细内容，结果如图 4-18 和图 4-19 所示。

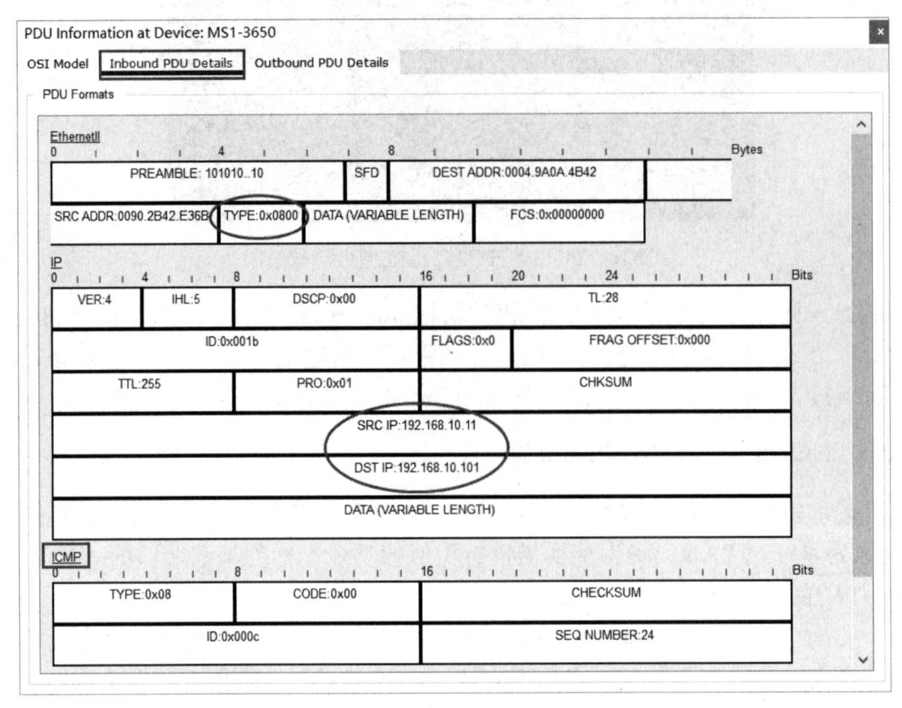

图 4-18　进入 MS1-3650 的 ICMP 报文的详细内容

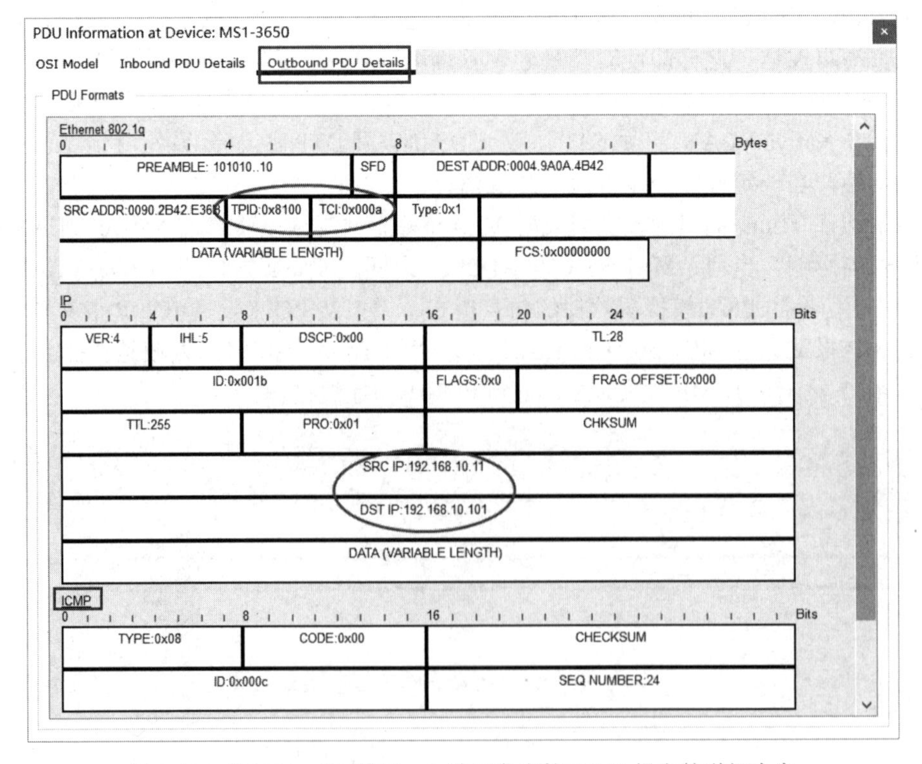

图 4-19　从 MS1-3650 的 Trunk 端口发出的 ICMP 报文的详细内容

由此可以看到，进入 MS1-3650 的 ICMP 报文没有 802.1Q 标签（实际上报文从 Access 端口进入后，会打上 Access 端口的 VLAN 标签，也就是 VLAN 10 标签），当从 Trunk 端口发出报文时，VLAN 10 标签仍然保留。VLAN 标签中 TYPE 字段值为 0x8100，TCI 的值为 0x000a，说明当前 PRI 字段为 0，CFI 字段为 0，VID 字段为 0x000a=10，这正是 PC11/PC101 所在的 VLAN 10。因此得出结论：当报文的 VLAN 与 Native VLAN 不同时，Trunk 端口会保留报文的 VLAN 标签发出。下面修改 MS1-3650 的 Native VLAN 的 VID 为 10，配置命令和效果如下：

```
MS1-3650(config)#interface gigabitEthernet 1/0/2   #进入 Trunk 端口配置模式
MS1-3650(config-if)#switchport trunk native vlan 10   #将 Native VLAN 值修改为 10
MS1-3650(config-if)#exit
#CDP 协议发出告警 LOG“Native VLAN 不匹配”
%CDP-4-NATIVE_VLAN_MISMATCH: Native VLAN mismatch discovered on
GigabitEthernet1/0/2 (10), with S1-2960 FastEthernet0/1 (1).
```

由此可以看到，在 MS1-3650 上，CDP 协议发出告警 LOG“Native VLAN 不匹配”。同时在 S1-2960 上会也会一直发出告警 LOG“Native VLAN 不匹配”，且会出现由 Native VLAN 不匹配导致的 STP 阻塞告警，因为 CDP 和 STP 默认都是开启的，如下所示：

```
%CDP-4-NATIVE_VLAN_MISMATCH: Native VLAN mismatch discovered on
FastEthernet0/1 (1), with MS1-3650 GigabitEthernet1/0/2 (10).
%SPANTREE-2-RECV_PVID_ERR: Received BPDU with inconsistent
Peer vlan id 10 on FastEthernet0/1 VLAN1.
%SPANTREE-2-BLOCK_PVID_LOCAL: Blocking FastEthernet0/1 on
VLAN0001. Inconsistent local vlan.
```

因此，如果 Trunk 端口的 Native VLAN 配置不匹配，则会导致 Trunk 端口报文转发异常。此时再次从 PC11 到 PC101 进行 ping 测试，结果 ping 不通了。原因分析如下：由于 PC11 连接的 Access 端口 VLAN 和 MS1-3650 的 Trunk 端口的 Native VLAN 相同（都是 VLAN 10），因此当报文从 Trunk 端口发出时，把 VLAN 10 标签直接去掉了。当报文到达 S1-2960 时，由于 S1-2960 的 Native VLAN 的 VID 默认为 1，报文重新被打上 VID 为 1 的 VLAN 标签。这时，S1-2960 找不到 VID 为 1 的活动端口，导致报文被丢弃。

现在把 S1-2960 的 Trunk 端口的 Native VLAN 的 VID 配置为 10，配置命令如下：

```
S1-2960config)#interface FastEthernet0/1   #进入端口配置模式
S1-2960(config-if)#switchport trunk native vlan 10   #将 Native VLAN 的 VID 配置为 10
S1-2960 (config-if)#end
```

此时告警 LOG 消失，再次从 PC11 到 PC101 进行 ping 测试，发现又可以 ping 通了，这是符合逻辑的。原因分析如下：当报文从 MS1-3650 的 Trunk 端口发出时，VLAN 10 标签被去掉，但当报文到达对端 S1-2960 的 Trunk 端口时，会被重新打上 VLAN 10 标签，因为其 Native VLAN 的 VID 也被配置为 10。S1-2960 当前有一个属于 VLAN 10 的活动端口 Fa0/2（连接 PC101）。因此，S1-2960 可以顺利将报文从 Fa0/2 转发出去，从而到达 PC101，通信成功。

Native VLAN 的优点是可以降低交换机打标签的开销，但是也可能带来安全问题。由于 Native VLAN 的 VID 默认为 1，如果没有修改 Native VLAN，会导致所有交换机都在一个基于默认 VLAN（VLAN 1）的网段中。因此，攻击者可以利用 Native VLAN 不打标签的特点进行 VLAN Hopping 攻击（包括 VLAN Spoof 攻击和双 VLAN tag 攻击）。因此，在实际应用中，为了提高安全性，建议修改 Native VLAN。

4.3.2.4 VTP 协议配置

在实际应用中，一个园区网中存在很多交换机，并且这些交换机需要创建相同的 VLAN。为了节省配置工作量，思科开发了 VTP 协议，可以将某个交换机的 VLAN 配置自动同步到其他交换机中。

在同步 VLAN 配置之前，所有交换机之间的链路都必须工作在 Trunk 端口配置模式。例如，要把MS1-3650的VLAN配置同步到S1-2960和S2-2960中，则需要将MS1-3650和S1-2960之间链路（前面已经配置）、MS1-3650 和 MS2-3650 之间链路，以及 MS2-3605 和 S2-2960 之间链路都配置成 Trunk 链路。如果 VLAN 配置同步成功，再把与 PC102 连接的交换机端口加到 VLAN 10 中，PC102 就可以与 PC11 和 PC101 跨越多个交换机进行通信。下面分步骤实现这个功能。

第 1 步：将 MS1-3650 和 MS2-3650 之间链路配置成 Trunk 链路。

```
MS1-3650(config)#interface gigabitEthernet 1/0/1    #与 MS2-3650 连接的端口
MS1-3650(config-if)#switchport mode trunk

MS2-3650(config)#interface gigabitEthernet 1/0/1    #与 MS1-3650 连接的端口
MS2-3650(config-if)#switchport mode trunk
MS2-3650(config-if)#exit
MS2-3650(config)#interface gigabitEthernet 1/0/2    #与 S2-2960 连接的端口
MS2-3650(config-if)#switchport mode trunk

S2-2960(config)#interface fastEthernet 0/1    #与 MS2-3650 连接的端口
S2-2960(config-if)#switchport mode trunk
```

第 2 步：为 MS1-3650 配置 VTP 服务器模式

```
MS1-3650(config)#vtp domain test    #配置 VTP 服务器域名为 test
MS1-3650(config)#vtp mode server    #将 MS1-3650 配置为 VTP 服务器模式
MS1-3650(config)#vtp password 12345    #设置 VTP 服务器密码为 12345
MS1-3650(config)#vtp version 2    #配置 VTP 服务器版本号为 2
MS1-3650(config)#vlan 10
MS1-3650(config-vlan)#name data1    #VLAN 10 作为第 1 个数据 VLAN
MS1-3650(config-vlan)#vlan 20
MS1-3650(config-vlan)#name data2    #VLAN 20 作为第 2 个数据 VLAN
MS1-3650(config-vlan)#vlan 30
MS1-3650(config-vlan)#name voice    # VLAN 30 作为语音 VLAN
MS1-3650(config-vlan)#vlan 100
MS1-3650(config-vlan)#name manage    #VLAN 100 作为管理 VLAN
MS1-3650(config-vlan)#end
MS1-3650#show vlan brief
VLAN Name                Status    Ports
```

```
---- -------------------------------- --------- -------------------------------
1    default                          active    Gig1/0/6, Gig1/0/7, Gig1/0/8, Gig1/0/9
                                                Gig1/0/10, Gig1/0/11, Gig1/0/12, Gig1/0/13
                                                Gig1/0/14, Gig1/0/15, Gig1/0/16, Gig1/0/17
                                                Gig1/0/18, Gig1/0/19, Gig1/0/20, Gig1/0/21
                                                Gig1/0/22, Gig1/0/23, Gig1/0/24, Gig1/1/1
                                                Gig1/1/2, Gig1/1/3, Gig1/1/4
10   data1                            active    Gig1/0/3
20   data2                            active    Gig1/0/4
30   voice                            active    Gig1/0/5
100  manage                           active
1002 fddi-default                     active
1003 token-ring-default               active
1004 fddinet-default                  active
1005 trnet-default                    active
```

由此可以看到，Trunk 端口 Gig1/0/1 和 Gig1/0/2 并没有显示在以上 VLAN 信息中。

第 3 步：为 S1-2960/S2-2960 配置 VTP 客户端模式

```
#配置的 VTP 客户端域名、密码、版本号一定都要与服务器的一致
S1-2960 (config)#vtp domain test    #配置 VTP 客户端域名
S1-2960(config)#vtp mode client    #将 S1-2960 配置为 VTP 客户端模式
S1-2960 (config)#vtp password 12345    #配置 VTP 客户端密码
S1-2960 (config)#vtp version 2    #配置 VTP 客户端版本号

S2-2960 (config)#vtp domain test    #配置 VTP 客户端域名
S2-2960(config)#vtp mode client    #将 S2-2960 配置为 VTP 客户端模式
S2-2960 (config)#vtp password 12345    #配置 VTP 客户端密码
S2-2960 (config)#vtp version 2    #配置 VTP 客户端版本号
```

此时，分别查看 S1-2960 和 S2-2960 的 VLAN 配置信息，如下所示：

```
S1-2960#show vlan brief
VLAN Name          Status    Ports
---- -------------------------------- --------- -------------------------------
1    default                  active        Fa0/4, Fa0/5, Fa0/6, Fa0/7
                                            Fa0/8, Fa0/9, Fa0/10, Fa0/11
                                            Fa0/12, Fa0/13, Fa0/14, Fa0/15
                                            Fa0/16, Fa0/17, Fa0/18, Fa0/19
                                            Fa0/20, Fa0/21, Fa0/22, Fa0/23
                                            Fa0/24, Gig0/1, Gig0/2
10   data1                    active        Fa0/2   #以下 VLAN 配置信息从 VTP 服务器同步过来
20   data2                    active        Fa0/3
30   voice                    active
100  manage                   active
1002 fddi-default             active
1003 token-ring-default       active
1004 fddinet-default          active
```

```
1005 trnet-default        active

S2-2960#show vlan brief
VLAN Name                 Status     Ports
---- -------------------------------- --------- -------------------------------
1    default              active     Fa0/2,Fa0/3,Fa0/4, Fa0/5
                                     Fa0/6, Fa0/7,Fa0/8, Fa0/9
                                     Fa0/10, Fa0/11,Fa0/12, Fa0/13
                                     Fa0/14, Fa0/15,Fa0/16, Fa0/17
                                     Fa0/18, Fa0/19,Fa0/20, Fa0/21
                                     Fa0/22, Fa0/23,Fa0/24, Gig0/1, Gig0/2
1002 fddi-default         active
1003 token-ring-default   active
1004 fddinet-default      active
1005 trnet-default        active
```

结果显示，S1-2960 已经把 MS1-3650 的 VLAN 配置信息同步过来了。但是，S2-2960 并没有将 MS1-3650 的 VLAN 配置信息同步过来，主要原因是中间还隔着一个 MS2-3650。VTP 协议同步 VLAN 配置信息的规则是，客户端和服务器之间的所有交换机都配置为 VTP 客户端模式或者 VTP 透明模式（transparent）。VTP 透明模式与 VTP 客户端模式的区别在于，VTP 客户端模式会把服务器的 VLAN 配置信息同步到本交换机，同时也会把 VLAN 配置信息转发到其他交换机；VTP 透明模式只将 VLAN 配置信息透传到其他交换机，本交换机并不更新 VLAN 配置信息。为了验证 VTP 透明模式的效果，下面将 MS2-3650 配置为 VTP 透明模式。

第 4 步：将 MS2-3650 配置为 VTP 透明模式。

```
MS2-3650(config)#vtp domain test    #配置 VTP 的域名为 test
MS2-3650(config)#vtp mode transparent    #将 MS2-3650 配置为 VTP 透明模式
MS2-3650(config)#vtp password 12345    #配置 VTP 的密码，与服务器一致
MS2-3650 (config)#vtp version 2    #配置 VTP 的版本
MS2-3650#show vlan brief    #查看当前 VLAN 配置信息
VLAN  Name                Status   Ports
----  -------------------------------- ----------------------------------------
------------------------------
1     default             active   Gig1/0/3, Gig1/0/4,Gig1/0/5, Gig1/0/6
                                   Gig1/0/7, Gig1/0/8,Gig1/0/9, Gig1/0/10
                                   Gig1/0/11, Gig1/0/12,Gig1/0/13, Gig1/0/14
                                   Gig1/0/15, Gig1/0/16,Gig1/0/17, Gig1/0/18
                                   Gig1/0/19, Gig1/0/20,Gig1/0/21, Gig1/0/22
                                   Gig1/0/23, Gig1/0/24,Gig1/1/1, Gig1/1/2
                                   Gig1/1/3, Gig1/1/4
1002  fddi-default        active
1003  token-ring-default  active
1004  fddinet-default     active
1005  trnet-default       active
```

此时再次查看 S2-2960 的 VLAN 配置信息，如下所示：

```
S2-2960#show vlan brief
VLAN Name                             Status    Ports
---- -------------------------------- --------- -------------------------------
1    default                          active    Fa0/2,Fa0/3,Fa0/4, Fa0/5
                                                Fa0/6, Fa0/7,Fa0/8, Fa0/9
                                                Fa0/10, Fa0/11,Fa0/12, Fa0/13
                                                Fa0/14, Fa0/15,Fa0/16, Fa0/17
                                                Fa0/18, Fa0/19,Fa0/20, Fa0/21
                                                Fa0/22, Fa0/23,Fa0/24, Gig0/1, Gig0/2
10   data1                            active    #VLAN 配置信息已经同步
20   data2                            active
30   voice                            active
100  manage                           active
1002 fddi-default                     active
1003 token-ring-default               active
1004 fddinet-default                  active
1005 trnet-default                    active
```

由此可以看到，配置了 VTP 透明模式的 MS2-3650 虽然没有同步 MS1-3650 的 VLAN 配置信息，但是 S2-2960 的 VLAN 配置信息已经与 MS1-3650 一致了。

注意： 同步的 VLAN 配置信息仅限于创建的 VLAN 及 VLAN 命名，不包括将某个端口加入 VLAN 的配置信息，所以此时 S2-2960 中 VLAN 10、VLAN 20、VLAN 30 下并没有任何端口，还属于黑洞 VLAN。

第 5 步：查看设备的 VTP 状态。

可以通过 show vtp status 命令查看各设备的 VTP 状态，结果如下：

```
MS1-3650#show vtp status
VTP Version capable              : 1 to 2
VTP version running              : 2
VTP Domain Name                  : test
VTP Pruning Mode                 : Disabled    #没有打开 VTP 修剪功能
VTP Traps Generation             : Disabled
Device ID                        : 0002.168A.BD00
Configuration last modified by 0.0.0.0 at 3-1-93 09:07:15
Local updater ID is 0.0.0.0 (no valid interface found)
Feature VLAN :
--------------
VTP Operating Mode               : Server    #当前为 VTP 服务器模式
Maximum VLANs supported locally  : 1005
Number of existing VLANs         : 9
Configuration Revision           : 9
MD5 digest                       : 0x03 0x5C 0xBE 0x36 0x8A 0xE0 0xCC 0xCD
                                   0x36 0xB3 0x0F 0xE8 0x30 0x28 0x7E 0xAB

S2-2960#show vtp status
VTP Version capable              : 1 to 2
```

```
VTP version running                    : 2
VTP Domain Name                        : test
VTP Pruning Mode                       : Disabled   #没有打开VTP修剪功能
VTP Traps Generation                   : Disabled
Device ID                              : 00E0.F7E1.3400
Configuration last modified by 0.0.0.0 at 3-1-93 09:07:15
Feature VLAN :
--------------
VTP Operating Mode                     : Client   #当前为VTP客户端模式
Maximum VLANs supported locally        : 255
Number of existing VLANs               : 9   #当前VLAN数量和服务器一样
Configuration Revision                 : 9   #配置的版本号和服务器一样
MD5 digest                             : 0x03 0x5C 0xBE 0x36 0x8A 0xE0 0xCC 0xCD
                                         0x36 0xB3 0x0F 0xE8 0x30 0x28 0x7E 0xAB

MS2-3650#show vtp status
VTP Version capable                    : 1 to 2
VTP version running                    : 2
VTP Domain Name                        : test
VTP Pruning Mode                       : Disabled   #没有打开VTP修剪功能
VTP Traps Generation                   : Disabled
Device ID                              : 0010.115B.9700
Configuration last modified by 0.0.0.0 at 3-1-93 09:07:15
Feature VLAN :
--------------
VTP Operating Mode                     : Transparent   #当前为VTP透明模式
Maximum VLANs supported locally        : 1005
Number of existing VLANs               : 5   #当前VLAN数量和服务器不一样
Configuration Revision                 : 0#当前配置的版本号为0，说明没有同步任何VLAN配置信息
MD5 digest                             : 0x03 0x5C 0xBE 0x36 0x8A 0xE0 0xCC 0xCD
                                         0x36 0xB3 0x0F 0xE8 0x30 0x28 0x7E 0xAB
```

由此可以看到MS1-3650、MS2-3650和S2-2960分别为VTP服务器模式、VTP透明模式和VTP客户端模式。Server和Client配置的版本号都为9，说明客户端从服务器中同步了VLAN配置信息，而Transparent配置的版本号为0，说明没有从服务器同步任何VLAN配置信息。处于Client模式的交换机，不允许在本地更改VLAN配置信息，因为其VLAN配置信息默认从服务器中同步，但处于VTP透明模式的MS2-3650，则允许更改自己的VLAN配置信息，如下所示：

```
S2-2960(config)#vlan 40   #在VTP客户端模式的交换机上试图创建新VLAN
VTP VLAN configuration not allowed when device is in CLIENT mode.#提示不允许创建新VLAN
```

VTP 状态显示中还有一个非常重要的信息：VTP 剪枝模式。该模式默认都是关闭的。VTP剪枝模式的作用是什么呢？在默认情况下，所有交换机通过Trunk链路连接在一起，如果某个VLAN中的设备发出一个广播报文或未知的单播报文，交换机都会通过Trunk端口将其广播到所有交换机。如果某个交换机根本不存在该VLAN的活动端口（为黑洞VLAN），

则该交换机肯定不希望接收到该 VLAN 的广播报文，因为没有任何用处，还会浪费带宽资源。例如，从 PC11 发出一个 ARP 请求报文（广播报文），则该报文肯定会通过 Trunk 链路到达 S2-2960，但是 S2-2960 的 VLAN 10 中并没有任何活动端口，因此 S2-2960 肯定不希望接收到该广播报文，因为 PC11 所要寻找的主机肯定不会与 S2-2960 直接连接。这时，就可以通过 VTP 剪枝来阻止广播报文到达 S2-2960。操作方法是，在所有交换机上通过 vtp pruning 命令打开 VTP 修剪功能，但是 PKT 模拟器软件并不支持该命令，EVE-NG 模拟器软件支持该命令，请读者自行验证。

4.3.2.5　跨多个交换机同 VLAN 通信

本节验证跨多个交换机同 VLAN 的主机，如 PC101 和 PC102，以及 PC201 和 PC202 之间是否可以 ping 通。首先将 PC102 和 PC202 的连接端口分别加到 VLAN 10 和 VLAN 20 中，如下所示：

```
S2-2960(config)#interface fastEthernet 0/2
S2-2960(config-if)#switchport access vlan 10
S2-2960(config-if)# interface fastEthernet 0/3
S2-2960(config-if)#switchport access vlan 20
```

然后将 PC102 和 PC202 的 IP 地址分别配置为 192.168.10.102/24 和 192.168.20.202/24。此时测试从 PC101 到 PC102 连通性，发现是 ping 不通的。这是什么原因呢？经过分析发现，中间处于 VTP 透明模式的 MS2-3650 没有创建 VLAN 10，当带有 VLAN 10 标签的报文到达该交换机时，它不会将其转发到另一个 Trunk 端口，因为其允许 VLAN 列表和当前活动 VLAN 列表中没有 VLAN 10。此时，MS2-3650 的 Trunk 端口情况如下：

```
MS2-3650#show interfaces trunk
Port      Mode       Encapsulation  Status      Native vlan
Gig1/0/1   on         802.1q        trunking     1
Gig1/0/2   on         802.1q        trunking     1
Port      Vlans allowed on trunk
Gig1/0/1   1-1005
Gig1/0/2   1-1005
Port     Vlans allowed and active in management domain#当前活动 VLAN 列表中只有 VLAN 1
Gig1/0/1   1
Gig1/0/2   1
Port      Vlans in spanning tree forwarding state and not pruned
Gig1/0/1   1
Gig1/0/2   1
```

由此可以看到 MS2-3650 的两个 Trunk 端口的允许 VLAN 列表和当前活动 VLAN 列表中只有默认 VLAN，即 VLAN 1。为了能够通过其他 VLAN 的报文，必须在该交换机上手工创建对应的 VLAN。当然也可以将 MS2-3650 的 VTP 透明模式更改为 VTP 客户端模式，从而自动同步 MS1-3650 的 VLAN 配置信息。手工创建 VLAN 仅是为了展示 VTP 透明模式的交换机是可以随意更改 VLAN 配置的，如下所示：

```
#手工创建 VLAN 10、VLAN 20、VLAN 30、VLAN 100，并命名
```

```
MS2-3650(config)#vlan 10
MS2-3650(config-vlan)#name data1
MS2-3650(config-vlan)#vlan 20
MS2-3650(config-vlan)#name data2
MS2-3650(config-vlan)#vlan 30
MS2-3650(config-vlan)#name voice
MS2-3650(config-vlan)#vlan 100
MS2-3650(config-vlan)#name manage
```

再次查看 MS2-3650 的 Trunk 端口，活动 VLAN 列表中已经有 VLAN 10、VLAN 20、VLAN 30 和 VLAN 100 了。再次验证 PC101 和 PC102，以及 PC201 和 PC202 的连通性，发现可以 ping 通，结果显示如图 4-20 和图 4-21 所示。至此，实验成功。

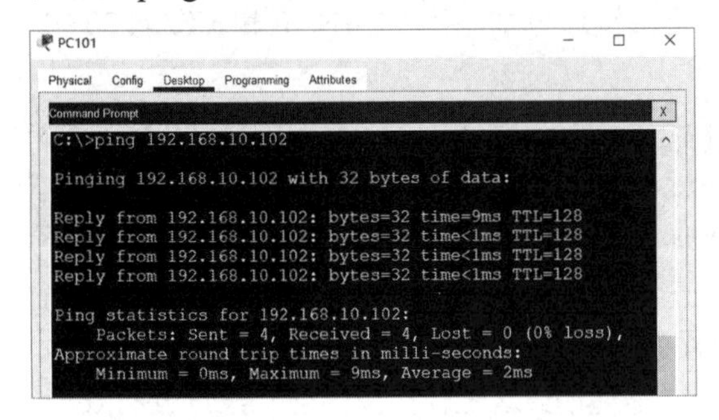

图 4-20 PC101 和 PC102 的连通性测试结果

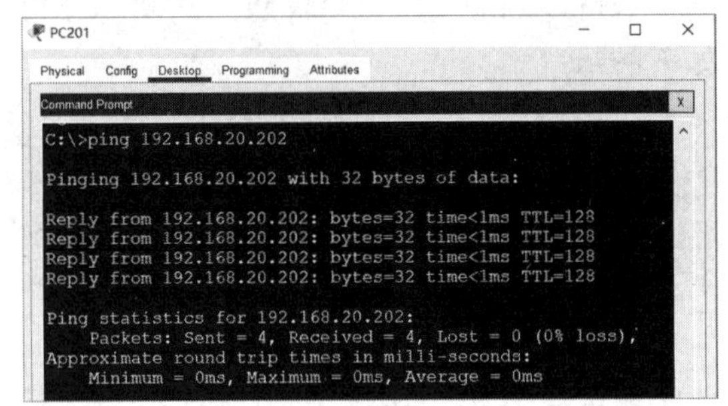

图 4-21 PC201 和 PC202 的连通性测试结果

4.4 进阶实验

4.4.1 不同 VLAN 通信

4.3 节中的实验都局限于同 VLAN 的 PC 终端之间的通信，本节讲解如何实现基于三层交换机的不同 VLAN 的 PC 终端之间的通信。

4.4.1.1 同交换机不同 VLAN 通信

如前所述，PC11、PC12 和 PC13 的 IP 地址分别配置为 192.168.10.11/24、192.168.20.12/24、192.168.30.13/24，它们之间是 ping 不通的。要实现不同 VLAN 的 PC 终端之间的通信，必须为 PC 终端指定网关，并且为连接不同 VLAN 的 PC 终端的 MS1-3650 打开三层路由功能。

那么 PC11、PC12 和 PC13 的网关如何设置呢？答案是在 MS1-3650 上为 VLAN 10、VLAN 20 和 VLAN 30 创建 SVI 端口，这些 SVI 端口的 IP 地址作为 PC 终端的网关。同时在 MS1-3650 上打开路由功能，这样 MS1-3650 就从二层交换机变为三层交换机了。相关配置命令和显示结果如下：

```
MS1-3650(config)#interface vlan 10    #进入 VLAN 10 的 SVI 端口
MS1-3650(config-if)#ip address 192.168.10.254 255.255.255.0   #为 VLAN 10 配置 IP 地址
MS1-3650(config-if)#interface vlan 20    #进入 VLAN 20 的 SVI 端口
```

```
MS1-3650(config-if)#ip address 192.168.20.254 255.255.255.0  #为 VLAN 20 配置 IP 地址
MS1-3650(config-if)#interface vlan 30   #进入 VLAN 30 的 SVI 端口
MS1-3650(config-if)#ip address 192.168.30.254 255.255.255.0  #为 VLAN 30 配置 IP 地址
MS1-3650(config-if)#exit
MS1-3650(config)#ip routing   #打开三层路由功能（很重要）
MS1-3650(config)#exit
MS1-3650#show ip route   #查看三层交换机的路由表
Codes: C - connected, S - static, I - IGRP, R - RIP, M - mobile, B - BGP
       D - EIGRP, EX - EIGRP external, O - OSPF, IA - OSPF inter area
       N1 - OSPF NSSA external type 1, N2 - OSPF NSSA external type 2
       E1 - OSPF external type 1, E2 - OSPF external type 2, E - EGP
       i - IS-IS, L1 - IS-IS level-1, L2 - IS-IS level-2, ia - IS-IS inter area
       * - candidate default, U - per-user static route, o - ODR
       P - periodic downloaded static route
Gateway of last resort is not set
C    192.168.10.0/24 is directly connected, Vlan10   #路由表中有 3 条 SVI 直连路由
C    192.168.20.0/24 is directly connected, Vlan20
C    192.168.30.0/24 is directly connected, Vlan30
```

接下来，为 PC11、PC12 和 PC13 配置相应的网关，PC11 对应的网关为 VLAN 10 的 SVI 端口的 IP 地址，PC12 对应的网关为 VLAN 20 的 SVI 端口的 IP 地址，PC13 对应的网关为 VLAN 30 的 SVI 端口的 IP 地址，分别如图 4-22、图 4-23 和图 4-24 所示。

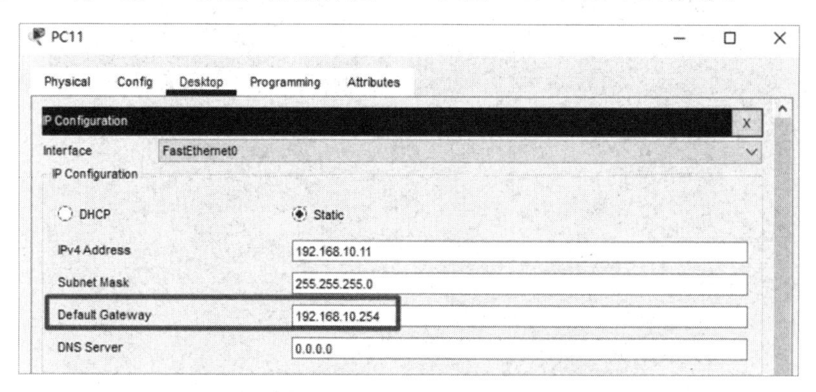

图 4-22　设置 PC11 的网关

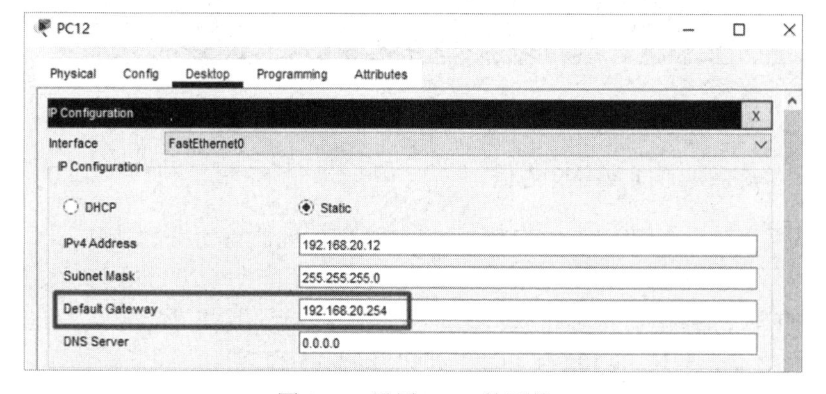

图 4-23　设置 PC12 的网关

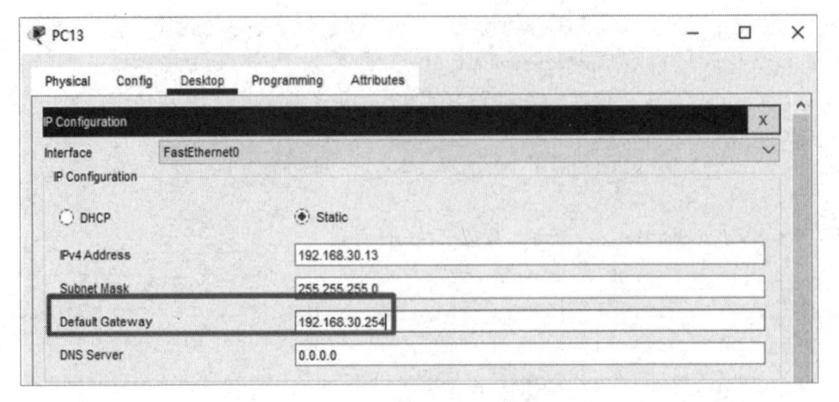

图 4-24　设置 PC13 的网关

现在测试 PC11 和 PC12、PC13 之间的连通性，结果显示可以相互 ping 通，如图 4-25 所示。

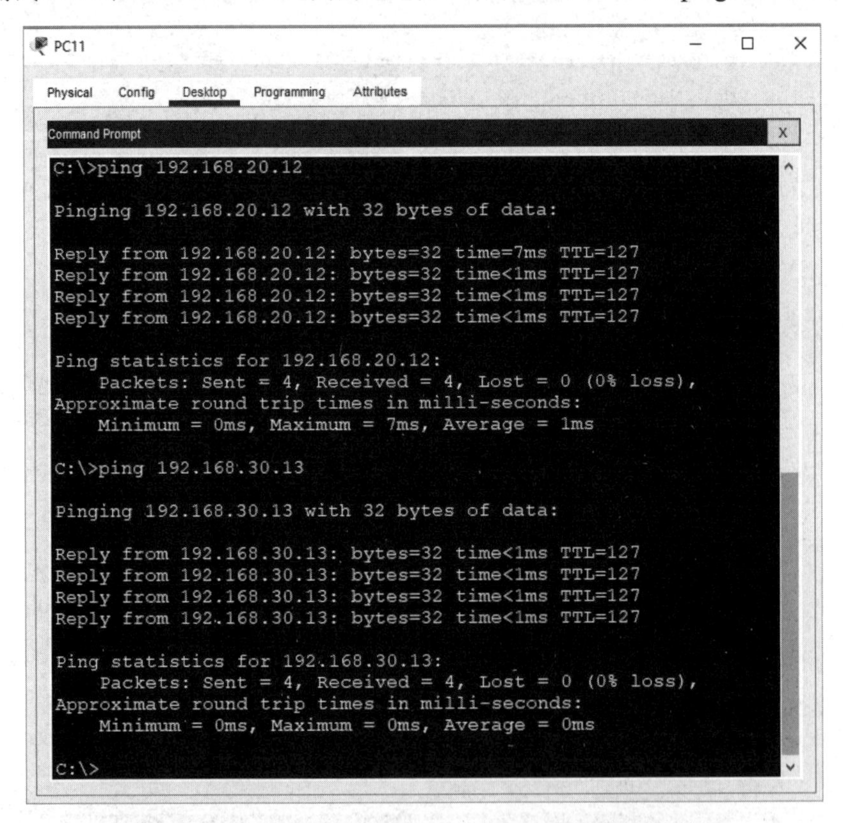

图 4-25　PC11 和 PC12、PC13 的跨 VLAN 连通性测试结果

4.4.1.2　跨交换机不同 VLAN 通信

本节测试跨交换机不同 VLAN 的 PC 终端的通信情况。首先将 PC101、PC102 的网关设置为 MS1-3650 的 VLAN 10 的 SVI 端口的 IP 地址，将 PC201/PC202 的网关设置为 MS1-3650 的 VLAN 20 的 SVI 端口的 IP 地址，设置方法同 4.4.1.1 节，这里不再重复描述。设置好所有 PC 终端的网关之后，测试 PC101 和 PC202，以及 PC13 和 PC102 的通信情况，如图 4-26 和图 4-27 所示，结果是可以 ping 通的。

```
PC101
Physical  Config  Desktop  Programming  Attributes
Command Prompt

C:\>ping 192.168.20.202

Pinging 192.168.20.202 with 32 bytes of data:

Reply from 192.168.20.202: bytes=32 time<1ms TTL=127
Reply from 192.168.20.202: bytes=32 time=7ms TTL=127
Reply from 192.168.20.202: bytes=32 time=12ms TTL=127
Reply from 192.168.20.202: bytes=32 time<1ms TTL=127

Ping statistics for 192.168.20.202:
    Packets: Sent = 4, Received = 4, Lost = 0 (0% loss),
Approximate round trip times in milli-seconds:
    Minimum = 0ms, Maximum = 12ms, Average = 4ms
```

图 4-26　PC101 和 PC202 的连通性测试结果

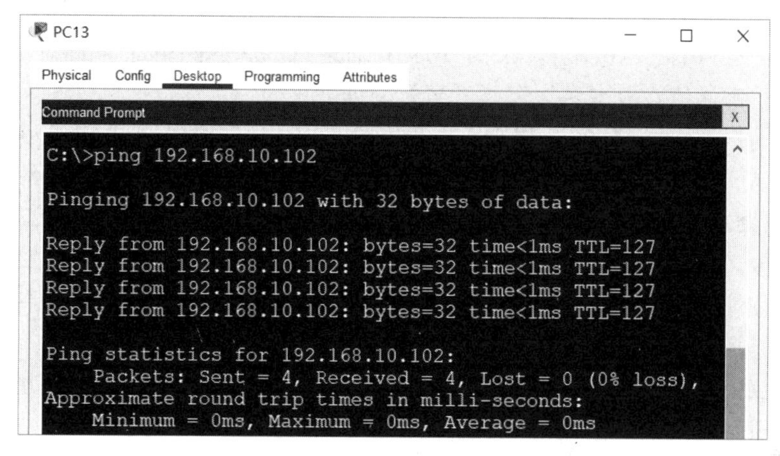

图 4-27　PC13 和 PC102 的连通性测试结果

由以上结果可以推断，目前所有 PC 终端之间应该都是可以相互 ping 通的。有些读者可能会提出疑问：是否可以在 MS2-3650 上为 VLAN 10、VLAN 20、VLAN 30 也配置相应 SVI 端口的 IP 地址，并将 PC102、PC202 的网关设置为 MS2-3650 的 SVI 端口的 IP 地址呢？答案是可以的。下面在 MS2-3650 上配置相应的 SVI 端口的 IP 地址，并打开路由功能，配置命令如下：

```
MS2-3650(config)#interface vlan 10    #进入 VLAN 10 的 SVI 端口
MS2-3650(config-if)#ip address 192.168.10.253 255.255.255.0    #配置 IP 地址
MS2-3650(config-if)#interface vlan 20    #进入 VLAN 20 的 SVI 端口
MS2-3650(config-if)#ip address 192.168.20.253 255.255.255.0    #配置 IP 地址
MS2-3650(config-if)#interface vlan 30    #进入 VLAN 30 的 SVI 端口
MS2-3650(config-if)#ip address 192.168.30.253 255.255.255.0    #配置 IP 地址
MS2-3650(config-if)#exit
MS2-3650(config)#ip routing    #打开三层路由功能
```

注意： MS2-3650 上的 SVI 端口的 IP 地址不能与 MS1-3650 上的 SVI 端口的 IP 地址（192.168.10.254、192.168.20.254、192.168.30.254）重复，因为同一网段中不允许有相同的 IP 地址。更改 PC202 的网关为 192.168.20.253，如图 4-28 所示。

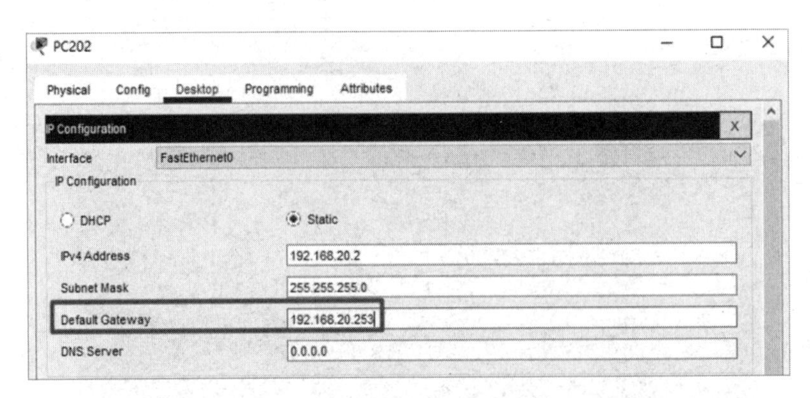

图 4-28　更改 PC202 的网关

PC101 和 PC202 虽然处于不同 VLAN，并且配置了不同三层交换机的 SVI 端口的 IP 地址作为网关，但经过测试它们还是可以正常通信的。实际上，PC101 和 PC202 的网关配置甚至可以对调，即 PC101 的网关配置成 192.168.10.253，PC202 的网关地址配置 192.168.20.254，它们仍然可以正常通信。以上结果请读者自行验证。

以上情况的报文转发过程：当 PC101 发出 ping 请求报文时，先通过 S1-2960 和 MS1-3650 二层转发（VLAN 10），到达其网关设备 MS2-3650（因为网关配置为 192.168.10.253），然后 MS2-3650 将其路由到 VLAN 20，再经过 S2-2960 二层转发，最终送到 PC202。当 PC202 回复 ICMP 应答报文时，先经过 S2-2960 和 MS2-3650 二层转发（VLAN 20），到达其网关设备 MS1-3650（因为网关配置为 192.168.20.254），MS1-3650 将其路由到 VLAN 10，在经过 S1-2960 二层转发，最终送到 PC101。

以上操作仅用于让读者深入理解三层交换机的报文转发过程，在实际应用中，为了提高转发效率，一般都将网关配置为离 PC 终端最近的三层设备的 IP 地址。

4.4.1.3　三层交换机的路由端口

三层交换机打开路由功能之后，基于 VLAN 的 SVI 端口相当于一个三层路由端口，但该端口是虚拟的，物理上并不存在。然而，所有与属于该 VLAN 的物理端口相连接的 PC 终端都可以将这个 SVI 端口的 IP 地址作为自己的三层网关，这在很多局域网设计中经常使用。

实际上，三层交换机也可以通过 no switchport 命令将一个普通二层路由端口转换为真正的三层路由端口，可以为该端口配置 IP 地址。SVI 端口和三层路由端口可以同时存在于同一个交换机中，从路由的角度来看，其功能是一样的。下面将 MS2-3650 上与服务器 Server1 连接的端口配置成三层路由端口，并为其配置 IP 地址，配置命令如下：

```
MS2-3650(config)#interface gigabitEthernet 1/0/3   #进入端口配置模式
MS2-3650(config-if)#no switchport   #将该端口转换成三层路由端口
MS2-3650(config-if)#ip address 192.168.40.253 255.255.255.0 #为三层路由端口配置 IP 地址
MS2-3650(config-if)#no shutdown   #启动该路由端口
MS2-3650#show ip interface brief | include up   #显示当前 up 的端口信息
GigabitEthernet1/0/1   unassigned      YES unset  up          up
GigabitEthernet1/0/2   unassigned      YES unset  up          up
GigabitEthernet1/0/3   192.168.40.253  YES manual up          up   #三层路由端口
Vlan10             192.168.10.253  YES manual up        up   #以下为 SVI 端口
```

```
Vlan20            192.168.20.253  YES manual up       up
Vlan30            192.168.30.253  YES manual up       up
```

注意： 该三层路由端口的 IP 地址必须为单独的网段地址，与 SVI 端口的 IP 地址不能在同一网段。

将 Server1 的 IP 地址和网关分别配置为 192.168.40.1 和 192.168.40.253，如图 4-29 所示。

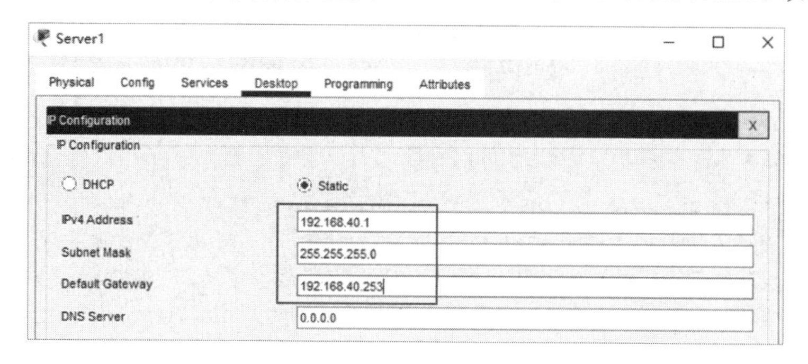

图 4-29　为 Server1 配置 IP 地址和网关

此时，测试从 PC102 到 Server1 的连通性，结果是可以 ping 通的，如图 4-30 所示。

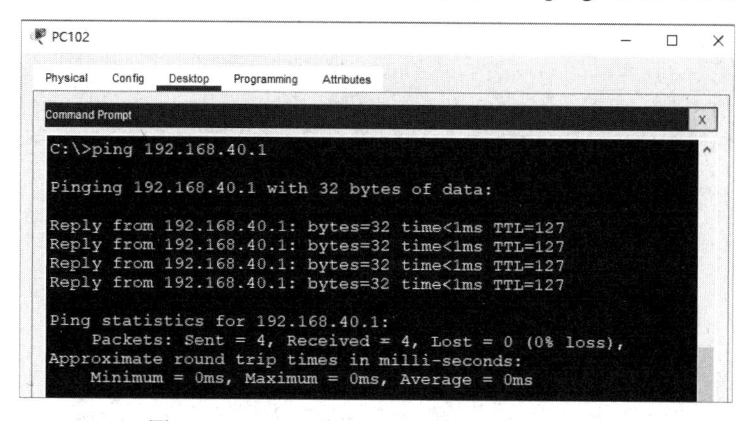

图 4-30　PC102 和 Server1 的连通性测试结果

但是测试从 PC101 到 Server1 的联通性，结果是不可以 ping 通的，如图 4-31 所示。

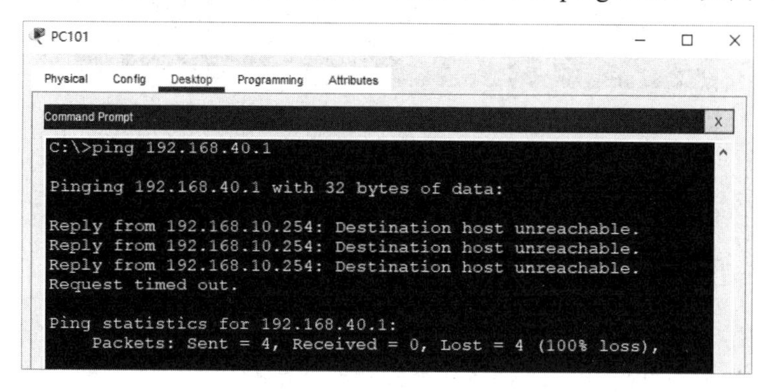

图 4-31　PC101 和 Severl 的连通性测试结果 1

究其原因，PC101 的网关当前配置为 192.168.10.254，即 PC101 的网关设备为 MS1-3650，

但是 MS1-3650 上没有去往 192.168.40.0/24 网段的路由，所以找不到目标地址 192.168.40.1。有两种方案可解决该问题。

方案 1：将 PC101 的网关更改为 192.168.10.253，即 PC101 的网关设备为 MS2-3650，而 MS2-3650 上已经配置了 IP 地址为 192.168.40.253 的三层路由端口，也就有了去往 192.168.40.0/24 网段的直连路由，因此是可以成功到达 Server1 的，这种方案请读者自行测试。

方案 2：在 MS1-3650 上配置一条静态路由，将目的网段 192.168.40.0/24 的下一跳指向 MS2-3650 的任何一个 SVI 端口，如 192.168.10.253，配置命令和路由表显示如下：

```
MS1-3650(config)#ip route 192.168.40.0 255.255.255.0 192.168.10.253 #添加一条静态路由
MS1-3650#show ip route   #显示路由表
Codes: C - connected, S - static, I - IGRP, R - RIP, M - mobile, B - BGP
       D - EIGRP, EX - EIGRP external, O - OSPF, IA - OSPF inter area
       N1 - OSPF NSSA external type 1, N2 - OSPF NSSA external type 2
       E1 - OSPF external type 1, E2 - OSPF external type 2, E - EGP
       i - IS-IS, L1 - IS-IS level-1, L2 - IS-IS level-2, ia - IS-IS inter area
       * - candidate default, U - per-user static route, o - ODR
       P - periodic downloaded static route
Gateway of last resort is not set
C    192.168.10.0/24 is directly connected, Vlan10
C    192.168.20.0/24 is directly connected, Vlan20
C    192.168.30.0/24 is directly connected, Vlan30
S    192.168.40.0/24 [1/0] via 192.168.10.253   #静态路由下一跳指向 MS2-3650 的 SVI 端口
```

这时从 PC101 到 Server1 就可以 ping 通了，结果如图 4-32 所示。

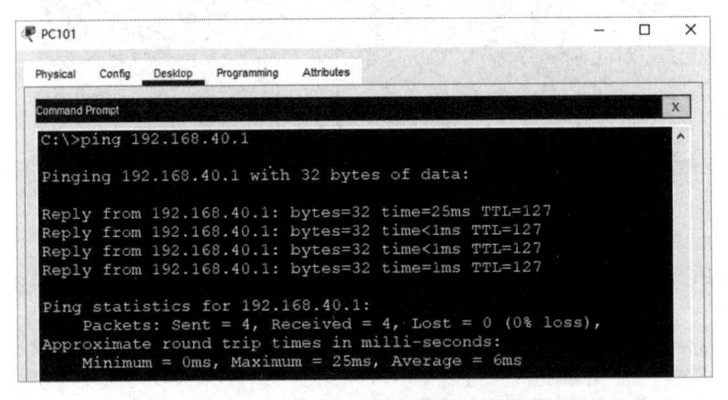

图 4-32　PC101 和 Server1 的连通性测试结果 2

4.4.2　配置特殊 VLAN

4.4.2.1　管理 VLAN 配置

在实际应用中，通常要单独划分一个 VLAN 用来管理交换机，即通过 telnet 或 SSH 方式进行远程登录。为了安全起见，该 VLAN 最好不要使用默认 VLAN，即 VLAN 1（特别是在 Native VLAN 就是默认 VLAN 的情况下），也不要和其他数据 VLAN 共用。本章我们选择 VLAN 100 作为整个网络的管理 VLAN。

前面已经通过 VTP 协议同步了 VLAN 配置信息，其中就包括管理 VLAN 100 的配置信息。下面讲解如何为二层交换机和三层交换机在管理 VLAN 上配置 IP 地址，以便通过该 IP 地址远程登录该设备。

对于三层交换机，由于其打开了三层路由功能，因此只需要在对应的管理 VLAN 的 SVI 端口配置相应的 IP 地址，若所有交换机的管理 IP 地址如果在同一网段，则 IP 地址不能重复，配置命令和验证结果如下：

```
MS1-3650(config)#interface vlan 100    #进入 SVI 端口
MS1-3650(config-if)#ip address 192.168.100.254 255.255.255.0   #配置 IP 地址
MS2-3650(config)#interface vlan 100    #进入 SVI 端口
MS2-3650(config-if)#ip address 192.168.100.253 255.255.255.0   #配置 IP 地址
```

对于二层交换机来说，由于其没有三层路由功能，因此除了要为管理 VLAN 的 SVI 端口配置 IP 地址，还必须指定其默认网关。此时，可以把二层交换机看作一个 PC 终端，就像 PC 终端要跨网段通信必须指定网关一样。S1-2960 和 S2-2960 的配置命令分别如下：

```
S1-2960(config)#interface vlan 100    #进入 SVI 端口配置模式
S1-2960(config-if)#ip address 192.168.100.1 255.255.255.0 #为 S1-2960 配置管理 IP 地址
S1-2960(config)#ip default-gateway 192.168.100.254    #为 S1-2960 指定默认网关

S2-2960(config)#interface vlan 100    #进入 SVI 端口配置模式
S2-2960(config-if)#ip address 192.168.100.2 255.255.255.0 #为 S2-2960 配置管理 IP 地址
S2-2960(config)#ip default-gateway 192.168.100.254    #为 S2-2960 指定默认网关
```

这时，选取任意一个 PC 终端，都可以远程访问所有的交换机。这里选择 PC13 对 4 个交换机的管理 IP 地址进行连通性测试，全部可以 ping 通，结果如图 4-33 和图 4-34 所示。

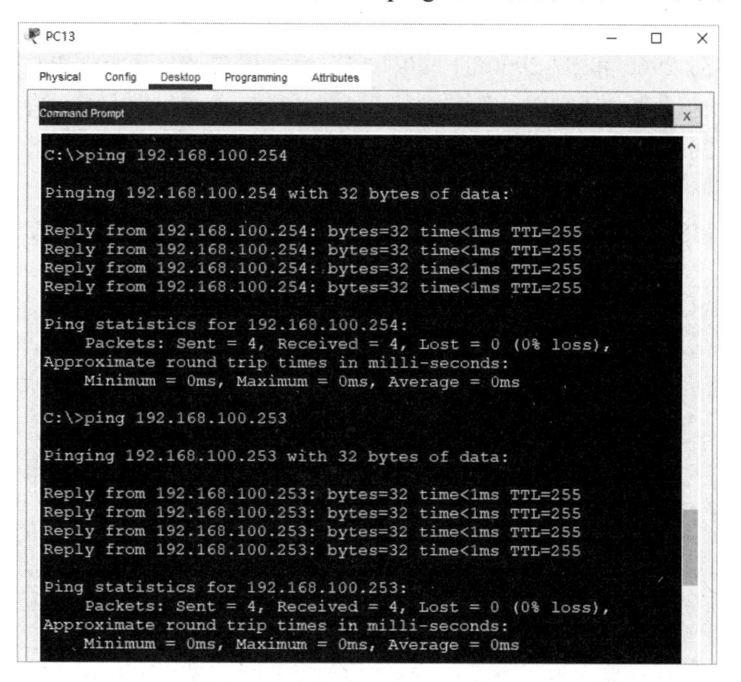

图 4-33　PC13 与交换机管理 IP 地址的连通性测试结果 1

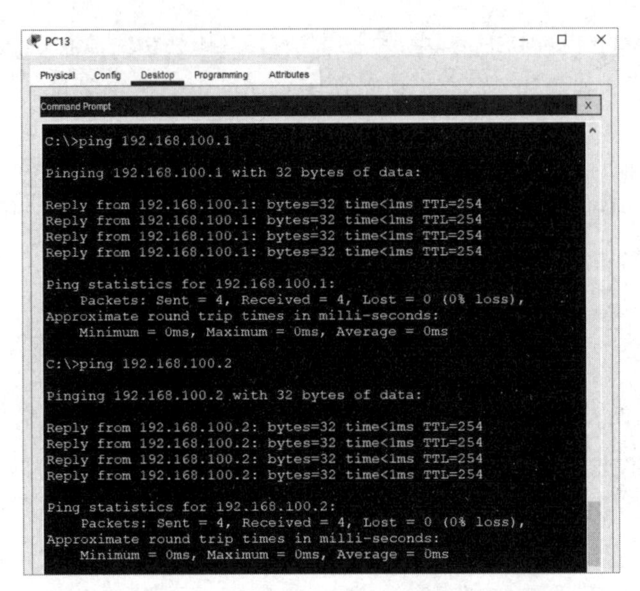

图 4-34　PC13 与交换机管理 IP 地址的连通性测试结果 2

这样，所有的交换机就都可以通过 telnet 或 SSH 方式进行远程登录。

4.4.2.2　语音 VLAN 配置

交换机中另一个特殊的 VLAN 是语音 VLAN（Voice VLAN）。语音 VLAN 是为了在 IP 网络上传输语音数据而专门创建的特殊 VLAN，这种技术称为 VoIP（Voice over IP）。由于语音数据对传输的延迟要求很高，因此语音数据具有很高的优先级，当交换机端口流量发生拥塞时，会优先转发语音数据。

为了模拟语音数据的转发，我们选择两个 IP Phone 作为语音终端（Phone1 和 Phone2），分别接入交换机 S1-2960 和 S2-2960 的 Fa0/4 端口，并添加一个路由器 R1-2811 为两个语音终端自动分配 IP 地址和电话号码，该路由器与 MS2-3650 的 Gig1/0/4 端口相连，将 Gig1/0/4 端口加到 VLAN 30 中，以便 Phone1 和 Phone2 能够在同一网段内请求分配 IP 地址和电话号码。相关配置步骤和命令如下。

第 1 步：在 MS2-3650 上将 Gig1/0/4 加到 VLAN 30 中，并查看当前 VLAN 信息和端口配置。

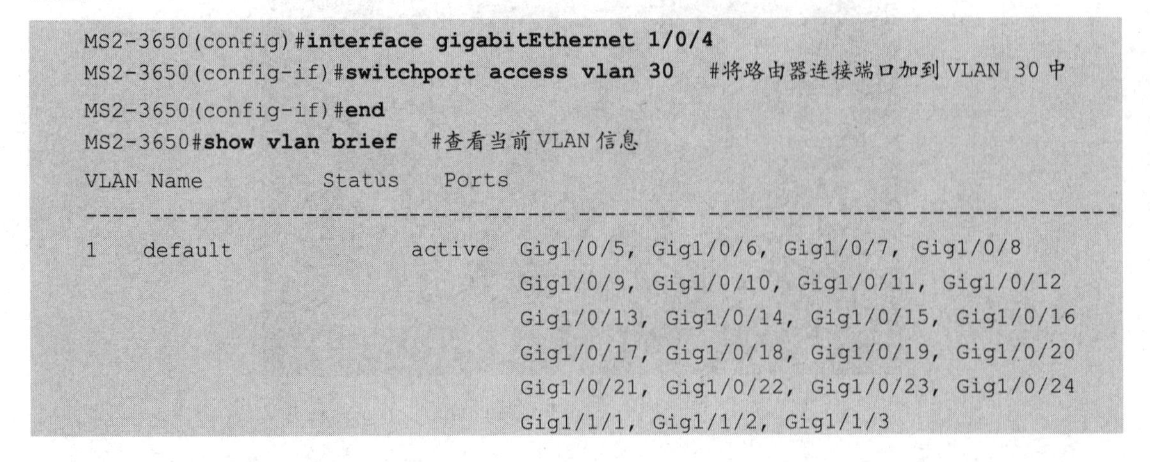

```
MS2-3650(config)#interface gigabitEthernet 1/0/4
MS2-3650(config-if)#switchport access vlan 30   #将路由器连接端口加到VLAN 30中
MS2-3650(config-if)#end
MS2-3650#show vlan brief   #查看当前VLAN信息
VLAN Name            Status    Ports
---- -------------------------------- --------- -------------------------------
1    default              active    Gig1/0/5, Gig1/0/6, Gig1/0/7, Gig1/0/8
                                    Gig1/0/9, Gig1/0/10, Gig1/0/11, Gig1/0/12
                                    Gig1/0/13, Gig1/0/14, Gig1/0/15, Gig1/0/16
                                    Gig1/0/17, Gig1/0/18, Gig1/0/19, Gig1/0/20
                                    Gig1/0/21, Gig1/0/22, Gig1/0/23, Gig1/0/24
                                    Gig1/1/1, Gig1/1/2, Gig1/1/3
```

```
10   data1                    active
20   data2                    active
30   voice                    active   Gig1/0/4
100  manage                   active
1002 fddi-default             active
1003 token-ring-default       active
1004 fddinet-default          active
1005 trnet-default            active
MS2-3650#show ip interface brief | include up   #查看当前启动的端口配置
GigabitEthernet1/0/1   unassigned      YES unset  up                  up
GigabitEthernet1/0/2   unassigned      YES unset  up                  up
GigabitEthernet1/0/3   192.168.40.253  YES manual up                  up
GigabitEthernet1/0/4   unassigned      YES unset  up                  up
Vlan10               192.168.10.253  YES manual up                  up
Vlan20               192.168.20.253  YES manual up                  up
Vlan30               192.168.30.253  YES manual up                  up
Vlan100              192.168.100.253 YES manual up                  up
```

第 2 步：在 R1-2811 上依次配置 DHCP 服务器和电话服务。

```
R1-2811(config)#interface fastEthernet 0/0   #进入路由器端口配置模式
R1-2811(config-if)#ip address 192.168.30.1 255.255.255.0   #为端口配置 IP 地址
R1-2811(config-if)#no shutdown   #启用端口
R1-2811(config-if)#exit
#为语音终端配置 DHCP 地址池，本路由器充当 DHCP 服务器
R1-2811(config)#ip dhcp pool VOICE
R1-2811(dhcp-config)#network 192.168.30.0 255.255.255.0   #IP 地址网段
R1-2811(dhcp-config)#default-router 192.168.30.1   #默认网关就是路由器 IP 地址
#以下命令很关键，语音终端向 DHCP 服务器发送 option 150 命令请求 IP 地址和电话号码信息
R1-2811(dhcp-config)#option 150 ip 192.168.30.1
R1-2811(dhcp-config)#exit
R1-2811(config)#telephony-service   #配置电话服务
R1-2811(config-telephony)#max-dn 4   #电话线路最多为 4 条，本实验只用了 2 条
R1-2811(config-telephony)#max-ephones 4   #电话号码最多为 4 个，本实验只用了 2 个
#配置语音终端分配电话号码的服务器 IP 地址和端口号，端口号默认为 2000
R1-2811(config-telephony)#ip source-address 192.168.30.1 port 2000
R1-2811(config-telephony)#auto assign 1 to 4   #自动为 4 条电话线路分配电话号码
R1-2811(config-telephony)#exit
R1-2811(config)#ephone-dn 1   #进入第 1 条电话线路配置模式
R1-2811(config-ephone-dn)#number 0001   #第 1 个电话号码配置为 0001
R1-2811(config-ephone-dn)#ephone-dn 2   #进入第 2 条电话线路配置模式
R1-2811(config-ephone-dn)#number 0002   #第 2 个电话号码配置为 0002
```

第 3 步：在 S1-2960 和 S2-2960 上配置语音 VLAN。

```
S1-2960(config)#interface fastEthernet 0/4
S1-2960(config-if)#switchport voice vlan 30   #将 VLAN 30 配置为语音 VLAN
```

```
S2-2960(config)#interface fastEthernet 0/4
S2-2960(config-if)#switchport voice vlan 30    #将 VLAN 30 配置为语音 VLAN
```

4.4.2.3 测试语音 VLAN

4.4.2.2 节配置好了语音 VLAN，本节测试语音 VLAN 是否可以正常工作。首先开启语音终端的电源，自动获取 IP 地址和电话号码。开启电源的操作方式是，将语音终端的电源模块拖到图 4-35 中箭头所指的位置。

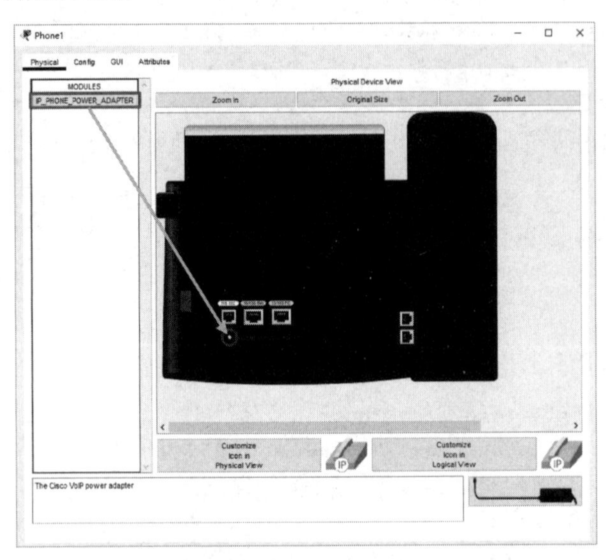

图 4-35　开启语音终端（Phone1）的电源

单击【Phone1】窗口中的【GUI】功能页按钮，可以看到语音终端显示 Configuring IP 和 Configuring CM List，说明正在请求 IP 地址和电话号码。随后，在 R1-2811 上出现以下 LOG：

```
%IPPHONE-6-REGISTER: ephone-1 IP:192.168.30.15 Socket:2 DeviceType:Phone has registered.
%IPPHONE-6-REGISTER: ephone-2 IP:192.168.30.14 Socket:2 DeviceType:Phone has registered.
```

以上 LOG 说明 Phone1 和 Phone2 成功获取到 IP 地址，分别为 192.168.30.15 和 192.168.30.14，并完成了电话号码注册。此处需要注意的是，读者在不同的实验环境下获取到的 IP 地址可能与本书中的不一样，但只要是 VLAN 30 网段的地址即可。同时在 R1-2811 上会自动生成以下配置（可以通过 show running-config 命令查看）：

```
R1-2811#show running-config   #查看当前运行配置
#其他信息省略
ephone 1   #电话线路 1
 device-security-mode none
 mac-address 00D0.BC19.9652   #绑定 Phone1 的 MAC 地址
 type 7960   #电话终端型号为 7960
 button 1:1
!
ephone 2   #电话线路 2
```

```
device-security-mode none
mac-address 0090.0CB8.56DE   #绑定 Phone2 的 MAC 地址
type 7960   #电话终端型号为 7960
button 1:2
!
```

单击【Phone1】窗口和【Phone2】窗口中的【GUI】功能页按钮，可以看到 Phone1 获取到的电话号码为 0001，Phone2 获取到的电话号码为 0002，分别如图 4-36 和图 4-37 所示。

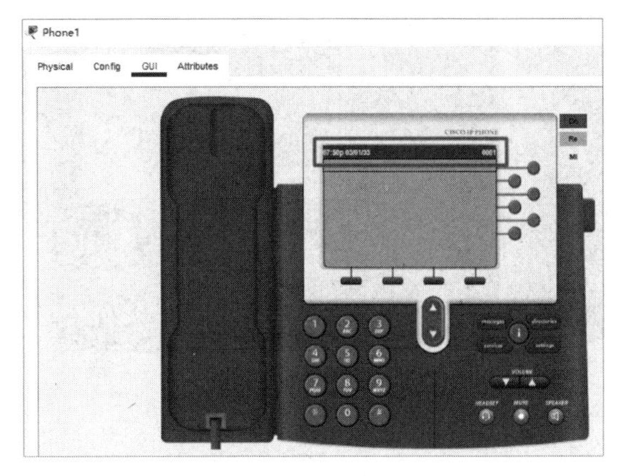

图 4-36　Phone1 获取到的电话号码为 0001

图 4-37　Phone2 获取到的电话号码为 0002

现在可以尝试用 Phone1 打电话给 Phone2，具体操作方式和步骤与真实电话机的打电话过程类似（回忆一下怎么用电话机拨通对方电话号码）。

第 1 步：单击【Phone1】窗口中的【GUI】功能页按钮，利用数字键盘输入 Phone2 的电话号码 0002，输入后上方液晶屏上会同步显示对方电话号码，如图 4-38 所示。

第 2 步：单击左边话筒图案开始拨号（真实电话机拨号要按拨号键或#号键），如图 4-39 所示。可以看到上方液晶屏上显示 To:0002，以及 Ring Out，说明正在向 Phone2 拨号。此时如果你的计算机打开了声音，那么会同时听到电话铃声。

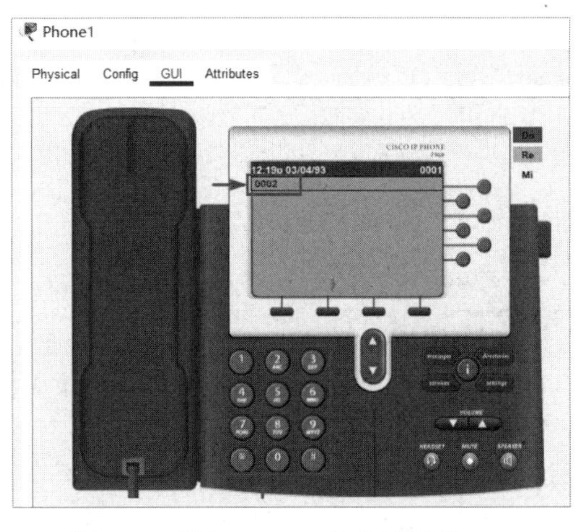

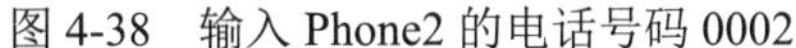

图 4-38　输入 Phone2 的电话号码 0002

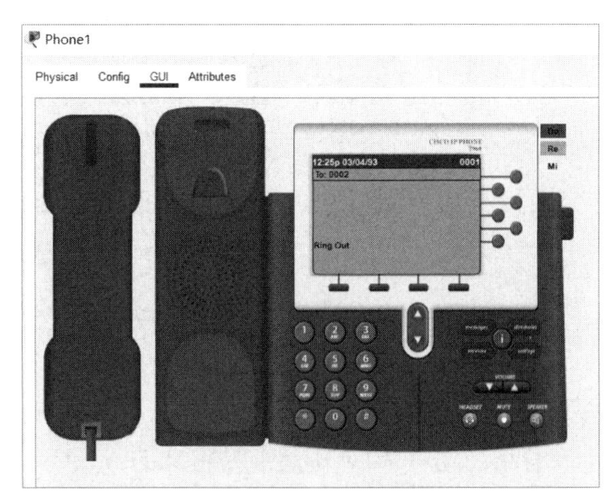

图 4-39　开始拨号

第 3 步：单击【Phone2】窗口中的【GUI】功能页按钮，会看到来自 Phone1 的拨号请求

（话筒上有红色灯光闪烁），同时液晶屏上显示 Phone1 的电话号码 0001，如图 4-40 所示。

此时，单击左边的话筒图案（相当于在真实电话机上拿起话筒开始接听电话），这时 Phone2 的液晶屏上显示 Connected，表明电话已经接通，可以开始通话（如果要结束通话，则单击左边的话筒图案即可），如图 4-41 所示。

图 4-40　收到来自 Phone1 的拨号请求

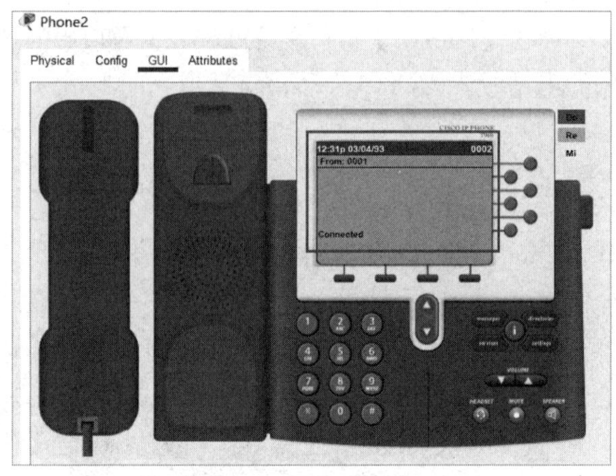

图 4-41　电话接通

为了进一步验证语音 VLAN 的报文传输情况，在 PKT 模拟器软件中切换到仿真模式，从 Phone1 发送一个 ICMP 报文到 Phone2，该报文发送模拟过程如图 4-42 所示。

Simulation Panel

Event List

Vis.	Time(sec)	Last Device	At Device	Type
	0.000	--	Phone1	ICMP
	0.001	Phone1	S1-2960	ICMP
	0.002	S1-2960	MS1-3650	ICMP
	0.003	MS1-3650	MS2-3650	ICMP
	0.004	MS2-3650	S2-2960	ICMP
	0.005	S2-2960	Phone2	ICMP
	0.006	Phone2	S2-2960	ICMP
	0.007	S2-2960	MS2-3650	ICMP
	0.008	MS2-3650	MS1-3650	ICMP
	0.009	MS1-3650	S1-2960	ICMP
	0.010	S1-2960	Phone1	ICMP

图 4-42　从 Phone1 到 Phone2 的 ICMP 报文发送模拟过程

由从 Phone1 到 S1-2960 的报文结构可以看到，在进入交换机之前，该报文已经携带了语音 VLAN 30（TCI 值为 0x001e=30），由此可知语音 VLAN 工作正常，如图 4-43 所示。

总结：语音 VLAN 是一种特殊的 VLAN，支持语音 VLAN 的交换机会优先传送语音数据，前提是要在接入语音终端的交换机（如 S1-2960 和 S2-2960）上明确指定接入 VLAN 作为语音 VLAN。相互通信的语音终端必须处于同一个 VLAN，并通过电话服务器获取对应的 IP 地址和电话号码。至此，语音 VLAN 测试实验成功。

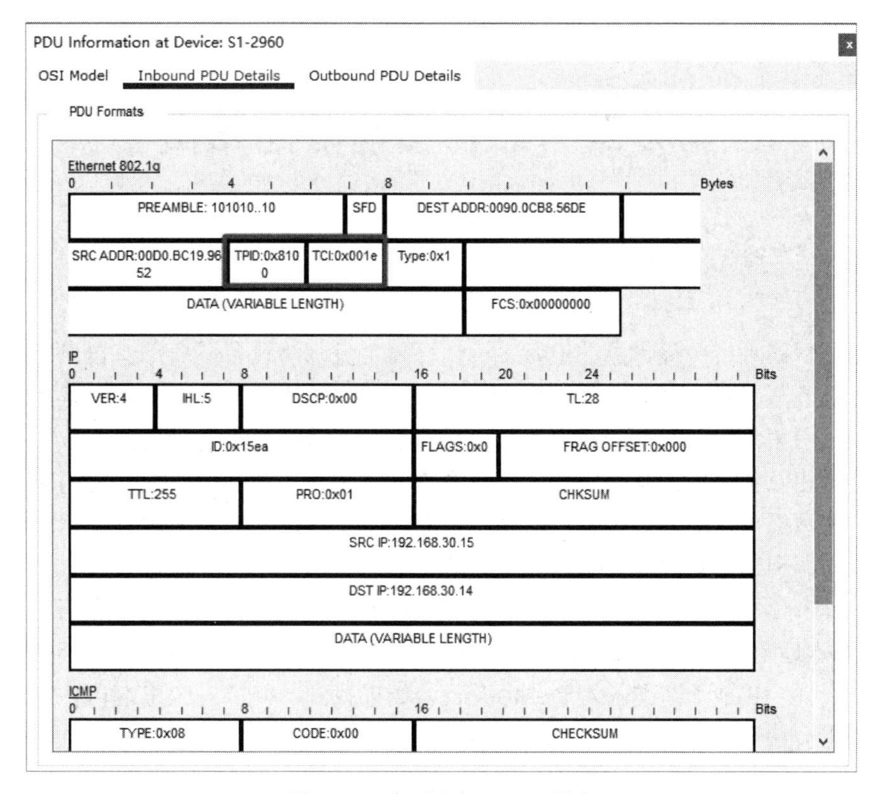

图 4-43　验证语音 VLAN 报文

4.5　本章小结

本章首先通过一个完整的网络拓扑实验案例，详细讲解了二层交换机和三层交换机的各种应用场景，包括单交换机基础配置、跨交换机的 VLAN 配置和通信、基于 VTP 协议的 VLAN 配置信息同步、不同 VLAN 之间的连通性测试及三层交换机中的 SVI 端口和路由端口的区别。其次演示了数据 VLAN、管理 VLAN、Native VLAN 及语音 VLAN 的配置方法及其在不同应用场景下要注意的问题。最后通过两个语音终端，讲解了语音 VLAN 的配置方法，并验证了语音 VLAN 的通信过程。

第 5 章　路由器与静态路由

5.1　路由器与静态路由概述

路由器是网络系统中最常见的设备之一，目前主流网络设备厂商都有自己的路由器系列产品。路由器工作在网络层，主要作用是根据报文的目的 IP 地址进行选路，从而将报文从正确的端口转发出去。报文经过一系列路由器转发之后，最终会到达目的地。报文在每个路由器中的转发是相互独立的，其唯一的依据是本地的路由表，和其他路由器上的路由表没有关系。因此，在网络系统中，必须保证路由路径上的每个路由器的路由表都是正确的，只有这样才能将报文顺利送到目的地。下面介绍和路由器有关的几个重要概念。

- **路由表**。路由表是由一系列包含目的 IP 地址或 IP 地址网段的路由条目，以及与之对应的本地出端口或下一跳 IP 地址组成的。路由器在进行选路时，要查找是否存在和报文目的 IP 地址匹配的本地路由条目。如果找到，则从对应出端口转发出去，或者转发到下一跳 IP 地址对应的路由器。下一跳 IP 地址对应的路由器一般与本路由器直接相连，报文转发到直连的下一跳路由器之后，本路由器的任务就完成了，接下来由下一跳路由器继续查找本地路由条目，进行新一轮的选路和转发，直到报文到达目的地。
- **最长子网掩码匹配**。所谓最长子网掩码匹配，是指路由器在查找路由表时，如果找到的路由条目不止一条，则优先选择最长子网掩码的路由条目（这些路由条目的子网掩码长度是不同的）。例如，报文的目的 IP 地址为 192.168.1.1，找到 2 条相关的路由条目，分别为 192.168.1.1/32→S0/1（表示从端口 S0/1 转发出去），192.168.1.0/24→Fa0/1（表示从端口 Fa0/1 转发出去）。显然这 2 条路由条目都可以匹配目的 IP 地址 192.168.1.1，但是第一条路由条目的子网掩码长度是 32 位（唯一匹配该主机），第二条路由条目的子网掩码长度是 24 位（匹配一个 C 类网段）。因此，根据最长子网掩码匹配原则，路由器最终会选择第一条路由条目，将报文从端口 S0/1 转发出去，而不是从端口 Fa0/1 转发出去。
- **静态路由和动态路由**。所有路由器（或三层交换机）都面临一个问题：如何添加本地路由条目？一般来说，添加这些路由条目有两种方式：人工添加和自动生成。人工通过配置命令添加的路由条目称为静态路由，通过路由协议（如 RIP、EIGRP、OSPF、IS-IS、BGP 等）自动生成的路由条目称为动态路由。静态路由和动态路由各有优缺点：静态路由状态稳定、不占用链路带宽，但配置烦琐，容易出错，并且不能跟踪拓扑的变化；动态路由需要在路由器与路由器之间相互发送协议报文，占用一定的链路带宽，但配置简单，不容易出错，并且会根据拓扑变化动态调整路由条目。

在实际应用中，静态路由和动态路由一般会结合使用。手工配置静态路由是理解路由器的工作原理和路由过程的最好方式。因此，本章将通过一个完整的网络拓扑实验案例讲解静态路由的类型及其配置方法（动态路由的相关内容将在第 6 章和第 7 章中进行讲解），帮助读者理解各种类型静态路由的工作原理，并掌握其在实际应用场景中的配置方法和排错技巧。

5.2　本章实验设计

5.2.1　实验内容与目标

本章的实验内容主要围绕路由器与静态路由技术展开，实验目标是让读者获得以下知识和技能。

（1）掌握路由器的基本使用方法，包括路由器端口类型和连接方式，配置端口（包括环回端口）IP 地址，查看端口状态和路由表。

（2）理解路由层次化查找原理，理解直连路由的工作原理，掌握静态路由配置方法和命令，以及在实际应用中的注意事项。

（3）掌握三层交换机与路由器互连的方法和配置命令。

（4）理解变长子网掩码（Variable Length Subnet Mask，VLSM）和无类域间路由（Classless Inter-Domain Route，CIDR）的工作原理及其区别，掌握 VLSM 设计方法，以及 VLSM 子网汇总路由及其配置命令和 CIDR 超网汇总路由及其配置命令，并验证路由汇总的正确性。

（5）掌握 6 种特殊静态路由（默认路由、黑洞路由、单臂路由、等价路由、浮动路由和策略路由）的工作原理、应用场景和配置方法，并验证其效果。

（6）理解路由环路产生的条件，并且能够根据不同的路由端口类型对下一条路由进行优化。

其中，（1）～（4）为基础实验目标，（5）、（6）为进阶实验目标。

5.2.2　实验学时与选择建议

本章实验学时与选择建议如表 5-1 所示。

表 5-1　本章实验学时与选择建议

主要实验内容	对应章节	实验学时建议	选择建议
网络拓扑搭建	5.2.3、5.2.4	1 学时	必选
路由器连接与配置	5.3.1	2 学时	必选
路由汇总	5.3.2	2 学时	必选
特殊静态路由（不包含策略路由）	5.4.1（不含 5.4.1.6）	2 学时	可选
路由环路与下一跳优化（包含策略路由）	5.4.2（含 5.4.1.6）	2 学时	可选

5.2.3　实验环境与网络拓扑

本章前面部分实验环境为 PKT，后面部分实验环境为 EVE-NG，操作系统为 Windows 10。PKT 实验环境下的网络拓扑结构图如图 5-1 所示。

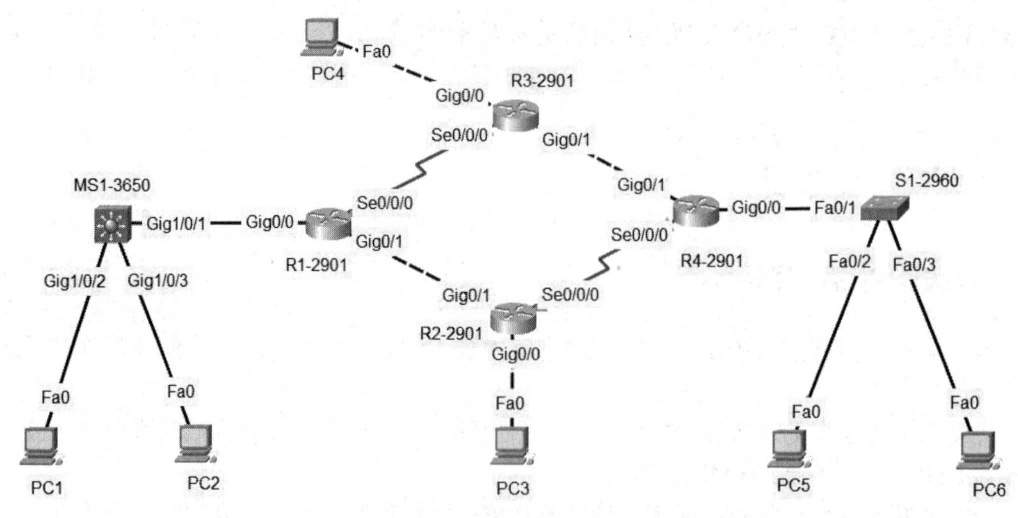

图 5-1　PKT 实验环境下的网络拓扑结构图

在 PKT 实验环境下，网络拓扑中使用了 4 个 2901 路由器（R1-2901、R2-2901、R3-2901、R4-2901），1 个 2960 二层交换机（S1-2960），1 个 3650 三层交换机（MS1-3650）。4 个 2901 路由器都添加了一个 HWIC-2T 模块，用于提供两个串口连接功能。该网络拓扑结构设计的主要意图说明如下。

（1）R1-2901 与 R2-2901 通过以太网端口连接，R1-2901 与 R3-2901 通过串口连接，R2-2901 与 R4-2901 通过串口连接，R3-2901 与 R4-2901 通过以太网端口连接，这样它们可以通过不同的链路连接成一个环路，从 R1-2901 到 R4-2901 有两条路径可以选择，可以测试等价路由、浮动路由、策略路由等，也可以验证不同类型的端口作为下一跳的特点和差别。

（2）MS1-3650 与 R1-2901 相连，主要用于验证三层交换机的路由功能、三层交换机与路由器的连通性。

（3）S1-2960 连接 PC5 和 PC6，将 PC5 和 PC6 划分到不同的 VLAN 中，可用于进行单臂路由实验。

（4）PC3 连接 R2-2901，PC4 连接 R3-2901，可用于验证 R1-2901、R2-2901、R3-2901 之间的路由通路，以及测试默认路由、黑洞路由等。

（5）可以在 R1-2901 或 R4-2901 上配置多个环回端口 IP 地址，这些环回端口 IP 地址处于不同网段，可用于验证 VLSM、CIDR 及路由汇总等功能。

5.2.4　端口连接与 IP 地址规划

为了使得 IP 地址清晰便于记忆，本章 IP 地址规划遵循以下规则。PC1～PC6 的 IP 地址分别对应 192.168.1.1/24～192.168.6.1/24。路由器与路由器之间的 IP 地址前面 2 个数值为 192.168，两个路由器的编号合在一起为 IP 地址第 3 个数值，IP 地址第 4 个数值与路由器编号相同。例如，R1-2901 与 R2-2901 之间的网段为 192.168.12.1/24，R1-2901 端的 IP 地址为 192.168.12.1，而 R2-2901 端的 IP 地址为 192.168.12.2。其他网段（如 R1-2901 和 MS1-3650 之间的网段、路由器环回端口 IP 地址等）则根据实验的需要灵活设计。本章实验网络拓扑的端口连接和 IP 地址规划如表 5-2 所示。

表 5-2　本章实验网络拓扑的端口连接和 IP 地址规划

设　备　名	端　　口	IP　地　址	对端设备端口	其他备注
R1-2901+ HWIC-2T 模块	Gig0/0	根据需要配置	MS1-3650-Gig1/0/1	
	Gig0/1	192.168.12.1/24	R2-2901-Gig0/1	
	Se0/0/0	192.168.13.1/24	R3-2901-Se0/0/0	
R2-2901+ HWIC-2T 模块	Gig0/0	192.168.3.254/24	PC3-Fa0	作为 PC3 的网关
	Gig0/1	192.168.12.2/24	R1-2901-Gig0/1	
	Se0/0/0	192.168.24.2/24	R4-2901-Se0/0/0	
R3-2901+ HWIC-2T 模块	Gig0/0	192.168.4.254/24	PC4-Fa0	作为 PC4 的网关
	Gig0/1	192.168.34.3/24	R4-2901-Gig0/0	
	Se0/0/0	192.168.13.3/24	R1-2901-Se0/0/0	
R4-2901+ HWIC-2T 模块	Gig0/0	分成两个子端口 Gig0/0.1：192.168.1.254/24 Gig0/0.2：192.168.2.254/24	S1-2960-Fa0/1	两个子端口分别作为 PC5 和 PC6 的网关
	Gig0/1	192.168.34.4/24	R3-2901-Gig0/1	
	Se0/0/0	192.168.34.3/24	R2-2901-Se0/0/0	
MS1-3650	Gig1/0/1	根据需要配置	R1-2901-Gig0/0	Trunk 端口或路由端口
	Gig1/0/2	根据需要配置	PC1-Fa0	Access 端口或路由端口
	Gig1/0/3	根据需要配置	PC2-Fa0	Access 端口或路由端口
S1-2960	Fa0/1	无	R4-2901-Gig0/0	网关：192.168.40.253
	Fa0/2	无	PC5-Fa0	
	Fa0/3	无	PC6-Fa0	
PC1	Fa0	192.168.1.1/24	MS1-3650-Gig1/0/2	网关：192.168.1.254
PC2	Fa0	192.168.2.1/24	MS1-3650-Gig1/0/3	网关：192.168.2.254
PC3	Fa0	192.168.3.1/24	R2-2901-Gig0/0	网关：192.168.3.254
PC4	Fa0	192.168.4.1/24	R3-2901-Gig0/0	网关：192.168.4.254
PC5	Fa0	192.168.5.1/24	S1-2960-Fa0/2	网关：192.168.5.254
PC6	Fa0	192.168.6.1/24	S1-2960-Fa0/3	网关：192.168.6.254

5.3　基础实验

5.3.1　路由器连接与配置

现在假设网络拓扑中所有设备都没有进行任何配置，首先要为 4 个路由器配置设备名和端口 IP 地址，并激活相应的端口，其次要为 PC3～PC4 配置相应的 IP 地址和网关。

5.3.1.1　配置端口 IP 地址

先为 R1-2901 配置两个端口 Gig0/1 和 Se0/0/0 的 IP 地址（Gig0/0 与三层交换机 MS1-3650 连接，需要根据对端三层交换机端口类型而定，后面单独讲解），配置命令如下：

```
R1-2901(config)#hostname R1-2901
```

```
R1-2901(config)#interface gigabitEthernet 0/1    #进入端口配置模式
R1-2901(config-if)#ip address 192.168.12.1 255.255.255.0    #配置端口 IP 地址和子网掩码
R1-2901(config-if)#no shutdown    #激活端口
R1-2901(config)#interface serial 0/0/0    #以下命令功能类似，不再一一说明
R1-2901(config-if)#ip address 192.168.13.1 255.255.255.0
R1-2901(config-if)#no shutdown
```

R2-2901 的三个端口 IP 地址配置命令如下：

```
R2-2901(config)#interface gigabitEthernet 0/0
R2-2901(config-if)#ip address 192.168.3.254 255.255.255.0
R2-2901(config-if)#no shutdown
R2-2901(config)#interface gigabitEthernet 0/1
R2-2901(config-if)#ip address 192.168.12.2 255.255.255.0
R2-2901(config-if)#no shutdown
R2-2901(config-if)#exit
R2-2901(config)#interface serial 0/0/0
R2-2901(config-if)#ip address 192.168.24.2 255.255.255.0
R2-2901(config-if)#no shutdown
R2-2901(config-if)#exit
```

R3-2901 的三个端口 IP 地址配置命令如下：

```
R3-2901(config)#interface gigabitEthernet 0/0
R3-2901(config-if)#ip address 192.168.4.254 255.255.255.0
R3-2901(config-if)#no shutdown
R3-2901(config-if)#exit
R3-2901(config)#interface gigabitEthernet 0/1
R3-2901(config-if)#ip address 192.168.34.3 255.255.255.0
R3-2901(config-if)#no shutdown
R3-2901(config-if)#exit
R3-2901(config)#interface serial 0/0/0
R3-2901(config-if)#ip address 192.168.13.3 255.255.255.0
R3-2901(config-if)#no shutdown
```

R4-2901 也是先配置两个端口 Gig0/1 和 Se0/0/0 的 IP 地址（Gig0/0 需要为 PC5 和 PC6 配置单臂路由，后面单独讲解），配置命令如下：

```
R4-2901(config)#interface gigabitEthernet 0/1
R4-2901(config-if)#ip address 192.168.34.4 255.255.255.0
R4-2901(config-if)#no shutdown
R4-2901(config)#interface serial 0/0/0
R4-2901(config-if)#ip address 192.168.24.4 255.255.255.0
R4-2901(config-if)#no shutdown
```

配置好端口 IP 地址并启动端口后，各路由器通过 show ip interface brief 命令查看当前各设备的端口状态：

```
R1-2901#show ip interface brief    #查看 R1-2901 的端口状态
```

```
Interface              IP-Address      OK? Method Status                Protocol
GigabitEthernet0/0     unassignedYES unset  administratively down    down
GigabitEthernet0/1     192.168.12.1    YES manual up                    up
Serial0/0/0            192.168.13.1    YES manual up                    up
Serial0/0/1            unassigned      YES unset  administratively down down
Vlan1                  unassigned      YES unset  administratively down down

R2-2901#show ip interface brief    #查看 R2-2901 的端口状态
Interface              IP-Address      OK? Method Status                Protocol
GigabitEthernet0/0     192.168.3.254YES manual up                    up
GigabitEthernet0/1     192.168.12.2    YES manual up                    up
Serial0/0/0            192.168.24.2 YES manual up                    up
Serial0/0/1            unassigned      YES unset   administratively down   down
Vlan1                  unassigned      YES unset  administratively down    down

R3-2901#show ip interface brief    #查看 R3-2901 的端口状态
Interface              IP-Address      OK? Method Status                Protocol
GigabitEthernet0/0     192.168.4.254YES manual up                    up
GigabitEthernet0/1     192.168.34.3    YES manual up                    up
Serial0/0/0            192.168.13.3    YES manual up                    up
Serial0/0/1            unassigned      YES unset   administratively down   down
Vlan1                  unassigned      YES unset  administratively down    down

R4-2901#show ip interface brief    #查看 R4-2901 的端口状态
Interface              IP-Address      OK? Method Status                Protocol
GigabitEthernet0/0     unassigned      YES unset  administratively down    down
GigabitEthernet0/1     192.168.34.4    YES manual up                    up
Serial0/0/0            192.168.24.4    YES manual up                    up
Serial0/0/1            unassigned      YES unset   administratively down   down
Vlan1                  unassigned      YES unset  administratively down    down
```

PC3 的 IP 地址为 192.168.3.1，网关为路由器 R2-2901 的 Gig0/0 端口的 IP 地址 192.168.3.254，其配置界面如图 5-2 所示。

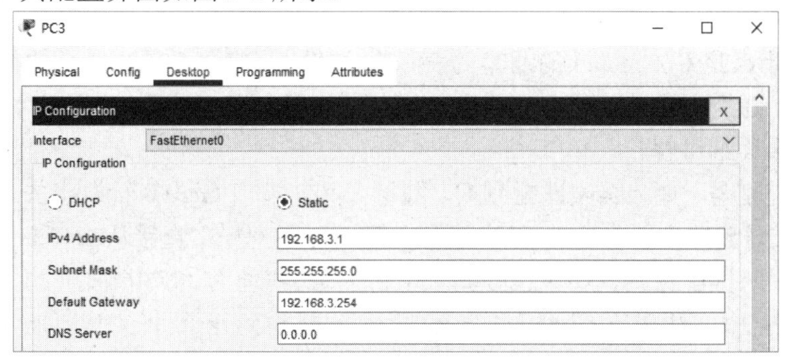

图 5-2　PC3 的 IP 地址和网关的配置界面

PC4 的 IP 地址为 192.168.4.1，网关为路由器 R3-2901 的 Gig0/0 端口的 IP 地址 192.168.4.254，其配置方法与 PC3 类似，这里不重复描述。

5.3.1.2 直连路由条目分析

配置完端口 IP 地址后，路由器即可自动生成直连路由表。以 R2-2901 为例，输入命令 show ip route，直连路由条目显示如下：

```
R2-2901#show ip route   #显示当前路由表
Codes: L - local, C - connected, S - static, R - RIP, M - mobile, B - BGP
       D - EIGRP, EX - EIGRP external, O - OSPF, IA - OSPF inter area
       N1 - OSPF NSSA external type 1, N2 - OSPF NSSA external type 2
       E1 - OSPF external type 1, E2 - OSPF external type 2, E - EGP
       i - IS-IS, L1 - IS-IS level-1, L2 - IS-IS level-2, ia - IS-IS inter area
       * - candidate default, U - per-user static route, o - ODR
       P - periodic downloaded static route
Gateway of last resort isnot set
192.168.3.0/24 is variably subnetted, 2 subnets, 2 masks   #路由标题
C       192.168.3.0/24 is directly connected, GigabitEthernet0/0
L       192.168.3.254/32 is directly connected, GigabitEthernet0/0
192.168.12.0/24 is variably subnetted, 2 subnets, 2 masks   #路由标题
C       192.168.12.0/24 is directly connected, GigabitEthernet0/1
L       192.168.12.2/32 is directly connected, GigabitEthernet0/1
192.168.24.0/24 is variably subnetted, 2 subnets, 2 masks   #路由标题
C       192.168.24.0/24 is directly connected, Serial0/0/0
L       192.168.24.2/32 is directly connected, Serial0/0/0
```

此时，路由表中自动生成了 9 条路由条目。读者可能会感到奇怪，前面只配置了 3 个端口的 IP 地址，为什么会产生 9 条路由条目呢？仔细分析路由条目就会发现，实际上每个端口对应 3 条路由条目，其中 1 条路由条目作为另外 2 条路由条目的路由标题，并没有出端口或下一跳信息，真正起到转发作用的是另外 2 条路由条目。例如：

```
192.168.3.0/24 is variably subnetted, 2 subnets, 2 masks
```

是一个子网划分标题信息，说明 192.168.3.0/24 这个网段被分成两个子路由：

```
C 192.168.3.0/24 is directly connected, GigabitEthernet0/0
L 192.168.3.254/32 is directly connected, GigabitEthernet0/0
```

前面的字母 C 是 Connected 的缩写，表示直连路由；字母 L 是 Local 的缩写，表示本地路由。实际上，还有很多其他类型的路由，如 S 代表静态路由、R 代表 RIP 动态路由等，在后面的章节中会详细讲解。

C 和 L 的差别是，如果报文匹配到 C，则把报文从端口 Gig0/0 转发出去。如果报文匹配到 L，则把报文送到路由器本地的 CPU 进行处理，而不把报文直接从端口 Gig0/0 转发出去。根据子网掩码最长匹配原则，如果接收到一个目的 IP 地址为 192.168.3.1 的报文，该报文只能匹配到 C，则把报文从端口 Gig0/0 转发出去。如果接收到一个目的 IP 地址为 192.168.3.254 的报文，C 和 L 都能匹配，但 L 的子网掩码（32 位）比 C 的子网掩码（24 位）要长，所以最终选择 L 条目，即这个报文是发给路由器的，被送到 CPU 进行处理。如果在 R2-2901 上执行命令 ping 192.168.3.254，则肯定是成功的。因为报文并没有从端口 Gig0/0 转发出去，而是经过内部协议栈绕一圈重新发给自己，此时匹配的路由条目就是 L 条目，而不是 C 条目，

结果如下：

```
R2-2901#ping 192.168.3.254
Type escape sequence to abort.
Sending 5, 100-byte ICMP Echos to 192.168.3.254, timeout is 2 seconds:
!!!!!
Success rate is 100 percent (5/5), round-trip min/avg/max = 0/4/12 ms
```

如果执行命令 ping 192.168.3.1，目的地为 PC3，则同样可以成功，结果如下：

```
R2-2901#ping 192.168.3.1
Type escape sequence to abort.
Sending 5, 100-byte ICMP Echos to 192.168.3.1, timeout is 2 seconds:
!!!!!
Success rate is 100 percent (5/5), round-trip min/avg/max = 0/0/1 ms
```

此时匹配的路由条目就是 C 条目，报文直接从端口 Gig0/0 转发出去，PC3 收到报文后进行应答。

5.3.1.3　配置静态路由

本节的任务是打通 PC3→PC4 的路由路径。从路由网络拓扑结构上看，PC3→PC4 有两条路径可以选择，分别如下。

（1）PC3→R2-2901→R1-2901→R3-2901→PC4。

（2）PC3→R2-2901→R4-2901→R3-2901→PC4。

无论选择哪条路径，如果仅凭借当前自动生成的直连路由（C）和本地路由（L），PC3 发出的 ICMP 报文肯定到不了 PC4。下面尝试分析其原因：从 PC3 发往 PC4 的 ICMP 报文，其源 IP 地址是 PC3 的 IP 地址 192.168.3.1，目的 IP 地址是 PC4 的 IP 地址 192.168.4.1。由于 PC3 的网关为 192.168.3.254，因此 ICMP 报文首先到达 R2-2901。由 5.3.1.1 节的介绍可知，此时 R2-2901 并没有到达 192.168.4.0/24 网段的路由。因此，R2-2901 会将 ICMP 报文丢弃，并回送报文不可达信息给 PC3，如图 5-3 所示。

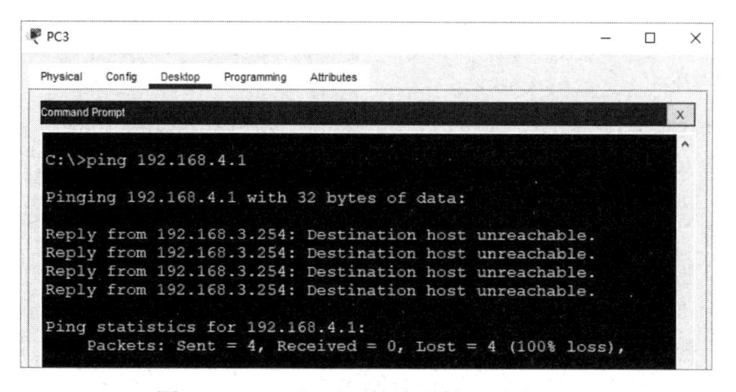

图 5-3　PC3 和 PC4 的连通性测试结果 1

因此，必须在 ICMP 报文所经的所有路由器上添加对应目的网络的路由条目，这就是静态路由，其配置命令的一般格式如下：

```
Router(config)# ip route {目的网络地址}{目的网络掩码}{下一跳 IP 地址 |出端口名称}[距离值]
```

其中，距离值是可选的参数，其他参数都是必选的。紧跟在目的网络掩码后面的参数可以是下一跳 IP 地址，也可以是本地的出端口名称。这两种方式都可以正确转发报文，但在性能上是有差别的，将在 5.4.2.2 节（路由下一跳优化）中解释其原因。本节先采用下一跳 IP 地址的方式进行配置。如前所述，从 PC3 到 PC4 有两条路径可以选择，这里先选择第一条路径 PC3→R2-2901→R1-2901→R3-2901→PC4。这条路径涉及的路由器有 R1-2901、R2-2901、R3-2901，为它们配置静态路由的命令如下：

```
#R1-2901中目的IP地址为3.0网段的报文将转发到下一跳IP地址192.168.12.2(通过R2-2901转发)
R1-2901(config)#ip route 192.168.3.0 255.255.255.0 192.168.12.2
#R1-2901中目的IP地址为4.0网段的报文将转发到下一跳IP地址192.168.13.3(通过R3-2901转发)
R1-2901(config)#ip route 192.168.4.0 255.255.255.0 192.168.13.3

#R2-2901中目的IP地址为4.0网段的报文将转发到下一跳IP地址192.168.12.1(通过R1-2901转发)
R2-2901(config)#ip route 192.168.4.0 255.255.255.0 192.168.12.1

#R3-2901中目的IP地址为3.0网段的报文将转发到下一跳IP地址192.168.12.1(通过R1-2901转发)
R3-2901(config)#ip route 192.168.3.0 255.255.255.0 192.168.13.1
```

由于 ICMP 报文是双向的，而 R1-2901 没有和 3.0/4.0 网段直连，且一条路由条目只负责一个方向，因此需要 2 条静态路由才能保证 PC3 和 PC4 能够相互收发报文。配置完以上命令后，查看 3 个路由器的路由表，如下所示：

```
R1-2901#show ip route
#Codes信息省略
Gateway of last resort isnot set
#添加2条静态路由条目
S    192.168.3.0/24 [1/0] via 192.168.12.2
S    192.168.4.0/24 [1/0] via 192.168.13.3
     192.168.12.0/24 is variably subnetted, 2 subnets, 2 masks
C       192.168.12.0/24 is directly connected, GigabitEthernet0/1
L       192.168.12.1/32 is directly connected, GigabitEthernet0/1
     192.168.13.0/24 is variably subnetted, 2 subnets, 2 masks
C       192.168.13.0/24 is directly connected, Serial0/0/0
L       192.168.13.1/32 is directly connected, Serial0/0/0

R2-2901#show ip route
#Codes信息省略
Gateway of last resort isnot set
     192.168.3.0/24 is variably subnetted, 2 subnets, 2 masks
C       192.168.3.0/24 is directly connected, GigabitEthernet0/0
L       192.168.3.254/32 is directly connected, GigabitEthernet0/0
S    192.168.4.0/24 [1/0] via 192.168.12.1    #添加1条静态路由
     192.168.12.0/24 is variably subnetted, 2 subnets, 2 masks
C       192.168.12.0/24 is directly connected, GigabitEthernet0/1
L       192.168.12.2/32 is directly connected, GigabitEthernet0/1
S    192.168.13.0/24 [1/0] via 192.168.12.1
```

```
     192.168.24.0/24 is variably subnetted, 2 subnets, 2 masks
C       192.168.24.0/24 is directly connected, Serial0/0/0
L       192.168.24.2/32 is directly connected, Serial0/0/0

R3-2901#show ip route
#Codes 信息省略
Gateway of last resort isnot set
S    192.168.3.0/24 [1/0] via 192.168.13.1   #添加 1 条静态路由
     192.168.4.0/24 is variably subnetted, 2 subnets, 2 masks
C       192.168.4.0/24 is directly connected, GigabitEthernet0/0
L       192.168.4.254/32 is directly connected, GigabitEthernet0/0
     192.168.13.0/24 is variably subnetted, 2 subnets, 2 masks
C       192.168.13.0/24 is directly connected, Serial0/0/0
L       192.168.13.3/32 is directly connected, Serial0/0/0
     192.168.34.0/24 is variably subnetted, 2 subnets, 2 masks
C       192.168.34.0/24 is directly connected, GigabitEthernet0/1
L       192.168.34.3/32 is directly connected, GigabitEthernet0/1
```

由以上路由条目可知，R1-2901 添加了 2 条静态路由，R2-2901 添加了 1 条静态路由，R3-2901 也添加了 1 条静态路由。

下面以 R2-2901 的路由条目 S 192.168.4.0/24 [1/0] via 192.168.12.1 为例，说明静态路由条目的含义。其中，S 是 Static 的缩写，代表该路由是静态路由。192.168.4.0/24 表示目的网段。[1/0]中的 1 表示管理距离，0 表示开销值。一般来说，这两个值越小，路由的优先级越高，后面学习动态路由协议时，将会看到很多路由协议自动生成的路由条目，其管理距离和开销值都比静态路由的大。例如，在思科路由器中，RIP 协议的管理距离为 120，OSPF 协议的管理距离为 110，这说明除直连路由（C）和本地路由（L）以外，静态路由（S）具有最高的优先级。当匹配多个相同目的网络的路由条目时，路由器将优先选择管理距离小的路由条目。192.168.13.1 是下一跳 IP 地址，表示对应目的网络的报文会转发到这个 IP 地址。

添加以上静态路由以后，现在 PC3 和 PC4 应该可以相互 ping 通了，测试结果如图 5-4 所示。

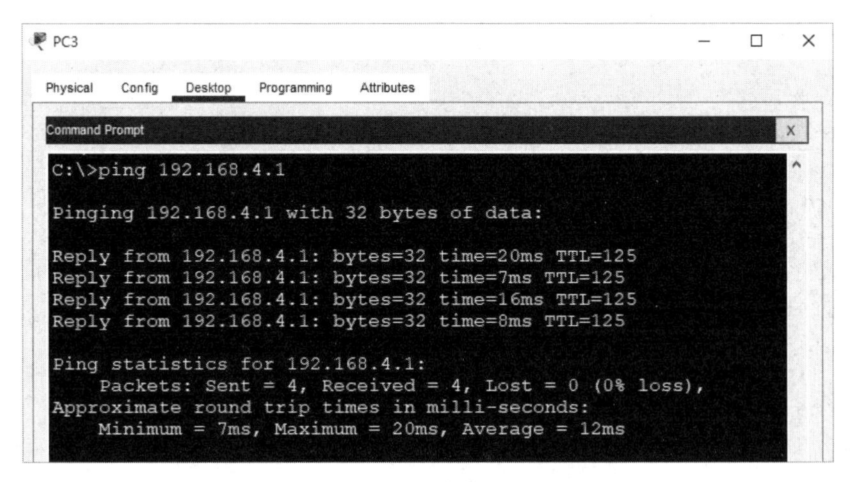

图 5-4　PC3 和 PC4 的连通性测试结果 2

5.3.1.4 路由层次化查找验证

路由器在查找路由表时，会遵循一个层次化查找匹配的规则。所谓路由层次化，是指一条路由条目的下一跳 IP 地址，刚好对应另一条路由条目的目的网络。这样该路由条目实际上并不知道转发的出端口，要依赖另一条路由条目才能找到出端口。

还是以 R2-2901 为例说明这个问题。当 R2-2901 接收到目的 IP 地址为 192.168.4.1 的报文时，首先匹配到路由条目 S 192.168.4.0/24 [1/0] via 192.168.12.1，发现下一跳 IP 地址是 192.168.12.1。实际上路由器并不知道下一跳 IP 地址 192.168.12.1 从哪个本地端口转出，所以继续以 192.168.12.1 为目的 IP 地址查找路由表，结果匹配到直连路由条目 C 192.168.12.0/24 is directly connected, GigabitEthernet0/1，该路由条目的出端口为 Gig0/1，这样路由器才知道要把报文从端口 Gig0/1 转出。因此，实际上前面的路由条目只有依赖后面的路由条目才可以正常转发报文，这就是所谓的路由层次化查找。由此可以看出，直连路由条目是所有路由条目的最后一层，如果找不到关联的直连路由，则报文将无法正确转出。

基于路由层次化查找原理，路由表可以进行多层查找，甚至可以将某条路由条目的下一跳 IP 地址指定为一个并不存在的 IP 地址，只要最后能通过路由层次化查找找到对应的出端口即可。为了验证该原理，下面改造一下 R2-2901 的路由表，命令如下：

```
#删除原有的静态路由
R2-2901(config)#no ip route 192.168.4.0 255.255.255.0 192.168.12.1
#添加路由，下一跳 IP 地址 192.169.100.1 并不存在
R2-2901(config)#ip route 192.168.4.0 255.255.255.0 192.168.100.1
#添加路由，下一跳 IP 地址 192.169.200.1 并不存在，目的网络是上一条路由条目的下一跳 IP 地址
R2-2901(config)#ip route 192.168.100.0 255.255.255.0 192.168.200.1
#添加路由，下一跳 IP 地址 192.169.12.1 才是真实的 IP 地址，目的网络是上一条路由条目的下一跳 IP 地址
R2-2901(config)#ip route 192.168.200.0 255.255.255.0 192.168.12.1
```

此时查看 R2-2901 的路由表变化，如下所示：

```
R2-2901#show ip route
#Codes 信息省略
Gateway of last resort isnot set
    192.168.3.0/24 is variably subnetted, 2 subnets, 2 masks
C      192.168.3.0/24 is directly connected, GigabitEthernet0/0
L      192.168.3.254/32 is directly connected, GigabitEthernet0/0
S    192.168.4.0/24 [1/0] via 192.168.100.1    #下一跳 IP 地址为虚拟 IP 地址
    192.168.12.0/24 is variably subnetted, 2 subnets, 2 masks
C      192.168.12.0/24 is directly connected, GigabitEthernet0/1
L      192.168.12.2/32 is directly connected, GigabitEthernet0/1
S    192.168.13.0/24 [1/0] via 192.168.12.1
    192.168.24.0/24 is variably subnetted, 2 subnets, 2 masks
C      192.168.24.0/24 is directly connected, Serial0/0/0
L      192.168.24.2/32 is directly connected, Serial0/0/0
S    192.168.100.0/24 [1/0] via 192.168.200.1    #下一跳 IP 地址为虚拟 IP 地址
S    192.168.200.0/24 [1/0] via 192.168.12.1    #下一跳 IP 地址为真实 IP 地址
```

由此可以看到，R2-2901 添加了 3 条静态路由条目，其中 2 条路由条目的下一跳 IP 地址

并不存在，为虚拟 IP 地址。重新验证 PC3 和 PC4 的连通性，结果仍能 ping 通，这就验证了上述路由层次化查找的正确性。

在以上例子中，R2-2901 为了将报文发往 192.168.4.0 网段，通过层次化查找路由表，共查找并匹配了 4 次路由条目，才最终找到出端口 Gig0/1 将报文转出。然而，这个实验案例仅用于帮助读者更深入地理解路由表的工作原理，在实际应用中，建议尽量减少路由层次化查找次数，从而提高路由层次化查找效率。

5.3.1.5　三层交换机与路由器互连

三层交换机同时具有二层交换和三层路由功能。与普通路由器相比，它的优点是在处理路由转发时速度更快，可以看作高速的三层转发设备。其工作原理是，接收到一个新的目的 IP 地址报文后，首先查找路由表并进行转发，完成转发之后，三层交换机会产生一个 MAC 地址与 IP 地址的映射表，该映射表的产生由硬件实现。当后续接收到相同的目的 IP 地址报文时，不再查找路由表，而根据映射表直接进行快速转发，从而提高转发速度，这就是所谓的“一次路由，多次转发”原理。因此，可以把三层交换机看作具有高速转发性能的路由器。

三层交换机的局限性在于其端口类型简单，一般只有以太网端口。而路由器的端口类型更加丰富，除了以太网端口，还有其他广域网端口（如串行端口），支持的协议类型也更多（如帧中继、PPP 等），既可用于局域网，也可用于广域网。当前也有很多厂商推出了综合业务路由器（如思科 ISR 系列路由器），这种类型的路由器也支持高速交换模块，同样可以实现局域网 VLAN 子网划分。很多高端路由器的转发性能并不比三层交换机差，所以路由器和三层交换机并没有很严格的区分界限。

虽然三层交换机和路由器可以无缝连接，实现互联互通，但三层交换机的配置和路由器还是有些差别的。实际上我们在第 4 章已经简单介绍了如何配置三层交换机的 SVI 端口及打开其路由功能，本节将从路由原理的角度，更加深入地讲解三层交换机如何与路由器进行通信。

首先将 PC1 和 PC2 划分到 VLAN 10 和 VLAN 20 中，然后为 VLAN 10 和 VLAN 20 对应的 SVI 端口配置相应的 IP 地址，并打开三层交换机的路由功能。根据本章实验的 IP 地址规划，PC1 的 IP 地址为 192.168.1.1，网关为 VLAN 10 的 SVI 端口 IP 地址 192.168.1.254，PC2 的 IP 地址为 192.168.2.1，网关为 VLAN 20 的 SVI 端口 IP 地址 192.168.2.254。MS1-3650 的配置步骤和命令如下：

```
MS1-3650(config)#interface gigabitEthernet 1/0/2   #连接 PC1 的端口
MS1-3650(config-if)#switchport access vlan 10   #将端口加到 VLAN 10 中
% Access VLAN does not exist. Creating vlan 10   #若 VLAN 10 不存在，则会自动创建
MS1-3650(config-if)#exit
MS1-3650(config)#interface gigabitEthernet 1/0/3   #连接 PC2 的端口
MS1-3650(config-if)#switchport access vlan 20   #将端口加到 VLAN 20 中
% Access VLAN does not exist. Creating vlan 20   #若 VLAN 20 不存在，则会自动创建
MS1-3650(config-if)#exit
MS1-3650(config)#interface vlan 10   #进入 VLAN 10 的 SVI 端口配置模式
MS1-3650(config-if)#ip address 192.168.1.254 255.255.255.0
MS1-3650(config-if)#exit
MS1-3650(config)#interface vlan 20   #进入 VLAN 20 的 SVI 端口配置模式
MS1-3650(config-if)#ip address 192.168.2.254 255.255.255.0
```

```
MS1-3650(config-if)#end
MS1-3650(config)#ip routing   #打开路由功能
MS1-3650(config)#end
MS1-3650#show ip route   #显示当前路由表
#Codes 信息省略
Gateway of last resort isnot set
C    192.168.1.0/24 is directly connected, Vlan10
C    192.168.2.0/24 is directly connected, Vlan20
```

经过以上配置后，三层交换机 MS1-3650 的路由表中有 2 条直连路由条目，出端口分别是 VLAN 10 和 VLAN 20。出端口为 VLAN 10 的路由表的含义：凡属于 VLAN 10 的物理端口，都有可能成为出端口。如果有多个端口属于 VLAN 10，那么交换机如何选择出端口呢？实际上，三层交换机在选择出端口时，会根据报文的目的 MAC 地址查询二层 MAC 地址表，MAC 地址表中有 VLAN 和 MAC 的对应信息。如果没有找到对应的 MAC 地址表项，则会从所有属于 VLAN 10 的端口泛洪（Flood）；如果找到 MAC 地址表项，则从该表项对应的端口进行转发。这也是三层交换机和路由器在转发报文时的一个重要差别。

可以通过从 PC1 向 PC2 发送 ICMP 报文来验证以上转发原理。在 PC1 上执行 ping 192.168.2.1 命令，可以 ping 通，测试结果如图 5-5 所示。

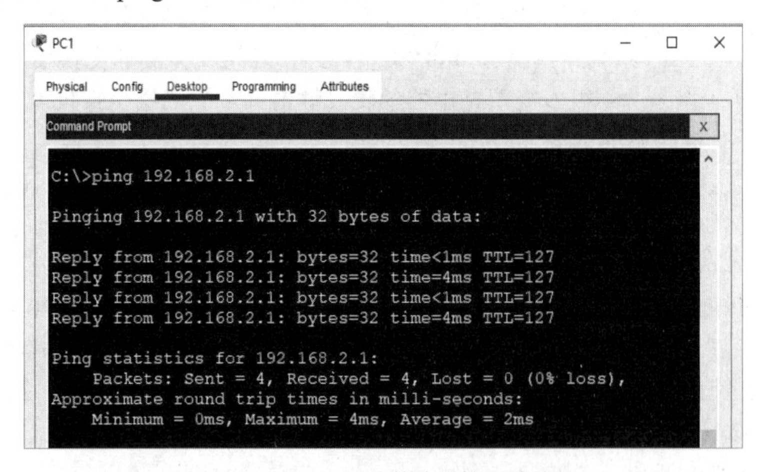

图 5-5　PC1 和 PC2 的连通性测试结果

此时查看三层交换机的 MAC 地址表，如下所示：

```
MS1-3650#show mac address-table
          Mac Address Table
-----------------------------------------------------------------
Vlan    Mac Address       Type        Ports
----     -----------       -----------   --------------
  10    0030.f253.c1c6     DYNAMIC     Gig1/0/2
  20    000a.414d.3784    DYNAMIC     Gig1/0/3
```

由此可以看到，当前自动学习了 2 条 MAC 地址表项，VLAN 10 的出端口为 Gig1/0/2，VLAN 20 的出端口为 Gig1/0/3，其 MAC 地址分别对应 PC1 和 PC2 的 MAC 地址，这就验证了以上三层交换机关于路由转发的描述是正确的。

接下来配置三层交换机和路由器的连接，有两种方式用于进行三层交换机和路由器的连接：第一种方式是将三层交换机端口设置成三层路由端口，并直接为其配置 IP 地址；第二种方式是将三层交换机端口加到某个 VLAN 中，再为 VLAN 的 SVI 端口配置 IP 地址。

第一种方式的配置命令如下：

```
MS1-3650(config)#interface gigabitEthernet 1/0/1   #进入端口配置模式
MS1-3650(config-if)#no switchport   #将端口设置成三层路由端口
MS1-3650(config-if)#ip address 192.168.0.1 255.255.255.0   #配置 IP 地址
MS1-3650(config-if)#no shutdown   #激活端口
MS1-3650(config-if)#end
MS1-3650#show ip route   #显示当前路由表
#Codes 信息省略
Gateway of last resort isnot set
C    192.168.1.0/24 is directly connected, Vlan10
C    192.168.2.0/24 is directly connected, Vlan20
C    192.168.0.0/24 is directly connected, gigabitEthernet 1/0/1 #添加 1 条直连路由条目

R1-2901(config)#int gigabitEthernet 0/0   #进入端口配置模式
R1-2901(config-if)#ip address 192.168.0.2 255.255.255.0   #配置 IP 地址
R1-2901(config-if)#no shutdown   #激活端口
```

由此可以看到，三层交换机的路由表中添加了 1 条出端口为 Gig1/0/1 的直连路由条目，其与路由器的直连路由格式是一样的。现在在 PC2 上执行 ping 192.168.0.1 命令，可以 ping 通，但是执行 ping 192.168.0.2 是 ping 不通的，测试结果如图 5-6 所示。

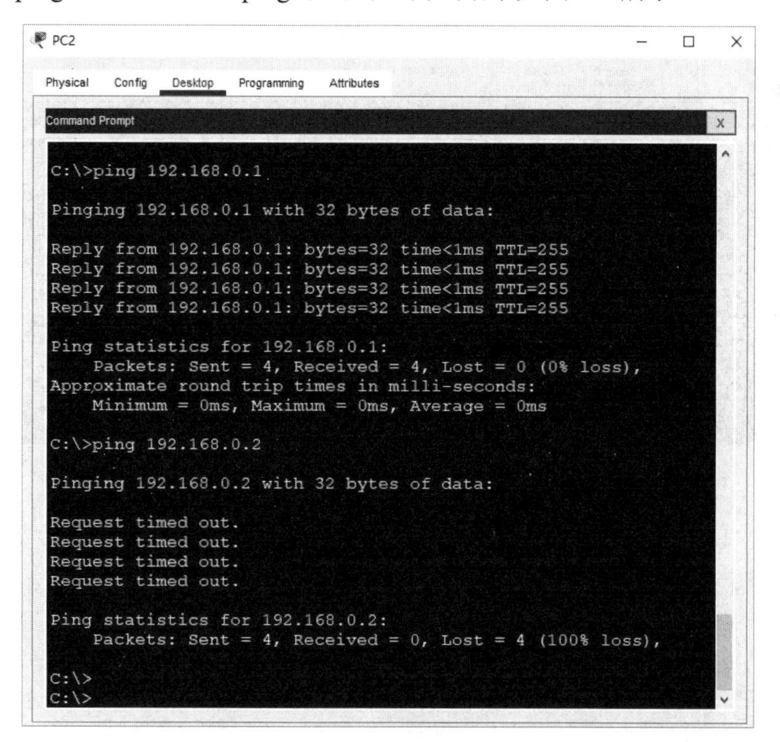

图 5-6　从 PC2 到 192.168.0.1 和 192.168.0.2 的连通性测试结果

以上结果分析如下：地址 192.168.0.2 属于 R1-2901 的端口，而 R1-2901 没有到达 PC2 所在的网段 192.68.2.0/24 的路由。为了使得 PC1 和 PC2 都能够与 R1-2901 通信，必须在 R1-2901 上添加 2 条静态路由条目，命令如下：

```
R1-2901(config)#ip route 192.168.1.0 255.255.255.0 192.168.0.1
R1-2901(config)#ip route 192.168.2.0 255.255.255.0 192.168.0.1
R1-2901#show ip route
#Codes 信息省略
Gateway of last resort isnot set
    192.168.0.0/24 is variably subnetted, 2 subnets, 2 masks
C      192.168.0.0/24 is directly connected, GigabitEthernet0/0
L      192.168.0.2/32 is directly connected, GigabitEthernet0/0
S    192.168.1.0/24 [1/0] via 192.168.0.1   #添加 2 条静态路由条目
S    192.168.2.0/24 [1/0] via 192.168.0.1
S    192.168.3.0/24 [1/0] via 192.168.12.2
S    192.168.4.0/24 [1/0] via 192.168.13.3
    192.168.12.0/24 is variably subnetted, 2 subnets, 2 masks
C      192.168.12.0/24 is directly connected, GigabitEthernet0/1
L      192.168.12.1/32 is directly connected, GigabitEthernet0/1
    192.168.13.0/24 is variably subnetted, 2 subnets, 2 masks
C      192.168.13.0/24 is directly connected, Serial0/0/0
L      192.168.13.1/32 is directly connected, Serial0/0/0
```

再次测试从 PC2 到 R1-2901 的连通性，现在就可以 ping 通了，测试结果如图 5-7 所示。

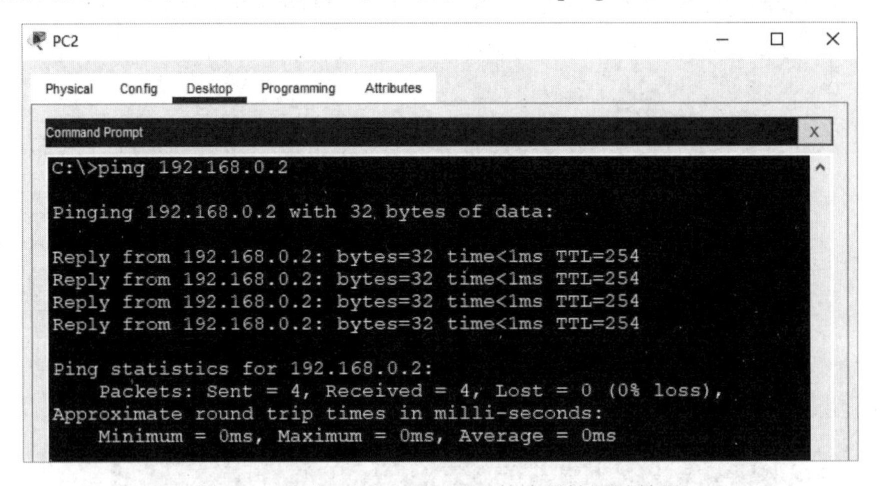

图 5-7　从 PC2 到 192.168.0.2 的连通性测试结果

接下来以第二种方式对三层交换机与路由器进行连接，配置过程和命令如下：

```
MS1-3650(config)#interface gigabitEthernet 1/0/1   #进入端口配置模式
MS1-3650(config-if)#switchport   #将端口重新设置成二层路由端口
MS1-3650(config-if)#shutdown   #为了删除老的路由条目，将端口关闭后重新开启
MS1-3650(config-if)#no shutdown   #否则以前的路由表还存在
MS1-3650(config-if)#switchport access vlan 30   #将端口加到 VLAN 30 中
% Access VLAN does not exist. Creating vlan 30
```

```
MS1-3650(config-if)#exit
MS1-3650(config)#interface vlan 30    #进入 VLAN 30 的 SVI 端口
MS1-3650(config-if)#ip address 192.168.0.1 255.255.255.0   #为 SVI 端口配置 IP 地址
```

以上配置方式同样可以使得从 PC1 和 PC2 都可以 ping 通 192.168.3.2。在 PC1 上执行 ping 192.168.0.2 命令，可以 ping 通，测试结果如图 5-8 所示。

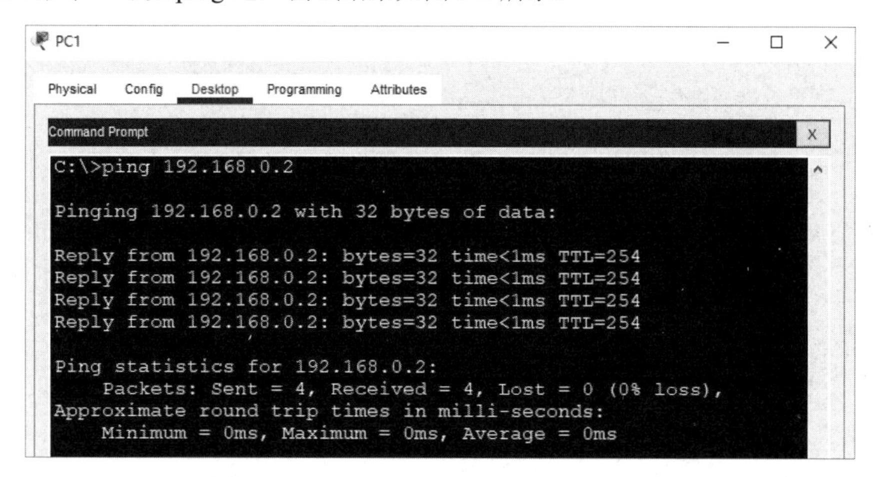

图 5-8　从 PC1 到 192.168.0.2 的连通性测试结果

虽然以上两种方式都可以使三层交换机和路由器进行通信，但第一种方式比较常用。

5.3.2　路由汇总

在实际网络应用中，一个 IPv4 标准分类（A 类、B 类、C 类等）网段常常被划分为多个子网，这样可以提高 IP 地址的使用效率，这种技术称为 VLSM 技术。路由器在转发报文时，需要为每个子网添加一条路由，大量的子网会产生大量的路由条目。由于路由器的路由表存储空间是有限的，因此我们希望在不影响路由转发功能的前提下，尽量减少路由器的路由条目，这样不仅可以节省路由表存储空间，而且可以提高路由查找效率。

实现以上目标的有效解决方案是路由汇总。简而言之，路由汇总可以将多条子网路由汇总成一条标准网段路由，也可以将多个标准分类（A 类、B 类、C 类等）网段路由汇总成更大的网络路由。汇总后的路由又称为 CIDR，因为这时的目的网络已经打破了 IPv4 标准分类（A 类、B 类、C 类等）的界限。

因此，VLSM 技术是将标准分类网段进一步细化成更多子网的技术，而 CIDR 技术是将多个子网或标准分类网段合并成一个更大网络的技术，其过程本质上是相反的。

5.3.2.1　环回端口配置

在讲解 VLSM 子网划分与路由汇总之前，本节先介绍环回（Loopback）端口的原理与配置，以便于后面将环回端口网段划分成更多子网，并在这些子网的基础上进行路由汇总实验。

环回端口是网络设备的一种本地端口，可用于测试本地的网络协议栈是否正常，也可用于网络连通性测试。在某些特殊场景下，环回端口 IP 地址也可以用作路由器的 ID，如 OSPF 协议常常配置一个环回端口 IP 地址作为路由器 ID。路由器或三层交换机上都可以配置环回端口，可以为环回端口配置任何有效的 IP 地址。以路由器 R1-2901 为例，配置命令如下：

```
R1-2901(config)#interface loopback ?   #显示当前可以配置的环回端口的数量
<0-2147483647> Loopback interface number
R1-2901(config)#interface loopback 0   #进入编号为 0 的环回端口
R1-2901(config-if)#ip address 202.168.1.1 255.255.255.0   #为其配置 IP 地址
R1-2901(config-if)#end
R1-2901#ping 202.168.1.1   #默认可以 ping 通
Type escape sequence to abort.
Sending 5, 100-byte ICMP Echos to 202.168.1.1, timeout is 2 seconds:
!!!!!
Success rate is 100 percent (5/5), round-trip min/avg/max = 0/3/7 ms
R1-2901#show ip route
#Codes 信息省略
Gateway of last resort is not set
     192.168.0.0/24 is variably subnetted, 2 subnets, 2 masks
C       192.168.0.0/24 is directly connected, GigabitEthernet0/0
L       192.168.0.2/32 is directly connected, GigabitEthernet0/0
S    192.168.1.0/24 [1/0] via 192.168.0.1
S    192.168.2.0/24 [1/0] via 192.168.0.1
S    192.168.3.0/24 [1/0] via 192.168.12.2
S    192.168.4.0/24 [1/0] via 192.168.13.3
     192.168.12.0/24 is variably subnetted, 2 subnets, 2 masks
C       192.168.12.0/24 is directly connected, GigabitEthernet0/1
L       192.168.12.1/32 is directly connected, GigabitEthernet0/1
     192.168.13.0/24 is variably subnetted, 2 subnets, 2 masks
C       192.168.13.0/24 is directly connected, Serial0/0/0
L       192.168.13.1/32 is directly connected, Serial0/0/0
    202.168.1.0/24 is variably subnetted, 2 subnets, 2 masks   #环回端口路由
C       202.168.1.0/24 is directly connected, Loopback0
L       202.168.1.1/32 is directly connected, Loopback0
```

由此可以看到，环回端口默认可以 ping 通，并且路由表中添加了对应 Loopback0 端口的 202.168.1.0/24 网段的路由。

5.3.2.2 VLSM 设计

VLSM 技术通过改变子网掩码的位数，把一个标准的分类网段划分成多个子网。划分子网一般通过折半的方式进行，每折半一次，向主机号借 1 位当作网络号位。例如，一个 C 类网段 202.168.1.0/24，第一次折半，我们可以把该网段平均分成 2 个子网，对应的信息如表 5-3 所示。

表 5-3 C 类网段第一次折半对应的信息

子　网	网 络 号	子网掩码	广播地址	可用地址范围
子网 1	202.168.1.0	255.255.255.128	202.168.1.127	202.168.1.1～202.168.1.126
子网 2	202.168.1.128	255.255.255.128	202.168.1.255	202.168.1.33～202.168.1.254

子网掩码 255.255.255.128 中的 128 对应的二进制数值为 1000 0000，相当于从原来的主机号借了 1 位当作网络号位，网络号从原来的 24 位变成 25 位，主机号从原来的 8 位变成 7 位。接着把以上两个子网进一步平均分为 4 个子网，对应的信息如表 5-4 所示。

表 5-4　C 类网段第二次折半对应的信息

子　网	网　络　号	子网掩码	广播地址	可用地址范围
子网 1-1	202.168.1.0	255.255.255.192	202.168.1.63	202.168.1.1～202.168.1.62
子网 1-2	202.168.1.64	255.255.255.192	202.168.1.127	202.168.1.65～202.168.1.126
子网 2-1	202.168.1.128	255.255.255.192	202.168.1.191	202.168.1.129～202.168.1.190
子网 2-2	202.168.1.192	255.255.255.192	202.168.1.255	202.168.1.193～202.168.1.254

子网掩码 255.255.255.192 中的 192 对应的二进制数值为 1100 0000，相当于从原来的主机号借了 2 位当作网络号位，网络号变成 26 位，剩余的 6 位作为主机号位。如果有需要，还可以进一步折半。例如，子网 1-1 还可以进一步划分为以下 2 个子网，对应的信息如表 5-5 所示。

表 5-5　子网 1-1 进一步折半对应的信息

子　网	网　络　号	子网掩码	广播地址	可用地址范围
子网 1-1-1	202.168.1.0	255.255.255.224	202.168.1.31	202.168.1.1～202.168.1.30
子网 1-1-2	202.168.1.32	255.255.255.224	202.168.1.63	202.168.1.33～202.168.1.62

子网掩码 255.255.255.224 中的 224 对应的二进制数值为 1110 0000，相当于从原来的主机号借了 3 位当作网络号位，网络号变成 27 位，剩余的 5 位作为主机号位。为了体现不同的子网掩码，我们将 202.168.1.0/24 网段分为以下 4 个子网掩码不同的子网，分别对应以上的子网 1-1-1、子网 1-1-2、子网 1-2 和子网 2，如表 5-6 所示。

表 5-6　最终子网掩码设计

子　网	网　络　号	子网掩码	广播地址	可用地址范围
子网 1-1-1	202.168.1.0	255.255.255.224	202.168.1.31	202.168.1.1～202.168.1.30
子网 1-1-2	202.168.1.32	255.255.255.224	202.168.1.63	202.168.1.33～202.168.1.62
子网 1-2	202.168.1.64	255.255.255.192	202.168.1.127	202.168.1.65～202.168.1.126
子网 2	202.168.1.128	255.255.255.128	202.168.1.255	202.168.1.129～202.168.1.254

下面在 R1-2901 设备上为 4 个环回端口 IP 地址配置以上 4 个 VLSM 的地址，配置命令如下：

```
R1-2901(config)#interface loopback 0   #第 1 个环回端口
R1-2901(config-if)#ip address 202.168.1.1 255.255.255.224   #子网 1-1-1
R1-2901(config-if)#interface loopback 1   #第 2 个环回端口
R1-2901(config-if)#ip address 202.168.1.33 255.255.255.224   #子网 1-1-2
R1-2901(config-if)#interface loopback 2   #第 3 个环回端口
R1-2901(config-if)#ip address 202.168.1.65 255.255.255.192   #子网 1-2
R1-2901(config-if)#interface loopback 3   #第 4 个环回端口
R1-2901(config-if)#ip address 202.168.1.129 255.255.255.128   #子网 2
R1-2901#show ip route   #再次查看路由表
```

```
#Codes 信息省略
Gateway of last resort is not set
     192.168.0.0/24 is variably subnetted, 2 subnets, 2 masks
C       192.168.0.0/24 is directly connected, GigabitEthernet0/0
L       192.168.0.2/32 is directly connected, GigabitEthernet0/0
S     192.168.1.0/24 [1/0] via 192.168.0.1
S     192.168.2.0/24 [1/0] via 192.168.0.1
S     192.168.3.0/24 [1/0] via 192.168.12.2
S     192.168.4.0/24 [1/0] via 192.168.13.3
     192.168.12.0/24 is variably subnetted, 2 subnets, 2 masks
C       192.168.12.0/24 is directly connected, GigabitEthernet0/1
L       192.168.12.1/32 is directly connected, GigabitEthernet0/1
     192.168.13.0/24 is variably subnetted, 2 subnets, 2 masks
C       192.168.13.0/24 is directly connected, Serial0/0/0
L       192.168.13.1/32 is directly connected, Serial0/0/0
202.168.1.0/24 is variably subnetted, 8 subnets, 4 masks    #一个网段分成了 4 个子网
C       202.168.1.0/27 is directly connected, Loopback0
L       202.168.1.1/32 is directly connected, Loopback0
C       202.168.1.32/27 is directly connected, Loopback1
L       202.168.1.33/32 is directly connected, Loopback1
C       202.168.1.64/26 is directly connected, Loopback2
L       202.168.1.65/32 is directly connected, Loopback2
C       202.168.1.128/25 is directly connected, Loopback3
L       202.168.1.129/32 is directly connected, Loopback3
```

由此可以看到，与 C 类网段 202.168.1.0/24 相关的路由共有 8 条（其中有 4 条 L 类本地路由，4 条 C 类直连路由），有 4 个子网掩码，网络号分别为 27 位、27 位、26 位和 25 位，和前面子网划分的结果一致。

5.3.2.3 VLSM 子网汇总路由

R1-2901 上配置的 4 个环回端口，目前只能从本路由器进行访问，如果要从其他设备进行访问，必须为其添加相应的路由。本节实验的目标是在 PC1～PC4 上都能够访问以上环回端口。因此，需要在 MS1-3650、R2-2901 及 R3-2901 上添加到达环回端口的路由。以 MS1-3650 为例，先添加如下两条路由：

```
#到达子网 1-1-1 的路由
MS1-3650(config)#ip route 202.168.1.0 255.255.255.224 192.168.0.2
#到达子网 1-1-2 的路由
MS1-3650(config)#ip route 202.168.1.32 255.255.255.224 192.168.0.2
```

此时测试从 PC1 到 4 个环回端口的连通性，测试结果如图 5-9 和图 5-10 所示。

```
PC1
Physical  Config  Desktop  Programming  Attributes
Command Prompt
C:\>ping 202.168.1.1

Pinging 202.168.1.1 with 32 bytes of data:

Reply from 202.168.1.1: bytes=32 time<1ms TTL=254
Reply from 202.168.1.1: bytes=32 time<1ms TTL=254
Reply from 202.168.1.1: bytes=32 time<1ms TTL=254
Reply from 202.168.1.1: bytes=32 time<1ms TTL=254

Ping statistics for 202.168.1.1:
    Packets: Sent = 4, Received = 4, Lost = 0 (0% loss),
Approximate round trip times in milli-seconds:
    Minimum = 0ms, Maximum = 0ms, Average = 0ms

C:\>ping 202.168.1.33

Pinging 202.168.1.33 with 32 bytes of data:

Reply from 202.168.1.33: bytes=32 time<1ms TTL=254
Reply from 202.168.1.33: bytes=32 time<1ms TTL=254
Reply from 202.168.1.33: bytes=32 time<1ms TTL=254
Reply from 202.168.1.33: bytes=32 time<1ms TTL=254

Ping statistics for 202.168.1.33:
    Packets: Sent = 4, Received = 4, Lost = 0 (0% loss),
Approximate round trip times in milli-seconds:
    Minimum = 0ms, Maximum = 0ms, Average = 0ms
```

图 5-9　从 PC1 到前 2 个环回端口的连通性测试结果

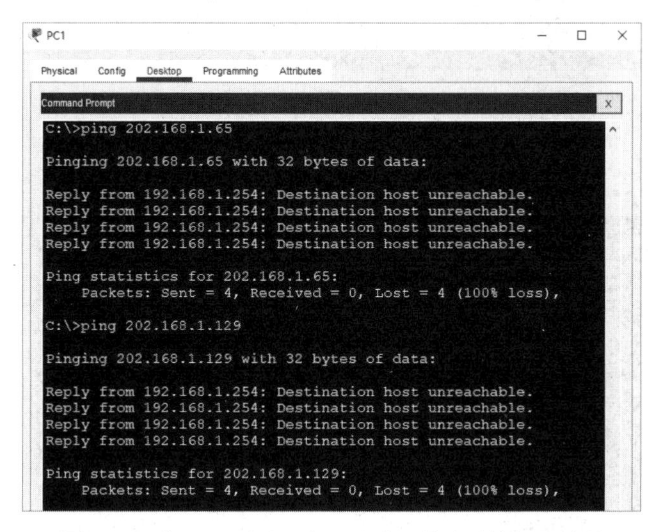

图 5-10　从 PC1 到后 2 个环回端口的连通性测试结果

结果显示，PC1 可以 ping 通子网 1-1-1 和子网 1-1-2，但是 ping 不通子网 1-2 和子网 2。必须再为 MS1-3650 添加如下两条路由：

```
MS1-3650(config)#ip route 202.168.1.64 255.255.255.192 192.168.0.2
MS1-3650(config)#ip route 202.168.1.128 255.255.255.128 192.168.0.2
```

这时从 PC1 到所有的子网都可以 ping 通，请读者自行验证。通过以上实验过程可知，为 202.168.1.0/24 添加 4 条静态路由，才能 ping 通所有的子网。因此，为了减少路由条目，可以对上述路由进行汇总。汇总路由的条目和汇总效果可以根据实际需要来自行选择。例如，先在 R2-2901 上添加一条汇总路由，命令如下：

```
#只汇总前 3 个子网
R2-2901(config)#ip route 202.168.1.0 255.255.255.128 192.168.12.1
```

然后测试从 PC3 到每个子网的连通性，测试结果如图 5-11 和图 5-12 所示。

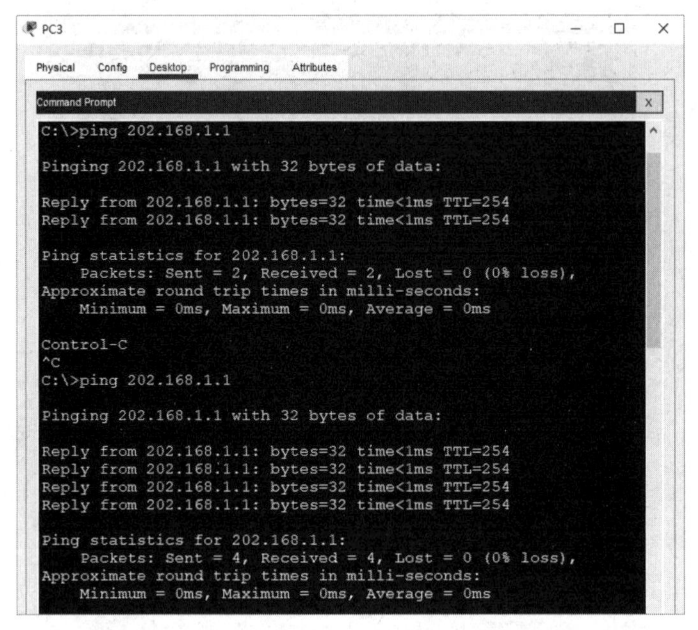

图 5-11　从 PC3 到前 2 个子网的连通性测试结果

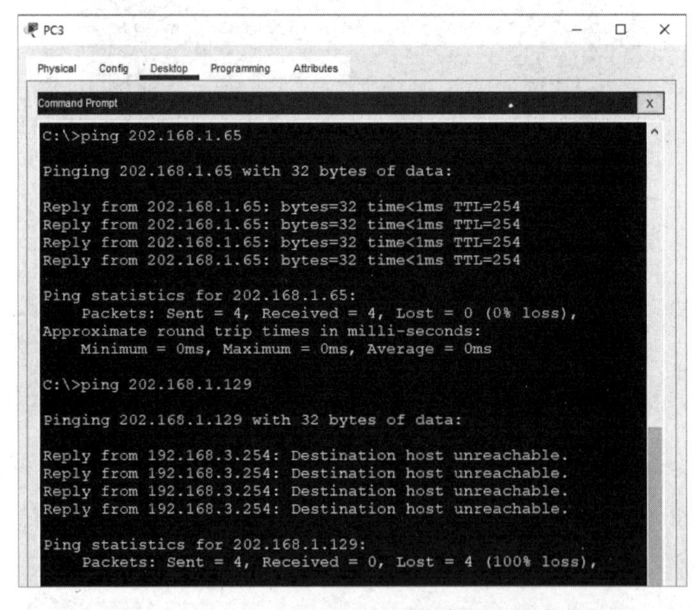

图 5-12　从 PC3 到后 2 个子网的连通性测试结果

结果显示，经过该汇总路由，从 PC3 到子网 1-1-1、子网 1-1-2 和子网 1-2 都是可以 ping 通的，但是到子网 2 不能 ping 通，因为添加的路由只汇总了前 3 个子网，还需要添加如下路由：

```
R2-2901(config)#ip route 202.168.1.128 255.255.255.128 192.168.12.1
```

接下来，我们在 R3-2901 上一次性汇总 4 个子网路由，命令如下：

```
R3-2901(config)#ip route 202.168.1.0 255.255.255.0 192.168.13.1
```

测试从 PC4 到 4 个子网的连通性，结果应该可以全部 ping 通，请读者自行验证。因此，手工路由汇总可以根据需要自行选择汇总的子网范围，以达到精确汇总的目的。

5.3.2.4　CIDR 超网汇总路由

CIDR 与 VLSM 的作用正好相反，可将标准分类网段通过改变子网掩码汇总成一个更大的网络。例如，将 4 个 C 类网段 192.168.0.0/24、192.168.1.0/24、192.168.2.0/24、192.168.3.0/24，汇总成一个更大的无类网段 192.168.0.0/22，子网掩码为 255.255.252.0。其汇总方式是将原来的 24 位网络号，借 2 位给主机号，形成 22 位网络号，10 位主机号。原来的网络号位 0、1、2、3 则转变成了主机号位。

根据前面的配置，PC1、PC2、PC3 对应的网段为 192.168.1.0/24、192.168.2.0/24、192.168.3.0/24，MS1-3650 和 R1-2901 之间的网段为 192.168.0.0/24。因此，如果要从 PC4 访问这 4 个网段，可以在 R3-2901 上配置一条 CIDR 超网汇总路由，下一跳指向 R1-2901 的端口 IP 地址 192.168.13.1，命令如下：

```
#先将原来单独添加的 3.0 网段路由删除
R3-2901(config)#no ip route 192.168.3.0 255.255.255.0 192.168.13.1
#添加一条超网汇总路由，注意子网掩码变为 255.255.252.0
R3-2901(config)#ip route 192.168.0.0 255.255.252.0 192.168.13.1
R3-2901(config)#end
R3-2901#show ip route
#Codes 信息省略
Gateway of last resort is not set
S    192.168.0.0/22 [1/0] via 192.168.13.1    #CIDR 超网汇总路由
     192.168.4.0/24 is variably subnetted, 2 subnets, 2 masks
C       192.168.4.0/24 is directly connected, GigabitEthernet0/0
L       192.168.4.254/32 is directly connected, GigabitEthernet0/0
S    192.168.12.0/24 [1/0] via 192.168.13.1
     192.168.13.0/24 is variably subnetted, 2 subnets, 2 masks
C       192.168.13.0/24 is directly connected, Serial0/0/0
L       192.168.13.3/32 is directly connected, Serial0/0/0
     192.168.34.0/24 is variably subnetted, 2 subnets, 2 masks
C       192.168.34.0/24 is directly connected, GigabitEthernet0/1
L       192.168.34.3/32 is directly connected, GigabitEthernet0/1
S    202.168.1.0/24 [1/0] via 192.168.13.1    #VLSM 子网汇总路由
```

由此可以看到 R3-2901 的路由表中存在一条 CIDR 超网汇总路由和一条 VLSM 子网汇总路由。接下来在 MS1-3650 上添加一条到 PC4 网段的路由，否则 ICMP 报文到不了 PC4，命令如下：

```
MS1-3650(config)#ip route 192.168.4.0 255.255.255.0 192.168.0.2
```

现在分别测试从 PC4 到 192.168.1.0～192.168.4.0 的连通性，测试结果如图 5-13 和图 5-14 所示：

```
PC4
Physical  Config  Desktop  Programming  Attributes
Command Prompt

Pinging 192.168.1.1 with 32 bytes of data:

Reply from 192.168.1.1: bytes=32 time=11ms TTL=125
Reply from 192.168.1.1: bytes=32 time=6ms TTL=125
Reply from 192.168.1.1: bytes=32 time=6ms TTL=125
Reply from 192.168.1.1: bytes=32 time=6ms TTL=125

Ping statistics for 192.168.1.1:
    Packets: Sent = 4, Received = 4, Lost = 0 (0% loss),
Approximate round trip times in milli-seconds:
    Minimum = 6ms, Maximum = 11ms, Average = 7ms

C:\>ping 192.168.0.1

Pinging 192.168.0.1 with 32 bytes of data:

Reply from 192.168.0.1: bytes=32 time=15ms TTL=253
Reply from 192.168.0.1: bytes=32 time=13ms TTL=253
Reply from 192.168.0.1: bytes=32 time=9ms TTL=253
Reply from 192.168.0.1: bytes=32 time=8ms TTL=253

Ping statistics for 192.168.0.1:
    Packets: Sent = 4, Received = 4, Lost = 0 (0% loss),
Approximate round trip times in milli-seconds:
    Minimum = 8ms, Maximum = 15ms, Average = 11ms
```

图 5-13　CIDR 超网汇总路由测试结果 1

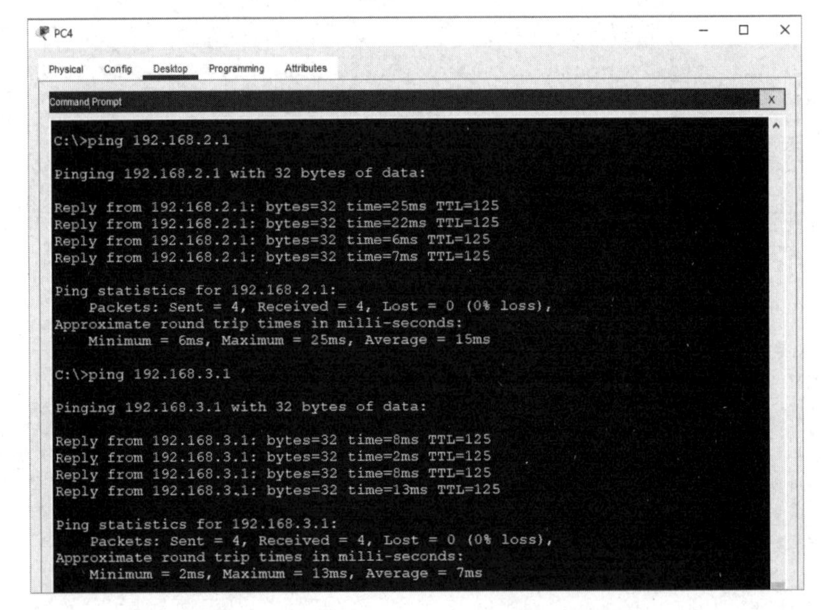

图 5-14　CIDR 超网汇总路由测试结果 2

以上结果显示 4 个网段可以全部 ping 通，说明 CIDR 超网汇总路由正常运行，实验成功。

5.4　进阶实验

5.4.1　特殊静态路由

5.4.1.1　默认路由

一般来说，路由器上的路由条目数量都是有限的，不可能匹配到互联网上所有的目的网段。当报文匹配不到目的网段时，会默认把报文丢弃。为了避免发生报文丢弃的情况，路由器为匹配不到目的网段的报文提供了另一个选择，即不管目的 IP 地址是什么，全部转发到一个指定的默认下一跳 IP 地址，这就是默认路由。配置默认路由的场景很普遍，如处于网络末端的路由器或局域网的出口设备，其访问外部网段只有唯一一个出端口，此时为其配置默认路由是最好的选择。

下面以三层交换机 MS1-3650 为例，介绍默认路由配置方法。根据前面的实验配置，当前 MS1-3650 的路由表中共有 5 条静态路由，如下所示：

```
MS1-3650#show ip route
#Codes 信息省略
Gateway of last resort is not set
C    192.168.0.0/24 is directly connected, Vlan30
C    192.168.1.0/24 is directly connected, Vlan10
C    192.168.2.0/24 is directly connected, Vlan20
S    192.168.4.0/24 [1/0] via 192.168.0.2    #当前共有 5 条静态路由
     202.168.1.0/24 is variably subnetted, 8 subnets, 4 masks
S       202.168.1.0/27 [1/0] via 192.168.0.2
S       202.168.1.32/27 [1/0] via 192.168.0.2
S       202.168.1.64/26 [1/0] via 192.168.0.2
S       202.168.1.128/25 [1/0] via 192.168.0.2
```

实际上，这 5 条静态路由的下一跳 IP 地址都是 192.169.0.2，因为 MS1-3650 访问外部网段唯一的下一跳出口设备就是 R1-2901。因此，在这种情况下，可以将所有静态路由删除，只配置一条默认路由即可满足要求，配置命令和显示结果如下：

```
#删除当前所有静态路由
MS1-3650(config)#no ip route 192.168.4.0 255.255.255.0 192.168.0.2
MS1-3650(config)#no ip route 202.168.1.0 255.255.255.224 192.168.0.2
MS1-3650(config)#no ip route 202.168.1.32 255.255.255.224 192.168.0.2
MS1-3650(config)#no ip route 202.168.1.64 255.255.255.192 192.168.0.2
MS1-3650(config)#no ip route 202.168.1.128 255.255.255.128 192.168.0.2
MS1-3650(config)#ip route 0.0.0.0 0.0.0.0 192.168.0.2    #配置静态默认路由
MS1-3650#show ip route
#Codes 信息省略
Gateway of last resort is 192.168.0.2 to network 0.0.0.0    #提示默认下一跳 IP 地址
C    192.168.0.0/24 is directly connected, Vlan30
C    192.168.1.0/24 is directly connected, Vlan10
C    192.168.2.0/24 is directly connected, Vlan20
S*   0.0.0.0/0 [1/0] via 192.168.0.2    #默认路由
```

配置默认路由的命令，其网络号和子网掩码都是 4 个用点号隔开的 0。此时显示的路由表中，默认路由的标记是 S*，下一跳 IP 地址为 192.168.0.2，即路由器 R1-2901 的 IP 地址。

此时测试从 PC1 到 PC4 及 R1-2901 的 4 个环回端口（202.168.1.0/24 的 4 个子网）的连通性，依然可以 ping 通，说明默认路由已经取代了所有静态路由的功能，请读者自行验证该结果。

5.4.1.2 黑洞路由

下一跳端口为Null0端口的特殊路由称为黑洞路由。Null0端口其实是一个不存在的虚拟端口，凡是匹配到该路由的数据包都会被直接丢弃，就好像报文掉进了黑洞一样，这也是黑洞路由名称的由来。

那么在什么情况下需要配置黑洞路由呢？在实际应用中，黑洞路由主要用来替代访问控制列表（Access Control List，ACL）减轻可能的路由器攻击。由于通过匹配黑洞路由丢弃某个目的网段的报文对系统负载影响非常小，如果用ACL来实现报文丢弃的目标（deny规则），则会消耗路由器大量的CPU资源，因此设置黑洞路由是用来防范拒绝服务（Denial of Service，DoS）攻击的方案之一。

下面以R2-2901为例，配置一条到达IP地址2.2.2.2的黑洞路由，配置命令如下：

```
R2-2901(config)#ip route 2.2.2.2 255.255.255.255 null0   #配置黑洞路由
R2-2901(config)#end
R2-2901#show ip route
#Codes 信息省略
Gateway of last resort is 192.168.24.4 to network 0.0.0.0
     1.0.0.0/32 is subnetted, 1 subnets
S       1.1.1.1/32 [1/0] via 192.168.24.4
     2.0.0.0/32 is subnetted, 1 subnets
S       2.2.2.2/32 is directly connected, Null0   #添加了一条静态黑洞路由
     192.168.3.0/24 is variably subnetted, 2 subnets, 2 masks
C       192.168.3.0/24 is directly connected, GigabitEthernet0/0
L       192.168.3.254/32 is directly connected, GigabitEthernet0/0
S    192.168.4.0/24 [1/0] via 192.168.12.1
     192.168.12.0/24 is variably subnetted, 2 subnets, 2 masks
C       192.168.12.0/24 is directly connected, GigabitEthernet0/1
L       192.168.12.2/32 is directly connected, GigabitEthernet0/1
S    192.168.13.0/24 [1/0] via 192.168.12.1
     192.168.24.0/24 is variably subnetted, 2 subnets, 2 masks
C       192.168.24.0/24 is directly connected, Serial0/0/0
L       192.168.24.2/32 is directly connected, Serial0/0/0
     202.168.1.0/25 is subnetted, 2 subnets
S       202.168.1.0/25 [1/0] via 192.168.12.1
S       202.168.1.128/25 [1/0] via 192.168.12.1
S*   0.0.0.0/0 [1/0] via 192.168.24.4
```

接下来对黑洞路由进行测试。先在R2-2901上打开ICMP报文调试功能，命令如下：

```
R2-2901#debug ip icmp   #打开ICMP报文调试功能
```

然后测试从PC3到2.2.2.2的连通性，测试结果如图5-15所示。

```
PC3
Physical  Config  Desktop  Programming  Attributes
Command Prompt

Cisco Packet Tracer PC Command Line 1.0
C:\>ping 2.2.2.2

Pinging 2.2.2.2 with 32 bytes of data:

Reply from 192.168.3.254: Destination host unreachable.
Reply from 192.168.3.254: Destination host unreachable.
Reply from 192.168.3.254: Destination host unreachable.
Reply from 192.168.3.254: Destination host unreachable.

Ping statistics for 2.2.2.2:
    Packets: Sent = 4, Received = 0, Lost = 4 (100% loss),
```

图 5-15　从 PC3 到 2.2.2.2 的连通性测试结果

查看 R2-2901 的 debug 信息：

```
ICMP: unreachable host icmp message sent to 192.168.3.1 (dest was 2.2.2.2)
ICMP: unreachable host icmp message sent to 192.168.3.1 (dest was 2.2.2.2)
ICMP: unreachable host icmp message sent to 192.168.3.1 (dest was 2.2.2.2)
ICMP: unreachable host icmp message sent to 192.168.3.1 (dest was 2.2.2.2)
```

以上结果表明，当目的 IP 地址为 2.2.2.2 的 ICMP 报文到达 R2-2901 以后，由于配置了黑洞路由，因此 R2-2901 向 PC3 发送了不可达 ICMP 报文消息，实验成功。

5.4.1.3　单臂路由

在实际局域网应用中，有时将二层交换机直接连到路由器，而二层交换机又划分了多个 VLAN，由于二层交换机没有路由功能，因此为了使得跨 VLAN 的主机能够相互通信，只能借助路由器进行三层转发。但是，路由器只有一个端口可用于和二层交换机进行连接，这样如何为不同 VLAN 网段进行报文的路由转发呢？方法是将单个路由端口虚拟出多个逻辑子端口，这就是单臂路由技术。

在本实验网络拓扑中，二层交换机 S1-2960 的端口 Fa0/1 与路由器 R4-2901 的端口 Gig0/0 进行连接，PC5 和 PC6 连接到交换机的 Fa0/2 和 Fa0/3 端口，这两个端口分别加到二层交换机的 VLAN 20 和 VLAN 30 中，且 PC5 和 PC6 分别属于 192.168.5.0/24 网段和 192.168.6.0/24 网段，这就是一个典型的单臂路由应用场景。为了使得 PC5 和 PC6 能够通信，可以在 R4-2901 的端口 Gig0/0 上配置单臂路由，同时将与之连接的交换机端口要配置成 Trunk 端口，允许不同 VLAN 的报文通过。下面详细讲解单臂路由的配置步骤和过程。

第 1 步：将 PC5 和 PC6 的 IP 地址配置为 192.168.5.1 和 192.168.6.1，网关配置为 192.168.5.254 和 192.168.6.254，如所图 5-16 和图 5-17 所示。

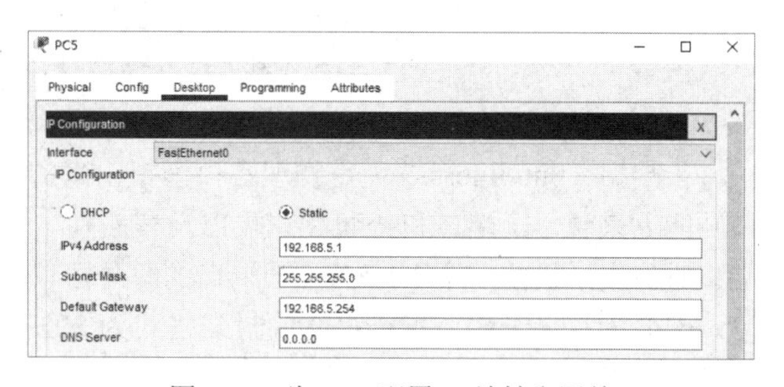

图 5-16　为 PC5 配置 IP 地址和网关

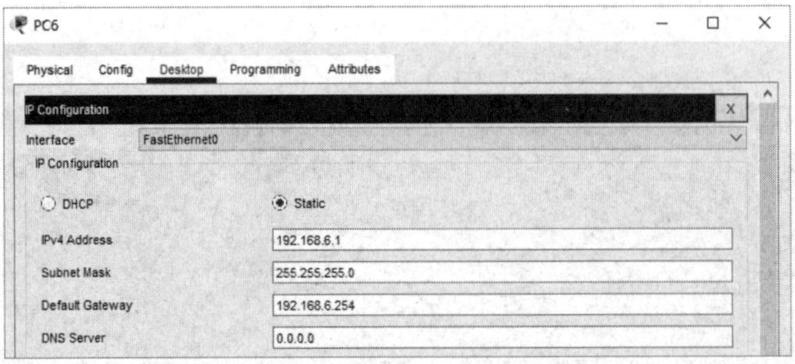

图 5-17　为 PC6 配置 IP 地址和网关

第 2 步：配置二层交换机 S1-2960。配置命令如下：

```
Switch(config)#hostname S1-2960    #配置设备名
S1-2960(config)#interface fastEthernet 0/2    #进入 Fa0/2 端口
S1-2960(config-if)#switchport access vlan 20    #将端口加到 VLAN 20 中
% Access VLAN does not exist. Creating vlan 20
S1-2960(config-if)#interface fastEthernet 0/3    #进入 Fa0/3 端口
S1-2960(config-if)#switchport access vlan 30    #将端口加到 VLAN 30 中
% Access VLAN does not exist. Creating vlan 30
S1-2960(config-if)#interface fastEthernet 0/1    #进入 Fa0/1 端口
S1-2960(config-if)#switchport mode trunk    #配置 Trunk 端口
```

第 3 步：在 R4-2901 的端口 Gig0/0 上进行单臂路由配置。配置命令如下：

```
R4-2901(config)#interface gigabitEthernet 0/0    #进入 Gig0/0 端口
R4-2901(config-if)#no shutdown    #激活端口
R4-2901(config-if)#exit
#进入 2 号子端口，子端口编号可以自定义
R4-2901(config)#interface gigabitEthernet 0/0.2
#为子端口配置 802.1Q 封装格式，20 对应 VLAN 20，不要随意更改，下同
R4-2901(config-subif)#encapsulation dot1Q 20
#为 2 号子端口配置 IP 地址，作为 VLAN 20 的网关
R4-2901(config-subif)#ip address 192.168.5.254 255.255.255.0
#进入 3 号子端口，子端口编号可以自定义
R4-2901(config-subif)#interface gigabitEthernet 0/0.3
#为子端口配置 802.1Q 封装格式，30 对应 VLAN 30
R4-2901(config-subif)#encapsulation dot1Q 30
#为 3 号子端口配置 IP 地址，作为 VLAN 30 的网关
R4-2901(config-subif)#ip address 192.168.6.254 255.255.255.0
```

子端口（Sub Interface）是物理端口虚拟出来的逻辑端口，该物理端口称为主端口。从端口功能上来说，子端口和普通物理端口没有差别。子端口是单臂路由中的独有配置，每个子端口对应交换机的一个 VLAN，子端口的编号可以自定义，其范围是 0～4095，编号不能重复。一般为每个子端口指定报文的封装格式为 802.1Q 的 VLAN 标签格式（思科路由器还有一种私有封装格式，一般不建议使用），封装格式的后面要加上对应的 VID，同时为每个子端口配置 IP 地址，这些 IP 地址一般作为对应 VLAN 网段的网关。这样，单臂路由的配置就

完成了。下面测试从 PC5 到 PC6 的连通性，测试结果如图 5-18 所示。

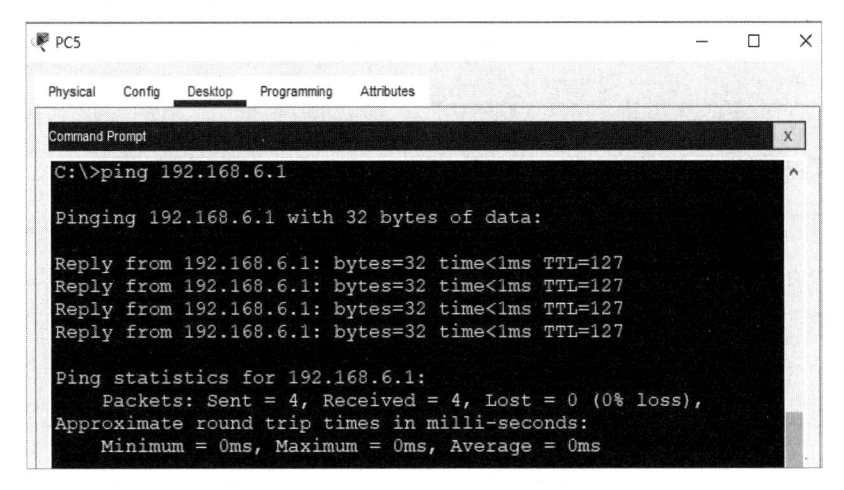

图 5-18　从 PC5 到 PC6 的连通性测试结果

切换到 PKT 模拟器软件的仿真模式，模拟从 PC5 到 PC6 连通过程，在 R4-2901 的 Gig0/0 端口抓取对应的报文，得到入报文（Inbound PDU）信息和出报文（Outbound PDU）信息，如图 5-19 和图 5-20 所示。

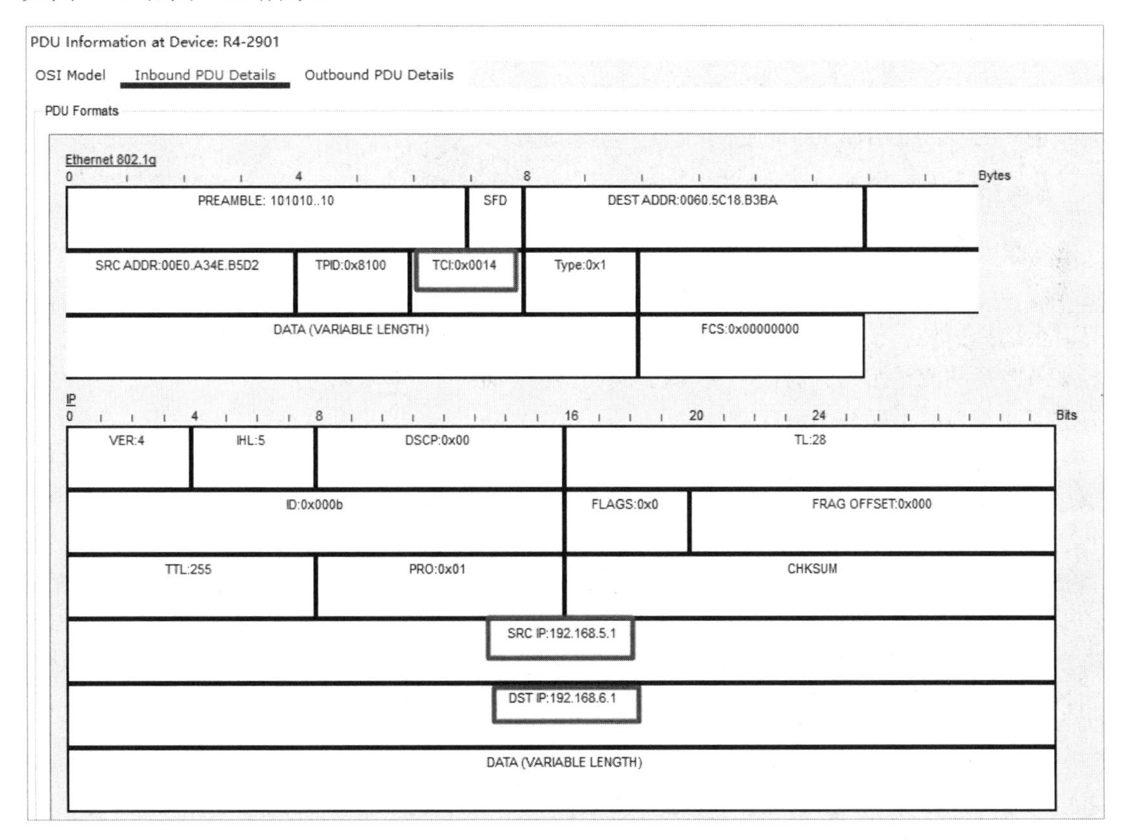

图 5-19　单臂路由端口入报文信息

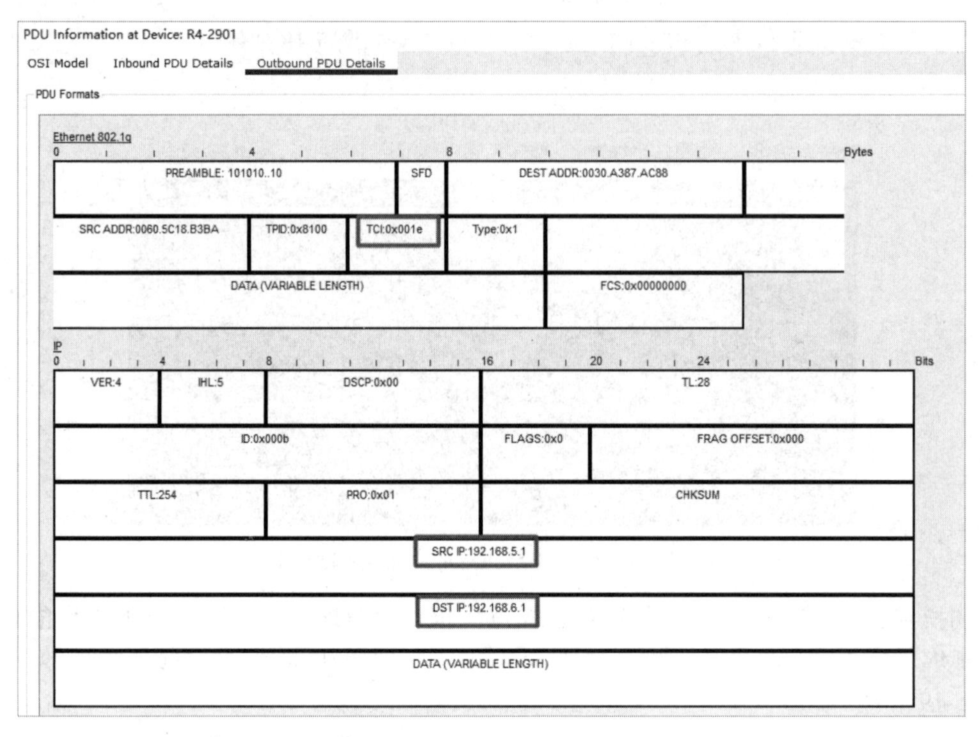

图 5-20　单臂路由端口出报文信息

结果显示，入报文和出报文封装格式都是 VLAN 标签格式，入口的 VID 为 0x0014=20，出口的 VID 为 0x001e=30，与预期一致，实验成功。

5.4.1.4　等价路由

等价路由是指到达同一目的网络有多条路径可选（对应多个下一跳），并且这些路径的优先级是一样的。如果存在等价路由，那么当路由器实际转发报文时，有时会选择这条路径，有时会选择另外一条路径。因此，等价路由可以对去往该目的网络的流量进行负载均衡，减轻某条路径的流量压力。前提是所有的路径都是可以到达目的网络的，否则会出现目的网络有时能通、有时不能通的情况。

为了构造并验证等价路由的场景，我们先为 R2-2901、R3-2901 和 R4-2901 配置相应的端口 IP 地址，以便三者能够进行通信，配置命令如下：

```
R4-2901(config)#interface serial 0/0/0   #与 R2-2901 连接的端口
R4-2901(config-if)#ip address 192.168.24.4 255.255.255.0   #配置 IP 地址
R4-2901(config-if)#no shutdown   #激活端口
R4-2901(config)#interface gigabitEthernet 0/1   #与 R3-2901 连接的端口
R4-2901(config-if)#ip address 192.168.34.4 255.255.255.0   #配置 IP 地址
R4-2901(config-if)#no shutdown   #激活端口
R4-2901(config-if)#exit
R4-2901(config)#interface loopback 0   #配置一个环回端口，作为等价路由目的端口
R4-2901(config-if)#ip address 4.4.4.4 255.255.255.255   #配置环回端口的 IP 地址

R2-2901(config)#interface serial 0/0/0   #与 R4-2901 连接的端口
```

```
R2-2901(config-if)#ip address 192.168.24.2 255.255.255.0   #配置 IP 地址
R2-2901(config-if)#no shutdown   #激活端口
R2-2901(config)#ip route 0.0.0.0 0.0.0.0 192.168.24.4   #添加到 R4 的默认路由

R3-2901(config)#interface gigabitEthernet 0/1   #与 R4-2901 连接的端口
R3-2901(config-if)#ip address 192.168.34.3 255.255.255.0   #配置 IP 地址
R3-2901(config-if)#no shutdown   #激活端口
R3-2901(config)#ip route 0.0.0.0 0.0.0.0 192.168.34.4   #添加到 R4 的默认路由
```

此时，测试从 R1-2901、R2-2901 和 R3-2901 到 R4-2901 的环回端口 4.4.4.4 的连通性，测试命令和结果如下：

```
R1-2901#ping 4.4.4.4
Type escape sequence to abort.
Sending 5, 100-byte ICMP Echos to 4.4.4.4, timeout is 2 seconds:
.....
Success rate is 0 percent (0/5)

R2-2901#ping 4.4.4.4
Type escape sequence to abort.
Sending 5, 100-byte ICMP Echos to 4.4.4.4, timeout is 2 seconds:
!!!!!
Success rate is 0 percent (0/5)

R3-2901#ping 4.4.4.4
Type escape sequence to abort.
Sending 5, 100-byte ICMP Echos to 4.4.4.4, timeout is 2 seconds:
!!!!!
Success rate is 0 percent (0/5)
```

如预期的那样，从 R2-2901 和 R3-2901 可以 ping 通 4.4.4.4，但从 R1-2901 ping 不通 4.4.4.4，因为前者的默认路由下一跳都指向 R4-2901，而后者没有默认路由。现在的问题是，如果在 R1-2901 上添加默认路由，那么其下一跳是 R2-2901 还是 R3-2901 呢？实际上，两个下一跳都是可行的，因为从 R2-2901 和 R3-2901 都能顺利到达 4.4.4.4，这就产生了等价路由。静态等价路由的配置方式是同时添加多条路由，这些路由的目的网络相同，而下一跳不同。因此，可以在 R1-2901 上配置以下默认等价路由，配置命令如下：

```
R1-2901(config)#ip route 0.0.0.0 0.0.0.0 192.168.12.2
R1-2901(config)#ip route 0.0.0.0 0.0.0.0 192.168.13.3
```

由于路由是双向的，从 R4-2901 向 R1-2901 发送报文，其下一跳可以是 R2-2901，也可以是 R3-2901。因此，在 R4-2901 上配置默认等价路由的命令如下：

```
R4-2901(config)#ip route 0.0.0.0 0.0.0.0192.168.24.2
R4-2901(config)#ip route 0.0.0.0 0.0.0.0192.168.34.3
```

此时查看 R1-2901 和 R4-2901 的路由表，可以发现两者都有两条默认等价路由，[1/0]代表管理距离为 1，开销值为 0，说明其优先级相同，显示结果如下：

```
R1-2901#show ip route
#Codes 信息省略
Gateway of last resort is 192.168.12.2 to network 0.0.0.0
     192.168.0.0/24 is variably subnetted, 2 subnets, 2 masks
C       192.168.0.0/24 is directly connected, GigabitEthernet0/0
L       192.168.0.2/32 is directly connected, GigabitEthernet0/0
S    192.168.1.0/24 [1/0] via 192.168.0.1
S    192.168.2.0/24 [1/0] via 192.168.0.1
S    192.168.3.0/24 [1/0] via 192.168.12.2
S    192.168.4.0/24 [1/0] via 192.168.13.3
     192.168.12.0/24 is variably subnetted, 2 subnets, 2 masks
C       192.168.12.0/24 is directly connected, GigabitEthernet0/1
L       192.168.12.1/32 is directly connected, GigabitEthernet0/1
     192.168.13.0/24 is variably subnetted, 2 subnets, 2 masks
C       192.168.13.0/24 is directly connected, Serial0/0/0
L       192.168.13.1/32 is directly connected, Serial0/0/0
     202.168.1.0/24 is variably subnetted, 8 subnets, 4 masks
C       202.168.1.0/27 is directly connected, Loopback0
L       202.168.1.1/32 is directly connected, Loopback0
C       202.168.1.32/27 is directly connected, Loopback1
L       202.168.1.33/32 is directly connected, Loopback1
C       202.168.1.64/26 is directly connected, Loopback2
L       202.168.1.65/32 is directly connected, Loopback2
C       202.168.1.128/25 is directly connected, Loopback3
L       202.168.1.129/32 is directly connected, Loopback3
S*   0.0.0.0/0 [1/0] via 192.168.12.2   #默认路由对应两个等价的下一跳
               [1/0] via 192.168.13.3

R4-2901#show ip route
#Codes 信息省略
Gateway of last resort is 192.168.24.2 to network 0.0.0.0
     4.0.0.0/32 is subnetted, 1 subnets
C       4.4.4.4/32 is directly connected, Loopback0
S    192.168.3.0/24 [1/0] via 192.168.24.2
S    192.168.4.0/24 [1/0] via 192.168.34.3
     192.168.5.0/24 is variably subnetted, 2 subnets, 2 masks
C       192.168.5.0/24 is directly connected, GigabitEthernet0/0.2
L       192.168.5.254/32 is directly connected, GigabitEthernet0/0.2
     192.168.6.0/24 is variably subnetted, 2 subnets, 2 masks
C       192.168.6.0/24 is directly connected, GigabitEthernet0/0.3
L       192.168.6.254/32 is directly connected, GigabitEthernet0/0.3
     192.168.24.0/24 is variably subnetted, 2 subnets, 2 masks
C       192.168.24.0/24 is directly connected, Serial0/0/0
L       192.168.24.4/32 is directly connected, Serial0/0/0
     192.168.34.0/24 is variably subnetted, 2 subnets, 2 masks
C       192.168.34.0/24 is directly connected, GigabitEthernet0/1
```

```
L       192.168.34.4/32 is directly connected, GigabitEthernet0/1
S*   0.0.0.0/0 [1/0] via 192.168.24.2   #默认路由对应两个等价的下一跳
                [1/0] via 192.168.34.3
```

此时在 R1-2901 上使用 ping 4.4.4.4 和 traceroute 4.4.4.4 两个命令配合进行测试，会得到很有意思的结果，即有时全部 ping 通，有时全部 ping 不通，测试结果如下：

```
R1-2901#ping 4.4.4.4   #第 1 次 ping 测试
Type escape sequence to abort.
Sending 5, 100-byte ICMP Echos to 4.4.4.4, timeout is 2 seconds:
!!!!!   #第 1 次可以全部 ping 通
Success rate is 100 percent (5/5), round-trip min/avg/max = 3/13/19 ms
R1-2901#traceroute 4.4.4.4   #第 1 次 traceroute 测试，失败
Type escape sequence to abort.
Tracing the route to 4.4.4.4
  1   192.168.12.2    0 msec    5 msec    0 msec
  2   *     **   #如果等待太久可以按 Shift+Ctrl+6 组合键直接退出

R1-2901#ping 4.4.4.4   #第 2 次 ping 测试
Type escape sequence to abort.
Sending 5, 100-byte ICMP Echos to 4.4.4.4, timeout is 2 seconds:
..... #第 2 次全部 ping 不通
Success rate is 0 percent (0/5)

R1-2901#traceroute 4.4.4.4   #第 2 次 traceroute 测试，成功
Type escape sequence to abort.
Tracing the route to 4.4.4.4
  1   192.168.12.2    0 msec    0 msec    0 msec
  2   192.168.34.4    18 msec   1 msec    0 msec
R1-2901#ping 4.4.4.4   #第 3 次 ping 测试
Type escape sequence to abort.
Sending 5, 100-byte ICMP Echos to 4.4.4.4, timeout is 2 seconds:
!!!!!   #第 3 次可以全部 ping 通
Success rate is 100 percent (5/5), round-trip min/avg/max = 1/8/22 ms
```

读者对以上测试结果不要感到不可思议，其实一切都合乎逻辑。分析以上结果，对理解等价路由的工作原理是非常有帮助的，下面分 4 种情况进行讨论。

第 1 种情况：当在 R1-2901 上输入 ping 4.4.4.4 命令时，由于没有对应 4.4.4.4 的路由条目，ICMP 报文只能从默认路由的下一跳转出，而默认路由有两个等价的下一跳：192.168.12.2 和 192.168.13.3。假设当前选择的下一跳是 192.168.12.2，此时 ICMP 报文的源 IP 地址自动填为 192.168.12.1，目的 IP 地址为 4.4.4.4。R2-2901 接收到报文以后会将报文转发到 R4-2901，因为已经为 R2-2901 配置了一条默认路由指向 R4-2901。R4-2901 接收到 ICMP 请求报文后开始进行 ICMP 应答，此时 ICMP 应答报文的目的 IP 地址为 192.168.12.1，源 IP 地址为 4.4.4.4，这时同样面临等价路由下一跳选择。假设其选择的下一跳是 192.168.24.2，则当 R2-2901 接收到 ICMP 报文时，可以顺利转发到 R1-2901，因为 R2-2901 通过 192.168.12.0/24 网段与

R1-2901 直连，具有对应的直连路由。在这种情况下，ping 操作就成功了，ICMP 报文的转发路径是 R1→R2→R4→R2→R1（这里为了使路径简洁，忽略路由器名称后面的 2901，下同）。

第 2 种情况：当在 R1-2901 中输入 ping 4.4.4.4 命令时，选择的下一跳还是 192.168.12.2，此时报文的源 IP 地址自动填为 192.168.12.1，目的 IP 地址为 4.4.4.4。R4-2901 接收到 ICMP 请求报文后，开始发送 ICMP 应答报文，ICMP 应答报文的目的 IP 地址为 192.168.12.1，源 IP 地址为 4.4.4.4。假设此时选择的下一跳为 192.168.34.3，当 R3-2901 接收到 ICMP 请求报文后，查看本地路由表，发现并没有到达 192.168.12.1 的路由，只能将报文从默认路由转出，但是默认路由又指向 R4-2901，R4-2901 接收到报文后发现该报文是从本路由器发出的，直接将其丢弃。在这种情况下，ping 操作就失败了，ICMP 报文的转发路径是 R1→R2→R4→R3→R4→报文丢弃。

第 3 种情况：和第 1 种情况类似，可以 ping 通，但其 ICMP 报文转发的路径是 R1→R3→R4→R3→R1。

第 4 种情况：和第 2 种情况相类似，同样 ping 不通，但其 ICMP 报文转发的路径是 R1→R3→R4→R1→R4→报文丢弃。

由以上分析可知，对于一个 ICMP 来回报文，只有 R1-2901 和 R4-2901 同时选择相同的下一跳（要么同时为 R1-2901，要么同时为 R3-2901），ping 操作才能成功，否则 ping 操作失败。路由器在选择静态等价路由时，一般按照顺序轮询的规则进行选择，即每发出一个 ICMP 报文，就按照顺序变化一次等价路由。因此，ping 操作要么一直 ping 通，要么一直 ping 不通，因为 R1-2901 和 R4-2901 发出 ICMP 报文的次数是一样的，其选择等价路由的步调是一致的。为了验证这个过程，可以在 R4-2901 上打开 IP 报文调试开关。先验证在 R1-2901 中输入 ping 4.4.4.4 命令能够 ping 通的情况，再验证不能 ping 通的情况，验证过程如下：

```
R4-2901#debug ip packet    #打开 IP 报文调试开关

R1-2901#ping 4.4.4.4
Type escape sequence to abort.
Sending 5, 100-byte ICMP Echos to 4.4.4.4, timeout is 2 seconds:
!!!!!   #5 个报文全部能够 ping 通
Success rate is 100 percent (5/5), round-trip min/avg/max = 2/13/28 ms
```

仔细查看 R4-2901 上的 debug 信息，如下所示：

```
#显示从端口 Gig0/1 接收到第 1 个 ICMP 报文
IP: tableid=0, s=192.168.13.1 (GigabitEthernet0/1), d=4.4.4.4 (Loopback0), routed via RIB
IP: s=192.168.13.1 (GigabitEthernet0/1), d=4.4.4.4 (Loopback0), len 128, rcvd 3
#显示从端口 Gig0/1 发出第 1 个 ICMP 报文
IP: tableid=0, s=4.4.4.4 (local), d=192.168.13.1 (GigabitEthernet0/1), routed via RIB
IP: s=4.4.4.4 (local), d=192.168.13.1 (GigabitEthernet0/1), len 128, sending

#显示从端口 Se0/0/0 接收到第 2 个 ICMP 报文
IP: tableid=0, s=192.168.12.1 (Serial0/0/0), d=4.4.4.4 (Loopback0), routed via RIB
IP: s=192.168.12.1 (Serial0/0/0), d=4.4.4.4 (Loopback0), len 128, rcvd 3
```

```
#显示从端口 Se0/0/0 发出第 2 个 ICMP 报文
IP: tableid=0, s=4.4.4.4 (local), d=192.168.12.1 (Serial0/0/0), routed via RIB
IP: s=4.4.4.4 (local), d=192.168.12.1 (Serial0/0/0), len 128, sending

#显示从端口 Gig0/1 接收到第 3 个 ICMP 报文
IP: tableid=0, s=192.168.13.1 (GigabitEthernet0/1), d=4.4.4.4 (Loopback0), routed via RIB
IP: s=192.168.13.1 (GigabitEthernet0/1), d=4.4.4.4 (Loopback0), len 128, rcvd 3
#显示从端口 Gig0/1 发出第 3 个 ICMP 报文
IP: tableid=0, s=4.4.4.4 (local), d=192.168.13.1 (GigabitEthernet0/1), routed via RIB
IP: s=4.4.4.4 (local), d=192.168.13.1 (GigabitEthernet0/1), len 128, sending

(限于篇幅，这里省略第 4 个和第 5 个报文信息)
```

接着通过 traceroute 命令改变两边的等价路由的选择步调：

```
R1-2901#traceroute 4.4.4.4
Type escape sequence to abort.
Tracing the route to 4.4.4.4
  1   192.168.12.2    0 msec    1 msec    0 msec
  2   **       #通过按 Shift+Ctrl+6 组合键中断
R1-2901#ping 4.4.4.4
Type escape sequence to abort.
Sending 5, 100-byte ICMP Echos to 4.4.4.4, timeout is 2 seconds:
.....  #又全部 ping 不通了
Success rate is 0 percent (0/5)
```

在 R4-2901 上自动生成的调试消息如下：

```
#显示从端口 Se0/0/0 接收到第 1 个 ICMP 报文
IP: tableid=0, s=192.168.12.1 (Serial0/0/0), d=4.4.4.4 (Loopback0), routed via RIB
IP: s=192.168.12.1 (Serial0/0/0), d=4.4.4.4 (Loopback0), len 128, rcvd 3
#以上显示从端口 Gig0/1 发送第 1 个 ICMP 报文
IP: tableid=0, s=4.4.4.4 (local), d=192.168.12.1 (GigabitEthernet0/1), routed via RIB
IP: s=4.4.4.4 (local), d=192.168.12.1 (GigabitEthernet0/1), len 128, sending
#显示从端口 Gig0/1 又重新接收到自己发出的第 1 个 ICMP 报文，将其丢弃
IP: tableid=0, s=4.4.4.4 (GigabitEthernet0/1), d=192.168.12.1 (Loopback0), routed via RIB
IP: s=4.4.4.4 (GigabitEthernet0/1), d=192.168.12.1 (Loopback0), len 128, rcvd local pkt

#以上显示从端口 Gig0/1 接收到第 2 个 ICMP 报文
IP: tableid=0, s=192.168.13.1 (GigabitEthernet0/1), d=4.4.4.4 (Loopback0), routed via RIB
IP: s=192.168.13.1 (GigabitEthernet0/1), d=4.4.4.4 (Loopback0), len 128, rcvd 3
#显示从端口 Se0/0/0 发送第 2 个 ICMP 报文
```

```
IP: tableid=0, s=4.4.4.4 (local), d=192.168.13.1 (Serial0/0/0), routed via RIB
IP: s=4.4.4.4 (local), d=192.168.13.1 (Serial0/0/0), len 128, sending
#显示从端口 Se0/0/0 又重新接收到自己发出的第 2 个 ICMP 报文，将其丢弃
IP: tableid=0, s=4.4.4.4 (Serial0/0/0), d=192.168.13.1 (Loopback0), routed via RIB
IP: s=4.4.4.4 (Serial0/0/0), d=192.168.13.1 (Loopback0), len 128, rcvd local pkt

#显示从端口 Se0/0/0 接收到第 3 个 ICMP 报文
IP: tableid=0, s=192.168.12.1 (Serial0/0/0), d=4.4.4.4 (Loopback0), routed via RIB
IP: s=192.168.12.1 (Serial0/0/0), d=4.4.4.4 (Loopback0), len 128, rcvd 3
#显示从端口 Gig0/1 发送第 3 个 ICMP 报文
IP: tableid=0, s=4.4.4.4 (local), d=192.168.12.1 (GigabitEthernet0/1), routed via
RIB
IP: s=4.4.4.4 (local), d=192.168.12.1 (GigabitEthernet0/1), len 128, sending
#显示从端口 Gig0/1 又重新接收到自己发出的第 3 个 ICMP 报文，将其丢弃
IP: tableid=0, s=4.4.4.4 (GigabitEthernet0/1), d=192.168.12.1 (Loopback0), routed
via RIB
IP: s=4.4.4.4 (GigabitEthernet0/1), d=192.168.12.1 (Loopback0), len 128, rcvd local
pkt

(这里省略第 4 个和第 5 个报文信息)
```

由以上结果可以看到，R4-2901 发出 ICMP 报文是从等价路由的不同下一跳对应的端口交替进行的。如果 R1-2901 和 R4-2901 发出的步调刚好一致，则 ping 操作会全部成功（第 1 种或第 3 种情况），否则全部失败（第 2 种或第 4 种情况）。刚好 traceroute 命令为我们提供了一个改变两边发出 ICMP 报文步调的机会，因为 traceroute 命令按照每跳发送一个 ICMP 报文，第一个报文直接从 R2-2901 或 R3-2901 返回，并没有到达 R4-2901，此时 R1-2901 改变了等价路由的下一跳，而 R4-2901 并没有改变，因此两边就变得步调不一致了，最后导致 ping 不通。

另一种验证等价路由选择规则的方式是，在 R1-2901 上指定源 IP 地址进行 ping 操作，结果如下：

```
R1-2901#ping
Protocol [ip]:
Target IP address: 4.4.4.4    #输入目的 IP 地址
Repeat count [5]: 10   #输入 10，表示测试 10 个 ICMP 报文
Datagram size [100]:   #直接按 Enter 键，下同
Timeout in seconds [2]:
Extended commands [n]:
Sweep range of sizes [n]:
R1-2901#ping
Protocol [ip]:
Target IP address: 4.4.4.4
Repeat count [5]: 10
Datagram size [100]:
Timeout in seconds [2]:
Extended commands [n]: y    #输入 y，手工指定源 IP 地址
```

```
Source address or interface: 192.168.12.1    #输入源 IP 地址，这样就指定了下一跳为 R2-2901
Type of service [0]:
Set DF bit in IP header? [no]:
Validate reply data? [no]:
Data pattern [0xABCD]:
Loose, Strict, Record, Timestamp, Verbose[none]:
Sweep range of sizes [n]:
Type escape sequence to abort.
Sending 10, 100-byte ICMP Echos to 4.4.4.4, timeout is 2 seconds:
Packet sent with a source address of 192.168.12.1
!.!.!.!.!.    #测试结果是成功 5 个报文，失败 5 个报文，各占一半，符合预期
Success rate is 50 percent (5/10), round-trip min/avg/max = 2/21/45 ms
```

以上结果显示，当为 R1-2901 指定了源 IP 地址为 192.168.12.1 时，也就固定指定了下一跳为 R2-2901，但是 R4-2901 仍然是按照轮询的方式选择下一跳的，所以成功和失败的报文各占一半，这是符合预期的。那么有没有办法使得在 R1-2901 中正常输入 ping 4.4.4.4 命令，保证一定能够 ping 通呢？当然是有的。办法就是在 R2-2901 或 R3-2901 上各添加 1 条静态路由，命令如下：

```
R2-2901(config)#ip route 192.168.13.0 255.255.255.0 192.168.12.1

R3-2901(config)#ip route 192.168.12.0 255.255.255.0 192.168.13.1
```

这样就能保证以上描述的第 2 种和第 4 种情况不会出现，两端路由器不管如何选择等价路由的下一跳，其转发都是正常的，只不过 ICMP 报文的转发路径可能不同（R1→R2→R4→R3→R1 或 R1→R3→R4→R2→R1）。对于以上方案，请读者自行验证其正确性。

5.4.1.5　浮动路由

浮动路由可以看作优先级不同的等价路由，配置浮动路由的目的是冗余备份，即同一目的网络对应多条路由，但同一时刻工作的路由只有一条，这条路由称为主路由，其他路由称为备份路由。只有当主路由出现故障时，备份路由才接替主路由进行工作。因此，浮动路由不能像等价路由那样进行流量的负载均衡。

那么路由器如何选择其中一条路由作为主路由呢？答案是根据路由条目的管理距离选择。当配置一条静态路由时，可以自定义其管理距离，管理距离的数值范围为 0～255，直连路由的管理距离默认为 0，静态路由的管理距离默认为 1。管理距离越大，优先级越低。因此，管理距离最小的那条路由被选为主路由。当主路由失效或发生故障时，次高优先级的备份路由按顺序成为主路由，这样可以保证网络不会中断，从而提高网络可靠性。

下面以 R1-2901 为例，介绍如何配置浮动路由。当前 R1-2901 已经配置了两条等价的默认路由，两条默认路由的管理距离都为 1。可以修改其中一条默认路由的管理距离为 10，这样就形成了浮动路由，配置命令和结果显示如下：

```
R1-2901(config)#ip route 0.0.0.0 0.0.0.0 192.168.12.2 10    #最后的数字 10 为管理距离
R1-2901(config)#end
R1-2901#show ip route
```

```
#Codes 信息省略
Gateway of last resort is 192.168.13.3 to network 0.0.0.0
     192.168.0.0/24 is variably subnetted, 2 subnets, 2 masks
C       192.168.0.0/24 is directly connected, GigabitEthernet0/0
L       192.168.0.2/32 is directly connected, GigabitEthernet0/0
S    192.168.1.0/24 [1/0] via 192.168.0.1
S    192.168.2.0/24 [1/0] via 192.168.0.1
S    192.168.3.0/24 [1/0] via 192.168.12.2
S    192.168.4.0/24 [1/0] via 192.168.13.3
     192.168.12.0/24 is variably subnetted, 2 subnets, 2 masks
C       192.168.12.0/24 is directly connected, GigabitEthernet0/1
L       192.168.12.1/32 is directly connected, GigabitEthernet0/1
     192.168.13.0/24 is variably subnetted, 2 subnets, 2 masks
C       192.168.13.0/24 is directly connected, Serial0/0/0
L       192.168.13.1/32 is directly connected, Serial0/0/0
     202.168.1.0/24 is variably subnetted, 8 subnets, 4 masks
C       202.168.1.0/27 is directly connected, Loopback0
L       202.168.1.1/32 is directly connected, Loopback0
C       202.168.1.32/27 is directly connected, Loopback1
L       202.168.1.33/32 is directly connected, Loopback1
C       202.168.1.64/26 is directly connected, Loopback2
L       202.168.1.65/32 is directly connected, Loopback2
C       202.168.1.128/25 is directly connected, Loopback3
L       202.168.1.129/32 is directly connected, Loopback3
#原来的两条等价路由现变成一条，另外一条路由由于是备份路由，已经被隐藏了，当前工作的只有主路由
S*   0.0.0.0/0 [1/0] via 192.168.13.3
```

此时从 R1-2901 ping 4.4.4.4，可以成功 ping 通，其下一跳都固定为 192.168.13.3。现在先手工将 R1-2901 的端口 Se0/0/0 关闭，再查看其路由表的变化，如下所示：

```
R1-2901(config)#interface serial 0/0/0
R1-2901(config-if)#shutdown   #关闭当前主路由对应的端口
%LINK-5-CHANGED: Interface Serial0/0/0, changed state to administratively down
%LINEPROTO-5-UPDOWN: Line protocol on Interface Serial0/0/0, changed state to down
R1-2901(config-if)#end
R1-2901#show ip route
#Codes 信息省略

Gateway of last resort is 192.168.12.2 to network 0.0.0.0

     192.168.0.0/24 is variably subnetted, 2 subnets, 2 masks
C       192.168.0.0/24 is directly connected, GigabitEthernet0/0
L       192.168.0.2/32 is directly connected, GigabitEthernet0/0
S    192.168.1.0/24 [1/0] via 192.168.0.1
S    192.168.2.0/24 [1/0] via 192.168.0.1
S    192.168.3.0/24 [1/0] via 192.168.12.2
     192.168.12.0/24 is variably subnetted, 2 subnets, 2 masks
```

```
C       192.168.12.0/24 is directly connected, GigabitEthernet0/1
L       192.168.12.1/32 is directly connected, GigabitEthernet0/1
    202.168.1.0/24 is variably subnetted, 8 subnets, 4 masks
C       202.168.1.0/27 is directly connected, Loopback0
L       202.168.1.1/32 is directly connected, Loopback0
C       202.168.1.32/27 is directly connected, Loopback1
L       202.168.1.33/32 is directly connected, Loopback1
C       202.168.1.64/26 is directly connected, Loopback2
L       202.168.1.65/32 is directly connected, Loopback2
C       202.168.1.128/25 is directly connected, Loopback3
L       202.168.1.129/32 is directly connected, Loopback3
S*    0.0.0.0/0 [10/0] via 192.168.12.2    #主路由发生了变化
```

由此可以看到，原来的备份路由变成了主路由，管理距离也变成了 10。此时在 R1-2901 上 ping 4.4.4.4，出现成功一半的结果，如下所示：

```
R1-2901#ping 4.4.4.4
Type escape sequence to abort.
Sending 5, 100-byte ICMP Echos to 4.4.4.4, timeout is 2 seconds:
!.!.!   #成功一半
Success rate is 60 percent (3/5), round-trip min/avg/max = 15/19/22 ms
```

究其原因，是 R4-2901 仍按照等价路由的方式选择下一跳发送报文，当其选择下一跳为 R3-2901 时，由于从 R3-2901 去往 R1-2901 的端口已经关闭，因此报文不可达。只有当下一跳选择 R2-2901 时，才可以正常转发报文。因此，ping 操作成功一半是符合预期的。如果把 R4-2901 的等价路由也更改成浮动路由，并且把下一跳为 R2-2901 的路由设置为主路由，则从 R1-2901 ping 4.4.4.4 可以全部 ping 通。

如果再次开启 R1-2901 的端口 Se0/0/0，那么主路由又会自动切换为 S* 0.0.0.0/0 [1/0] via 192.168.13.3。因此，浮动路由会根据下一跳连接端口的状态变化自动切换主路由，在一定程度上增加了路由的可靠性。

5.4.1.6　策略路由

在实际应用中，有时候不仅需要根据目的 IP 地址查找路由表，将报文转发到对应的下一跳，还需要根据报文的其他字段（如源 IP 地址、传输协议类型、传输层端口号等）来决定将报文转发到哪个下一跳或出端口，这种类型的路由称为策略路由（Policy-Based Route，PBR）。策略路由技术可以用来实现流量控制、负载均衡及服务质量（Quality of Service，QoS）提高等功能。

策略路由特性是一种高级静态路由特性，但 PKT 实验环境不支持这种特性配置。为了尽量在前面实验的基础上演示这两种特性，将以上网络拓扑结构迁移到 EVE-NG 实验环境中，设备名称前缀一样（如 R1-2901 简化成 R1），交换机和路由器的类型是 IOL 模板中的 L2 和 L3 镜像，端口 IP 地址和静态路由保持不变，仅设备与设备之间的连接端口编号稍有变化（因为不同网络模拟器支持的端口模块个数和编号不一样），但所有网络节点的路由特性是完全一样的。EVE-NG 实验环境下的网络拓扑结构图如图 5-21 所示。

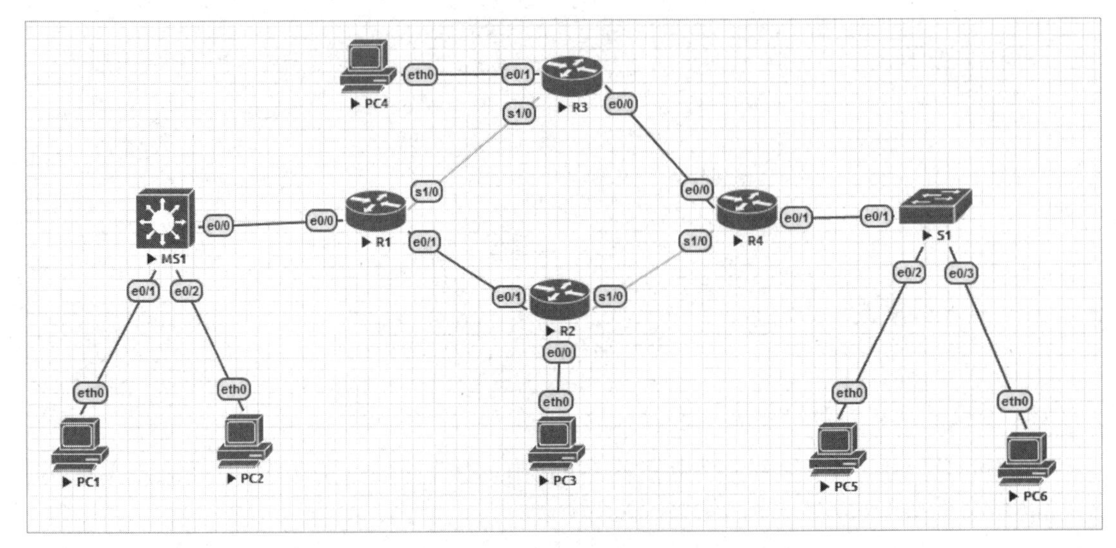

图 5-21　EVE-NG 实验环境下的网络拓扑结构图

下面详细讲解策略路由的配置过程，并验证其特性。本节实验的目标是在 PC1 和 PC2 上 ping 4.4.4.4，当报文到达路由器 R1 时，如果是从 PC1 来的报文，则下一跳设置为 192.168.12.2；如果是从 PC2 来的报文，则下一跳设置为 192.168.13.3，这就是典型的根据源 IP 地址确定下一跳的例子。配置命令和结果显示如下：

```
#定义源 IP 地址为 192.168.1.0 的数据流
R1(config)#access-list 1 permit 192.168.1.0 0.0.0.255
#定义源 IP 地址为 192.168.1.0 的数据流
R1(config)#access-list 2 permit 192.168.1.0 0.0.0.255
R1(config)#route-map my-map permit 1    #配置第 1 条路由策略，策略名称为 my-map
R1(config-route-map)#match ip address 1    #匹配第 1 条数据流，这里 1 是 ACL ID
R1(config-route-map)#set ip next-hop 192.168.12.2    #设置下一跳为 192.168.12.2
R1(config-route-map)#route-map my-map permit 2    #配置第 2 条路由策略,策略名称同为 my-map
R1(config-route-map)#match ip address 2    #匹配第 2 条数据流，这里 2 是 ACL ID
R1(config-route-map)#set ip next-hop 192.168.13.3    #设置下一跳为 192.168.13.3
R1(config-route-map)#exit
R1(config)#interface e0/0
R1(config-if)#ip policy route-map my-map    #注意：一定要在报文的入端口上配置策略路由
R1(config-if)#end
R1#show route-map   #显示当前策略路由信息
route-map my-map, permit, sequence 1
  Match clauses:
    ip address (access-lists): 1
  Set clauses:
    ip next-hop 192.168.12.2
  Policy routing matches: 0 packets, 0 bytes
route-map my-map, permit, sequence 2
  Match clauses:
    ip address (access-lists): 2
```

```
  Set clauses:
    ip next-hop 192.168.13.3
Policy routing matches: 0 packets, 0 bytes   #当前报文无策略路由匹配
R1#show ip policy   #显示策略路由应用端口信息
Interface      Route map
Ethernet0/0    my-map
```

为了验证策略路由的匹配效果，我们分别跟踪从 PC1 和 PC2 到达 4.4.4.4 的路径。在跟踪之前，必须保证 R2 和 R3 处于能够到达 PC1 和 PC2 所在网段。前面已经为 R3 配置了到 PC1 和 PC2 的超网汇总路由，这里只需要在 R2 上添加两条到 PC1 和 PC2 所在网段的路由，命令如下：

```
R2(config)#ip route 192.168.1.0 255.255.255.0 192.168.12.1
R2(config)#ip route 192.168.2.0 255.255.255.0 192.168.12.1
```

下面开始分别跟踪从 PC1 和 PC2 到 4.4.4.4 的路径，结果如下：

```
PC1> trace 4.4.4.4
trace to 4.4.4.4, 8 hops max, press Ctrl+C to stop
 1   192.168.1.254   0.146 ms  0.169 ms  0.125 ms
 2   192.168.0.2   0.504 ms  0.413 ms  1.680 ms
 3   192.168.12.2   7.606 ms  10.210 ms  10.845 ms   #R1 的下一跳为 R2
 4   *192.168.24.4   9.627 ms (ICMP type:3, code:3, Destination port unreachable)
*

PC2>trace 4.4.4.4
trace to 4.4.4.4, 8 hops max, press Ctrl+C to stop
 1   192.168.2.254  0.184 ms  0.099 ms  0.135 ms
 2   192.168.0.2   0.436 ms  0.630 ms  0.588 ms
3   192.168.13.3   9.389 ms  9.922 ms  9.676 ms   #R1 的下一跳为 R3
 4   *192.168.34.4   10.009 ms (ICMP type:3, code:3, Destination port unreachable)
*
```

以上结果显示，从 PC1 发出的报文，到 4.4.4.4 的路径选择的是 R1→R2→R4；从 PC2 发出的报文，到 4.4.4.4 的路径选择的是 R1→R3→R4，这说明策略路由已经生效。可以通过 show route-map 命令查看路由策略匹配的次数，信息如下：

```
R1#show route-map   #查看策略路由匹配状态
route-map my-map, permit, sequence 1
  Match clauses:
    ip address (access-lists): 1
  Set clauses:
    ip next-hop 192.168.12.2
Policy routing matches: 9 packets, 954 bytes   #9 个报文匹配了策略 1
route-map my-map, permit, sequence 2
  Match clauses:
    ip address (access-lists): 2
  Set clauses:
```

```
    ip next-hop 192.168.13.3
  Policy routing matches: 9 packets, 954 bytes    #9个报文匹配了策略2
```

由此可以看到，策略 1 和策略 2 都匹配了 9 次，因为 trace 命令对于每个中间路由器都发送 3 个报文，所以要想从 PC1 和 PC2 到达 4.4.4.4，要经过 R1 3 次，并且每次发送 3 个报文，正好是 9 个报文，符合预期，实验成功。

5.4.2 路由环路与下一跳优化

本节实验需要用到清空路由器所有端口报文计数命令，以及显示某个端口的报文统计信息命令，PKT 实验环境不支持这些命令，因此本节实验环境继续采用 EVE-NG。

5.4.2.1 路由环路

路由环路是指去往某个目的 IP 地址的报文在特定网络范围内打转，永远到不了目的 IP 地址，直到超时被丢弃。路由环路的危害在于报文不仅不能到达目的 IP 地址，而且会在网络中产生大量的垃圾报文，占用宝贵的带宽资源。因此，在配置静态路由时，要尽量避免路由环路的产生。

最直接的形成路由环路的情况是两个相邻的路由器互为下一跳，这种两个路由器直接形成路由环路的情况一般容易排查。然而形成路由环路的情况一般是多个路由器形成环路，这种环路比较难发现。为了演示路由环路的报文转发情况，我们先在 MS1 上配置一个环回端口 1.1.1.1/32，然后在 R1～R4 上配置目的网段为 1.1.1.1/32 的静态路由，让其形成一个路由环路，路径为 R1→R2→R4→R3→R1，配置命令如下：

```
MS1-3650 (config)#interface loopback 0
MS1-3650 (config)#ip address 1.1.1.1 255.255.255.255

R1-2901(config)#ip route 1.1.1.1 255.255.255.255 192.168.12.2   #下一跳指向R2

R2-2901 (config)#ip route 1.1.1.1 255.255.255.255 192.168.24.4   #下一跳指向R4

R4-2901 (config)#ip route 1.1.1.1 255.255.255.255 192.168.34.3   #下一跳指向R3

R3-2901 (config)#ip route 1.1.1.1 255.255.255.255 192.168.13.1   #下一跳指向R1
```

这样，如果目的 IP 地址为 1.1.1.1 的报文一旦进入 R1～R4 中任何一个路由器，都会在里面绕圈，永远到不了 MS1，导致通信失败。下面从 PC3 发出 ping 1.1.1.1 的命令，验证报文在路由环路中的转发情况，验证步骤如下。

第 1 步：先清空 R1 所有端口报文计数。

```
R1-2901#clear counters
Clear "show interface" counters on all interfaces [confirm]   #直接按回车键
```

第 2 步：从 PC3 执行 ping 1.1.1.1 命令，可以看到 ICMP 报文超时，ICMP 报文响应时间大概为 150ms。

```
PC3> ping 1.1.1.1

*192.168.13.1 icmp_seq=1 ttl=254 time=152.592 ms (ICMP type:11, code:0, TTL expired in transit)
*192.168.13.1 icmp_seq=2 ttl=254 time=150.825 ms (ICMP type:11, code:0, TTL expired in transit)
*192.168.13.1 icmp_seq=3 ttl=254 time=161.269 ms (ICMP type:11, code:0, TTL expired in transit)
*192.168.13.1 icmp_seq=4 ttl=254 time=152.538 ms (ICMP type:11, code:0, TTL expired in transit)
*192.168.13.1 icmp_seq=5 ttl=254 time=152.857 ms (ICMP type:11, code:0, TTL expired in transit)
```

第 3 步：在 R1 上分别查看端口 s1/0 和 e0/1 的报文计数。

```
R1-2901#show interfaces serial 1/0 accounting
Serial1/0
        Protocol    Pkts In   Chars In   Pkts Out  Chars Out
         Other         0          0          2         48
          IP          80       7040          0          0   #进入的 IP 报文数为 80

R1-2901#show interfaces ethernet 0/1 accounting
Ethernet0/1
        Protocol    Pkts In   Chars In   Pkts Out  Chars Out
         Other         0          0          4        240
          IP           0          0         80       7700   #转出 IP 报文数为 80
        DEC MOP        0          0          1         77
         CDP  1      378          1        398
R1#
```

以上结果显示，从端口 s1/0 进入的 IP 报文（全部为 ICMP 报文）数为 80，从端口 e0/1 转出的 IP 报文数也为 80，这个报文数是符合预期的。原因分析如下：从 PC3 发出 5 个 ICMP 报文，默认的生存时间（Time to Live，TTL）值为 64，每个报文以 R2→R3→R4→R1→R2 的环路进行转发，每经过一个路由器，TTL 值减 1，直到 TTL 值为 0，丢弃报文。每个 ICMP 报文在含有 4 个路由器的环路中要转 64/4=16 圈才被丢弃。因此，5 个 ICMP 报文导致每个路由器的每个端口收发报文次数为 16×5=80。

如果在发出报文时，手工指定报文的 TTL 值为 128，则每个报文需要在路由环路中转 32 圈才被丢弃，路由器端口收发报文次数为 32×5=160，验证步骤如下。

第 1 步：先清空 R1 所有端口报文计数。

```
R1-2901#clear counters
Clear "show interface" counters on all interfaces [confirm]   #直接按回车键
```

第 2 步：从 PC3 发出 ping 1.1.1.1 命令，可以看到 ICMP 报文超时。ICMP 报文的响应时间大概为 300ms，大约是上次的 2 倍，这也是符合预期的，因为在路由环路中转的圈数也大约是上次的 2 倍。

```
PC3> ping 1.1.1.1 -T 128   #指定报文的 TTL 值为 128

    *192.168.13.1 icmp_seq=1 ttl=254 time=300.265 ms (ICMP type:11, code:0, TTL expired
in transit)
    *192.168.13.1 icmp_seq=2 ttl=254 time=298.330 ms (ICMP type:11, code:0, TTL expired
in transit)
    *192.168.13.1 icmp_seq=3 ttl=254 time=298.445 ms (ICMP type:11, code:0, TTL expired
in transit)
    *192.168.13.1 icmp_seq=4 ttl=254 time=290.702 ms (ICMP type:11, code:0, TTL expired
in transit)
    *192.168.13.1 icmp_seq=5 ttl=254 time=291.939 ms (ICMP type:11, code:0, TTL expired
in transit)
```

第 3 步：在 R1 上分别查看端口 s1/0 和 e0/1 的报文计数。

```
R1-2901#show interfaces serial 1/0 accounting
Serial1/0
        Protocol    Pkts In   Chars In   Pkts Out  Chars Out
         Other         0          0          4         96
        IP   160      14080        0          0    #进入的 IP 报文数为 160
        CDP    1       358         0          0

R1-2901#show interfaces ethernet 0/1 accounting
Ethernet0/1
        Protocol    Pkts In   Chars In   Pkts Out  Chars Out
         Other         0         0          5        300
         IP   0        0        160        15540   #转出的 IP 报文数为 160
         CDP  1       378        1         398R1
```

为了避免形成这个路由环路，其实只要在 R1 上将 1.1.1.1 的下一跳更改为 192.168.0.1 即可，这样所有 PC 终端即可访问 1.1.1.1，验证命令如下：

```
R1(config)#noip route 1.1.1.1 255.255.255.255 192.168.12.2   #删除错误的路由
R1(config)#ip route 1.1.1.1 255.255.255.255 192.168.0.1   #添加一条指向 MS1 的正确路由
```

现在所有 PC 终端都可以正常访问 1.1.1.1 了，从而排除了路由环路故障。在 PC1、PC3 和 PC5 上的验证命令如下（注意 ICMP 报文的 TTL 值不一样）：

```
PC3>ping 1.1.1.1
84 bytes from 1.1.1.1 icmp_seq=1 ttl=253 time=10.662 ms   #TTL 值为 253
84 bytes from 1.1.1.1 icmp_seq=2 ttl=253 time=9.770 ms
84 bytes from 1.1.1.1 icmp_seq=3 ttl=253 time=10.196 ms
84 bytes from 1.1.1.1 icmp_seq=4 ttl=253 time=8.200 ms
84 bytes from 1.1.1.1 icmp_seq=5 ttl=253 time=9.703 ms

PC1> ping 1.1.1.1
84 bytes from 1.1.1.1 icmp_seq=1 ttl=255 time=0.251 ms   #TTL 值为 253
84 bytes from 1.1.1.1 icmp_seq=2 ttl=255 time=0.329 ms
84 bytes from 1.1.1.1 icmp_seq=3 ttl=255 time=0.922 ms
```

```
84 bytes from 1.1.1.1 icmp_seq=4 ttl=255 time=0.475 ms
84 bytes from 1.1.1.1 icmp_seq=5 ttl=255 time=0.388 ms

PC5>ping 1.1.1.1
84 bytes from 1.1.1.1 icmp_seq=1 ttl=252 time=11.528 ms   #TTL 值为 252
84 bytes from 1.1.1.1 icmp_seq=2 ttl=252 time=12.459 ms
84 bytes from 1.1.1.1 icmp_seq=3 ttl=252 time=10.642 ms
84 bytes from 1.1.1.1 icmp_seq=4 ttl=252 time=10.109 ms
84 bytes from 1.1.1.1 icmp_seq=5 ttl=252 time=10.444 ms
```

另外一种可能形成路由环路的情况是路由汇总偏差。路由汇总偏差有两种情况：一种是汇总路由没有涵盖所有目的子网集合；另一种是汇总路由的范围大于所有目的子网集合。哪种情况都可能导致路由转发错误或形成路由环路。

经典的场景是，汇总路由器的下一跳配置了默认路由，而默认路由又指向汇总路由器。如果有报文发向那些不存在的子网，这些子网又没有包含在汇总网段中，那么当下一跳找不到对应的路由时，报文只能根据默认路由又回到原来的路由器，原来的路由器又根据汇总路由重新将其发给下一跳，这样就形成了路由环路，直到 TTL 值超时，丢弃报文。

以 R1 为例来说明以上形成路由环路的情况。在 R1 上已经配置 4 个环回端口，分别为子网 1-1-1、子网 1-1-2、子网 1-2 和子网 2，刚好填满了一个 C 类网段 202.168.1.0/24，所以在 R3 上配置一条汇总路由，并将下一跳指向 R1，可以到达所有子网。如果现在删除 R1 中子网 1-1-2 对应的环回端口，R3 中配置的汇总路由就会产生偏差，因为该汇总路由包含子网 1-1-2，但实际上子网 1-1-2 已经被删除了。如果从 R3 发送一个目的 IP 地址为子网 1-1-2 的报文，则报文会在 R3→R1→R3→R1 中转圈，这时就形成了路由环路。可能的解决办法是，在 R1 上配置一条黑洞路由，直接将这种报文引到 Null0 端口丢弃，避免形成这种路由环路。

5.4.2.2　路由下一跳优化

在配置静态路由时，我们可以将下一跳设置成本路由器的出端口，也可以将其设置成下一跳 IP 地址，即邻居路由器的 IP 地址，但不允许将下一跳设置成本路由器的 IP 地址。将下一跳设置成本路由器的出端口或下一跳 IP 地址原则上都不影响路由功能，但会影响转发效率。一般的原则是，如果出端口是非以太网的点对点线路（如串口线路），则建议将下一跳设置成本路由器的出端口；如果出端口是以太网端口，则建议将下一跳设置成下一跳 IP 地址。

以 R1 为例，我们配置了两条默认路由，一条指向 R2，另一条指向 R3，下一跳 IP 地址分别是 192.168.12.2 和 192.168.13.3，并且为指向 R2 的默认路由设置了管理距离为 10，因此当前主路由为指向 R3 的默认路由，查看当前 R1 的路由表，如下所示：

```
R1#show ip route
#Codes 信息省略
Gateway of last resort is 192.168.12.2 to network 0.0.0.0
S*    0.0.0.0/0 [10/0] via 192.168.13.3   #默认下一跳 IP 地址为 192.168.13.3
      1.0.0.0/32 is subnetted, 1 subnets
S        1.1.1.1 [1/0] via 192.168.0.1
      192.168.0.0/24 is variably subnetted, 2 subnets, 2 masks
C        192.168.0.0/24 is directly connected, Ethernet0/0
```

```
L       192.168.0.2/32 is directly connected, Ethernet0/0
S     192.168.1.0/24 [1/0] via 192.168.0.1
S     192.168.2.0/24 [1/0] via 192.168.0.1
S     192.168.3.0/24 [1/0] via 192.168.12.2
S     192.168.4.0/24 [1/0] via 192.168.13.3
      192.168.12.0/24 is variably subnetted, 2 subnets, 2 masks
C       192.168.12.0/24 is directly connected, Ethernet0/1
L       192.168.12.1/32 is directly connected, Ethernet0/1
      192.168.13.0/24 is variably subnetted, 2 subnets, 2 masks
#默认路由通过层次化查找过程，默认出端口为 s1/0
C       192.168.13.0/24 is directly connected, Serial1/0
L       192.168.13.1/32 is directly connected, Serial1/0
      202.168.1.0/24 is variably subnetted, 8 subnets, 4 masks
C       202.168.1.0/27 is directly connected, Loopback0
L       202.168.1.1/32 is directly connected, Loopback0
C       202.168.1.32/27 is directly connected, Loopback1
L       202.168.1.33/32 is directly connected, Loopback1
C       202.168.1.64/26 is directly connected, Loopback2
L       202.168.1.65/32 is directly connected, Loopback2
C       202.168.1.128/25 is directly connected, Loopback3
L       202.168.1.129/32 is directly connected, Loopback3
```

一个匹配了默认路由的报文，根据前面路由层次化查找过程，最终会从端口 s1/0 转发出去，但要经过 2 次路由匹配。现在我们把去往 R3 的默认路由修改成出端口的形式，配置命令如下：

```
R1(config)#no ip route 0.0.0.0 0.0.0.0 192.168.13.3   #先删除原来下一跳 IP 地址的默认路由
R1(config)#ip route 0.0.0.0 0.0.0.0 Serial 1/0   #添加本地出端口的默认路由
```

再次显示 R1 路由表，默认路由的形式如下：

```
S*    0.0.0.0/0 is directly connected, Serial1/0
```

这样匹配了默认路由的报文直接经过 1 次路由匹配就从端口 s1/0 转发出去了，而不像前面那样需要经过 2 次路由匹配，从而提高了转发效率。

但是，对于以太网端口，则不建议将下一跳直接设置成本路由器的出端口，因为这样不仅不能提高转发效率，反而会降低转发效率。主要原因分析如下：在以太网报文发送之前，需要填充目的 MAC 地址和源 MAC 地址，而获取目的 MAC 地址需要先发出 ARP 请求，邻居路由器通过 ARP 应答的方式提供目的 MAC 地址。如果将下一跳设置为邻居路由器的 IP 地址，则 ARP 请求获取的 MAC 地址为下一跳 IP 地址对应的 MAC 地址（邻居路由器的 MAC 地址），经过一次 ARP 请求/应答即可获取到，并将 IP 地址/MAC 地址对信息缓存到本地 ARP 表中，下一次就可以直接从本地的 ARP 表进行信息调用，而不需要重新发出 ARP 请求。如果将下一跳设置为本路由器的出端口，则 ARP 请求获取的 MAC 地址不再是下一跳 IP 地址对应的 MAC 地址，而是 ARP 报文的目的 IP 地址对应的 MAC 地址。不同的报文，其目的 IP 地址转发是不同的。所以，只要目的 IP 地址变化，就要重新通过 ARP 请求/应答获取目的 MAC 地址，从而降低了转发效率。

为了演示以太网端口下一跳设置的差别，现在把 R1 中指向 R3 的默认路由的管理距离改为 20，而指向 R2 的默认路由的管理距离还是 10。由于管理距离越小，优先级越高，因此指向 R2 的默认路由就变成了主路由。配置命令如下：

```
R1(config)# ip route 0.0.0.0 0.0.0.0 Serial 1/0 20
```

显示 R1 的路由表，默认路由的形式如下：

```
S*    0.0.0.0/0 [10/0] via 192.168.12.2
```

此时 R1 的 ARP 表如下：

```
R1#show arp
Protocol  Address          Age (min)  Hardware Addr   Type   Interface
Internet  192.168.0.1            27   aabb.cc80.1000  ARPA   Ethernet0/0
Internet  192.168.0.2             -   aabb.cc00.3000  ARPA   Ethernet0/0
Internet  192.168.12.1            -   aabb.cc00.3010  ARPA   Ethernet0/1
Internet  192.168.12.2           27   aabb.cc00.5010  ARPA   Ethernet0/1
```

由此可以看到，目前 ARP 表中对应的 IP/MAC 地址对共有 4 条，分别对应与 MS1 连接的以太网端口 IP/MAC 地址对，以及与 R2 连接的以太网端口 IP/MAC 地址对。也就是说，不管从 R1 与哪个网段通信，在发出以太网报文时，都只需要这 4 条 IP/MAC 地址对，而不需要额外再发出 ARP 请求。例如，现在从 R1 上执行 ping 192.168.5.1 命令，结果如下：

```
R1#ping 192.168.5.1
Type escape sequence to abort.
Sending 5, 100-byte ICMP Echos to 192.168.5.1, timeout is 2 seconds:
!!!!!
Success rate is 100 percent (5/5), round-trip min/avg/max = 10/10/11 ms
```

用 Wireshark 从 R1 的 e0/1 端口抓取报文，结果如图 5-22 所示。

```
 6 14.055349   aa:bb:cc:00:30:10   Broadcast           ARP    60 Who has 192.168.12.2? Tell 192.168.12.1
 7 14.055576   aa:bb:cc:00:50:10   aa:bb:cc:00:30:10   ARP    60 192.168.12.2 is at aa:bb:cc:00:50:10
 8 16.058704   192.168.12.1        192.168.5.1         ICMP  114 Echo (ping) request  id=0x000d, seq=1/256, ttl=255 (no response found!)
 9 16.070147   192.168.12.1        192.168.5.1         ICMP  114 Echo (ping) request  id=0x000d, seq=2/512, ttl=255 (no response found!)
10 16.080387   192.168.12.1        192.168.5.1         ICMP  114 Echo (ping) request  id=0x000d, seq=3/768, ttl=255 (no response found!)
11 16.090268   192.168.12.1        192.168.5.1         ICMP  114 Echo (ping) request  id=0x000d, seq=4/1024, ttl=255 (no response found!)
12 17.563608   192.168.12.1        192.168.5.1         ICMP  114 Echo (ping) request  id=0x000e, seq=0/0, ttl=255 (no response found!)
13 17.574113   192.168.12.1        192.168.5.1         ICMP  114 Echo (ping) request  id=0x000e, seq=1/256, ttl=255 (no response found!)
```

图 5-22　R1 的 e0/1 端口收发报文列表 1

由此可以看到，ARP 请求报文仅限于获取下一跳 IP 地址为 192.168.12.2 的 MAC 地址。对于目的 IP 地址为 192.168.5.1 的报文，可以直接转发出去，而不需要额外请求下一跳 IP 地址为 192.168.5.1 的 MAC 地址。

现在将指向 R2 的默认路由改成本路由器的出端口的形式，命令如下：

```
#先删除下一跳为邻居路由器的 IP 地址的路由
R1(config)#no ip route 0.0.0.0 0.0.0.0 192.168.12.2 10
R1(config)#ip route 0.0.0.0 0.0.0.0 ethernet 0/1 10   #为以太网端口添加出端口路由
#明确提示这个配置命令方式会影响转发效率
%Default route without gateway, if not a point-to-point interface, may impact
```

```
performance
```

显示 R1 的路由表，默认路由的形式如下：

```
S*    0.0.0.0/0 is directly connected, Ethernet0/1
```

现在从 R1 上执行 ping 192.168.5.1 命令，结果如下：

```
R1#ping 192.168.5.1
Type escape sequence to abort.
Sending 5, 100-byte ICMP Echos to 192.168.5.1, timeout is 2 seconds:
!!!!!
Success rate is 100 percent (5/5), round-trip min/avg/max = 10/10/11 ms
```

由此可以看到，虽然提示影响转发效率，但路由功能是没有问题的，同样可以 ping 通。然而，此时显示的 ARP 表如下：

```
R1#show arp
Protocol  Address        Age (min)  Hardware Addr   Type   Interface
Internet  192.168.0.1     105       aabb.cc80.1000  ARPA   Ethernet0/0
Internet  192.168.0.2      -        aabb.cc00.3000  ARPA   Ethernet0/0
Internet  192.168.5.1      0        aabb.cc00.5010  ARPA   Ethernet0/1 #多了一条ARP表项
Internet  192.168.12.1     -        aabb.cc00.3010  ARPA   Ethernet0/1
Internet  192.168.12.2    12        aabb.cc00.5010  ARPA   Ethernet0/1
```

由此可以看到，此时多了一条对应目的 IP 地址为 192.168.5.1 的 IP/MAC 地址对，并且对应的 MAC 地址与 IP 地址为 192.168.12.2 的 MAC 地址是一样的，都是 aabb.cc00.5010。因为 192.168.5.1 并不在 192.168.12.0/24 网段内，PC5 不可能跨网段接收到 ARP 请求并进行 ARP 应答，所以这个 ARP 应答是由 R4 来完成的，应答的 MAC 地址也是 R2 的端口 IP 地址，这就是所谓的 ARP 代理机制。换句话说，是 R2 代替 PC3 进行了 ARP 应答。用 Wireshark 从 R1 的 e0/1 端口抓取报文，结果如图 5-23 所示。

```
192 750.124413   aa:bb:cc:00:30:10   Broadcast           ARP     60 Who has 192.168.5.1? Tell 192.168.12.1
193 750.124584   aa:bb:cc:00:50:10   aa:bb:cc:00:30:10   ARP     60 192.168.5.1 is at aa:bb:cc:00:50:10
194 750.368792   aa:bb:cc:00:50:10   aa:bb:cc:00:50:10   LOOP    60 Reply
195 750.673904   aa:bb:cc:00:30:10   aa:bb:cc:00:30:10   LOOP    60 Reply
196 752.128061   192.168.12.1        192.168.5.1         ICMP   114 Echo (ping) request  id=0x000f, seq=1/256, ttl=255 (no response found!)
197 752.139286   192.168.12.1        192.168.5.1         ICMP   114 Echo (ping) request  id=0x000f, seq=2/512, ttl=255 (no response found!)
198 752.149424   192.168.12.1        192.168.5.1         ICMP   114 Echo (ping) request  id=0x000f, seq=3/768, ttl=255 (no response found!)
199 752.159451   192.168.12.1        192.168.5.1         ICMP   114 Echo (ping) request  id=0x000f, seq=4/1024, ttl=255 (no response found!)
```

图 5-23　R1 的 e0/1 端口收发报文列表 2

以上结果显示，R1 发出了一个询问目的 IP 地址为 192.168.5.1 的 MAC 地址的 ARP 请求报文，并接收到 R2 的代理应答。只要目的 IP 地址变更，就会重复这一过程，从而影响转发效率。因此，在实际应用中，应避免把以太网端口直接设置为静态路由的下一跳。

5.5　本章小结

本章首先通过同一个网络拓扑结构，讲解了单路由的基本配置及其与三层交换机的互连，并通过实例说明了子网划分和汇总的过程，以及进行超网路由汇总的原理、方法和常见的问题。其次分别介绍了几种特殊静态路由的原理和配置方法，包括默认路由、黑洞路由、单臂路由、等价路由、浮动路由及策略路由。再次举例验证了什么是路由环路及其对网络系统的危害，以及如何避免形成路由环路。最后描述了静态路由下一跳的不同设置方法，比较了将本路由器的出端口和下一路 IP 地址设置成下一跳的区别，以及如何根据不同类型的端口设置不同的下一跳类型，从而提高静态路由的转发效率。

第 6 章　RIPv2 协议

6.1　路由协议概述

通过第 5 章的实验，读者已经掌握了如何手工为路由器添加静态路由。静态路由配置只适用于简单且确定的网络，对于部署了很多路由器的大规模网络来说，手工配置静态路由是不可行的。因为不仅配置工作耗时耗力、容易出错，而且静态路由不会随着网络拓扑的变化而变化。动态路由协议可以根据当前的网络拓扑结构，自动为每个路由器生成路由表，而且动态路由可以随网络拓扑的变化而动态变化，从而解决了手工配置静态路由的一系列问题。然而，配置了动态路由的路由器是通过周期性发送路由协议报文来判断当前网络状态并计算路由路径的，因此不仅协议报文要占用一定的网络带宽，而且全网路由收敛需要一定的时间，可能会引起网络短暂中断。为了取长补短，在实际应用中，动态路由和静态路由通常是结合起来使用的。动态路由协议的主要功能是指导三层报文在 IP 网络中进行动态选路。目前主流的动态路由协议有多种，主要包括以下几种。

- 路由条目协议（Route Information Protocol，RIP）。
- 增强内部网关路由协议（Enhanced Interior Gateway Route Protocol，EIGRP）。
- 最短路径优先（Open Shortest Path First，OSPF）协议。
- 中间系统到中间系统（Intermediate System-Intermediate System，IS-IS）协议。
- 边界网关协议（Border Gateway Protocol，BGP）。

以上路由协议最初只支持 IPv4，随着 IPv6 的出现，人们又设计了支持 IPv6 的对应版本，主流路由协议版本描述如下。

- RIP 协议：RIPv2 协议（支持 IPv4）、RIPng 协议（支持 IPv6）。
- EIGRP 协议：分为 IPv4 版本和 IPv6 版本。
- OSPF 协议：OSPFv2 协议（支持 IPv4）和 OSPFv3 协议（支持 IPv6）。
- IS-IS 协议：分为 IPv4 版本和 IPv6 版本。
- BGP 协议：BGP-4 协议（支持 IPv4），MBGP 协议（支持 IPv6）。

动态路由协议可以按照不同的方式进行分类，主要有两种分类方式。

（1）按照路由协议的作用范围，动态路由协议可分为内部网关协议（Interior Gateway Protocol，IGP）和外部网关协议（External Gate Protocol，EGP）。IGP 协议的作用范围是一个单独的自治系统（Autonomous System，AS），而 EGP 协议的作用范围是多个自治系统。自治系统是指由属于同一个管理域的网络设备集合构成的系统。该管理域可能是企业的内部网络，也可能是互联网服务提供商（Internet Service Provider，ISP）的网络基础设施。其中 RIP 协议、EIGRP 协议、OSPF 协议、IS-IS 协议属于 IGP 协议，BGP 协议属于 EGP 协议。

（2）按照路由协议的运行原理，动态路由协议可分为距离矢量协议、链路状态协议和路径矢量协议。距离矢量协议将路由器本身作为到达目的网络的依据，距离就是经过的路由器数量，矢量就是去往目的网络的方向。如果从某个方向（下一跳路由器）到达目的网络经过的路由器数量越少，则距离越短，表明路径越优。RIP 协议和 EIGRP 协议属于距离矢量协议。链路状态协议拥有整个网络的拓扑结构，了解当前每条链路的状态（如带宽、时延），并通过最短路径优先（Shortest Path First，SPF）算法计算去往目的网络的最优路径，而不靠路由器作为路标确定最优路径。OSPF 协议和 IS-IS 协议属于链路状态协议。路径矢量协议可以看作距离矢量协议和链路状态协议的结合体，既使用路标标识网络的方向和距离，也参考路径相关属性（链路状态）进行路由决策，兼具两者的特征。BGP-4 协议和 MBGP 协议属于路径矢量协议。

当前主流路由协议的版本和分类如表 6-1 所示。

表 6-1　当前主流路由协议的版本和分类

版　　本	IGP 协议		EGP 协议
	距离矢量协议	链路状态协议	路径矢量协议
IPv4	RIPv2 协议、EIGRP 协议的 IPv4 版本	OSPFv2 协议、IS-IS 协议的 IPv4 版本	BGP-4 协议
IPv6	RIPng 协议、EIGRP 协议的 IPv6 版本	OSPFv3 协议、IS-IS 协议的 IPv6 版本	MBGP 协议

以上路由协议各有特点，且其应用场景也有差别，读者需要逐个学习它们的工作原理和配置方法，但限于篇幅，本书只挑选了 RIPv2 协议和 EIGRP 协议两个相对简洁的协议进行介绍，本章先介绍 RIPv2 协议，第 7 章将介绍 EIGRP 协议。

6.2　本章实验设计

6.2.1　实验内容与目标

本章的实验内容主要围绕 RIPv2 协议展开，实验目标是让读者获得以下知识和技能。

（1）理解 RIPv2 协议的基本工作原理，掌握 RIPv2 协议的配置方法，并验证其正确性。

（2）掌握 RIV2 报文的类型、格式及其主要字段的含义，并通过抓包进行分析。

（3）掌握 RIPv2 等价路径负载均衡原理和配置方法，并验证其流量转发行为。

（4）掌握 RIPv2 协议应对网络拓扑变化的方法，理解其触发更新机制及路由毒化的原理，并进行验证。

（5）理解 RIPv2 协议的定时器类型、作用及定时器的配置方法，验证修改定时器对 RIPv2 协议运行的影响。

（6）了解 RIPv2 协议在什么情况下会发送路由请求，以及网络拓扑发生改变后，如何判断 RIPv2 网络完成收敛，并通过实验进行验证。

（7）理解 RIPv2 路由自动汇总和手工汇总的区别，掌握 RIPv2 路由汇总的配置方法和验证过程。

（8）理解 RIPv2 被动端口和加密认证的作用、应用场景，掌握其配置方法和验证过程。

其中，（1）～（4）为基础实验目标，（5）～（8）为进阶实验目标。

6.2.2 实验学时与选择建议

本章实验学时与选择建议如表 6-2 所示。

表 6-2 本章实验学时与选择建议

主要实验内容	对应章节	实验学时建议	选择建议
网络拓扑搭建	6.2.3、6.2.4	1 学时	必选
RIPv2 基础实验 1	6.3.1～6.3.3	2 学时	必选
RIPv2 基础实验 2	6.3.4、6.3.5	2 学时	必选
RIPv2 进阶实验 1	6.4.1、6.4.2	2 学时	可选
RIPv2 进阶实验 2	6.4.3、6.4.4	2 学时	可选

6.2.3 实验环境与网络拓扑

本章实验环境采用 EVE-NG 社区版，版本为 V5.0.1-13，操作系统为 Windows 10。本章实验网络拓扑结构图如图 6-1 所示。

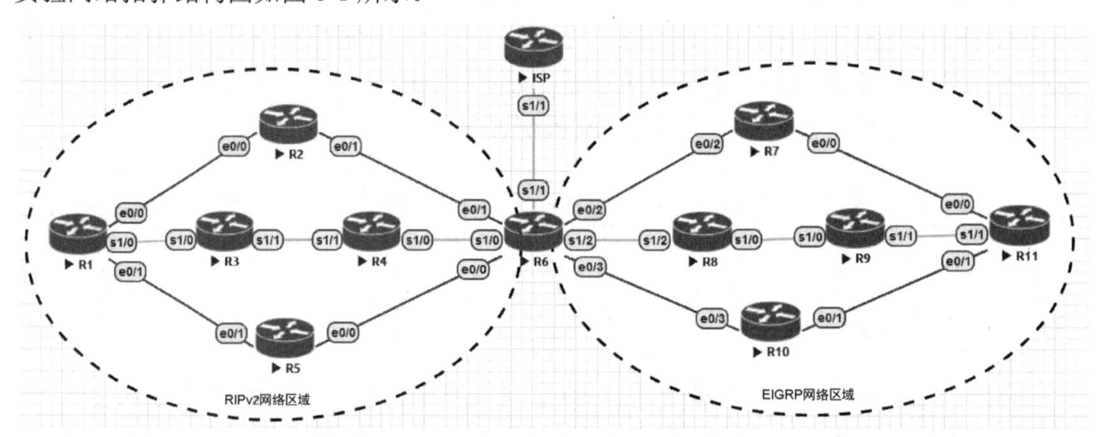

图 6-1 本章实验网络拓扑结构图

以上网络拓扑结构中总共部署了 12 个路由器，路由器名称分别为 R1～R11 及 ISP。该网络拓扑结构不仅可用于本章的 RIPv2 协议实验，而且可用于第 7 章的 EIGRP 协议实验，本章实验主要涉及的路由器为 R1～R6，第 7 章的实验将涉及所有路由器。本章实验可以看作基于该网络拓扑结构实验的第一阶段。本章实验网络拓扑设计的主要意图说明如下。

（1）R1～R6 作为 RIPv2 网络区域，R6～R11 作为 EIGRP 网络区域，ISP 用于模拟出口网关。

（2）在 RIPv2 网络区域的 R1 和 R6 之间设计了三条不同的路径，即 R1→R2→R6、R1→R3→R4→R6 和 R1→R5→R6，用于验证 RIPv2 协议进行选路的原理及等价路径负载均衡原理。

（3）通过 Wireshark 在 R1～R6 的任意以太网端口上抓取报文，验证 RIPv2 报文格式。

（4）通过关闭 R1～R6 的某个端口，制造网络拓扑变化场景，验证 RIPv2 协议如何应对网络拓扑的变化，包括定时器机制、触发更新、路由请求、路由毒化等。

（5）通过为路由配置环回端口网段，验证 RIPv2 路由汇总功能。

（6）在 R1 和 R6 之间的任意一条路径上，验证 RIPv2 被动端口与加密认证。

（7）在 EIGRP 网络区域的 R11 和 R6 之间也设计了三条不同的路径，即 R6→R7→R11、R6→R8→R9→R11 和 R6→R10→R11，用于验证 EIGRP 协议的可行路由的添加规则及不等价路径负载均衡策略。EIGRP 网络区域同样可以验证 EIGRP 协议的相关特性，如 EIGRP 报文抓取与分析、路由请求与应答、路由汇总、末节路由器、加密认证。

（8）R6 作为两个不同路由协议网络的末节路由器，将同时运行 RIPv2 协议和 EIGRP 协议，并进行路由重发布，从而验证不同路由协议相互注入路由条目的过程及其路径计算的规则。

6.2.4　端口连接与 IP 地址规划

本章实验网络拓扑结构的端口连接和 IP 地址规划如表 6-3 所示。

表 6-3　本章实验网络拓扑结构的端口连接和 IP 地址规划

设备名	端口	IP 地址	对端设备端口	其他备注
R1	e0/0	192.168.12.1/24	R2-e0/0	
	e0/1	192.168.15.1/24	R5-e0/1	
	s1/0	192.168.13.1/24	R3-s1/0	
	Loopback0	1.1.1.1/24		模拟路由器连接网段，下同
	Loopback1	192.168.1.1/26	子网 1	用于子网汇总，可根据实验目的进行修改
	Loopback2	192.168.1.65/26	子网 2	
	Loopback3	192.168.1.129/26	子网 3	
	Loopback4	192.168.1.193/26	子网 4	
R2	e0/0	192.168.12.2/24	R1-e0/0	
	e0/1	192.168.26.2/24	R6-e0/1	
	Loopback0	2.2.2.2/24		
R3	s1/0	192.168.13.3/24	R1-s1/0	
	s1/1	192.168.34.3/24	R4-s1/1	
	Loopback0	3.3.3.3/24		
R4	s1/0	192.168.46.4/24	R6-s1/0	
	s1/1	192.168.34.4/24	R3-s1/1	
	Loopback0	4.4.4.4/24		
R5	e0/0	192.168.56.5/24	R6-e0/0	
	e0/1	192.168.15.5/24	R1-e0/1	
	Loopback0	5.5.5.5/24		
R6	e0/0	192.168.56.6/24	R5-e0/0	
	e0/1	192.168.26.6/24	R2-e0/1	
	e0/2	192.168.67.6/24	R7-e0/2	
	e0/3	192.168.106.6/24	R10-e0/3	
	s1/0	192.168.46.6/24	R4-s1/0	
	s1/1	202.1.1.1/24	ISP-s1/1	模拟 ISP 公网 IP 地址

续表

设备名	端口	IP地址	对端设备端口	其他备注
R6	s1/2	192.168.68.6/24	R8-s1/2	
	Loopback0	6.6.6.6/24		
R7	e0/0	192.168.117.7/24	R11-e0/0	
	e0/2	192.168.67.7/24	R6-e0/2	
	Loopback0	7.7.7.7/24		
R8	s1/0	192.168.89.8/24	R9-s1/0	
	s1/2	192.168.68.8/24	R6-s1/2	
	Loopback0	8.8.8.8/24		
R9	s1/0	192.168.89.9/24	R8-s1/0	
	s1/1	192.168.119.9/24	R11-s1/1	
	Loopback0	9.9.9.9/24		
R10	e0/1	192.168.110.10/24	R11-e0/1	
	e0/3	192.168.106.10/24	R6-e0/3	
	Loopback0	10.10.10.10/24		
R11	e0/0	192.168.117.11/24	R7-e0/0	
	e0/1	192.168.110.11/24	R10-e0/1	
	s1/1	192.168.119.11/24	R9-s1/1	
	Loopback0	11.11.11.11/24		
	Loopback1	192.168.11.1/26	子网 1	用于子网汇总，可根据实验目的进行修改
	Loopback2	192.168.11.65/26	子网 2	
	Loopback3	192.168.11.129/26	子网 3	
	Loopback4	192.168.11.193/26	子网 4	
ISP	s1/1	202.1.1.2/24		模拟 ISP 公网 IP 地址
	Loopback0	12.12.12.12/24		

如表 6-3 所示，为了使 IP 地址逻辑清晰、便于记忆，本章实验的 IP 地址规划遵循以下规则。

- 路由器与路由器之间的端口 IP 地址前 2 个数值为 192.168，两个路由器的编号合在一起作为 IP 地址第 3 个数值，第 4 个数值与路由器编号相同。例如，R1 和 R2 之间的网段为 192.168.12.0/24，R1 端的端口 IP 地址为 192.168.12.1，而 R2 端的端口 IP 地址为 192.168.12.2。
- 如果路由器编号组合大于 255，则须进行一定的修正。例如，对于 R6 和 R10 之间的网段，编号组合 610 超过了 255，则变为 106，即将网段变为 192.168.106.0/24。对于 R10 和 R11 之间的网段，不管怎么调整，其编号组合都会超过 255，因此采取的方式是将网段简化为 192.168.110.0/24。
- 对于每个路由器，都配置一个环回端口 Loopback0，用于模拟与路由器连接的网段，其 IP 地址的格式统一为 4 个路由器编号组合在一起。例如，R1 的 Loopback0 端口 IP 地址为 1.1.1.1/24，R10 的 Loopback0 端口 IP 地址为 10.10.10.10/24 等。
- R6 与 ISP 之间的端口 IP 地址使用 202.168.1.0/24 网段，用于模拟 ISP 公网 IP 地址。

- R1 和 R11 上另外增加 4 个 Loopback 端口，用于模拟更多的连接网段，可根据实际情况灵活用于子网汇总实验。

6.3 基础实验

目前支持 IPv4 的 RIP 协议是 RIPv2 协议，最早的 RIPv1 协议（有类协议）已经淘汰不用。因此，本章只介绍 RIPv2 协议的配置和特性。

6.3.1 端口 IP 地址配置

在进行路由协议配置之前，需要根据表 6-3 中列出的端口 IP 地址信息，为所有路由器配置对应的端口 IP 地址。以 R1 为例，其配置命令如下：

```
Router(config)#hostname R1   #修改设备名
R1(config)#interface e0/0   #进入端口配置模式
R1(config-if)#ip address 192.168.12.1 255.255.255.0   #为端口配置 IP 地址，下同
R1(config-if)#no shutdown   #启用端口
R1(config-if)#interface e0/1
R1(config-if)#ip address 192.168.15.1 255.255.255.0
R1(config-if)#no shutdown
R1(config-if)#interface s1/0
R1(config-if)#ip address 192.168.13.1 255.255.255.0
R1(config-if)#no shutdown
R1(config-if)#interface loopback 0   #创建环回端口 Loopback0，下同
R1(config-if)#ip address 1.1.1.1 255.255.255.0   #环回端口默认启用，下同
R1(config-if)#interface loopback 1
R1(config-if)#ip address 192.168.1.1 255.255.255.192
R1(config-if)#interface loopback 2
R1(config-if)#ip address 192.168.1.65 255.255.255.192
R1(config-if)#interface loopback 3
R1(config-if)#ip address 192.168.1.129 255.255.255.192
R1(config-if)#interface loopback 4
R1(config-if)#ip address 192.168.1.193 255.255.255.192
R1(config-if)#end
R1#write#保存配置
```

通过 show ip interface brief 命令查看 R1 当前端口 IP 地址配置及其状态，如下所示：

```
R1#show ip interface brief
Interface              IP-Address      OK? Method Status                Protocol
Ethernet0/0            192.168.12.1    YES manual up                    up
Ethernet0/1            192.168.15.1    YES manual up                    up
Ethernet0/2            unassigned      YES unset  administratively down down
Ethernet0/3            unassigned      YES unset  administratively down down
Serial1/0              192.168.13.1    YES manual up                    up
```

```
Serial1/1            unassigned      YES unset  administratively down down
Serial1/2            unassigned      YES unset  administratively down down
Serial1/3            unassigned      YES unset  administratively down down
Loopback0            1.1.1.1         YES manual up                    up
Loopback1            192.168.1.1     YES manual up                    up
Loopback2            192.168.1.65    YES manual up                    up
Loopback3            192.168.1.129   YES manual up                    up
Loopback4            192.168.1.193   YES manual up                    up
```

因此可以看到，所有端口 IP 地址都已经正确配置，且端口状态都已经变为 up，说明当前端口正常工作。其他路由器的端口 IP 地址配置方法与 R1 类似，这里不一一列出其配置过程和命令，请读者自行配置。下面假设所有路由器都已经正确配置了对应的端口 IP 地址。

6.3.2 RIPv2 协议基本配置与验证

在没有添加任何路由条目之前，每个路由器只能 ping 通直连的路由器端口 IP 地址，跨网段的路由器端口 IP 地址是 ping 不通的，因为当前没有任何跨网段的路由条目。以 R1 为例，查看其路由表，结果显示如下：

```
R1#show ip route
#Codes 信息省略，下同
Gateway of last resort is not set
     1.0.0.0/8 is variably subnetted, 2 subnets, 2 masks
C       1.1.1.0/24 is directly connected, Loopback0
L       1.1.1.1/32 is directly connected, Loopback0
     192.168.1.0/24 is variably subnetted, 8 subnets, 2 masks
C       192.168.1.0/26 is directly connected, Loopback1
L       192.168.1.1/32 is directly connected, Loopback1
C       192.168.1.64/26 is directly connected, Loopback2
L       192.168.1.65/32 is directly connected, Loopback2
C       192.168.1.128/26 is directly connected, Loopback3
L       192.168.1.129/32 is directly connected, Loopback3
C       192.168.1.192/26 is directly connected, Loopback4
L       192.168.1.193/32 is directly connected, Loopback4
     192.168.12.0/24 is variably subnetted, 2 subnets, 2 masks
C       192.168.12.0/24 is directly connected, Ethernet0/0
L       192.168.12.1/32 is directly connected, Ethernet0/0
     192.168.13.0/24 is variably subnetted, 2 subnets, 2 masks
C       192.168.13.0/24 is directly connected, Serial1/0
L       192.168.13.1/32 is directly connected, Serial1/0
     192.168.15.0/24 is variably subnetted, 2 subnets, 2 masks
C       192.168.15.0/24 is directly connected, Ethernet0/1
L       192.168.15.1/32 is directly connected, Ethernet0/1
```

由此可以看到，R1 中当前路由表中全部为直连（C）或本地（L）路由条目。下面进行

ping 测试，测试结果如下：

```
R1#ping 192.168.12.2    #R1 与 R2 直连，R1 可以 ping 通 R2 的端口 IP 地址
Type escape sequence to abort.
Sending 5, 100-byte ICMP Echos to 192.168.12.2, timeout is 2 seconds:
!!!!!
Success rate is 100 percent (5/5), round-trip min/avg/max = 1/1/1 ms
R1#ping 192.168.13.3    #R1 与 R3 直连，R1 可以 ping 通 R3 的端口 IP 地址
Type escape sequence to abort.
Sending 5, 100-byte ICMP Echos to 192.168.13.3, timeout is 2 seconds:
!!!!!
Success rate is 100 percent (5/5), round-trip min/avg/max = 10/10/10 ms
R1#ping 192.168.15.5    #R1 与 R5 直连，R1 可以 ping 通 R5 的端口 IP 地址
Type escape sequence to abort.
Sending 5, 100-byte ICMP Echos to 192.168.15.5, timeout is 2 seconds:
!!!!!
Success rate is 100 percent (5/5), round-trip min/avg/max = 1/1/1 ms
R1#ping 192.168.26.2    #该网段地址并没有与 R1 直连，因此 ping 不通
Type escape sequence to abort.
Sending 5, 100-byte ICMP Echos to 192.168.26.2, timeout is 2 seconds:
.....
Success rate is 0 percent (0/5)
```

为了使得跨网段路由器能够进行通信，必须为路由器添加相应的路由表。下面为路由器配置 RIPv2 协议。根据本章实验的网络拓扑结构，RIPv2 网络区域包含 6 个路由器（R1～R6），这 6 个路由器的 RIPv2 协议配置方法大同小异。我们先以 R1 和 R2 为例，给出其 RIPv2 协议配置过程，配置命令如下：

```
R1(config)#router rip    #进入 RIP 配置模式，下同
R1(config-router)#version 2    #指定 RIP 的版本为 2，下同
R1(config-router)#network 192.168.12.0    #发布本路由器所有直连网段，下同
R1(config-router)#network 192.168.13.0
R1(config-router)#network 192.168.15.0
R1(config-router)#network 1.1.1.0
R1(config-router)#network 192.168.1.0


R2(config)#router rip
R2(config-router)#version 2
R2(config-router)#network 192.168.12.0
R2(config-router)#network 192.168.26.0
R2(config-router)#network 2.2.2.0
```

以上命令中，RIP 协议通过 network 命令发布本路由器的直连网段。在发布直连网段时，只需要指定网络号，而不需要指定该网段的子网掩码，RIP 协议会提取当前端口 IP 地址配置中的子网掩码进行判断。此时查看 R1 和 R2 的路由表，结果显示如下：

```
R1#show ip route
```

```
Gateway of last resort is not set
     1.0.0.0/8 is variably subnetted, 2 subnets, 2 masks
C       1.1.1.0/24 is directly connected, Loopback0
L       1.1.1.1/32 is directly connected, Loopback0
     2.0.0.0/24 is subnetted, 1 subnets
R    2.0.0.0/8 [120/1] via 192.168.12.2, 00:00:13, Ethernet0/0   #R2的环回端口网段
     192.168.1.0/24 is variably subnetted, 8 subnets, 2 masks
C       192.168.1.0/26 is directly connected, Loopback1
L       192.168.1.1/32 is directly connected, Loopback1
C       192.168.1.64/26 is directly connected, Loopback2
L       192.168.1.65/32 is directly connected, Loopback2
C       192.168.1.128/26 is directly connected, Loopback3
L       192.168.1.129/32 is directly connected, Loopback3
C       192.168.1.192/26 is directly connected, Loopback4
L       192.168.1.193/32 is directly connected, Loopback4
     192.168.12.0/24 is variably subnetted, 2 subnets, 2 masks
C       192.168.12.0/24 is directly connected, Ethernet0/0
L       192.168.12.1/32 is directly connected, Ethernet0/0
     192.168.13.0/24 is variably subnetted, 2 subnets, 2 masks
C       192.168.13.0/24 is directly connected, Serial1/0
L       192.168.13.1/32 is directly connected, Serial1/0
     192.168.15.0/24 is variably subnetted, 2 subnets, 2 masks
C       192.168.15.0/24 is directly connected, Ethernet0/1
L       192.168.15.1/32 is directly connected, Ethernet0/1
#R2与R6连接的网段
R   192.168.26.0/24 [120/1] via 192.168.12.2, 00:00:14, Ethernet0/0


R2#show ip route
Gateway of last resort is not set

#R1的环回端口Loopback0
R    1.0.0.0/8 [120/1] via 192.168.12.1, 00:00:17, Ethernet0/0
     2.0.0.0/8 is variably subnetted, 2 subnets, 2 masks
C       2.2.2.0/24 is directly connected, Loopback0
L       2.2.2.2/32 is directly connected, Loopback0
#R1的环回端口Loopback1~4
R    192.168.1.0/24 [120/1] via 192.168.12.1, 00:00:17, Ethernet0/0
     192.168.12.0/24 is variably subnetted, 2 subnets, 2 masks
C       192.168.12.0/24 is directly connected, Ethernet0/0
L       192.168.12.2/32 is directly connected, Ethernet0/0
#R1与R3连接的网段
R    192.168.13.0/24 [120/1] via 192.168.12.1, 00:00:17, Ethernet0/0
#R1与R5连接的网段
R    192.168.15.0/24 [120/1] via 192.168.12.1, 00:00:17, Ethernet0/0
     192.168.26.0/24 is variably subnetted, 2 subnets, 2 masks
```

```
C        192.168.26.0/24 is directly connected, Ethernet0/1
L        192.168.26.2/32 is directly connected, Ethernet0/1
```

由此可以看到，R1 增加了两条标识为 R 的路由，分别对应 R2 的环回端口和 R2 与 R6 连接的网段 192.168.26.0/24。R2 同样增加了 R1 的所有网段路由。值得注意的是，R1 的环回端口 Loopback0 网段被自动汇总成了一个更大的 A 类网段 1.0.0.0/8，其他 4 个环回端口（Loopback1～4）网段则被自动汇总成了一个 C 类网段 192.168.1.0/24，这是因为 RIPv2 协议默认打开了路由汇总功能。有关 RIPv2 路由汇总的问题，6.4.3 节将进一步描述和验证，本节先进行简单介绍。

总之，R1 和 R2 通过 RIPv2 协议交换了路由条目，分别学习到了对端的网段路由。此时 R1 应该可以 ping 通 R2 的端口 IP 地址，测试结果如下：

```
R1# ping 2.2.2.2   #成功
Type escape sequence to abort.
Sending 5, 100-byte ICMP Echos to 2.2.2.2, timeout is 2 seconds:
!!!!!
Success rate is 100 percent (5/5), round-trip min/avg/max = 1/1/1 ms
R1# ping 192.168.26.2   #成功
Type escape sequence to abort.
Sending 5, 100-byte ICMP Echos to 192.168.26.2, timeout is 2 seconds:
!!!!!
Success rate is 100 percent (5/5), round-trip min/avg/max = 1/1/1 ms
R1# ping 192.168.26.6   #失败
Type escape sequence to abort.
Sending 5, 100-byte ICMP Echos to 192.168.26.6, timeout is 2 seconds:
.....
Success rate is 0 percent (0/5)
```

以上结果显示，R1 能 ping 通 R2 的端口 IP 地址 2.2.2.2 及 192.168.26.2，但是 ping 不通 R6 的端口 IP 地址 192.168.26.6，虽然 192.168.26.2 和 192.168.26.6 在同一网段中。原因是，R6 暂时未启动 RIPv2 协议，也没有去往 R1 的路由条目，这是符合预期的。下面在 R2 上进行测试，测试结果如下：

```
R2#ping 1.1.1.1   #成功
Type escape sequence to abort.
Sending 5, 100-byte ICMP Echos to 1.1.1.1, timeout is 2 seconds:
!!!!!#成功
Success rate is 100 percent (5/5), round-trip min/avg/max = 1/1/1 ms
R2#ping 192.168.1.1   #成功
Type escape sequence to abort.
Sending 5, 100-byte ICMP Echos to 192.168.1.1, timeout is 2 seconds:
!!!!!
Success rate is 100 percent (5/5), round-trip min/avg/max = 1/1/1 ms
R2#ping 192.168.13.1   #成功
Type escape sequence to abort.
```

```
Sending 5, 100-byte ICMP Echos to 192.168.13.1, timeout is 2 seconds:
!!!!!
Success rate is 100 percent (5/5), round-trip min/avg/max = 1/1/1 ms
R2#ping 192.168.15.1   #成功
Type escape sequence to abort.
Sending 5, 100-byte ICMP Echos to 192.168.15.1, timeout is 2 seconds:
!!!!!
Success rate is 100 percent (5/5), round-trip min/avg/max = 1/1/1 ms
R2#ping 192.168.15.5   #失败
Type escape sequence to abort.
Sending 5, 100-byte ICMP Echos to 192.168.15.5, timeout is 2 seconds:
.....
Success rate is 0 percent (0/5)
```

以上结果显示，R2 同样能够 ping 通 R1 的所有端口 IP 地址，但是 ping 不通 R5 的端口 IP 地址 192.168.15.5。因为 R5 暂时也未启用 RIPv2 协议，且没有去往 R2 的路由条目。为了将所有 RIPv6 网络区域打通，需要为 R3、R4、R5 和 R6 全部配置 RIPv2 协议，配置命令和过程和 R1 和 R2 是一样的，这里不一一介绍。值得注意的是，R6 既属于 RIPv2 网络又属于 EIGRP 网络，同时还与 ISP 进行连接。在进行 RIPv2 配置时，只需要发布与 R2、R4、R5 连接的网段及本地环回端口网段即可，配置命令如下：

```
R6(config)#router rip
R6(config-router)#version 2
R6(config-router)#network 6.6.6.0
R6(config-router)#network 192.168.26.0   #只发布RIPv2 网络区域的直连网段
R6(config-router)#network 192.168.46.0
R6(config-router)#network 192.168.56.0
R6(config-router)#end
R6#write
```

现在 R1～R6 都已经正确配置了 RIPv2 协议，此时查看 R6 的路由表，结果显示如下：

```
R6#show ip route
Gateway of last resort is not set
#包含6条环回端口网段路由
R     1.0.0.0/8 [120/2] via 192.168.56.5, 00:00:02, Ethernet0/0
                [120/2] via 192.168.26.2, 00:00:00, Ethernet0/1
R     2.0.0.0/8 [120/1] via 192.168.26.2, 00:00:00, Ethernet0/1
R     3.0.0.0/8 [120/2] via 192.168.46.4, 00:00:25, Serial1/0
R     4.0.0.0/8 [120/1] via 192.168.46.4, 00:00:25, Serial1/0
R     5.0.0.0/8 [120/1] via 192.168.56.5, 00:00:02, Ethernet0/0
      6.0.0.0/8 is variably subnetted, 2 subnets, 2 masks
C        6.6.6.0/24 is directly connected, Loopback0
L        6.6.6.6/32 is directly connected, Loopback0
#包含所有网段路由
R     192.168.1.0/24 [120/2] via 192.168.56.5, 00:00:02, Ethernet0/0
```

```
                        [120/2] via 192.168.26.2, 00:00:07, Ethernet0/1
R     192.168.12.0/24 [120/1] via 192.168.26.2, 00:00:07, Ethernet0/1
R     192.168.13.0/24 [120/2] via 192.168.56.5, 00:00:02, Ethernet0/0
                      [120/2] via 192.168.46.4, 00:00:03, Serial1/0
                      [120/2] via 192.168.26.2, 00:00:07, Ethernet0/1
R     192.168.15.0/24 [120/1] via 192.168.56.5, 00:00:02, Ethernet0/0
      192.168.26.0/24 is variably subnetted, 2 subnets, 2 masks
C        192.168.26.0/24 is directly connected, Ethernet0/1
L        192.168.26.6/32 is directly connected, Ethernet0/1
R     192.168.34.0/24 [120/1] via 192.168.46.4, 00:00:03, Serial1/0
      192.168.46.0/24 is variably subnetted, 2 subnets, 2 masks
C        192.168.46.0/24 is directly connected, Serial1/0
L        192.168.46.6/32 is directly connected, Serial1/0
      192.168.56.0/24 is variably subnetted, 2 subnets, 2 masks
C        192.168.56.0/24 is directly connected, Ethernet0/0
L        192.168.56.6/32 is directly connected, Ethernet0/0
      192.168.67.0/24 is variably subnetted, 2 subnets, 2 masks
C        192.168.67.0/24 is directly connected, Ethernet0/2
L        192.168.67.6/32 is directly connected, Ethernet0/2
      192.168.68.0/24 is variably subnetted, 2 subnets, 2 masks
C        192.168.68.0/24 is directly connected, Serial1/2
L        192.168.68.6/32 is directly connected, Serial1/2
      192.168.106.0/24 is variably subnetted, 2 subnets, 2 masks
C        192.168.106.0/24 is directly connected, Ethernet0/3
L        192.168.106.6/32 is directly connected, Ethernet0/3
      202.1.1.0/24 is variably subnetted, 2 subnets, 2 masks
C        202.1.1.0/24 is directly connected, Serial1/1
L        202.1.1.1/32 is directly connected, Serial1/1
R6#ping 1.1.1.1 source 6.6.6.6#成功
Type escape sequence to abort.
Sending 5, 100-byte ICMP Echos to 1.1.1.1, timeout is 2 seconds:
Packet sent with a source address of 6.6.6.6
!!!!!
Success rate is 100 percent (5/5), round-trip min/avg/max = 1/1/1 ms
```

由以上结果可知，R6 已经学习到了 RIPv2 网络区域所有网段的路由，并成功以 R6 的环回端口 IP 地址 6.6.6.6 为源地址 ping 通了 R1 的环回端口 IP 地址 1.1.1.1。通过以上配置过程，读者应该感受到了动态路由协议自动学习路由所带来的方便与快捷。如果以上路由条目全部通过静态路由手工添加，则工作量是难以想象的。

6.3.3　RIPv2 报文分析与验证

为了进一步理解 RIPv2 协议的工作原理，我们可以通过 Wireshark 抓取 RIPv2 报文进行分析。在抓取、分析报文之前，本节先介绍一下 RIPv2 报文的类型和结构。

RIPv2 报文采用 UDP 封装，报文的源端口、目的端口号都是 520。RIPv2 协议定义了两种报文，即请求报文和应答报文。请求报文用于向邻居路由器请求全部或部分路由条目，应答报文可以是对请求报文的回应，也可以是路由器主动发送的路由更新，如周期性发送路由更新或者触发性发送路由更新。1个应答报文中最多可携带25条路由条目，当待发送的路由条目数量大于该值时，RIPv2协议将把路由条目拆成多个应答报文发送。RIPv2报文的结构如表6-4所示。

表6-4　RIPv2报文的结构

命令（8bit）	版本（8bit）	未使用（16bit）
地址族标识符（16bit）		路由标记（16bit）
IP地址（32bit）		
网络掩码（32bit）		
下一跳（32bit）		
开销值（32bit）		

RIPv2报文各字段的含义说明如下。

- 命令（Command）：字段值为1表示请求报文，为2表示应答报文。
- 版本（Version）：在RIPv2报文中，该字段的值为2。
- 地址族标识符（Address Family Identifier）：默认为2，表示IPv4地址族。
- 路由标记（Route Tag）：用于为路由设置标记信息，默认为0。当一条外部路由被引入RIPv2从而形成一条RIPv2路由时，RIPv2可以为该路由设置路由标记，当这条路由在整个RIPv2网络区域内传播时，路由标记不会丢失。
- IP地址（IP Address）：路由的目的网络地址。
- 网络掩码（Netmask）：路由的目的网络掩码。
- 下一跳（Next Hop）：RIPv2协议定义了该字段，使得路由器在多路访问网络上可以避免次优路径现象。在一般情况下，在路由器所发送的路由更新中，路由条目的下一跳字段会被设置为0.0.0.0，此时接收到该路由的路由器在将路由条目加载到路由表时，将路由的更新源视为到达目的网段的下一跳。在某些特殊的场景下，该字段值会被设置为非0.0.0.0。
- 开销值（Metric）：到达目的网络的路由的开销值。每经过一个路由器，该数值自动加1。RIPv2协议主要依靠该值判断最优路径，该值是距离矢量路由协议的核心参数。

首先选取R1的e0/0端口抓取RIPv2报文。图6-2所示为抓取到的部分RIPv2报文列表。

```
 1 0.000000     192.168.12.2    224.0.0.9    RIPv2    166 Response
 2 0.615840     192.168.12.1    224.0.0.9    RIPv2    226 Response
10 26.279499    192.168.12.1    224.0.0.9    RIPv2    226 Response
12 29.628117    192.168.12.2    224.0.0.9    RIPv2    166 Response
18 52.055742    192.168.12.1    224.0.0.9    RIPv2    226 Response
21 57.874923    192.168.12.2    224.0.0.9    RIPv2    166 Response
27 79.456468    192.168.12.1    224.0.0.9    RIPv2    226 Response
29 84.313769    192.168.12.2    224.0.0.9    RIPv2    166 Response
36 105.954861   192.168.12.1    224.0.0.9    RIPv2    226 Response
37 112.889169   192.168.12.2    224.0.0.9    RIPv2    166 Response
43 134.050206   192.168.12.1    224.0.0.9    RIPv2    226 Response
47 140.279074   192.168.12.2    224.0.0.9    RIPv2    166 Response
```

图6-2　抓取到的部分RIPv2报文列表

由图 6-2 可知，R1 和 R2 会每隔约 30s 向对方发出一个 RIPv2 应答报文，该报文的目的 IP 地址为组播地址 224.0.0.9。查看第一个 RIPv2 应答报文，该报文的源 IP 地址为 192.168.12.2，说明是由 R2 发出的，其详细内容如图 6-3 所示。

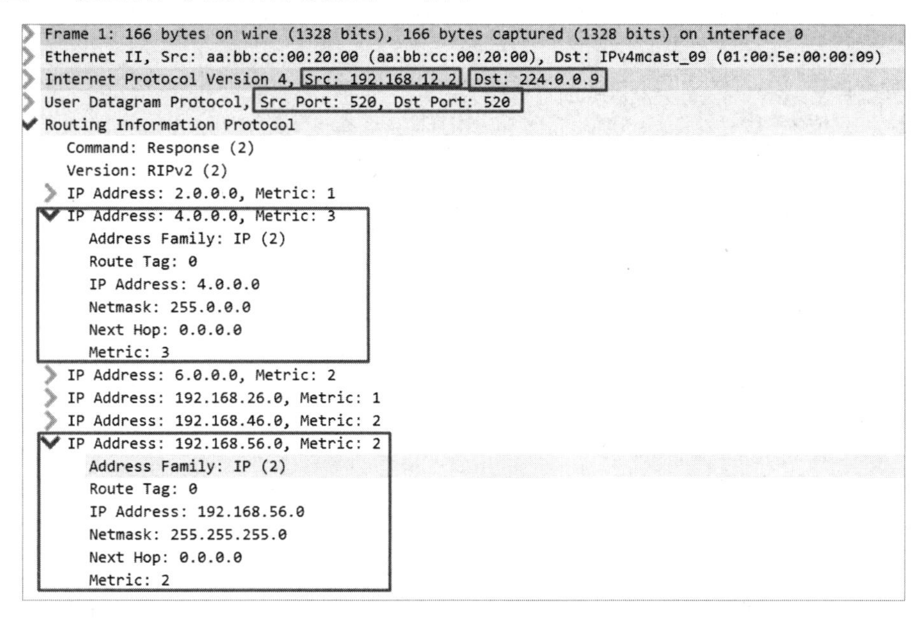

图 6-3　由 R2 向 R1 发出的第一个 RIPv2 应答报文的详细内容

由 R2 向 R1 发出的第一个 RIPv2 应答报文携带了 6 条路由条目，这是符合预期的。这 6 条路由条目的含义如下。

（1）目的网段 2.0.0.0 和 192.168.26.0 与 R2 直连。R2 告诉 R1：从 R1 去往这两个网段如果经过 R2 转发，则经过 1 跳（R1→R2），所以开销值为 1。

（2）目的网段 6.0.0.0、192.168.46.0 和 192.168.56.0 与 R6 直连。R2 告诉 R1：从 R1 去往这 3 个网段，如果经过 R2 转发，则需要经过 2 跳（R1→R2→R6），所以开销值为 2。

（3）目的网段 4.0.0.0 与 R4 直连。R2 告诉 R1：从 R1 去往该网段，如果经过 R2 转发，则需要经过 3 跳（R1→R2→R6→R4），所以开销值为 3。

因此，根据以上路由通告信息，可以总结出 RIPv2 协议发送路由条目的两个规则。

（1）不会通告当前端口所在的网段，因为邻居路由器也与这个网段直连，无须通告。

（2）当向邻居路由器通告路由条目时，其规则是将本地路由条目的开销值加 1 后再通告，因为邻居路由器到达这个目的网段如果经过自己转发，显然又增加了 1 跳。

这里要特别注意目的网段 4.0.0.0 和 192.168.56.0 的路由条目。从 R1 去往 4.0.0.0，如果经过 R2 转发，则经过 3 跳，从 R1 去往 192.168.56.0，如果经过 R2 转发，则经过 2 跳。真实的情况是，从 R1 去往 4.0.0.0，经过 R3 转发更近，因为只需要经过 2 跳（R3→R4）；从 R1 去往 192.168.56.0，经过 R5 转发更近，因为只需要经过 1 跳。因此，R1 并不会接收 R2 的这 2 条路由条目。

为了验证这种情况，我们查看第二个 RIPv2 应答报文，该报文源 IP 地址为 192.168.12.1，说明是由 R1 发出的，其详细内容如图 6-4 所示。

```
> Frame 2: 226 bytes on wire (1808 bits), 226 bytes captured (1808 bits) on interface 0
> Ethernet II, Src: aa:bb:cc:00:10:00 (aa:bb:cc:00:10:00), Dst: IPv4mcast_09 (01:00:5e:00:00:09)
> Internet Protocol Version 4, Src: 192.168.12.1, Dst: 224.0.0.9
> User Datagram Protocol, Src Port: 520, Dst Port: 520
v Routing Information Protocol
    Command: Response (2)
    Version: RIPv2 (2)
  > IP Address: 1.0.0.0, Metric: 1
  > IP Address: 3.0.0.0, Metric: 2
  v IP Address: 4.0.0.0, Metric: 3
      Address Family: IP (2)
      Route Tag: 0
      IP Address: 4.0.0.0
      Netmask: 255.0.0.0
      Next Hop: 0.0.0.0
      Metric: 3
  > IP Address: 5.0.0.0, Metric: 2
  > IP Address: 192.168.1.0, Metric: 1
  > IP Address: 192.168.13.0, Metric: 1
  > IP Address: 192.168.15.0, Metric: 1
  > IP Address: 192.168.34.0, Metric: 2
  v IP Address: 192.168.56.0, Metric: 2
      Address Family: IP (2)
      Route Tag: 0
      IP Address: 192.168.56.0
      Netmask: 255.255.255.0
      Next Hop: 0.0.0.0
      Metric: 2
```

图 6-4　由 R1 向 R2 发出的第二个 RIPv2 应答报文的详细内容

由此可以看到，由 R1 向 R2 发出的第二个 RIPv2 应答报文携带了 9 条路由条目，其中也有去往 4.0.0.0 和 192.168.56.0 的路由条目，且其开销值也分别是 3 和 2。这就说明，R1 并没有接收 R2 去往这两个网段的路由条目。因为如果 R1 接收了 R2 的这两条路由条目，则不会从接收该路由条目的端口再次将路由条目发出，这是 RIPv2 协议为了避免形成路由环路而设计的水平分割机制。可以通过查看 R1 的路由表进行验证，显示结果如下：

```
R1#show ip route
Gateway of last resort is not set

     1.0.0.0/8 is variably subnetted, 2 subnets, 2 masks
C       1.1.1.0/24 is directly connected, Loopback0
L       1.1.1.1/32 is directly connected, Loopback0
R    2.0.0.0/8 [120/1] via 192.168.12.2, 00:00:24, Ethernet0/0
R    3.0.0.0/8 [120/1] via 192.168.13.3, 00:00:02, Serial1/0
#去往 4.0.0.0 经过 R3 转发
R    4.0.0.0/8 [120/2] via 192.168.13.3, 00:00:02, Serial1/0
R    5.0.0.0/8 [120/1] via 192.168.15.5, 00:00:21, Ethernet0/1
R    6.0.0.0/8 [120/2] via 192.168.15.5, 00:00:21, Ethernet0/1
               [120/2] via 192.168.12.2, 00:00:24, Ethernet0/0
     192.168.1.0/24 is variably subnetted, 8 subnets, 2 masks
C       192.168.1.0/26 is directly connected, Loopback1
L       192.168.1.1/32 is directly connected, Loopback1
C       192.168.1.64/26 is directly connected, Loopback2
L       192.168.1.65/32 is directly connected, Loopback2
C       192.168.1.128/26 is directly connected, Loopback3
L       192.168.1.129/32 is directly connected, Loopback3
```

```
C       192.168.1.192/26 is directly connected, Loopback4
L       192.168.1.193/32 is directly connected, Loopback4
     192.168.12.0/24 is variably subnetted, 2 subnets, 2 masks
C       192.168.12.0/24 is directly connected, Ethernet0/0
L       192.168.12.1/32 is directly connected, Ethernet0/0
     192.168.13.0/24 is variably subnetted, 2 subnets, 2 masks
C       192.168.13.0/24 is directly connected, Serial1/0
L       192.168.13.1/32 is directly connected, Serial1/0
     192.168.15.0/24 is variably subnetted, 2 subnets, 2 masks
C       192.168.15.0/24 is directly connected, Ethernet0/1
L       192.168.15.1/32 is directly connected, Ethernet0/1
R     192.168.26.0/24 [120/1] via 192.168.12.2, 00:00:24, Ethernet0/0
R     192.168.34.0/24 [120/1] via 192.168.13.3, 00:00:02, Serial1/0
R     192.168.46.0/24 [120/2] via 192.168.15.5, 00:00:21, Ethernet0/1
                      [120/2] via 192.168.13.3, 00:00:02, Serial1/0
                      [120/2] via 192.168.12.2, 00:00:24, Ethernet0/0
#去往 192.168.56.0 经过 R5 转发
R 192.168.56.0/24 [120/1] via 192.168.15.5, 00:00:21, Ethernet0/1
```

R1 的路由表显示，从 R1 去往 4.0.0.0 的下一跳为 192.168.13.3，即经过 R3 转发，网段后面的数值为[120/2]，其中 120 表示 RIPv2 协议的管理距离（管理距离的作用是标识不同路由协议的优先级），2 表示开销值，即跳数。从 R1 去往 192.168.56.0 的下一跳为 192.168.15.5，即经过 R5 转发，而非经过 R2 转发，网段后面的数值为[120/1]，表示经过 1 跳。究其原因，是 R1 接收了从 R3 发来的去往 4.0.0.0 的路由条目，同时接收了从 R5 发来的去往 192.168.56.0 的路由条目，因为从 R3 和 R5 去往这两个网段比从 R2 去往这两个网段更近。那么 R2 是否接收了从 R1 发来的去往 4.0.0.0 和 192.168.56.0 的路由条目呢？同样没有接收。因为根据 RIPv2 协议的水平分割机制，R2 如果接收了 R1 发来的这两条路由条目，就不会向 R1 再次发送这两个网段的路由通告。真实的结果是，从 R2 去往这两个网段，经过 R6 转发跳数更少。可以通过查看 R2 的路由表进行验证，显示结果如下：

```
R2#show ip route
 Gateway of last resort is not set
R     1.0.0.0/8 [120/1] via 192.168.12.1, 00:00:11, Ethernet0/0
      2.0.0.0/8 is variably subnetted, 2 subnets, 2 masks
C        2.2.2.0/24 is directly connected, Loopback0
L        2.2.2.2/32 is directly connected, Loopback0
R     3.0.0.0/8 [120/2] via 192.168.12.1, 00:00:11, Ethernet0/0
#去往 4.0.0.0 经过 R6 转发
R     4.0.0.0/8 [120/2] via 192.168.26.6, 00:00:04, Ethernet0/1
R     5.0.0.0/8 [120/2] via 192.168.26.6, 00:00:04, Ethernet0/1
                [120/2] via 192.168.12.1, 00:00:11, Ethernet0/0
R     6.0.0.0/8 [120/1] via 192.168.26.6, 00:00:04, Ethernet0/1
R     192.168.1.0/24 [120/1] via 192.168.12.1, 00:00:11, Ethernet0/0
      192.168.12.0/24 is variably subnetted, 2 subnets, 2 masks
C        192.168.12.0/24 is directly connected, Ethernet0/0
```

```
L       192.168.12.2/32 is directly connected, Ethernet0/0
R    192.168.13.0/24 [120/1] via 192.168.12.1, 00:00:11, Ethernet0/0
R    192.168.15.0/24 [120/1] via 192.168.12.1, 00:00:11, Ethernet0/0
     192.168.26.0/24 is variably subnetted, 2 subnets, 2 masks
C       192.168.26.0/24 is directly connected, Ethernet0/1
L       192.168.26.2/32 is directly connected, Ethernet0/1
R    192.168.34.0/24 [120/2] via 192.168.26.6, 00:00:04, Ethernet0/1
                     [120/2] via 192.168.12.1, 00:00:11, Ethernet0/0
R    192.168.46.0/24 [120/1] via 192.168.26.6, 00:00:04, Ethernet0/1
#去往 192.168.56.0 经过 R6 转发
R 192.168.56.0/24 [120/1] via 192.168.26.6, 00:00:04, Ethernet0/1
```

因此，可以得出 RIPv2 协议发送路由条目的第三个规则：如果从多个端口接收到去往同一网段的路由条目，则选取开销值最小的那一条。如果接收了该路由条目，则会将该路由条目从除接收端口之外的其他所有端口发出。

6.3.4 RIPv2 等价路径负载均衡

如果从多个端口接收到去往同一目的网段的路由条目，并且这些路由条目的开销值恰好相等，那么 RIPv2 会如何处理呢？答案是都接收，并且将这些开销值相等的路由全部加入路由表，这就是 RIPv2 等价路由。细心的读者可能已经发现，在上述 R1 和 R2 的路由表中，已经出现了这样的等价路由。以 R1 为例，目的网段为 6.0.0.0 的路由条目，存在两个等价的下一跳，其跳数都为 2，如下所示：

```
R    6.0.0.0/8 [120/2] via 192.168.15.5, 00:00:21, Ethernet0/1
               [120/2] via 192.168.12.2, 00:00:24, Ethernet0/0
```

也就是说，RIPv2 认为，从 R1 去往 6.0.0.0，经过 R2（下一跳为 192.168.12.2）或 R5（下一跳为 192.168.15.5）转发，其路径开销是等价的。再看一个例子，从 R1 去往 192.168.46.0，甚至出现了 3 条等价路由，其跳数都为 2，路由条目如下所示：

```
R    192.168.46.0/24 [120/2] via 192.168.15.5, 00:00:21, Ethernet0/1
                     [120/2] via 192.168.13.3, 00:00:02, Serial1/0
                     [120/2] via 192.168.12.2, 00:00:24, Ethernet0/0
```

以上路由条目表明，从 R1 去往 192.168.46.0，经过 R2、R3 或 R5 转发，其路径开销是等价的。从中也可以看出，RIPv2 选择路径的唯一依据就是经过的路由器跳数，和链路属性（如带宽、延迟）无关。以上等价路由中，R1 和 R2、R3、R5 之间的链路类型和带宽显然是不相同的（R1 和 R2、R5 之间是以太网，R1 和 R3 之间是串行链路），而 RIPv2 并没有将这些因素考虑进去。如果存在等价路由，则在实际转发报文时，RIPv2 协议会按比例平均选取其中的路由条目作为下一跳，以达到报文流量负载均衡的效果。下面通过 traceroute 命令来验证该规则，验证结果如下：

```
R1#traceroute 6.6.6.6 source 1.1.1.1 probe 6   #probe 6 表示每跳发出 6 个探测报文
Type escape sequence to abort.
Tracing the route to 6.6.6.6
```

```
VRF info: (vrf in name/id, vrf out name/id)
  1 192.168.12.2 1 msec   #下一跳轮流选择 R2 和 R5
    192.168.15.5 1 msec
    192.168.12.2 0 msec
    192.168.15.5 0 msec
    192.168.12.2 0 msec
    192.168.15.5 0 msec
  2 192.168.26.6 1 msec
    192.168.56.6 1 msec
    192.168.26.6 1 msec
    192.168.56.6 1 msec
    192.168.26.6 1 msec
    192.168.56.6 3 msec
R1#traceroute 192.168.46.4 source 1.1.1.1 probe 9   #probe 9 表示每跳发出 9 个探测报文
Type escape sequence to abort.
Tracing the route to 192.168.46.4
VRF info: (vrf in name/id, vrf out name/id)
  1 192.168.12.2 1 msec   #下一跳轮流选择 R2、R3 和 R5
    192.168.13.3 11 msec
    192.168.15.5 0 msec
    192.168.12.2 1 msec
    192.168.13.3 10 msec
    192.168.15.5 1 msec
    192.168.12.2 2 msec
    192.168.13.3 10 msec
    192.168.15.5 0 msec
  2 192.168.26.6 1 msec
    192.168.34.4 20 msec
    192.168.56.6 1 msec
    192.168.26.6 2 msec
    192.168.34.4 19 msec
    192.168.56.6 1 msec
    192.168.26.6 1 msec
    192.168.34.4 20 msec
    192.168.56.6 1 msec
```

由以上结果可知，到达目的地址 6.6.6.6 有 2 条等价路由，其下一跳分别是 192.168.12.2 和 192.168.15.5，traceroute 命令每跳发出 6 个探测报文，每个下一跳分别接收到 3 个探测报文。同样，到达目的地址 192.168.46.4 有 3 条等价路由，其下一跳分别是 192.168.12.2、192.168.13.3 和 192.168.15.5，traceroute 命令每跳发出 9 个探测报文，每个下一跳分别接收到 3 个探测报文。因此，以上实验验证了报文流量在 RIPv2 等价路由中是平均分布的。

6.3.5 RIPv2 触发更新与路由毒化

如前所述，RIPv2 每隔 30s 向邻居路由器通告自己的路由条目，在这么长的更新时间间隔内，如果发生链路或路由器故障，则很容易导致路由失效。为了加快网络拓扑的路由收敛，

RIPv2 检测到链路故障后，会立即发送 1 个路由故障通告，这就是 RIPv2 触发更新机制。

触发更新的路由条目仅包含检测到下一跳有故障（如下一跳端口 down）的路由条目，将这些路由条目的跳数设置为 16（RIPv2 有效路由的最大跳数为 15），告诉邻居路由器这些路由条目已经不可用了，这就是 RIPv2 的路由毒化机制。邻居路由器接收到毒化路由后，分为两种情况进行处理。

（1）如果邻居路由器对应路由的下一跳正是发送毒化路由的路由器，则邻居路由器会继续向其他所有端口扩散这条毒化路由。

（2）如果邻居路由器对应路由的下一跳不是发送毒化路由的路由器，则邻居路由器会把自己的这条路由条目发给发送毒化路由的路由器，发送毒化路由的路由器接收到这条路由条目后会更新对应路由，最终整个网络拓扑的路由会收敛到正确的状态。

例如，R2 检测到它与 R1 连接的端口（e0/0）down，此时 R2 会向另一个邻居路由器 R6 发送毒化路由。其中一条毒化路由的目的网段为 192.168.12.0/24，即告诉 R6 到达该网段的路由已经不通了。R6 接收到从 R2 发来的这条毒化路由后，会查看自己的路由表，发现本地路由表中存在去往目的网段 192.168.12.0/24 的路由，并且下一跳正是 R2，因此 R6 会向其邻居路由器 R4、R5 继续扩散这条毒化路由（对应以上第一种情况）。R5 接收到这条毒化路由后，同样会查看自己的路由表，发现本地路由表中存在去往目的网段 192.168.12.0/24 的路由，但下一跳不是 R6，而是 R1，因此 R5 不会再扩散这条毒化路由，而会选择把自己的本地对应路由发送给 R6，告诉 R6 可以经过 R5 重新到达 192.168.12.0/24（对应上述第二种情况）。

为了验证以上触发更新与路由毒化，直至路由收敛的过程，我们用 Wireshark 监控 R2 的 e0/1 端口及 R6 的 e0/0 端口，抓取并分析 RIPv2 报文的收发情况。首先将 R2 的 e0/0 端口禁用，命令如下：

```
R2(config)#interface e0/0
R2(config-if)#shutdown
```

禁用 R2 的 e0/0 端口后，图 6-5 展示了从 R2 的 e0/1 端口抓取的 RIPv2 报文列表。

No.	Time	Source	Destination	Protocol	Length	Info
242	760.293366	192.168.26.6	224.0.0.9	RIPv2	206	Response
245	770.070804	192.168.26.2	224.0.0.9	RIPv2	186	Response
251	786.710704	192.168.26.6	224.0.0.9	RIPv2	206	Response
255	799.052998	192.168.26.2	224.0.0.9	RIPv2	186	Response
258	813.911520	192.168.26.6	224.0.0.9	RIPv2	206	Response
264	828.259699	192.168.26.2	224.0.0.9	RIPv2	186	Response
266	834.451917	192.168.26.2	224.0.0.9	RIPv2	166	Response
268	836.456418	192.168.26.6	224.0.0.9	RIPv2	66	Response
269	843.263257	192.168.26.6	224.0.0.9	RIPv2	286	Response
273	851.165476	192.168.26.6	224.0.0.9	RIPv2	66	Response
276	857.726278	192.168.26.2	224.0.0.9	RIPv2	66	Response

图 6-5　从 R2 的 e0/1 端口抓取的 RIPv2 报文列表

从图 6-5 中可以看到，在 266 号报文之前，R2 和 R6 都正常每隔约 30s 相互发送路由通告信息。R2 的 e0/1 端口 264 号报文详细内容如图 6-6 所示。

264 号报文与 266 号报文都是从 R2 发出的，它们之间只隔了 6s，查看 266 号报文详细内容，如图 6-7 所示。

```
> Frame 264: 186 bytes on wire (1488 bits), 186 bytes captured (1488 bits) on interface 0
> Ethernet II, Src: aa:bb:cc:00:20:10 (aa:bb:cc:00:20:10), Dst: IPv4mcast_09 (01:00:5e:00:00:09)
> Internet Protocol Version 4, Src: 192.168.26.2, Dst: 224.0.0.9
> User Datagram Protocol, Src Port: 520, Dst Port: 520
v Routing Information Protocol
    Command: Response (2)
    Version: RIPv2 (2)
  > IP Address: 1.0.0.0, Metric: 2
  > IP Address: 2.0.0.0, Metric: 1
  > IP Address: 3.0.0.0, Metric: 3
  > IP Address: 192.168.1.0, Metric: 2
  > IP Address: 192.168.12.0, Metric: 1
  > IP Address: 192.168.13.0, Metric: 2
  > IP Address: 192.168.15.0, Metric: 2
```

图 6-6　R2 的 e0/1 端口 264 号报文详细内容

```
> Frame 266: 166 bytes on wire (1328 bits), 166 bytes captured (1328 bits) on interface 0
> Ethernet II, Src: aa:bb:cc:00:20:10 (aa:bb:cc:00:20:10), Dst: IPv4mcast_09 (01:00:5e:00:00:09)
> Internet Protocol Version 4, Src: 192.168.26.2, Dst: 224.0.0.9
> User Datagram Protocol, Src Port: 520, Dst Port: 520
v Routing Information Protocol
    Command: Response (2)
    Version: RIPv2 (2)
  > IP Address: 1.0.0.0, Metric: 16
  > IP Address: 3.0.0.0, Metric: 16
  > IP Address: 192.168.1.0, Metric: 16
  > IP Address: 192.168.12.0, Metric: 16
  > IP Address: 192.168.13.0, Metric: 16
  > IP Address: 192.168.15.0, Metric: 16
```

图 6-7　R2 的 e0/1 端口 266 号报文详细内容

仔细比较 264 号报文与 266 号报文，可以发现两个差别：后者并没有包含 2.0.0.0 网络，而且后者把开销值全部改成了 16。这就说明，266 号报文是 R2 检测到本地端口故障（e0/0 端口被禁用）发出的路由毒化通告，因为里面的每条路由条目的开销值都被设置成 16，而且里面包含的所有路由条目的下一跳出端口都是 e0/0。那么 R6 接收到以上毒化路由通告后如何处理呢？可以看到，R6 连续发送了 3 个 RIPv2 报文，报文序号分别为 268、269 及 273，其详细内容如图 6-8 所示。

```
> Frame 268: 66 bytes on wire (528 bits), 66 bytes captured (528 bits) on interface 0
> Ethernet II, Src: aa:bb:cc:00:60:10 (aa:bb:cc:00:60:10), Dst: IPv4mcast_09 (01:00:5e:00:00:09)
> Internet Protocol Version 4, Src: 192.168.26.6, Dst: 224.0.0.9
> User Datagram Protocol, Src Port: 520, Dst Port: 520
v Routing Information Protocol
    Command: Response (2)
    Version: RIPv2 (2)
  > IP Address: 192.168.12.0, Metric: 16
```

```
> Frame 269: 286 bytes on wire (2288 bits), 286 bytes captured (2288 bits) on interface 0
> Ethernet II, Src: aa:bb:cc:00:60:10 (aa:bb:cc:00:60:10), Dst: IPv4mcast_09 (01:00:5e:00:00:09)
> Internet Protocol Version 4, Src: 192.168.26.6, Dst: 224.0.0.9
> User Datagram Protocol, Src Port: 520, Dst Port: 520
v Routing Information Protocol
    Command: Response (2)
    Version: RIPv2 (2)
  > IP Address: 1.0.0.0, Metric: 3
  > IP Address: 3.0.0.0, Metric: 3
  > IP Address: 4.0.0.0, Metric: 2
  > IP Address: 5.0.0.0, Metric: 2
  > IP Address: 6.0.0.0, Metric: 1
  > IP Address: 192.168.1.0, Metric: 3
  > IP Address: 192.168.12.0, Metric: 16
  > IP Address: 192.168.13.0, Metric: 3
  > IP Address: 192.168.15.0, Metric: 2
  > IP Address: 192.168.34.0, Metric: 2
  > IP Address: 192.168.46.0, Metric: 1
  > IP Address: 192.168.56.0, Metric: 1
```

图 6-8　R6 连续发送的 3 个 RIPv2 报文详细内容

```
> Frame 273: 66 bytes on wire (528 bits), 66 bytes captured (528 bits) on interface 0
> Ethernet II, Src: aa:bb:cc:00:60:10 (aa:bb:cc:00:60:10), Dst: IPv4mcast_09 (01:00:5e:00:00:09)
> Internet Protocol Version 4, Src: 192.168.26.6, Dst: 224.0.0.9
> User Datagram Protocol, Src Port: 520, Dst Port: 520
v Routing Information Protocol
    Command: Response (2)
    Version: RIPv2 (2)
  > IP Address: 192.168.12.0, Metric: 3
```

图 6-8　R6 连续发送的 3 个 RIPv2 报文详细内容（续）

由以上报文详细内容可知，R6 接收到毒化路由后，马上扩散了一条毒化路由 192.168.12.0，因为在 R6 的路由里，该路由条目的下一跳正是 R2。但是，R6 并没有扩散其他毒化路由（如 192.168.15.0），因为这些路由条目的下一跳并不是 R2。与此相反，R6 还会把自己的拥有的这些路由条目通告给 R2，序号为 269 的报文就是这个通告报文。紧接着，R6 又通告给 R2 去往 192.168.12.0 的路由条目开销值为 3（报文序号为 273），这是怎么回事呢？要弄清楚原因，需要查看 R6 的 e0/0 端口的 RIPv2 报文列表，如图 6-9 所示。

No.	Time	Source	Destination	Protocol	Length	Info
239	751.205616	192.168.56.6	224.0.0.9	RIPv2	206	Response
246	774.705233	192.168.56.5	224.0.0.9	RIPv2	186	Response
248	778.407474	192.168.56.6	224.0.0.9	RIPv2	206	Response
253	800.343247	192.168.56.5	224.0.0.9	RIPv2	186	Response
256	804.038914	192.168.56.6	224.0.0.9	RIPv2	206	Response
260	813.483535	192.168.56.6	224.0.0.9	RIPv2	66	Response
263	826.181325	192.168.56.5	224.0.0.9	RIPv2	186	Response
264	829.942667	192.168.56.6	224.0.0.9	RIPv2	186	Response
272	853.475623	192.168.56.5	224.0.0.9	RIPv2	186	Response
273	857.339432	192.168.56.6	224.0.0.9	RIPv2	186	Response

图 6-9　R6 的 e0/0 端口的 RIPv2 报文列表

从图 6-9 中可以看到，在 R6 的 e0/0 端口的 RIPv2 报文列表中，在 260 号报文之前，R6 和 R5 正常以 30s 的时间间隔发送路由通告。R6 的 e0/0 端口 256 号报文详细内容如图 6-10 所示。

```
> Frame 256: 206 bytes on wire (1648 bits), 206 bytes captured (1648 bits) on interface 0
> Ethernet II, Src: aa:bb:cc:00:60:00 (aa:bb:cc:00:60:00), Dst: IPv4mcast_09 (01:00:5e:00:00:09)
> Internet Protocol Version 4, Src: 192.168.56.6, Dst: 224.0.0.9
> User Datagram Protocol, Src Port: 520, Dst Port: 520
v Routing Information Protocol
    Command: Response (2)
    Version: RIPv2 (2)
  > IP Address: 2.0.0.0, Metric: 2
  > IP Address: 3.0.0.0, Metric: 3
  > IP Address: 4.0.0.0, Metric: 2
  > IP Address: 6.0.0.0, Metric: 1
  > IP Address: 192.168.12.0, Metric: 2
  > IP Address: 192.168.26.0, Metric: 1
  > IP Address: 192.168.34.0, Metric: 2
  > IP Address: 192.168.46.0, Metric: 1
```

图 6-10　R6 的 e0/0 端口 256 号报文详细内容

从图 6-10 中可以看到，序号为 256 和 260 的报文都是从 R6 发出的，并且间隔不到 10s，说明这是 R6 接收到毒化路由后触发发出的。R6 的 e0/0 端口 260 号报文详细内容如图 6-11 所示。

```
> Frame 260: 66 bytes on wire (528 bits), 66 bytes captured (528 bits) on interface 0
> Ethernet II, Src: aa:bb:cc:00:60:00 (aa:bb:cc:00:60:00), Dst: IPv4mcast_09 (01:00:5e:00:00:09)
> Internet Protocol Version 4, Src: 192.168.56.6, Dst: 224.0.0.9
> User Datagram Protocol, Src Port: 520, Dst Port: 520
v Routing Information Protocol
    Command: Response (2)
    Version: RIPv2 (2)
  > IP Address: 192.168.12.0, Metric: 16
```

图 6-11　R6 的 e0/0 端口 260 号报文详细内容

在 260 号报文中，路由条目只有一条对应 192.168.12.0 的毒化路由，这就验证了 R6 在接收到 R2 发送的毒化路由后，确实向所有端口扩散了这条毒化路由。R5 接收到这条毒化路由后，会如何处理呢？见 263 号报文，其详细内容如图 6-12 所示。

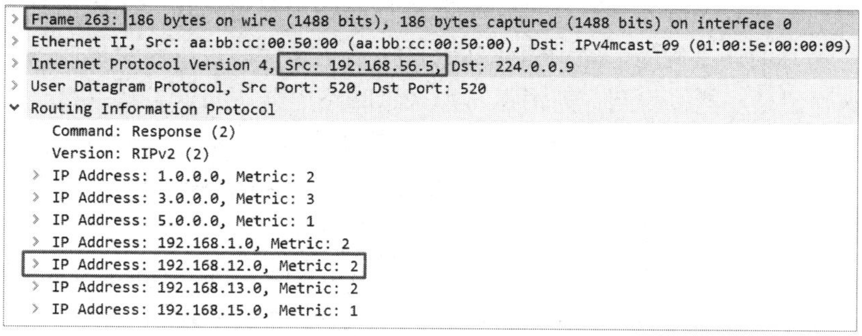

```
> Frame 263: 186 bytes on wire (1488 bits), 186 bytes captured (1488 bits) on interface 0
> Ethernet II, Src: aa:bb:cc:00:50:00 (aa:bb:cc:00:50:00), Dst: IPv4mcast_09 (01:00:5e:00:00:09)
> Internet Protocol Version 4, Src: 192.168.56.5, Dst: 224.0.0.9
> User Datagram Protocol, Src Port: 520, Dst Port: 520
v Routing Information Protocol
    Command: Response (2)
    Version: RIPv2 (2)
  > IP Address: 1.0.0.0, Metric: 2
  > IP Address: 3.0.0.0, Metric: 3
  > IP Address: 5.0.0.0, Metric: 1
  > IP Address: 192.168.1.0, Metric: 2
  > IP Address: 192.168.12.0, Metric: 2
  > IP Address: 192.168.13.0, Metric: 2
  > IP Address: 192.168.15.0, Metric: 1
```

图 6-12　R6 的 e0/0 端口 263 号报文详细内容

从图 6-12 中可以看到，R5 并没有继续扩散这条毒化路由，而是选择把自己的正确路由通告给 R6（开销值为 2）。其原因是，R5 当前已经有 192.168.12.0 的路由条目，并且其下一跳并不是 R6，而是 R1。这样，R6 接收到来自 R5 关于到达 192.168.12.0 的正确路由后，会继续通告给 R2，这就是前面所看到的 273 号报文（开销值为 3）。至此，192.168.12.0 的路由条目在 R2 和 R6 中进行了收敛。同样的过程也适用于 R4，而 R1、R3 及 R5 不需要收敛这条路由，因为它们到达 192.168.12.0 的下一跳都指向 R1。

6.4　进阶实验

6.4.1　RIPv2 定时器机制验证

6.3 节中，R2、R6、R4 都通过触发更新和路由毒化机制快速更新为正确的路由。但是，对于 R1 来说，问题远远没有结束，因为 R1 并没有检测到端口故障，并且没有接收到任何毒化路由。它一直认为去往 R2 的下一跳端口还是本地端口 e0/0，实际上这条路径已经不通了。如果这时从 R1 执行 ping 2.2.2.2 或 ping 192.168.26.2 命令，显然是 ping 不通的。那么 R1 如何更新去往 2.0.0.0 及 192.168.26.0 的路由呢？答案是利用 RIPv2 定时器机制。

在 RIPv2 中，设计了 4 种定时器，分别是更新定时器（Updatetimer）、超时定时器（Timeouttimer）、垃圾回定计时器（Garbagetimer）及抑制定时器（Holddowntimer），其作用分别如下。

（1）Updatetimer：用于相邻路由器周期性发送路由更新报文，默认时间间隔为 30s。为了避免在网络中由于同步更新引发更新风暴，很多厂商设备（如思科）的实际实现时间间隔为 25.5～30s，即 30s 减去 1 个在 4.5s 内的随机值。实际上，还有一种触发更新定时器，该定时器使用 1～5s 的随机值，用于在检测到网络拓扑变化，扩散毒化路由时，避免引发更新风暴。

（2）Timeouttimer：若长时间没有接收到对端路由器的路由更新，则主动毒化对应路由条目，默认时间间隔是 Updatetimer 的 6 倍，即 180s。

（3）Garbagetimer：路由条目超时后，并不会立刻从路由表中被删除，而会再过 60s 才被删除，其时间间隔比 Timeouttimer 多 60s，即 180+60=240s。

（4）Holddowntimer：如果路由器在相同的端口上接收到某条路由条目的距离比原来的路由条目的开销值大，那么将启动一个抑制计时器。在 Holddowntimer 的时间内该目的地址不可达，默认为 60s。Holddowntimer 主要用来防止形成路由环路，其工作原理是引入一个怀疑量，不管消息是真的还是假的，路由器先认为这条消息是假的，以避免形成路由环路。如果 Holddowntimer 超时还能接收到这条消息，那么这时路由器认为这条消息是真的。因此，可以这样理解，Garbagetimer 和 Holddowntimer 都用于即将失效的路由条目的定时。在 holddowntimer 的时间内，本地路由条目不能被接收到的新路由条目更新，而在 Garbagetimer 超时后，如果没有接收到有效的路由更新报文，则该路由条目被删除。

下面回到 R1 如何更新去往 2.0.0.0 及 192.168.26.0 网段的路由的问题上来。当 R2 的 e0/0 端口被禁用后，R1 将不再接收到来自 R2 的路由通告。R1 的 e0/0 端口收发报文列表如图 6-13 所示。

No.	Time	Source	Destination	Protocol	Length	Info
190	803.198013	192.168.12.1	224.0.0.9	RIPv2	226	Response
195	822.410440	192.168.12.2	224.0.0.9	RIPv2	166	Response
198	831.738657	192.168.12.1	224.0.0.9	RIPv2	226	Response
203	848.769616	192.168.12.2	224.0.0.9	RIPv2	166	Response
206	859.424398	192.168.12.1	224.0.0.9	RIPv2	226	Response
211	885.790620	192.168.12.1	224.0.0.9	RIPv2	226	Response
214	911.678814	192.168.12.1	224.0.0.9	RIPv2	226	Response
220	938.723734	192.168.12.1	224.0.0.9	RIPv2	226	Response
224	968.053585	192.168.12.1	224.0.0.9	RIPv2	226	Response
229	996.880829	192.168.12.1	224.0.0.9	RIPv2	226	Response
233	1022.836266	192.168.12.1	224.0.0.9	RIPv2	226	Response
236	1037.846045	192.168.12.1	224.0.0.9	RIPv2	86	Response
238	1051.420994	192.168.12.1	224.0.0.9	RIPv2	306	Response
242	1080.447749	192.168.12.1	224.0.0.9	RIPv2	306	Response

图 6-13　R1 的 e0/0 端口收发报文列表

从图 6-13 中可以看到，R1 最后一次接收到的从 R2 发来的报文为 203 号报文，203 号报文以后，全部为 R1 单方向发送的报文。以 206 号报文为例，其详细内容如图 6-14 所示。

```
> Frame 206: 226 bytes on wire (1808 bits), 226 bytes captured (1808 bits) on interface 0
> Ethernet II, Src: aa:bb:cc:00:10:00 (aa:bb:cc:00:10:00), Dst: IPv4mcast_09 (01:00:5e:00:00:09)
> Internet Protocol Version 4, Src: 192.168.12.1, Dst: 224.0.0.9
> User Datagram Protocol, Src Port: 520, Dst Port: 520
v Routing Information Protocol
    Command: Response (2)
    Version: RIPv2 (2)
  > IP Address: 1.0.0.0, Metric: 1
  > IP Address: 3.0.0.0, Metric: 2
  > IP Address: 4.0.0.0, Metric: 3
  > IP Address: 5.0.0.0, Metric: 2
  > IP Address: 192.168.1.0, Metric: 1
  > IP Address: 192.168.13.0, Metric: 1
  > IP Address: 192.168.15.0, Metric: 1
  > IP Address: 192.168.34.0, Metric: 2
  > IP Address: 192.168.56.0, Metric: 2
```

图 6-14　R1 的 e0/0 端口 206 号报文详细内容

从图 6-14 中可以看到，在 R1 发送给 R2 的 RIPv2 报文中，并没有 2.0.0.0 和 192.168.26.0 网段，因为去往这两个网段的下一跳为 R2。根据水平分割的原则，R1 不会把下一跳为 R2 的路由再发回给 R2。大约 180s（Timeouttimer）后，由于 R1 没有接收到来自 R2 的任何协议报文，R1 开始毒化去往 2.0.0.0 及 192.168.26.0 网段的路由。这就是 236 号报文，其详细内容如图 6-15 所示。

```
> Frame 236: 86 bytes on wire (688 bits), 86 bytes captured (688 bits) on interface 0
> Ethernet II, Src: aa:bb:cc:00:10:00 (aa:bb:cc:00:10:00), Dst: IPv4mcast_09 (01:00:5e:00:00:09)
> Internet Protocol Version 4, Src: 192.168.12.1, Dst: 224.0.0.9
> User Datagram Protocol, Src Port: 520, Dst Port: 520
v Routing Information Protocol
    Command: Response (2)
    Version: RIPv2 (2)
  > IP Address: 2.0.0.0, Metric: 16
  > IP Address: 192.168.26.0, Metric: 16
```

图 6-15 R1 的 e0/0 端口 236 号报文详细内容

当然，R2 接收不到这个报文，因为其 e0/0 端口已经被禁用了。那么其他路由器是否能接收到这个报文呢？R1 的 e0/1 端口收发报文列表如图 6-16 所示。

No.	Time	Source	Destination	Protocol	Length	Info
308	973.672942	192.168.15.1	224.0.0.9	RIPv2	226	Response
313	989.961983	192.168.15.5	224.0.0.9	RIPv2	166	Response
318	1001.250806	192.168.15.1	224.0.0.9	RIPv2	226	Response
321	1017.707636	192.168.15.5	224.0.0.9	RIPv2	166	Response
324	1026.227852	192.168.15.1	224.0.0.9	RIPv2	86	Response
325	1030.604262	192.168.15.1	224.0.0.9	RIPv2	226	Response
332	1043.229832	192.168.15.5	224.0.0.9	RIPv2	186	Response
335	1058.864534	192.168.15.1	224.0.0.9	RIPv2	226	Response
340	1073.028623	192.168.15.5	224.0.0.9	RIPv2	186	Response
343	1084.741253	192.168.15.1	224.0.0.9	RIPv2	186	Response
350	1102.879396	192.168.15.5	224.0.0.9	RIPv2	186	Response

图 6-16 R1 的 e0/1 端口收发报文列表

从图 6-16 中可以看到，在 324 号报文之前，R1 和 R5 之间正常以 30s 的时间间隔（Updatetimer）发送 RIPv2 通告报文。R1 的 e0/1 端口 318 号报文详细内容如图 6-17 所示。

```
> Frame 318: 226 bytes on wire (1808 bits), 226 bytes captured (1808 bits) on interface 0
> Ethernet II, Src: aa:bb:cc:00:10:10 (aa:bb:cc:00:10:10), Dst: IPv4mcast_09 (01:00:5e:00:00:09)
> Internet Protocol Version 4, Src: 192.168.15.1, Dst: 224.0.0.9
> User Datagram Protocol, Src Port: 520, Dst Port: 520
v Routing Information Protocol
    Command: Response (2)
    Version: RIPv2 (2)
  > IP Address: 1.0.0.0, Metric: 1
  > IP Address: 2.0.0.0, Metric: 2
  > IP Address: 3.0.0.0, Metric: 2
  > IP Address: 4.0.0.0, Metric: 3
  > IP Address: 192.168.1.0, Metric: 1
  > IP Address: 192.168.12.0, Metric: 1
  > IP Address: 192.168.13.0, Metric: 1
  > IP Address: 192.168.26.0, Metric: 2
  > IP Address: 192.168.34.0, Metric: 2
```

图 6-17 R1 的 e0/1 端口 318 号报文详细内容

如图 6-17 所示，在 R1 通告给 R5 的路由条目中，包含 2.0.0.0 和 192.168.26.0 两个网段。接着查看 324 号报文，其详细内容如图 6-18 所示。

```
> Frame 324: 86 bytes on wire (688 bits), 86 bytes captured (688 bits) on interface 0
> Ethernet II, Src: aa:bb:cc:00:10:10 (aa:bb:cc:00:10:10), Dst: IPv4mcast_09 (01:00:5e:00:00:09)
> Internet Protocol Version 4, Src: 192.168.15.1, Dst: 224.0.0.9
> User Datagram Protocol, Src Port: 520, Dst Port: 520
v Routing Information Protocol
    Command: Response (2)
    Version: RIPv2 (2)
  > IP Address: 2.0.0.0, Metric: 16
  > IP Address: 192.168.26.0, Metric: 16
```

图 6-18 R1 的 e0/1 端口 324 号报文详细内容

324 号报文正是 R1 长时间没有接收到 R2 的路由通告，向其他所有邻居路由器毒化 2.0.0.0 和 192.168.26.0 两条路由的报文。R5 接收到毒化路由通告后会如何处理呢？可以看到 R5 马上发送这两条路由给 R1，因为 R5 已经从 R6 获得了去往这两个网段的路由。这就是 332 号报文，其详细内容如图 6-18 所示。

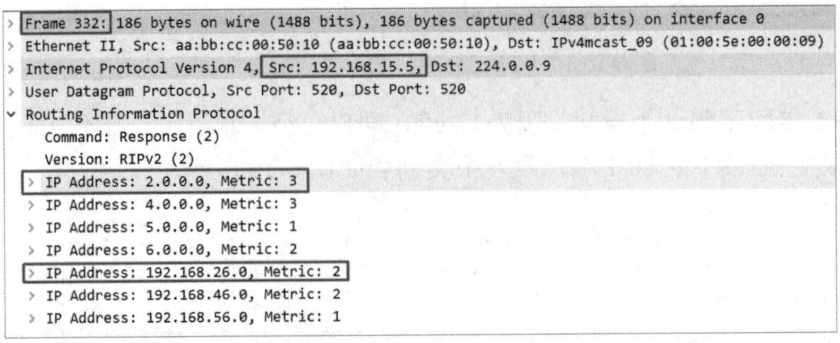

```
> Frame 332: 186 bytes on wire (1488 bits), 186 bytes captured (1488 bits) on interface 0
> Ethernet II, Src: aa:bb:cc:00:50:10 (aa:bb:cc:00:50:10), Dst: IPv4mcast_09 (01:00:5e:00:00:09)
> Internet Protocol Version 4, Src: 192.168.15.5, Dst: 224.0.0.9
> User Datagram Protocol, Src Port: 520, Dst Port: 520
v Routing Information Protocol
    Command: Response (2)
    Version: RIPv2 (2)
  > IP Address: 2.0.0.0, Metric: 3
  > IP Address: 4.0.0.0, Metric: 3
  > IP Address: 5.0.0.0, Metric: 1
  > IP Address: 6.0.0.0, Metric: 2
  > IP Address: 192.168.26.0, Metric: 2
  > IP Address: 192.168.46.0, Metric: 2
  > IP Address: 192.168.56.0, Metric: 1
```

图 6-18　R1 的 e0/1 端口 332 号报文详细内容

R1 接收到 R5 的通告报文后是否立即更新了这两个网段的路由呢？答案是没有。接下来可以查看 335 号报文，其详细内容如图 6-19 所示。

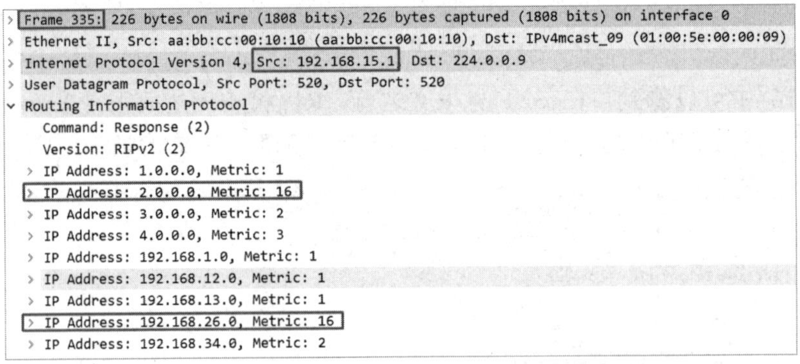

```
> Frame 335: 226 bytes on wire (1808 bits), 226 bytes captured (1808 bits) on interface 0
> Ethernet II, Src: aa:bb:cc:00:10:10 (aa:bb:cc:00:10:10), Dst: IPv4mcast_09 (01:00:5e:00:00:09)
> Internet Protocol Version 4, Src: 192.168.15.1, Dst: 224.0.0.9
> User Datagram Protocol, Src Port: 520, Dst Port: 520
v Routing Information Protocol
    Command: Response (2)
    Version: RIPv2 (2)
  > IP Address: 1.0.0.0, Metric: 1
  > IP Address: 2.0.0.0, Metric: 16
  > IP Address: 3.0.0.0, Metric: 2
  > IP Address: 4.0.0.0, Metric: 3
  > IP Address: 192.168.1.0, Metric: 1
  > IP Address: 192.168.12.0, Metric: 1
  > IP Address: 192.168.13.0, Metric: 1
  > IP Address: 192.168.26.0, Metric: 16
  > IP Address: 192.168.34.0, Metric: 2
```

图 6-19　R1 的 e0/1 端口 335 号报文详细内容

从图 6-19 中可以看到，R1 接收到 R5 有关这两个网段的通告后，并没有立即将这两个网段的路由删除或更新，而是让其继续存在了约 60s（Holddowntimer），之后 R1 才开始更新这两条路由。这样做是为了避免因 R5 的通告报文是错误的而导致形成路由环路。343 号报文开始更新这两条路由，其详细内容如图 6-20 所示。

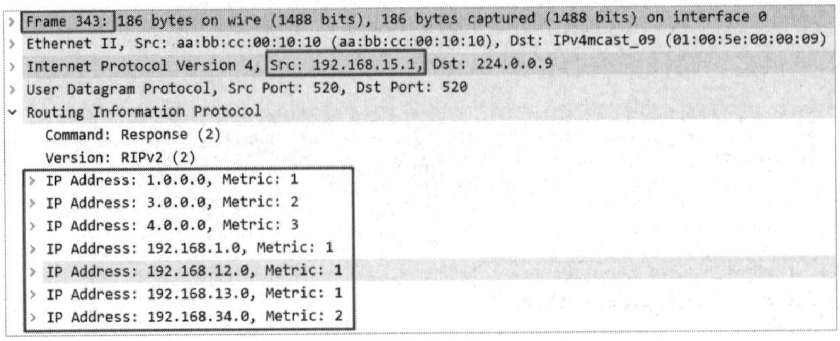

```
> Frame 343: 186 bytes on wire (1488 bits), 186 bytes captured (1488 bits) on interface 0
> Ethernet II, Src: aa:bb:cc:00:10:10 (aa:bb:cc:00:10:10), Dst: IPv4mcast_09 (01:00:5e:00:00:09)
> Internet Protocol Version 4, Src: 192.168.15.1, Dst: 224.0.0.9
> User Datagram Protocol, Src Port: 520, Dst Port: 520
v Routing Information Protocol
    Command: Response (2)
    Version: RIPv2 (2)
  > IP Address: 1.0.0.0, Metric: 1
  > IP Address: 3.0.0.0, Metric: 2
  > IP Address: 4.0.0.0, Metric: 3
  > IP Address: 192.168.1.0, Metric: 1
  > IP Address: 192.168.12.0, Metric: 1
  > IP Address: 192.168.13.0, Metric: 1
  > IP Address: 192.168.34.0, Metric: 2
```

图 6-20　R1 的 e0/1 端口 343 号报文详细内容

从图 6-20 中可以看到，R1 的通告报文中不再含有 2.0.0.0 和 192.168.26.0 这两个网段，因为过了 60s 之后，R1 已经认可了通往这两个网段的下一跳为 R5。假如 R1 在 240s（Garbagetimer）之后，没有接收到任何有关这两个网段的更新路由，则直接删除这两条路由。以上就是 RIPv2 对检测到端口 down 之后的全部处理过程。

最后得出结论：极端情况下 RIPv2 协议完全收敛共需要 240s，即与 Garbagetimer 的时间间隔相同。和其他路由协议相比，这个收敛时间确实有点长。

6.4.2　RIPv2 路由请求与路由收敛

对于端口 down 的情况，RIPv2 会启动各种定时器机制保证网络能够正确收敛，这个过程是很慢的。如果遇到端口 up 的情况，那么收敛会不会快一些？下面将 R2 的 e0/0 端口重新启用，命令如下：

```
R2(config)#interface e0/0
R2(config-if)#no shutdown
```

R2 的 e0/0 端口重新启用后，查看从 R1 的 e0/0 端口抓取的 RIPv2 报文列表，如图 6-21 所示。

No.	Time	Source	Destination	Protocol	Length	Info
1044	6205.358282	192.168.12.1	224.0.0.9	RIPv2	306	Response
1048	6232.207219	192.168.12.1	224.0.0.9	RIPv2	306	Response
1053	6261.605809	192.168.12.1	224.0.0.9	RIPv2	306	Response
1057	6288.048136	192.168.12.1	224.0.0.9	RIPv2	306	Response
1064	6311.087002	192.168.12.2	224.0.0.9	RIPv2	66	Request
1065	6311.087229	192.168.12.1	192.168.12.2	RIPv2	306	Response
1071	6313.713595	192.168.12.1	224.0.0.9	RIPv2	306	Response
1083	6340.067788	192.168.12.1	224.0.0.9	RIPv2	306	Response
1084	6340.849353	192.168.12.2	224.0.0.9	RIPv2	166	Response
1092	6366.782604	192.168.12.1	224.0.0.9	RIPv2	226	Response
1094	6370.619415	192.168.12.2	224.0.0.9	RIPv2	166	Response

图 6-21　从 R1 的 e0/0 端口抓取的 RIPv2 报文列表

在以上列表中，第 1 次出现了类型为请求的 RIPv2 报文（序号为 1064），该报文是 R2 检测到端口 up 后而发出的触发更新报文。R1 的 e0/0 端口 1064 号报文详细内容如图 6-22 所示。

```
> Frame 1064: 66 bytes on wire (528 bits), 66 bytes captured (528 bits) on interface 0
> Ethernet II, Src: aa:bb:cc:00:20:00 (aa:bb:cc:00:20:00), Dst: IPv4mcast_09 (01:00:5e:00:00:09)
> Internet Protocol Version 4, Src: 192.168.12.2, Dst: 224.0.0.9
> User Datagram Protocol, Src Port: 520, Dst Port: 520
v Routing Information Protocol
    Command: Request (1)
    Version: RIPv2 (2)
  > Address not specified, Metric: 16
```

图 6-22　R1 的 e0/0 端口 1064 号报文详细内容

从图 6-22 中可以看到，请求报文没有任何路由条目，其作用仅是向对方请求路由条目。R1 接收到 R2 的请求报文后马上回应了应答报文，而不会等待 30s（Updatetimer）之后才回应。这就是 1065 号报文，其详细内容如图 6-23 所示。

1065 号报文中一个很有意思的结果：R1 通告 R2 的网段中几乎含有全网所有的网段，其中包括 2.0.0.0 和 192.168.26.0，因为当前 R1 并不知道这两个网段是和 R2 直连的，当然也包括距离 R2 更远的其他网段，如 6.0.0.0 等。R2 接收到这个通告之后，会如何处理呢？R2 会比较本地的路由条目，把本地更优的路由条目通告给 R1。这就是 1084 号报文，其详细内容如图 6-24 所示。

```
> Frame 1065: 306 bytes on wire (2448 bits), 306 bytes captured (2448 bits) on interface 0
> Ethernet II, Src: aa:bb:cc:00:10:00 (aa:bb:cc:00:10:00), Dst: aa:bb:cc:00:20:00 (aa:bb:cc:00:20:00)
> Internet Protocol Version 4, Src: 192.168.12.1, Dst: 192.168.12.2
> User Datagram Protocol, Src Port: 520, Dst Port: 520
v Routing Information Protocol
    Command: Response (2)
    Version: RIPv2 (2)
  > IP Address: 1.0.0.0, Metric: 1
  > IP Address: 2.0.0.0, Metric: 4
  > IP Address: 3.0.0.0, Metric: 2
  > IP Address: 4.0.0.0, Metric: 3
  > IP Address: 5.0.0.0, Metric: 2
  > IP Address: 6.0.0.0, Metric: 3
  > IP Address: 192.168.1.0, Metric: 1
  > IP Address: 192.168.13.0, Metric: 1
  > IP Address: 192.168.15.0, Metric: 1
  > IP Address: 192.168.26.0, Metric: 3
  > IP Address: 192.168.34.0, Metric: 2
  > IP Address: 192.168.46.0, Metric: 3
  > IP Address: 192.168.56.0, Metric: 2
```

图 6-23　R1 的 e0/0 端口 1065 号报文详细内容

```
> Frame 1084: 166 bytes on wire (1328 bits), 166 bytes captured (1328 bits) on interface 0
> Ethernet II, Src: aa:bb:cc:00:20:00 (aa:bb:cc:00:20:00), Dst: IPv4mcast_09 (01:00:5e:00:00:09)
> Internet Protocol Version 4, Src: 192.168.12.2, Dst: 224.0.0.9
> User Datagram Protocol, Src Port: 520, Dst Port: 520
v Routing Information Protocol
    Command: Response (2)
    Version: RIPv2 (2)
  > IP Address: 2.0.0.0, Metric: 1
  > IP Address: 4.0.0.0, Metric: 3
  > IP Address: 6.0.0.0, Metric: 2
  > IP Address: 192.168.26.0, Metric: 1
  > IP Address: 192.168.46.0, Metric: 2
  > IP Address: 192.168.56.0, Metric: 2
```

图 6-24　R1 的 e0/0 端口 1084 号报文详细内容

接下来 R1 接收了这些更新的报文，这就是 1092 号报文，其详细内容如图 6-25 所示。

```
> Frame 1092: 226 bytes on wire (1808 bits), 226 bytes captured (1808 bits) on interface 0
> Ethernet II, Src: aa:bb:cc:00:10:00 (aa:bb:cc:00:10:00), Dst: IPv4mcast_09 (01:00:5e:00:00:09)
> Internet Protocol Version 4, Src: 192.168.12.1, Dst: 224.0.0.9
> User Datagram Protocol, Src Port: 520, Dst Port: 520
v Routing Information Protocol
    Command: Response (2)
    Version: RIPv2 (2)
  > IP Address: 1.0.0.0, Metric: 1
  > IP Address: 3.0.0.0, Metric: 2
  > IP Address: 4.0.0.0, Metric: 3
  > IP Address: 5.0.0.0, Metric: 2
  > IP Address: 192.168.1.0, Metric: 1
  > IP Address: 192.168.13.0, Metric: 1
  > IP Address: 192.168.15.0, Metric: 1
  > IP Address: 192.168.34.0, Metric: 2
  > IP Address: 192.168.56.0, Metric: 2
```

图 6-25　R1 的 e0/0 端口 1092 号报文详细内容

和 1065 号报文相比，1092 号报文的路由条目明显少了很多，这就是经过比较开销值之后得出的结果。从以上过程来看，R2 通过发送请求，可以快速更新自己的路由表，那么 R6 是否可以快速更新自己的路由表呢？R2 的 e0/1 端口收发报文列表如图 6-26 所示。

从 R2 的 e0/1 端口收发报文列表中可以看到，在端口 up 的这段时间内，R2 并不是以 30s 的时间间隔发送更新的报文的。当 R2 接收到 R1 的路由更新后，也触发了路由更新过程。首先查看 1968 号报文，其详细内容如图 6-27 所示。

No.	Time	Source	Destination	Protocol	Length	Info
1950	6215.376445	192.168.26.2	224.0.0.9	RIPv2	66	Response
1958	6240.799664	192.168.26.6	224.0.0.9	RIPv2	286	Response
1959	6242.499195	192.168.26.2	224.0.0.9	RIPv2	66	Response
1965	6267.218836	192.168.26.6	224.0.0.9	RIPv2	286	Response
1968	6269.196983	192.168.26.2	224.0.0.9	RIPv2	66	Response
1974	6294.428720	192.168.26.2	224.0.0.9	RIPv2	166	Response
1975	6294.612336	192.168.26.6	224.0.0.9	RIPv2	206	Response
1977	6297.771284	192.168.26.2	224.0.0.9	RIPv2	186	Response
1985	6321.680832	192.168.26.6	224.0.0.9	RIPv2	206	Response
1986	6324.234273	192.168.26.2	224.0.0.9	RIPv2	186	Response
1994	6350.338371	192.168.26.6	224.0.0.9	RIPv2	206	Response

图 6-26　R2 的 e0/1 端口收发报文列表

```
> Frame 1968: 66 bytes on wire (528 bits), 66 bytes captured (528 bits) on interface 0
> Ethernet II, Src: aa:bb:cc:00:20:10 (aa:bb:cc:00:20:10), Dst: IPv4mcast_09 (01:00:5e:00:00:09)
> Internet Protocol Version 4, Src: 192.168.26.2, Dst: 224.0.0.9
> User Datagram Protocol, Src Port: 520, Dst Port: 520
v Routing Information Protocol
    Command: Response (2)
    Version: RIPv2 (2)
  > IP Address: 2.0.0.0, Metric: 1
```

图 6-27　R2 的 e0/1 端口 1968 号报文详细内容

1968 号报文中只含有一条 2.0.0.0 的路由条目，很显然这是端口 up 前发出的。接着查看 1974 号报文和 1977 号报文，其详细内容分别如图 6-28 和图 6-29 所示。

```
> Frame 1974: 166 bytes on wire (1328 bits), 166 bytes captured (1328 bits) on interface 0
> Ethernet II, Src: aa:bb:cc:00:20:10 (aa:bb:cc:00:20:10), Dst: IPv4mcast_09 (01:00:5e:00:00:09)
> Internet Protocol Version 4, Src: 192.168.26.2, Dst: 224.0.0.9
> User Datagram Protocol, Src Port: 520, Dst Port: 520
v Routing Information Protocol
    Command: Response (2)
    Version: RIPv2 (2)
  > IP Address: 1.0.0.0, Metric: 2
  > IP Address: 3.0.0.0, Metric: 3
  > IP Address: 192.168.1.0, Metric: 2
  > IP Address: 192.168.12.0, Metric: 1
  > IP Address: 192.168.13.0, Metric: 2
  > IP Address: 192.168.15.0, Metric: 2
```

图 6-28　R2 的 e0/1 端口 1974 号报文详细内容

```
> Frame 1977: 186 bytes on wire (1488 bits), 186 bytes captured (1488 bits) on interface 0
> Ethernet II, Src: aa:bb:cc:00:20:10 (aa:bb:cc:00:20:10), Dst: IPv4mcast_09 (01:00:5e:00:00:09)
> Internet Protocol Version 4, Src: 192.168.26.2, Dst: 224.0.0.9
> User Datagram Protocol, Src Port: 520, Dst Port: 520
v Routing Information Protocol
    Command: Response (2)
    Version: RIPv2 (2)
  > IP Address: 1.0.0.0, Metric: 2
  > IP Address: 2.0.0.0, Metric: 1
  > IP Address: 3.0.0.0, Metric: 3
  > IP Address: 192.168.1.0, Metric: 2
  > IP Address: 192.168.12.0, Metric: 1
  > IP Address: 192.168.13.0, Metric: 2
  > IP Address: 192.168.15.0, Metric: 2
```

图 6-29　R2 的 e0/1 端口 1977 号报文详细内容

由此可以看出，1974 号报文和 1977 号报文包含 R1 通告给 R2 的路由条目，说明这两个报文显然是端口 up 后发出的。因此，最后得出结论，当端口 up 时，RIPv2 路由条目的触发更新速度比端口 down 时要快得多，其路由收敛时间远小于一个更新周期（30s），具体时间取决于当前网络的规模大小。

6.4.3 RIPv2 路由汇总

本节配置并验证 RIPv2 的路由汇总功能。如前所述，RIPv2 默认打开了路由汇总功能，因此每个路由器的 Loopback0 网段被自动汇总成一个 A 类网段。例如，R1 的 Loopback0 网段被自动汇总成 1.0.0.0/8，R2 的 Loopback0 网段被自动汇总成 2.0.0.0/8 等。R1 中的另外 4 个 Loopback 端口网段被自动汇总成一个 C 类网段 192.168.1.0/24。当前 R1 的路由表信息如下：

```
R1#show ip route
Gateway of last resort is not set
      1.0.0.0/8 is variably subnetted, 2 subnets, 2 masks
C        1.1.1.0/24 is directly connected, Loopback0
L        1.1.1.1/32 is directly connected, Loopback0
#所有其他路由器的 Loopback0 网段被自动汇总成一个 A 类网段
R     2.0.0.0/8 [120/1] via 192.168.12.2, 00:00:12, Ethernet0/0
R     3.0.0.0/8 [120/1] via 192.168.13.3, 00:00:15, Serial1/0
R     4.0.0.0/8 [120/2] via 192.168.13.3, 00:00:15, Serial1/0
R     5.0.0.0/8 [120/1] via 192.168.15.5, 00:00:15, Ethernet0/1
R     6.0.0.0/8 [120/2] via 192.168.15.5, 00:00:15, Ethernet0/1
                [120/2] via 192.168.12.2, 00:00:12, Ethernet0/0
#192.168.1.0 在本地并没有被自动汇总
      192.168.1.0/24 is variably subnetted, 8 subnets, 2 masks
C        192.168.1.0/26 is directly connected, Loopback1
L        192.168.1.1/32 is directly connected, Loopback1
C        192.168.1.64/26 is directly connected, Loopback2
L        192.168.1.65/32 is directly connected, Loopback2
C        192.168.1.128/26 is directly connected, Loopback3
L        192.168.1.129/32 is directly connected, Loopback3
C        192.168.1.192/26 is directly connected, Loopback4
L        192.168.1.193/32 is directly connected, Loopback4
      192.168.12.0/24 is variably subnetted, 2 subnets, 2 masks
C        192.168.12.0/24 is directly connected, Ethernet0/0
L        192.168.12.1/32 is directly connected, Ethernet0/0
      192.168.13.0/24 is variably subnetted, 2 subnets, 2 masks
C        192.168.13.0/24 is directly connected, Serial1/0
L        192.168.13.1/32 is directly connected, Serial1/0
      192.168.15.0/24 is variably subnetted, 2 subnets, 2 masks
C        192.168.15.0/24 is directly connected, Ethernet0/1
L        192.168.15.1/32 is directly connected, Ethernet0/1
R     192.168.26.0/24 [120/1] via 192.168.12.2, 00:00:12, Ethernet0/0
R     192.168.34.0/24 [120/1] via 192.168.13.3, 00:00:15, Serial1/0
R     192.168.46.0/24 [120/2] via 192.168.15.5, 00:00:15, Ethernet0/1
                      [120/2] via 192.168.13.3, 00:00:15, Serial1/0
                      [120/2] via 192.168.12.2, 00:00:12, Ethernet0/0
R     192.168.56.0/24 [120/1] via 192.168.15.5, 00:00:15, Ethernet0/1
```

由此可以看到，R2～R6 的 Loopback0 网段都被自动汇总成一个 A 类网段，但 R1 本地的 Loopback0 网段并没有被自动汇总。R2 的路由条目如下：

```
R2#show ip route
Gateway of last resort is not set
#R1 的 Loopback0 网段被自动汇总成一个 A 类网段
R      1.0.0.0/8 [120/1] via 192.168.12.1, 00:00:00, Ethernet0/0
       2.0.0.0/8 is variably subnetted, 2 subnets, 2 masks
C         2.2.2.0/24 is directly connected, Loopback0
L         2.2.2.2/32 is directly connected, Loopback0
#R3～R6 的 Loopback0 网段被自动汇总成一个 A 类网段
R      3.0.0.0/8 [120/2] via 192.168.12.1, 00:00:00, Ethernet0/0
R      4.0.0.0/8 [120/2] via 192.168.26.6, 00:00:04, Ethernet0/1
R      5.0.0.0/8 [120/2] via 192.168.26.6, 00:00:04, Ethernet0/1
                 [120/2] via 192.168.12.1, 00:00:00, Ethernet0/0
R      6.0.0.0/8 [120/1] via 192.168.26.6, 00:00:04, Ethernet0/1
#R1 上的 4 个 Loopback 端口网段被自动汇总成一个 C 类网段
R      192.168.1.0/24 [120/1] via 192.168.12.1, 00:00:00, Ethernet0/0
       192.168.12.0/24 is variably subnetted, 2 subnets, 2 masks
C         192.168.12.0/24 is directly connected, Ethernet0/0
L         192.168.12.2/32 is directly connected, Ethernet0/0
R      192.168.13.0/24 [120/1] via 192.168.12.1, 00:00:00, Ethernet0/0
R      192.168.15.0/24 [120/1] via 192.168.12.1, 00:00:00, Ethernet0/0
       192.168.26.0/24 is variably subnetted, 2 subnets, 2 masks
C         192.168.26.0/24 is directly connected, Ethernet0/1
L         192.168.26.2/32 is directly connected, Ethernet0/1
R      192.168.34.0/24 [120/2] via 192.168.26.6, 00:00:04, Ethernet0/1
                       [120/2] via 192.168.12.1, 00:00:00, Ethernet0/0
R      192.168.46.0/24 [120/1] via 192.168.26.6, 00:00:04, Ethernet0/1
R      192.168.56.0/24 [120/1] via 192.168.26.6, 00:00:04, Ethernet0/1
```

接下来将 R1 和 R2 的自动汇总功能关闭，命令如下：

```
R1(config)#router rip
R1(config-router)#no auto-summary   #关闭 R1 的自动汇总功能

R2(config)#router rip
R2(config-router)#no auto-summary   #关闭 R2 的自动汇总功能
```

再次查看 R2 的路由表，结果显示如下：

```
R2#show ip route
Gateway of last resort is not set
#对于每个环回端口，既有汇总路由，又有非汇总路由
      1.0.0.0/8 is variably subnetted, 2 subnets, 2 masks
R        1.0.0.0/8 [120/4] via 192.168.26.6, 00:00:19, Ethernet0/1
R        1.1.1.0/24 [120/1] via 192.168.12.1, 00:00:14, Ethernet0/0
```

```
      2.0.0.0/8 is variably subnetted, 3 subnets, 3 masks
R        2.0.0.0/8 [120/5] via 192.168.26.6, 00:00:19, Ethernet0/1
C        2.2.2.0/24 is directly connected, Loopback0
L        2.2.2.2/32 is directly connected, Loopback0
      3.0.0.0/8 is variably subnetted, 2 subnets, 2 masks
R        3.0.0.0/8 [120/2] via 192.168.12.1, 00:00:14, Ethernet0/0
R        3.3.3.0/24 [120/2] via 192.168.12.1, 00:00:14, Ethernet0/0
      4.0.0.0/8 is variably subnetted, 2 subnets, 2 masks
R        4.0.0.0/8 [120/3] via 192.168.12.1, 00:00:14, Ethernet0/0
R        4.4.4.0/24 [120/2] via 192.168.26.6, 00:00:19, Ethernet0/1
      5.0.0.0/8 is variably subnetted, 2 subnets, 2 masks
R        5.0.0.0/8 [120/5] via 192.168.26.6, 00:00:19, Ethernet0/1
R        5.5.5.0/24 [120/2] via 192.168.26.6, 00:00:19, Ethernet0/1
                    [120/2] via 192.168.12.1, 00:00:14, Ethernet0/0
      6.0.0.0/8 is variably subnetted, 2 subnets, 2 masks
R        6.0.0.0/8 [120/4] via 192.168.12.1, 00:00:14, Ethernet0/0
R        6.6.6.0/24 [120/1] via 192.168.26.6, 00:00:19, Ethernet0/1
      192.168.1.0/24 is variably subnetted, 5 subnets, 2 masks
R        192.168.1.0/24 [120/4] via 192.168.26.6, 00:00:19, Ethernet0/1
R        192.168.1.0/26 [120/1] via 192.168.12.1, 00:00:14, Ethernet0/0
R        192.168.1.64/26 [120/1] via 192.168.12.1, 00:00:14, Ethernet0/0
R        192.168.1.128/26 [120/1] via 192.168.12.1, 00:00:14, Ethernet0/0
R        192.168.1.192/26 [120/1] via 192.168.12.1, 00:00:14, Ethernet0/0
      192.168.12.0/24 is variably subnetted, 2 subnets, 2 masks
C        192.168.12.0/24 is directly connected, Ethernet0/0
L        192.168.12.2/32 is directly connected, Ethernet0/0
R     192.168.13.0/24 [120/1] via 192.168.12.1, 00:00:14, Ethernet0/0
R     192.168.15.0/24 [120/1] via 192.168.12.1, 00:00:14, Ethernet0/0
      192.168.26.0/24 is variably subnetted, 2 subnets, 2 masks
C        192.168.26.0/24 is directly connected, Ethernet0/1
L        192.168.26.2/32 is directly connected, Ethernet0/1
R     192.168.34.0/24 [120/2] via 192.168.26.6, 00:00:19, Ethernet0/1
                      [120/2] via 192.168.12.1, 00:00:14, Ethernet0/0
R     192.168.46.0/24 [120/1] via 192.168.26.6, 00:00:19, Ethernet0/1
R     192.168.56.0/24 [120/1] via 192.168.26.6, 00:00:19, Ethernet0/1
```

与前面 R2 的路由表相比，这次 R2 的路由表中既有汇总后的路由，又有汇总前的路由。例如，对于 R1 的 Loopback0，既有 1.0.0.0/8 网段，又有 1.1.1.0/24 网段，并且其开销值也不同，1.1.1.0/24 的开销值为 1，1.0.0.0/8 的开销值为 4。初看这个结果可能让人感到迷惑，但仔细分析一下就知道原因了。由于当前我们仅关闭了 R1 和 R2 的自动汇总功能，而 R3～R6 的自动汇总功能还是默认打开的，汇总后的路由又会通过 RIPv2 通告报文送回 R1 和 R2，因此出现了汇总前的路由和汇总后的路由共存的情况。实际上，只要当前 RIPv2 中任何一个路由器打开了路由汇总功能，都会出现以上情况。只有 R1～R6 全部关闭了路由汇总功能，并等待 240s 汇总路由超时被删除后，汇总路由才会从 RIPv2 网络中彻底消失，或者在 R1～R6 上执行如下命令（以 R2 为例）：

```
R2(config)#router rip
R2(config-router)#no auto-summary   #关闭 R2 的自动汇总功能
R2(config-router)#end
R2#clear ip route *   #清空当前所有路由条目，并向邻居路由器发送路由请求
```

所有路由器全部关闭自动汇总功能后，最终 R2 的路由表会变成如下未经过汇总的结果：

```
R2#show ip route
Gateway of last resort is not set

      1.0.0.0/24 is subnetted, 1 subnets
R        1.1.1.0 [120/1] via 192.168.12.1, 00:00:10, Ethernet0/0
      2.0.0.0/8 is variably subnetted, 2 subnets, 2 masks
C        2.2.2.0/24 is directly connected, Loopback0
L        2.2.2.2/32 is directly connected, Loopback0
      3.0.0.0/24 is subnetted, 1 subnets
R        3.3.3.0 [120/2] via 192.168.12.1, 00:00:10, Ethernet0/0
      4.0.0.0/24 is subnetted, 1 subnets
R        4.4.4.0 [120/2] via 192.168.26.6, 00:00:17, Ethernet0/1
      5.0.0.0/24 is subnetted, 1 subnets
R        5.5.5.0 [120/2] via 192.168.26.6, 00:00:17, Ethernet0/1
                 [120/2] via 192.168.12.1, 00:00:10, Ethernet0/0
      6.0.0.0/24 is subnetted, 1 subnets
R        6.6.6.0 [120/1] via 192.168.26.6, 00:00:17, Ethernet0/1
      192.168.1.0/24 is subnetted, 4 subnets
R        192.168.1.0 [120/1] via 192.168.12.1, 00:00:10, Ethernet0/0
R        192.168.1.64 [120/1] via 192.168.12.1, 00:00:10, Ethernet0/0
R        192.168.1.128 [120/1] via 192.168.12.1, 00:00:10, Ethernet0/0
R        192.168.1.192 [120/1] via 192.168.12.1, 00:00:10, Ethernet0/0
      192.168.12.0/24 is variably subnetted, 2 subnets, 2 masks
C        192.168.12.0/24 is directly connected, Ethernet0/0
L        192.168.12.2/32 is directly connected, Ethernet0/0
R     192.168.13.0/24 [120/1] via 192.168.12.1, 00:00:10, Ethernet0/0
R     192.168.15.0/24 [120/1] via 192.168.12.1, 00:00:10, Ethernet0/0
      192.168.26.0/24 is variably subnetted, 2 subnets, 2 masks
C        192.168.26.0/24 is directly connected, Ethernet0/1
L        192.168.26.2/32 is directly connected, Ethernet0/1
R     192.168.34.0/24 [120/2] via 192.168.26.6, 00:00:17, Ethernet0/1
                      [120/2] via 192.168.12.1, 00:00:10, Ethernet0/0
R     192.168.46.0/24 [120/1] via 192.168.26.6, 00:00:17, Ethernet0/1
R     192.168.56.0/24 [120/1] via 192.168.26.6, 00:00:17, Ethernet0/1
```

RIPv2 不仅具有自动汇总功能，还具有手工汇总功能。自动汇总是指将网段自动汇总成一个标准的 A 类、B 类、C 类网段，这样有时汇总后的网段太大，不是我们想要的结果。例如，在 R1 上将 1.1.1.0/24 自动汇总成 1.0.0.0/8，这个网段就太大了。如果我们想要将其汇总成 1.1.0.0/16，则可以使用手工汇总功能，命令如下：

```
R1(config)#interface e0/0   #进入端口配置模式，下同
```

```
R1(config-if)#ip summary-address rip 1.1.1.1 255.255.0.0   #手工汇总地址，下同
R1(config)#interface e0/1
R1(config-if)#ip summary-address rip 1.1.1.1 255.255.0.0
R1(config)#interface s1/0
R1(config-if)#ip summary-address rip 1.1.1.1 255.255.0.0
```

以上命令需要进入端口配置模式进行配置，而且所有端口都要配置，否则又会存在汇总后的路由和汇总前的路由共存的情况。1.1.1.1 为当前路由器的有效端口 IP 地址，子网掩码可以自定义，可以与配置端口 IP 地址时的子网掩码不同，从而根据需要控制汇总后的地址范围。在 R2 上查看 1.1.1.1 手工汇总后的路由条目，如下所示：

```
R2#show ip route
Gateway of last resort is not set
     1.0.0.0/16 is subnetted, 1 subnets
R      1.1.0.0 [120/1] via 192.168.12.1, 00:00:20, Ethernet0/0  #手工汇总后的路由条目
     2.0.0.0/8 is variably subnetted, 2 subnets, 2 masks
C       2.2.2.0/24 is directly connected, Loopback0
L       2.2.2.2/32 is directly connected, Loopback0
     3.0.0.0/24 is subnetted, 1 subnets
R       3.3.3.0 [120/2] via 192.168.12.1, 00:00:20, Ethernet0/0
     4.0.0.0/24 is subnetted, 1 subnets
R       4.4.4.0 [120/2] via 192.168.26.6, 00:00:18, Ethernet0/1
     5.0.0.0/24 is subnetted, 1 subnets
R       5.5.5.0 [120/2] via 192.168.26.6, 00:00:18, Ethernet0/1
                [120/2] via 192.168.12.1, 00:00:20, Ethernet0/0
     6.0.0.0/24 is subnetted, 1 subnets
R       6.6.6.0 [120/1] via 192.168.26.6, 00:00:18, Ethernet0/1
     192.168.1.0/26 is subnetted, 4 subnets
R       192.168.1.0 [120/1] via 192.168.12.1, 00:00:20, Ethernet0/0
R       192.168.1.64 [120/1] via 192.168.12.1, 00:00:20, Ethernet0/0
R       192.168.1.128 [120/1] via 192.168.12.1, 00:00:20, Ethernet0/0
R       192.168.1.192 [120/1] via 192.168.12.1, 00:00:20, Ethernet0/0
     192.168.12.0/24 is variably subnetted, 2 subnets, 2 masks
C       192.168.12.0/24 is directly connected, Ethernet0/0
L       192.168.12.2/32 is directly connected, Ethernet0/0
R    192.168.13.0/24 [120/1] via 192.168.12.1, 00:00:20, Ethernet0/0
R    192.168.15.0/24 [120/1] via 192.168.12.1, 00:00:20, Ethernet0/0
     192.168.26.0/24 is variably subnetted, 2 subnets, 2 masks
C       192.168.26.0/24 is directly connected, Ethernet0/1
L       192.168.26.2/32 is directly connected, Ethernet0/1
R    192.168.34.0/24 [120/2] via 192.168.26.6, 00:00:18, Ethernet0/1
                     [120/2] via 192.168.12.1, 00:00:20, Ethernet0/0
R    192.168.46.0/24 [120/1] via 192.168.26.6, 00:00:18, Ethernet0/1
R    192.168.56.0/24 [120/1] via 192.168.26.6, 00:00:18, Ethernet0/1
```

还有一种特殊情况：当子网地址不连续，而汇总后的网段又包含不存在的网络时，会产生路由黑洞（注意不要和前面介绍的黑洞路由混为一谈）。路由黑洞的危害是可能形成路由

环路。假设 R1 的 Loopback3 子网被禁用，且汇总后的网段为 192.168.1.0/24，则该网段包含一个不可达子网区域（192.168.1.128/64），即路由黑洞。基于该路由黑洞形成路由环路的条件是，为 R1 配置一条默认路由指向 R2，而 R2 又认为 192.168.1.0/24 网段指向 R1。如果从 R5 执行 ping 192.168.1.129 命令，则 R5 根据汇总后的路由将报文发给 R1，但是 R1 找不到对应的路由条目（路由黑洞），只好按照默认路由将报文转发给 R2，R2 根据汇总后的路由又将报文发回 R1，这样报文在 R1 和 R2 中循环，路由环路就形成了。验证过程和配置命令如下：

```
R1(config)#interface loopback 3   #先把 Loopback3 子网 192.168.1.128/26 禁用
R1(config-if)#shutdown
R1(config)#interface e0/0   #进入端口配置模式，进行手工汇总，下同
R1(config-if)#ip summary-address rip 192.168.1.1 255.255.255.0
R1(config)#interface e0/1
R1(config-if)#ip summary-address rip 192.168.1.1 255.255.255.0
R1(config)#interfaces1/0
R1(config-if)#ip summary-address rip 192.168.1.1 255.255.255.0
R1(config-if)#exit
R1(config)#ip route 0.0.0.0 0.0.0.0 192.168.12.2   #设置一条指向 R2 的默认路由
R1#show ip route
Gateway of last resort is 192.168.12.2 to network 0.0.0.0
S*    0.0.0.0/0 [1/0] via 192.168.12.2   #默认路由指向 R2
      1.0.0.0/8 is variably subnetted, 2 subnets, 2 masks
C        1.1.1.0/24 is directly connected, Loopback0
L        1.1.1.1/32 is directly connected, Loopback0
      2.0.0.0/24 is subnetted, 1 subnets
R        2.2.2.0 [120/1] via 192.168.12.2, 00:00:11, Ethernet0/0
      3.0.0.0/24 is subnetted, 1 subnets
R        3.3.3.0 [120/1] via 192.168.13.3, 00:00:17, Serial1/0
      4.0.0.0/24 is subnetted, 1 subnets
R        4.4.4.0 [120/2] via 192.168.13.3, 00:00:17, Serial1/0
      5.0.0.0/24 is subnetted, 1 subnets
R        5.5.5.0 [120/1] via 192.168.15.5, 00:00:16, Ethernet0/1
      6.0.0.0/24 is subnetted, 1 subnets
R        6.6.6.0 [120/2] via 192.168.15.5, 00:00:16, Ethernet0/1
                 [120/2] via 192.168.12.2, 00:00:11, Ethernet0/0
#这里 R1 缺少一个子网区域 192.168.1.128/26
      192.168.1.0/24 is variably subnetted, 6 subnets, 1 masks
C        192.168.1.0/26 is directly connected, Loopback1
L        192.168.1.1/32 is directly connected, Loopback1
C        192.168.1.64/26 is directly connected, Loopback2
L        192.168.1.65/32 is directly connected, Loopback2
C        192.168.1.192/26 is directly connected, Loopback4
L        192.168.1.193/32 is directly connected, Loopback4
      192.168.12.0/24 is variably subnetted, 2 subnets, 2 masks
C        192.168.12.0/24 is directly connected, Ethernet0/0
L        192.168.12.1/32 is directly connected, Ethernet0/0
      192.168.13.0/24 is variably subnetted, 2 subnets, 2 masks
```

```
C       192.168.13.0/24 is directly connected, Serial1/0
L       192.168.13.1/32 is directly connected, Serial1/0
     192.168.15.0/24 is variably subnetted, 2 subnets, 2 masks
C       192.168.15.0/24 is directly connected, Ethernet0/1
L       192.168.15.1/32 is directly connected, Ethernet0/1
R    192.168.26.0/24 [120/1] via 192.168.12.2, 00:00:11, Ethernet0/0
```

接下来从 R2 和 R5 分别执行 ping 192.168.1.129 命令，并从 R1 的 e0/0 端口抓取 ICMP 报文进行分析。首先在 R2 上执行 ping 192.168.1.129 命令，结果 ping 不通，与预期一致，测试结果如下：

```
R2#ping 192.168.1.129    #失败
Type escape sequence to abort.
Sending 5, 100-byte ICMP Echos to 192.168.1.129, timeout is 2 seconds:
.....
Success rate is 0 percent (0/5)
```

R1 的 e0/0 端口 ICMP 报文列表 1 如图 6-30 所示。

No.	Time	Source	Destination	Protocol	Length	Info
20	26.486286	192.168.12.2	192.168.1.129	ICMP	114	Echo (ping) request id=0x0007, seq=0/0, ttl=255 (no response found!)
21	26.486494	192.168.12.1	192.168.12.2	ICMP	70	Redirect (Redirect for network)
22	26.486508	192.168.12.2	192.168.1.129	ICMP	114	Echo (ping) request id=0x0007, seq=0/0, ttl=254 (no response found!)
23	28.487493	192.168.12.2	192.168.1.129	ICMP	114	Echo (ping) request id=0x0007, seq=1/256, ttl=255 (no response found!)
24	28.487979	192.168.12.1	192.168.12.2	ICMP	70	Redirect (Redirect for network)
25	28.487988	192.168.12.2	192.168.1.129	ICMP	114	Echo (ping) request id=0x0007, seq=1/256, ttl=254 (no response found!)
28	30.489934	192.168.12.2	192.168.1.129	ICMP	114	Echo (ping) request id=0x0007, seq=2/512, ttl=255 (no response found!)
29	30.490314	192.168.12.1	192.168.12.2	ICMP	70	Redirect (Redirect for network)
30	30.490402	192.168.12.2	192.168.1.129	ICMP	114	Echo (ping) request id=0x0007, seq=2/512, ttl=254 (no response found!)
31	32.490924	192.168.12.2	192.168.1.129	ICMP	114	Echo (ping) request id=0x0007, seq=3/768, ttl=255 (no response found!)
32	32.491072	192.168.12.1	192.168.12.2	ICMP	70	Redirect (Redirect for network)
33	32.491110	192.168.12.2	192.168.1.129	ICMP	114	Echo (ping) request id=0x0007, seq=3/768, ttl=254 (no response found!)
34	34.496714	192.168.12.2	192.168.1.129	ICMP	114	Echo (ping) request id=0x0007, seq=4/1024, ttl=255 (no response found!)
35	34.496944	192.168.12.1	192.168.12.2	ICMP	70	Redirect (Redirect for network)
36	34.496952	192.168.12.2	192.168.1.129	ICMP	114	Echo (ping) request id=0x0007, seq=4/1024, ttl=254 (no response found!)

图 6-30　R1 的 e0/0 端口 ICMP 报文列表 1

从图 6-30 中可以看到，R1 接收到 R2 的 ICMP 请求报文后，回复了 5 个 ICMP 重定向（Redirect）报文。为什么 R1 会回复 ICMP 重定向报文呢？原因是 R1 找不到与 192.168.1.129 对应的路由，只好从默认路由转发，而默认路由下一跳地址为 192.168.12.2，该地址与 ICMP 报文的源 IP 地址属于同一网段（192.168.12.2）。因此，R1 发送了 ICMP 重定向报文。R2 接收到 ICMP 重定向报文后，发现该报文是重定向给自己的，就直接将报文丢弃了。因此，本次 ping 命令虽然失败，但不至于形成路由环路。

下面从 R5 执行 ping 192.168.1.129 命令，并在 R1 的 e0/0 端口抓取 ICMP 报文进行分析，结果仍 ping 不通，与预期一致，测试结果如下：

```
R5#ping 192.168.1.129    #失败
Type escape sequence to abort.
Sending 5, 100-byte ICMP Echos to 192.168.1.129, timeout is 2 seconds:
.....
Success rate is 0 percent (0/5)
```

再次查看从 R1 的 e0/0 端口抓取到的 ICMP 报文列表，与上一次抓包情况相差很大，如

图 6-31 所示。

No.	Time	Source	Destination	Protocol	Length	Info
495	1497.569774	192.168.15.5	192.168.1.129	ICMP	114	Echo (ping) request id=0x0000, seq=0/0, ttl=254 (no response found!)
496	1497.569902	192.168.15.5	192.168.1.129	ICMP	114	Echo (ping) request id=0x0000, seq=0/0, ttl=253 (no response found!)
497	1497.569928	192.168.15.5	192.168.1.129	ICMP	114	Echo (ping) request id=0x0000, seq=0/0, ttl=252 (no response found!)
498	1497.569947	192.168.15.5	192.168.1.129	ICMP	114	Echo (ping) request id=0x0000, seq=0/0, ttl=251 (no response found!)
499	1497.569963	192.168.15.5	192.168.1.129	ICMP	114	Echo (ping) request id=0x0000, seq=0/0, ttl=250 (no response found!)
500	1497.569980	192.168.15.5	192.168.1.129	ICMP	114	Echo (ping) request id=0x0000, seq=0/0, ttl=249 (no response found!)
501	1497.569995	192.168.15.5	192.168.1.129	ICMP	114	Echo (ping) request id=0x0000, seq=0/0, ttl=248 (no response found!)
502	1497.570012	192.168.15.5	192.168.1.129	ICMP	114	Echo (ping) request id=0x0000, seq=0/0, ttl=247 (no response found!)
503	1497.570027	192.168.15.5	192.168.1.129	ICMP	114	Echo (ping) request id=0x0000, seq=0/0, ttl=246 (no response found!)
504	1497.570044	192.168.15.5	192.168.1.129	ICMP	114	Echo (ping) request id=0x0000, seq=0/0, ttl=245 (no response found!)
505	1497.570059	192.168.15.5	192.168.1.129	ICMP	114	Echo (ping) request id=0x0000, seq=0/0, ttl=244 (no response found!)
506	1497.570075	192.168.15.5	192.168.1.129	ICMP	114	Echo (ping) request id=0x0000, seq=0/0, ttl=243 (no response found!)
507	1497.570154	192.168.15.5	192.168.1.129	ICMP	114	Echo (ping) request id=0x0000, seq=0/0, ttl=242 (no response found!)
508	1497.570185	192.168.15.5	192.168.1.129	ICMP	114	Echo (ping) request id=0x0000, seq=0/0, ttl=241 (no response found!)
509	1497.570205	192.168.15.5	192.168.1.129	ICMP	114	Echo (ping) request id=0x0000, seq=0/0, ttl=240 (no response found!)
510	1497.570244	192.168.15.5	192.168.1.129	ICMP	114	Echo (ping) request id=0x0000, seq=0/0, ttl=239 (no response found!)
511	1497.570259	192.168.15.5	192.168.1.129	ICMP	114	Echo (ping) request id=0x0000, seq=0/0, ttl=238 (no response found!)
512	1497.570276	192.168.15.5	192.168.1.129	ICMP	114	Echo (ping) request id=0x0000, seq=0/0, ttl=237 (no response found!)
513	1497.570291	192.168.15.5	192.168.1.129	ICMP	114	Echo (ping) request id=0x0000, seq=0/0, ttl=236 (no response found!)

图 6-31　R1 的 e0/0 端口 ICMP 报文列表 2

从图 6-31 中可以看到，ICMP 报文在 R1 和 R2 之间不断来回传送，直到其 TTL 值依次递减到 0 才停止。从 R5 发送了 5 个 ICMP 报文，但 ICMP 报文共在 R1 和 R2 之间来回传送了 254×5=1270 次，这个带宽消耗还是很可观的。这就是 RIPv2 路由汇总后产生的路由黑洞导致形成的路由环路。为了避免发生以上情况，在 R1 中添加一条指向 192.168.1.128/64 的黑洞路由，命令如下：

```
#添加一条指向 192.168.1.128 的黑洞路由
R1(config)#ip route 192.168.1.128 255.255.255.192 null 0
```

第 5 章介绍过，黑洞路由中的下一跳为 Null0 端口，是一个永远不会 down 的逻辑端口，匹配该路由的报文将被直接丢弃，从而避免形成路由环路。从 R5 再次测试去往该汇总路由的网段，测试结果如下：

```
R5#ping 192.168.1.1    #成功
Type escape sequence to abort.
Sending 5, 100-byte ICMP Echos to 192.168.1.1, timeout is 2 seconds:
!!!!!
Success rate is 100 percent (5/5), round-trip min/avg/max = 1/1/1 ms
R5#ping 192.168.1.65    #成功
Type escape sequence to abort.
Sending 5, 100-byte ICMP Echos to 192.168.1.65, timeout is 2 seconds:
!!!!!
Success rate is 100 percent (5/5), round-trip min/avg/max = 1/1/1 ms
R5#ping 192.168.1.193
Type escape sequence to abort.
Sending 5, 100-byte ICMP Echos to 192.168.1.193, timeout is 2 seconds:
!!!!!
Success rate is 100 percent (5/5), round-trip min/avg/max = 1/1/1 ms
R5#ping 192.168.1.129    #失败
Type escape sequence to abort.
Sending 5, 100-byte ICMP Echos to 192.168.1.129, timeout is 2 seconds:
```

```
U.U.U   #黑洞路由提示目的地址不可达，但不会形成路由环路
Success rate is 0 percent (0/5)
```

如上所示，Loopback1、Loopback2 和 Loopback4 所在的子网都能 ping 通，唯独 Loopback3 所在的子网提示目的地址不可达，这就是黑洞路由产生的效果。因此，在实际应用中，在汇总不连续的子网时，可以通过添加黑洞路由的方式避免形成路由环路。

6.4.4 RIPv2 被动端口与加密认证

RIPv2 被动端口（Passive-Interface）是一种特殊的端口，该端口的特点是只被动接收 RIPv2 路由通告报文，不主动发送 RIPv2 路由通告报文。在以下两种情况下可以考虑配置被动端口。

（1）关闭环回端口的 RIPv2 路由通告报文，以减轻本路由器的 CPU 负担，因为发给环回端口的 RIPv2 路由通告报文没有实际作用。

（2）某个路由器不希望将自己的网段信息通告给邻居路由器，但又希望能接收到邻居路由器发来的路由通告。

首先验证环回端口发送和接收 RIPv2 路由通告报文的情况。以 R2 为例，打开 RIPv2 路由通告报文的 debug 开关，命令如下：

```
R2#debug ip rip    #打开 RIPv2 路由通告报文的 debug 开关
RIP protocol debugging is on
```

打开 RIPv2 路由通告报文的 debug 开关后，马上会弹出很多 RIPv2 路由通告报文发送和接收的提示信息，其中就包括从环回端口发送和接收 RIPv2 路由通告报文的信息，如下所示：

```
*Jul  2 01:29:48.805: RIP: sending v2 update to 224.0.0.9 via Ethernet0/1
(192.168.26.2)
*Jul  2 01:29:48.805: RIP: build update entries
*Jul  2 01:29:48.805:  1.1.0.0/16 via 0.0.0.0, metric 2, tag 0
*Jul  2 01:29:48.805:  2.2.2.0/24 via 0.0.0.0, metric 1, tag 0
*Jul  2 01:29:48.805:  3.3.3.0/24 via 0.0.0.0, metric 3, tag 0
*Jul  2 01:29:48.805:  192.168.1.0/24 via 0.0.0.0, metric 2, tag 0
*Jul  2 01:29:48.805:  192.168.12.0/24 via 0.0.0.0, metric 1, tag 0
*Jul  2 01:29:48.805:  192.168.13.0/24 via 0.0.0.0, metric 2, tag 0
*Jul  2 01:29:48.805:  192.168.15.0/24 via 0.0.0.0, metric 2, tag 0
#从环回端口发送 RIPv2 路由通告报文
*Jul  2 01:29:49.059: RIP: sending v2 update to 224.0.0.9 via Loopback0 (2.2.2.2)
*Jul  2 01:29:49.059: RIP: build update entries
*Jul  2 01:29:49.059:  1.1.0.0/16 via 0.0.0.0, metric 2, tag 0
*Jul  2 01:29:49.059:  3.3.3.0/24 via 0.0.0.0, metric 3, tag 0
*Jul  2 01:29:49.059:  4.4.4.0/24 via 0.0.0.0, metric 3, tag 0
*Jul  2 01:29:49.059:  5.5.5.0/24 via 0.0.0.0, metric 3, tag 0
*Jul  2 01:29:49.059:  6.6.6.0/24 via 0.0.0.0, metric 2, tag 0
*Jul  2 01:29:49.059:  192.168.1.0/24 via 0.0.0.0, metric 2, tag 0
*Jul  2 01:29:49.059:  192.168.12.0/24 via 0.0.0.0, metric 1, tag 0
*Jul  2 01:29:49.059:  192.168.13.0/24 via 0.0.0.0, metric 2, tag 0
*Jul  2 01:29:49.059:  192.168.15.0/24 via 0.0.0.0, metric 2, tag 0
```

```
    *Jul  2 01:29:49.059:   192.168.26.0/24 via 0.0.0.0, metric 1, tag 0
    *Jul  2 01:29:49.059:   192.168.34.0/24 via 0.0.0.0, metric 3, tag 0
    *Jul  2 01:29:49.059:   192.168.46.0/24 via 0.0.0.0, metric 2, tag 0
    *Jul  2 01:29:49.059:   192.168.56.0/24 via 0.0.0.0, metric 2, tag 0
    #忽略从环回端口接收到的 RIPv2 路由通告报文
    *Jul  2 01:29:49.060: RIP: ignored v2 packet from 2.2.2.2 (sourced from one of our addresses)
    *Jul  2 01:29:50.648: RIP: sending v2 update to 224.0.0.9 via Ethernet0/0 (192.168.12.2)
    *Jul  2 01:29:50.648: RIP: build update entries
    *Jul  2 01:29:50.648:   2.2.2.0/24 via 0.0.0.0, metric 1, tag 0
    *Jul  2 01:29:50.648:   4.4.4.0/24 via 0.0.0.0, metric 3, tag 0
    *Jul  2 01:29:50.648:   6.6.6.0/24 via 0.0.0.0, metric 2, tag 0
    *Jul  2 01:29:50.648:   192.168.26.0/24 via 0.0.0.0, metric 1, tag 0
    *Jul  2 01:29:50.648:   192.168.46.0/24 via 0.0.0.0, metric 2, tag 0
    *Jul  2 01:29:50.648:   192.168.56.0/24 via 0.0.0.0, metric 2, tag 0
```

很明显，从环回端口发送和接收 RIPv2 路由通告报文没有任何意义，只会徒增 CPU 的负担。因此，可以将环回端口设置为被动端口，命令如下：

```
R2(config)#router rip    #进入 RIPv2 配置模式
R2(config-router)#passive-interface loopback 0    #将环回端口设置为被动端口
```

这样，再次查看 RIPv2 路由通告报文的 debug 信息，环回端口收发 RIPv2 路由通告报文的信息就没有了，请读者自行验证该结果。接下来验证将真实物理端口配置为被动端口的情况。还是以 R2 为例，将其 e0/0 端口配置为被动端口，命令如下：

```
R2(config)#router rip    #进入 RIPv2 配置模式
R2(config-router)#passive-interface e0/0    #将 e0/0 端口配置为被动端口
```

注意： 当配置被动端口时，要确保当前端口没有配置手工路由汇总功能，否则会出现不可预知的错误。

现在 R2 不会从 e0/0 端口向 R1 发送 RIPv2 路由通告报文，R1 再也接收不到来自 R2 的 RIPv2 路由通告报文。因此，R1 在等待 180s 的超时时间后，将毒化 2.2.2.0 和 192.168.26.0 这两个网段的路由，再过 60s 后，将会选择将 R5 作为下一跳更新这两个网段的路由，此时 R1 的路由表如下：

```
R1#show ip route
     Gateway of last resort is 192.168.12.2 to network 0.0.0.0
S*    0.0.0.0/0 [1/0] via 192.168.12.2
      1.0.0.0/8 is variably subnetted, 2 subnets, 2 masks
C        1.1.1.0/24 is directly connected, Loopback0
L        1.1.1.1/32 is directly connected, Loopback0
      2.0.0.0/24 is subnetted, 1 subnets
R        2.2.2.0 [120/3] via 192.168.15.5, 00:00:03, Ethernet0/1    #下一跳变为 R5
      3.0.0.0/24 is subnetted, 1 subnets
R        3.3.3.0 [120/1] via 192.168.13.3, 00:00:09, Serial1/0
```

```
      4.0.0.0/24 is subnetted, 1 subnets
R        4.4.4.0 [120/2] via 192.168.13.3, 00:00:09, Serial1/0
      5.0.0.0/24 is subnetted, 1 subnets
R        5.5.5.0 [120/1] via 192.168.15.5, 00:00:03, Ethernet0/1
      6.0.0.0/24 is subnetted, 1 subnets
R        6.6.6.0 [120/2] via 192.168.15.5, 00:00:03, Ethernet0/1
      192.168.1.0/24 is variably subnetted, 7 subnets, 2 masks
C        192.168.1.0/26 is directly connected, Loopback1
L        192.168.1.1/32 is directly connected, Loopback1
C        192.168.1.64/26 is directly connected, Loopback2
L        192.168.1.65/32 is directly connected, Loopback2
S        192.168.1.128/26 is directly connected, Null0
C        192.168.1.192/26 is directly connected, Loopback4
L        192.168.1.193/32 is directly connected, Loopback4
      192.168.12.0/24 is variably subnetted, 2 subnets, 2 masks
C        192.168.12.0/24 is directly connected, Ethernet0/0
L        192.168.12.1/32 is directly connected, Ethernet0/0
      192.168.13.0/24 is variably subnetted, 2 subnets, 2 masks
C        192.168.13.0/24 is directly connected, Serial1/0
L        192.168.13.1/32 is directly connected, Serial1/0
      192.168.15.0/24 is variably subnetted, 2 subnets, 2 masks
C        192.168.15.0/24 is directly connected, Ethernet0/1
L        192.168.15.1/32 is directly connected, Ethernet0/1
R     192.168.26.0/24 [120/2] via 192.168.15.5, 00:00:03, Ethernet0/1 #下一跳变为R5
R     192.168.34.0/24 [120/1] via 192.168.13.3, 00:00:09, Serial1/0
R     192.168.46.0/24 [120/2] via 192.168.15.5, 00:00:03, Ethernet0/1
                      [120/2] via 192.168.13.3, 00:00:09, Serial1/0
R     192.168.56.0/24 [120/1] via 192.168.15.5, 00:00:03, Ethernet0/1
```

由此可以看到，去往 2.2.2.0 和 192.168.26.0 的下一跳地址变为 192.168.15.5（下一跳不再是 R2，而是 R5），这就验证了被动端口只接收 RIPv2 路由通告报文不发送 RIPv2 路由通告报文的行为是符合预期的。

另外，为了加强安全性，RIPv2 还提供了加密认证功能，主要用于防止非法路由器恶意发布不合法的网段，以攻击当前 RIPv2 网络正常路由。为了防患于未然，在将新的路由器加入 RIPv2 网络前，需要提供密码以便检查其合法性。密码正确才可以和已有的 RIPv2 网络中的路由器相互交换路由条目。下面以 R5 和 R6 为例，验证加密认证的效果。首先在 R6 上进行加密配置，配置步骤和命令如下：

```
R6(config)#key chain test   #先在全局模式下设置一个密码链，名称为test
R6(config-keychain)#key 1   #设置密码编号为1
R6(config-keychain-key)#key-string 12345   #设置密码为12345
R6(config-keychain-key)#exit
R6(config-keychain)#exit
R6(config)#interface e0/0   #进入端口配置模式
R6(config-if)#ip rip authentication mode ?   #有两种密码模式
  md5   Keyed message digest   #md5加密模式
```

```
  text  Clear text authentication   #明文模式
R6(config-if)#ip rip authentication mode md5   #这里选择md5加密模式(更安全)
R6(config-if)#ip rip authentication key-chain test   #应用之前设置的密码
```

在 R5 和 R6 上都打开 RIPv2 路由通告报文的 debug 开关，命令如下：

```
R5#debug ip rip
RIP protocol debugging is on
*Jul  2 02:35:03.905: RIP: ignored v2 packet from 192.168.56.6 (invalid
authentication)

R6#debug ip rip
RIP protocol debugging is on
*Jul  2 02:35:09.009: RIP: ignored v2 packet from 192.168.56.5 (invalid
authentication)
```

由此可以看到，R5 和 R6 都会弹出 LOG 提示，忽略从对端接收到的路由通告报文，因为认证失败（invalid authentication）。同时，查看 R5 和 R6 的路由表，从 R5 去往 6.6.6.0 的路由的下一跳变为 R1，如下所示：

```
      6.0.0.0/24 is subnetted, 1 subnets
R        6.6.6.0 [120/4] via 192.168.15.1, 00:00:09, Ethernet0/1
```

从 R6 去往 5.5.5.0 的路由的下一跳变为 R2，如下所示：

```
      5.0.0.0/24 is subnetted, 1 subnets
R        5.5.5.0 [120/3] via 192.168.26.2, 00:00:05, Ethernet0/1
```

以上信息表明，R5 和 R6 都不信任对方的 RIPv2 路由通告了。为了使得 R5 和 R6 都信任对方的 RIPv2 路由通告，必须在 R5 的对应端口上也配置相应的认证，并且密码和对端要保持一致，配置命令如下：

```
R5(config)#key chain test2   #密码链的名称可以和R6不同
R5(config-keychain)#key 2   #密码编号可以和R6不同
R5(config-keychain-key)#key-string 12345   #密码12345一定要和R6相同
R5(config-keychain-key)#exit
R5(config-keychain)#exit
R5(config)#interface e0/0   #进入和R6连接的端口
R5(config-if)#ip rip authentication mode md5   #密码模式建议和R6相同
R5(config-if)#ip rip authentication key-chain test2   #应用认证密码
R5(config-if)#end
```

这样，R5 和 R6 之间的 RIPv2 路由通告将恢复正常，读者可以自行验证其路由条目是否符合预期，这里不再重复描述。

6.5　本章小结

本章通过一个综合的网络拓扑结构，详细介绍了 RIPv2 协议的配置方法，并验证了 RIPv2

协议的路由表动态添加过程。同时，通过 Wireshark 抓取 RIPv2 报文，验证了 RIPv2 报文的格式，构造了 RIPv2 等价负载均衡场景和网络拓扑结构变化场景，详细跟踪了 RIPv2 对拓扑变化的处理过程，使得读者更深入地理解 RIPv2 的触发更新机制和路由毒化机制。此外，通过实例详细介绍了 RIPv2 的定时器机制、路由请求和路由收敛过程，展示了 RIPv2 自动汇总和手工汇总的差别，以及在实际应用中可能产生的危害，并且验证了 RIPv2 的被动端口和加密认证机制。相信通过本章的学习，读者对 RIPv2 协议会有更全面且深入的理解和认识，并且能够在实际网络中对其进行灵活应用。

第 7 章　EIGRP 协议

7.1　EIGRP 协议概述

EIGRP 协议是思科的私有路由协议，所以只运行在思科设备上。虽然普遍将 EIGRP 协议归类为距离矢量路由协议，但它实际上也兼具链路状态路由协议的部分特征，属于高级距离矢量路由协议。因此，虽然当前 EIGRP 协议的应用不是很广泛，但它其实是一款非常优秀的动态路由协议。和 RIPv2 协议相比，EIGRP 协议主要有以下优点。

- EIGRP 协议可以运行在更大规模的网络上。RIPv2 协议最大的跳数为 16，而 EIGRP 默认最大跳数为 255。
- EIGRP 协议选择下一跳路径不仅依据路由器的跳数，而且考虑了链路的带宽、延时、可靠性等因素，更契合实际网络需求。
- EIGRP 协议不仅会在路由器之间相互发送路由更新，而且会建立邻居关系，并根据邻居关系创建网络拓扑表，在网络拓扑表中保存路由的备份路径。一旦主路径失效或发生故障，备份路径立刻生效，使得 EIGRP 协议具有比 RIPv2 协议更快的收敛速度。
- EIGRP 协议运行弥散更新算法（Diffusing Update Algorithm，DUAL），该算法具有很高的计算效率，通过水平分割机制完全避免了路由环路的形成，同时支持不等价路径负载均衡。
- EIGRP 协议使用可靠传输协议（Reliable Transport Protocol，RTP）发送和接收协议报文，不会像 RIPv2 协议那样周期性发送路由更新，只在路由发生变化时触发更新，从而提高了传输安全性和效率。

7.2　本章实验设计

本章在第 6 章实验网络拓扑的基础上，通过实验验证的方式，全面展示 EIGRP 协议的配置方法、工作原理，以及在实际应用中的注意事项，并详细讲解 RIPv2 网络和 EIGRP 网络如何在同一网络拓扑中进行互联互通。

7.2.1　实验内容与目标

本章的实验内容主要围绕 EIGRP 协议展开，实验目标是让读者获得以下知识和技能。

（1）理解 EIGRP 协议的基本工作原理，掌握 EIGRP 协议的配置方法，并验证其正确性。

（2）掌握 EIGRP 路由开销值计算方式，并通过实验进行验证。

（3）掌握 EIGRP 报文的类型、格式及主要字段的含义，并通过抓包进行分析。

（4）掌握 EIGRP 路由选路原理，并通过实验进行验证。

（5）理解 EIGRP 协议的 DUAL 基本原理，掌握 EIGRP 的路由请求和应答过程，并通过实验进行验证。

（6）理解 EIGRP 不等价路径负载均衡原理，掌握其配置方式和验证过程。

（7）掌握 EIGRP 的路由汇总原理、配置方法和验证过程。

（8）掌握 EIGRP 的末节路由器工作原理和配置方法，以及 EIGRP 的加密认证原理、配置方法和验证过程。

（9）掌握通过动态路由协议（RIPv2 和 EIGRP）传播静态默认路由的方法。

（10）理解多种动态协议（以 RIPv2 和 EIGRP 为例）如何共存于同一个网络拓扑，如何进行互联互通。掌握不同路由协议相互重发布路由条目的配置方法，并验证其结果。

其中，（1）～（5）为基础实验目标，（6）～（10）为进阶实验目标。

7.2.2 实验学时与选择建议

本章实验学时与选择建议如表 7-1 所示。

表 7-1 本章实验学时与选择建议

主要实验内容	对应章节	实验学时建议	选择建议
EIGRP 基础实验 1	7.3.1～7.3.3	2 学时	必选
EIGRP 基础实验 2	7.3.4、7.3.5	2 学时	必选
EIGRP 进阶实验 1	7.4.1～7.4.3	2 学时	可选
EIGRP 进阶实验 2	7.4.4、7.4.5	2 学时	可选

注：由于本章实验网络拓扑与第 6 章实验网络拓扑一样，可以在第 6 章实验网络拓扑的基础上继续实验，因此本章没有安排网络拓扑搭建学时。

7.2.3 实验环境与网络拓扑

本章实验环境采用 EVE-NG 社区版，版本为 V5.0.1-13，操作系统为 Windows 10，网络拓扑结构设计与第 6 章完全一样，可参考图 6-1，设备端口连接和 IP 地址设计信息可参考表 6-3，这里不再重复描述。

7.3 基础实验

7.3.1 EIGRP 协议基本配置

在实验网络拓扑中，EIGRP 网络区域内包含 6 个路由器（R6～R11）。假设现在已经为 R6～R11 的端口配置好了 IP 地址。下面开始为这些路由器配置 EIGRP 协议并验证其效果。EIGRP 协议的配置也很简单，以 R11 为例，其配置命令如下：

```
#1是EIGRP协议的自治系统号，网络内所有路由器的自治系统号必须相同
R11(config)#router eigrp 1
R11(config-router)#network 192.168.117.0 0.0.0.255   #发布所有直连网段，下同
```

```
R11(config-router)#network 192.168.110.0 0.0.0.255
R11(config-router)#network 192.168.119.0 0.0.0.255
R11(config-router)#network 11.11.11.0 0.0.0.255
R11(config-router)#network 192.168.11.0 0.0.0.63
R11(config-router)#network 192.168.11.64 0.0.0.63
R11(config-router)#network 192.168.11.128 0.0.0.63
R11(config-router)#network 192.168.11.192 0.0.0.63
```

由此可以知道，EIGRP 协议的配置命令和 RIPv2 协议有些差别。首先，router eigrp 后面要加一个自治系统号，网络内所有路由器的自治系统号一定要相同，否则不能建立邻居关系。其次，在发布网段时，网段后面可以加反掩码，也可以不加反掩码，路由器会自动识别为端口配置的子网掩码。也就是说，以上配置命令和以下配置命令的效果是一样的：

```
#1 是 EIGRP 协议的自治系统号，网络内所有路由器的自治系统号必须相同
R11(config)#router eigrp 1
R11(config-router)#network 192.168.117.0    #发布所有直连网段，下同
R11(config-router)#network 192.168.110.0
R11(config-router)#network 192.168.119.0
R11(config-router)#network 11.11.11.0
R11(config-router)#network 192.168.11.0
R11(config-router)#network 192.168.11.64
R11(config-router)#network 192.168.11.128
R11(config-router)#network 192.168.11.192
```

R7～R11 上的 EIGRP 协议配置大同小异，限于篇幅，这里不一一列出其配置命令。比较特别的是 R6，前面已经在 R6 上配置了 RIPv2 协议，但只发布了 RIPv2 网络区域的网段。下面为 R6 配置 EIGRP 协议，只发布 EIGRP 网络区域的网段，配置命令如下：

```
R6(config)#router eigrp 1
R6(config-router)#network 192.168.67.0
R6(config-router)#network 192.168.68.0
R6(config-router)#network 192.168.106.0
R6(config-router)#network 6.6.6.0    #注意：这里 EIGRP 协议和 RIPv2 协议都发布了该环回网段
```

R6～R11 都正确配置了 EIGRP 协议后，查看 R6 的完整路由表，如下所示：

```
R6#show ip route
Gateway of last resort is not set
     1.0.0.0/16 is subnetted, 1 subnets
R       1.1.0.0 [120/2] via 192.168.26.2, 00:00:04, Ethernet0/1
     2.0.0.0/24 is subnetted, 1 subnets
R       2.2.2.0 [120/1] via 192.168.26.2, 00:00:04, Ethernet0/1
     3.0.0.0/24 is subnetted, 1 subnets
R       3.3.3.0 [120/2] via 192.168.46.4, 00:00:09, Serial1/0
     4.0.0.0/24 is subnetted, 1 subnets
R       4.4.4.0 [120/1] via 192.168.46.4, 00:00:09, Serial1/0
     5.0.0.0/24 is subnetted, 1 subnets
R       5.5.5.0 [120/3] via 192.168.26.2, 00:00:04, Ethernet0/1
```

```
     6.0.0.0/8 is variably subnetted, 2 subnets, 2 masks
C       6.6.6.0/24 is directly connected, Loopback0
L       6.6.6.6/32 is directly connected, Loopback0
     7.0.0.0/24 is subnetted, 1 subnets
#R代表RIPv2路由，D代表EIGRP路由
D       7.7.7.0 [90/409600] via 192.168.67.7, 00:06:36, Ethernet0/2
     8.0.0.0/24 is subnetted, 1 subnets
D       8.8.8.0 [90/2297856] via 192.168.68.8, 00:06:36, Serial1/2
     9.0.0.0/24 is subnetted, 1 subnets
D       9.9.9.0 [90/2349056] via 192.168.106.10, 00:06:39, Ethernet0/3
                [90/2349056] via 192.168.67.7, 00:06:39, Ethernet0/2
     10.0.0.0/24 is subnetted, 1 subnets
D       10.10.10.0 [90/409600] via 192.168.106.10, 00:06:39, Ethernet0/3
     11.0.0.0/24 is subnetted, 1 subnets
D       11.11.11.0 [90/435200] via 192.168.106.10, 00:00:22, Ethernet0/3
                   [90/435200] via 192.168.67.7, 00:00:22, Ethernet0/2
R    192.168.1.0/24 [120/2] via 192.168.26.2, 00:00:19, Ethernet0/1
R    192.168.1.0/24 [120/2] via 192.168.26.2, 00:00:04, Ethernet0/1
#以下4个网段并没有被自动汇总
        192.168.11.0/26 is subnetted, 4 subnets
D       192.168.11.0 [90/435200] via 192.168.106.10, 00:06:39, Ethernet0/3
                     [90/435200] via 192.168.67.7, 00:06:39, Ethernet0/2
D       192.168.11.64 [90/435200] via 192.168.106.10, 00:06:39, Ethernet0/3
                      [90/435200] via 192.168.67.7, 00:06:39, Ethernet0/2
D       192.168.11.128 [90/435200] via 192.168.106.10, 00:06:39, Ethernet0/3
                       [90/435200] via 192.168.67.7, 00:06:39, Ethernet0/2
D       192.168.11.192 [90/435200] via 192.168.106.10, 00:06:39, Ethernet0/3
                       [90/435200] via 192.168.67.7, 00:06:39, Ethernet0/2
R    192.168.12.0/24 [120/1] via 192.168.26.2, 00:00:04, Ethernet0/1
R    192.168.13.0/24 [120/2] via 192.168.46.4, 00:00:09, Serial1/0
                     [120/2] via 192.168.26.2, 00:00:04, Ethernet0/1
R    192.168.15.0/24 [120/2] via 192.168.26.2, 00:00:04, Ethernet0/1
     192.168.26.0/24 is variably subnetted, 2 subnets, 2 masks
C       192.168.26.0/24 is directly connected, Ethernet0/1
L       192.168.26.6/32 is directly connected, Ethernet0/1
R    192.168.34.0/24 [120/1] via 192.168.46.4, 00:00:09, Serial1/0
     192.168.46.0/24 is variably subnetted, 2 subnets, 2 masks
C       192.168.46.0/24 is directly connected, Serial1/0
L       192.168.46.6/32 is directly connected, Serial1/0
     192.168.56.0/24 is variably subnetted, 2 subnets, 2 masks
C       192.168.56.0/24 is directly connected, Ethernet0/0
L       192.168.56.6/32 is directly connected, Ethernet0/0
     192.168.67.0/24 is variably subnetted, 2 subnets, 2 masks
C       192.168.67.0/24 is directly connected, Ethernet0/2
L       192.168.67.6/32 is directly connected, Ethernet0/2
     192.168.68.0/24 is variably subnetted, 2 subnets, 2 masks
```

```
C       192.168.68.0/24 is directly connected, Serial1/2
L       192.168.68.6/32 is directly connected, Serial1/2
D    192.168.89.0/24 [90/2681856] via 192.168.68.8, 00:06:36, Serial1/2
     192.168.106.0/24 is variably subnetted, 2 subnets, 2 masks
C       192.168.106.0/24 is directly connected, Ethernet0/3
L       192.168.106.6/32 is directly connected, Ethernet0/3
D    192.168.110.0/24 [90/307200] via 192.168.106.10, 00:06:39, Ethernet0/3
D    192.168.117.0/24 [90/307200] via 192.168.67.7, 00:06:39, Ethernet0/2
D    192.168.119.0/24 [90/2221056] via 192.168.106.10, 00:06:39, Ethernet0/3
                      [90/2221056] via 192.168.67.7, 00:06:39, Ethernet0/2
     202.1.1.0/24 is variably subnetted, 2 subnets, 2 masks
C       202.1.1.0/24 is directly connected, Serial1/1
L       202.1.1.1/32 is directly connected, Serial1/1
```

由此可以知道，R6 目前已经拥有了去往所有网段的路由，其中标识为 D 的路由就是 EIGRP 路由。值得注意的是，EIGRP 并没有默认打开路由自动汇总功能（和 RIPv2 不同），这一点可以从 R6 学习到的 R11 的 4 个环回端口网段路由得到验证。现在 EIGRP 所有网段的路由通路都打通了，可以测试从 R6 到 R11 的连通性，可以 ping 通，测试结果如下：

```
R6#ping 11.11.11.11 source 6.6.6.6   #成功
Type escape sequence to abort.
Sending 5, 100-byte ICMP Echos to 11.11.11.11, timeout is 2 seconds:
Packet sent with a source address of 6.6.6.6
!!!!!
Success rate is 100 percent (5/5), round-trip min/avg/max = 1/1/1 ms
```

7.3.2　EIGRP 路由开销值计算与验证

虽然 EIGRP 协议与 RIPv2 协议都归为距离矢量路由协议的范畴，但两者的具体实现和工作原理差别很大。RIPv2 的距离仅是指经过的路由器的跳数，EIGRP 的距离计算要复杂得多。例如，R6 的 EIGRP 路由条目中，网段 7.7.7.0 后面有一个[90/409600]，第一个数值 90 表示 EIGRP 协议的管理距离，该值小于 RIPv2 协议的管理距离 120。前面说过，管理距离越小，优先级越高。也就是说，如果 R6 中同时存在去往同一网段的 EIGRP 路由和 RIPv2 路由，R6 将优先选择 EIGRP 路由。第二个数值 409600 表示 EIGRP 路由开销值，也就是路由距离。该开销值是如何得出来的呢？

根据 EIGRP 的算法，开销值和链路的 5 个参数有关，分别是带宽、延迟、可靠性、负载和最大传输单元，这 5 个参数的取值描述如下。

（1）带宽（bandwidth）：带宽取值为路由路径上所有路由器出端口的带宽最低值，带宽最低值越大，开销值越小，计算公式为 bandwidth=[10^7/BW]×256，其中 BW 是物理出端口以 Kbit/sec 为单位的速率值。例如，对于速率为 10Mbit/sec 的端口，BW=10000Kbit/sec。

（2）延迟（delay）：EIGRP 只考虑出端口的延迟，不考虑入端口的延迟，延迟取值为路径上所有出端口延迟累加，路径越长，延迟越大，开销值越大。单个出端口的延时计算公式为 delay=DLY/10×256，其中 DLY 取决于不同的端口类型和速率，单位为 μs。例如，以太网端口和串口的 DLY 肯定是不同的，10Mbit/s 速率的以太网端口和 1000Mbit/s 速率的以太网端口的 DLY 肯定也是不同的。

（3）可靠性（reliability）：该参数描述链路可靠程度（取值范围为 1～255），值越大，可靠性越好，开销值越小。该值与当前链路的正常运行时长有关。如果链路端口经常发生 down/up 变化，则可靠性的值会减小。

（4）负载（load）：该参数描述端口当前的报文流量负载情况（取值范围为 1～255），负载越大，开销值越大。

（5）最大传输单元（MTU）：该路径中可传输的最大数据包长度。MTU 值包含在 EIGRP 的路由更新里进行通告，一般不参与计算。

EIGRP 路由开销值的完整计算公式如下：

Metric=[K1×bandwidth+(K2×bandwidth)/(256–load)+K3×delay]×[K5/(reliability+K4)]

上述公式中有 5 个常量参数 K1～K5，在默认情况下，K1=K3=1，K2=K4=K5=0。如果 K5=0，则忽略公式中后面的[K5/(reliability+K4)]部分。因此，在默认情况下，高度简化后的开销值计算公式为 Metric=bandwidth+delay。

一般情况下，不推荐修改 K 值，因为 K 值包含在 EIGRP 的 Hello 报文中。如果两个路由器的 K 值不匹配，那么将会导致建立 EIGRP 邻居关系失败。可以通过 show eigrp protocol 命令查看 EIGRP 协议当前所有可设置的参数，以 R6 和 R7 为例，其显示结果如下：

```
R6#show eigrp protocol   #查看EIGRP协议当前所有可设置的参数
R6#sh eigrp protocols
EIGRP-IPv4 Protocol for AS(1)   #自治系统号为1
Metric weight K1=1, K2=0, K3=1, K4=0, K5=0   #K当前取值
  Soft SIA disabled
  NSF-aware route hold timer is 240
  Router-ID: 6.6.6.6   #一般使用环回端口IP地址作为路由器ID
  Topology : 0 (base)
    Active Timer: 3 min   #激活计时器，3min
    Distance: internal 90 external 170   #管理距离，内部路由为90，外部路由为170
    Maximum path: 4   #最大负载均衡路径数量为4
    Maximum hopcount 100   #最大跳数为100
    Maximum metric variance 1   #最大负载均衡倍数，可设置，后面会详细介绍

R7#show eigrp protocols   #查看EIGRP协议当前所有可设置的参数
EIGRP-IPv4 Protocol for AS(1)
  Metric weight K1=1, K2=0, K3=1, K4=0, K5=0
  Soft SIA disabled
  NSF-aware route hold timer is 240
  Router-ID: 7.7.7.7
  Topology : 0 (base)
    Active Timer: 3 min
    Distance: internal 90 external 170
    Maximum path: 4
    Maximum hopcount 100
    Maximum metric variance 1
```

由此可以看到，R6 和 R7 的 EIGRP 协议相关参数默认都是相同的。R6 中目的网段为 7.7.7.0 的路由开销值为 409600，下面验证该值是否确实是按照上述开销值计算公式得来的。根据实验网络拓扑，从 R6 到达 7.7.7.0 网段需要经过两个出端口，R6 的端口 e0/2 和 R7 的环回端口 Loopback0，查看两者的链路带宽和延迟参数，如下所示：

```
R6#show interfaces e0/2
Ethernet0/2 is up, line protocol is up
  Hardware is AmdP2, address is aabb.cc00.6020 (bia aabb.cc00.6020)
  Internet address is 192.168.67.6/24
#带宽、延迟、可靠性、负载和最大传输单元参数
MTU 1500 bytes, BW 10000 Kbit/sec, DLY 1000 usec,
     reliability 255/255, txload 1/255, rxload 1/255
  Encapsulation ARPA, loopback not set
......#以下无关信息省略

R7#show interfaces loopback 0
Loopback0 is up, line protocol is up
  Hardware is Loopback
  Internet address is 7.7.7.7/24
#带宽、延迟、可靠性、负载和最大传输单元参数
MTU 1514 bytes, BW 8000000 Kbit/sec, DLY 5000 usec,
     reliability 255/255, txload 1/255, rxload 1/255
  Encapsulation LOOPBACK, loopback not set
......#以下无关信息省略
```

由此可以看到，R6 的 e0/2 端口的 BW= 10000 Kbit/sec，DLY=1000 usec。R7 的 Loopback0 端口的 BW=8000000 Kbit/sec，DLY=5000 usec。由于 Loopback0 端口的 BW 远远高于 R6 的 e0/2 端口的 BW，因此只取最小的 BW，即 10000 Kbit/sec，DLY 为两个出端口的 DLY 之和，即 1000+5000=6000 usec。最终从 R6 到 7.7.7.0 的开销值 Metric= (10^7 / 10000 +6000/10) × 256=(1000+600)×256= 409600，计算出的值与路由条目中显示的开销值是一致的，这就验证了以上开销值计算公式的正确性。

链路的带宽和延迟取决于链路的类型。R6 与 R7 通过以太网链路进行连接，与 R8 则通过串行链路进行连接。因此从 R6 到 7.7.7.0 和 8.8.8.0 的开销值是完全不同的，前者开销值为 409600，后者开销值为 2297856，后者明显比前者大得多。下面来验证后者开销值是否正确。查看 R6 的 s1/2 端口及 R8 的 Loopback0 端口的参数，结果显示如下：

```
R6#show interfaces s1/2
Serial1/2 is up, line protocol is up
  Hardware is M4T
  Internet address is 192.168.68.6/24
#带宽、延迟、可靠性、负载和最大传输单元参数
MTU 1500 bytes, BW 1544 Kbit/sec, DLY 20000 usec,
     reliability 255/255, txload 1/255, rxload 1/255
  Encapsulation HDLC, crc 16, loopback not set
......   #以下无关信息省略
```

```
R8#show interfaces loopback 0
Loopback0 is up, line protocol is up
  Hardware is Loopback
  Internet address is 8.8.8.8/24
#带宽、延迟、可靠性、负载和最大传输单元参数
 MTU 1514 bytes, BW 8000000 Kbit/sec, DLY 5000 usec,
     reliability 255/255, txload 1/255, rxload 1/255
  Encapsulation LOOPBACK, loopback not set
......   #以下无关信息省略
```

由此可以看到，两个出端口的 BW 分别为 1544 Kbit/sec 和 8000000 Kbit/sec，取最小值 1544 Kbit/sec。两个出端口的 DLY 分别为 20000 usec 和 5000 usec，累积值为 20000+5000 = 25000 usec。因此，最终开销值 Metric= (10^7/1544+25000/10) × 256 = 2297856，恰好与路由条目显示的开销值是一致的。为了手工更改 EIGRP 路由开销值，可以在端口配置模式下通过 bandwidth 命令和 daley 命令修改端口的带宽和延迟参数，但一般不建议这样做。

7.3.3 EIGRP 报文验证

为了完成动态路由的维护和更新工作，EIGRP 协议设计了 5 种报文，其功能和特性对比如表 7-2 所示。

表 7-2 EIGRP 协议的 5 种报文的功能和特性对比

报文类型	主要功能	发送时机地址	目的 IP 地址	是否可靠传输
Hello Packet	用来发现和恢复邻居关系	链路初始化、建立邻居关系后每隔 5s 依次发送	组播地址 224.0.0.10	否
Ack Packet	用来对以下三种报文进行确认		单播地址	否
Update Packet	主动发送路由更新信息	本地路由表有变化	单播或组播地址 224.0.0.10	是
Query Packet	用于 DUAL 查询路由条目	网络拓扑变化，且本地没有可用后继路由	单播或组播地址 224.0.0.10	是
Reply Packet	用于 DUAL 应答路由条目	对以上请求的应答	单播或组播地址 224.0.0.10	是

两个直连的 EIGRP 路由器在交换路由条目之前，必须先成为邻居。两个直连路由器要建立 EIGRP 邻居关系，必须满足以下两个条件。

（1）接收到对方发来的 Hello 报文。

（2）Hello 报文中的 EIGRP 协议配置参数相同，包括自治系统号、K 值（以上描述的 K1～K5 的值）。

邻居关系建立后，EIGRP 路由器每隔 5s（Hello Time）向邻居路由器发送一次 Hello 报文，从而保持邻居关系。如果 15s（Hold Time）内没有接收到对端的 Hello 报文，则认为邻

居关系即将失效。如果是带宽小于 T1（1.544Mbps）网络（如帧中继），则 Hello Time 和 Hold Time 分别是 60s 和 180s。邻居关系建立后，路由器开始相互发送 Update 报文交换本地所有路由条目。由于 Update 报文是一种可靠传输报文，因此需要进行 Ack 确认。邻居关系建立后，如果本地路由表发生变化，那么也会向邻居路由器发送 Update 报文，但此时 Update 报文只包含需要更新的路由条目，而非包含全部路由条目。至于 Query 报文和 Reply 报文，会在路由器检测到网络拓扑变化导致丢失某条路由条目时，向邻居路由器请求该路由条目。Query 报文会扩散到整个 EIGRP 网络，拥有这条路由条目的路由器会回复 Reply 报文。

下面首先验证邻居关系建立时路由器相互发送 EIGRP 报文的情况。验证方式是用 Wireshark 持续捕获 R6 的 e0/2 端口报文，先禁用再启用 R7 的 e0/2 端口，这样就能观察到 EIGRP 邻居关系的建立过程。R6 的 e0/2 端口的 EIGRP 报文列表如图 7-1 所示。

No.	Time	Source	Destination	Protocol	Length	Info
318	753.366455	192.168.67.6	224.0.0.10	EIGRP	74	Hello
319	757.896411	192.168.67.6	224.0.0.10	EIGRP	74	Hello
324	762.891953	192.168.67.6	224.0.0.10	EIGRP	74	Hello
325	764.466604	192.168.67.7	224.0.0.10	EIGRP	74	Hello
326	764.475565	192.168.67.6	224.0.0.10	EIGRP	84	Hello
327	764.484625	192.168.67.6	192.168.67.7	EIGRP	60	Update
328	764.485604	192.168.67.7	224.0.0.10	EIGRP	84	Hello
331	766.492003	192.168.67.6	192.168.67.7	EIGRP	60	Update
332	766.501835	192.168.67.7	192.168.67.6	EIGRP	60	Update
333	766.511893	192.168.67.6	224.0.0.10	EIGRP	762	Update
334	766.518367	192.168.67.6	192.168.67.7	EIGRP	60	Hello (Ack)
335	766.527705	192.168.67.7	224.0.0.10	EIGRP	762	Update
336	766.528095	192.168.67.6	192.168.67.7	EIGRP	60	Hello (Ack)
338	769.517475	192.168.67.6	192.168.67.7	EIGRP	362	Update
339	769.529334	192.168.67.7	192.168.67.6	EIGRP	60	Hello (Ack)
340	769.540287	192.168.67.6	224.0.0.10	EIGRP	454	Update
341	769.540379	192.168.67.7	224.0.0.10	EIGRP	318	Update
342	769.552748	192.168.67.6	192.168.67.7	EIGRP	60	Hello (Ack)
343	769.552849	192.168.67.7	192.168.67.6	EIGRP	60	Hello (Ack)
351	774.548019	192.168.67.7	224.0.0.10	EIGRP	84	Hello
352	774.548196	192.168.67.6	224.0.0.10	EIGRP	84	Hello
355	779.218909	192.168.67.7	224.0.0.10	EIGRP	84	Hello
357	779.533460	192.168.67.6	224.0.0.10	EIGRP	84	Hello

图 7-1　R6 的 e0/2 端口的 EIGRP 报文列表

在以上报文列表中，在 325 号报文之前，一直只有 R6 发出的 Hello 报文，因为 R7 的 e0/2 端口已经被禁用。当 R7 的 e0/2 端口被重新启用后，R2 开始发送 Hello 报文，这就是 325 号报文，其详细内容如图 7-2 所示。

```
> Frame 325: 74 bytes on wire (592 bits), 74 bytes captured (592 bits) on interface 0
> Ethernet II, Src: aa:bb:cc:00:70:20 (aa:bb:cc:00:70:20), Dst: IPv4mcast_0a (01:00:5e:00:00:0a)
> Internet Protocol Version 4, Src: 192.168.67.7, Dst: 224.0.0.10
v Cisco EIGRP
    Version: 2
    Opcode: Hello (5)
    Checksum: 0xe2d1 [correct]
  > Flags: 0x00000000
    Sequence: 0
    Acknowledge: 0
    Virtual Router ID: 0 (Address-Family)
    Autonomous System: 1
  > Parameters
  > Software Version: EIGRP=23.0, TLV=2.0
```

图 7-2　R6 的 e0/2 端口的 325 号报文详细内容

由此可以看到，325 号报文操作码（Opcode）为 5，表示当前报文是 Hello 报文，目的地址为组播地址 224.0.0.10，该报文不需要进行 Ack 确认。该报文最关键的信息是就是自治系统号（当前为 1）及相关参数（Parameters），如图 7-3 所示。

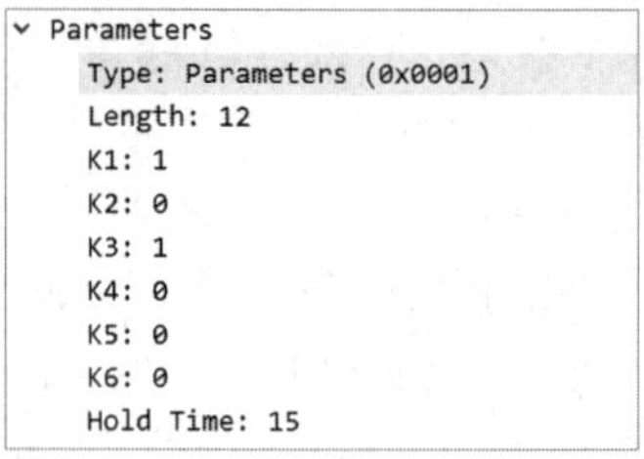

```
∨ Parameters
    Type: Parameters (0x0001)
    Length: 12
    K1: 1
    K2: 0
    K3: 1
    K4: 0
    K5: 0
    K6: 0
    Hold Time: 15
```

图 7-3　EIGRP Hello 报文中的参数值

这些参数包括 K 值（K1～K5 对应开销值计算公式中的 K1～K5，K6 为预留值）及 Hold Time（默认为 15s）。如前所述，两个路由器要建立 EIGRP 邻居关系，自治系统号和 K 值必须相同。接下来 326 号报文和 327 号报文都是从 R6 发出来的，说明 R6 已经接收到 R7 的 Hello 报文，开始发送 Update 报文。R6 的 e0/2 端口 327 号报文详细内容如图 7-4 所示。

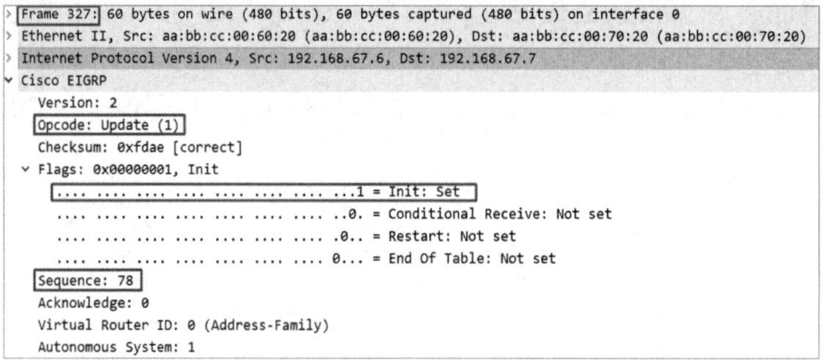

```
> Frame 327: 60 bytes on wire (480 bits), 60 bytes captured (480 bits) on interface 0
> Ethernet II, Src: aa:bb:cc:00:60:20 (aa:bb:cc:00:60:20), Dst: aa:bb:cc:00:70:20 (aa:bb:cc:00:70:20)
> Internet Protocol Version 4, Src: 192.168.67.6, Dst: 192.168.67.7
∨ Cisco EIGRP
    Version: 2
    Opcode: Update (1)
    Checksum: 0xfdae [correct]
  ∨ Flags: 0x00000001, Init
      .... .... .... .... .... .... .... ...1 = Init: Set
      .... .... .... .... .... .... .... ..0. = Conditional Receive: Not set
      .... .... .... .... .... .... .... .0.. = Restart: Not set
      .... .... .... .... .... .... .... 0... = End Of Table: Not set
    Sequence: 78
    Acknowledge: 0
    Virtual Router ID: 0 (Address-Family)
    Autonomous System: 1
```

图 7-4　R6 的 e0/2 端口 327 号报文详细内容

327 号报文 Opcode 为 1，表示为 Update 报文，报文 Flags 字段中的 Init 置位，说明该报文的作用是进行邻居关系初始化。该报文是一个单播报文，目的 IP 地址为 192.168.67.7，因此需要进行 Ack 确认。确认的依据是 Sequence 编号，当前为 78。

R7 接收到 R6 的 Flags 标志为 Init 的 Update 报文后，也向 R6 发送带 Init 标志的 Update 报文，这就是 332 号报文，其详细内容如图 7-5 所示。

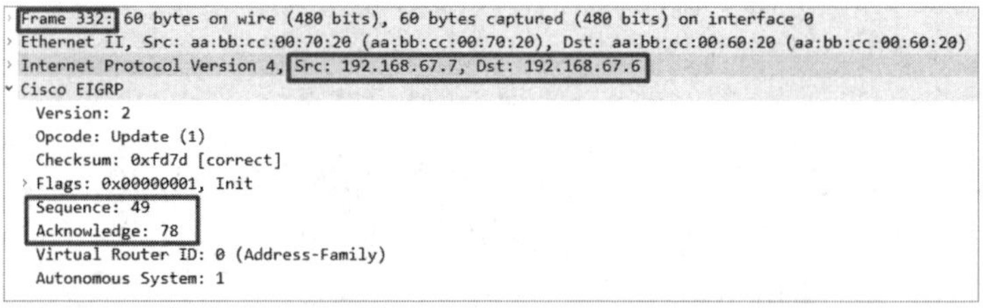

```
> Frame 332: 60 bytes on wire (480 bits), 60 bytes captured (480 bits) on interface 0
> Ethernet II, Src: aa:bb:cc:00:70:20 (aa:bb:cc:00:70:20), Dst: aa:bb:cc:00:60:20 (aa:bb:cc:00:60:20)
> Internet Protocol Version 4, Src: 192.168.67.7, Dst: 192.168.67.6
∨ Cisco EIGRP
    Version: 2
    Opcode: Update (1)
    Checksum: 0xfd7d [correct]
  > Flags: 0x00000001, Init
    Sequence: 49
    Acknowledge: 78
    Virtual Router ID: 0 (Address-Family)
    Autonomous System: 1
```

图 7-5　R6 的 e0/2 端口 332 号报文详细内容

由此可以看到，332 号报文既是 Update 报文，又是 Ack 报文，因为它要对以上 Sequence 编号为 78 的报文进行 Ack 确认，同时自己的 Sequence 编号为 49。按照推测，R6 应该也要对报文进行 Ack 确认，事实也确实如此，这就是 334 号报文，其详细内容如图 7-6 所示。

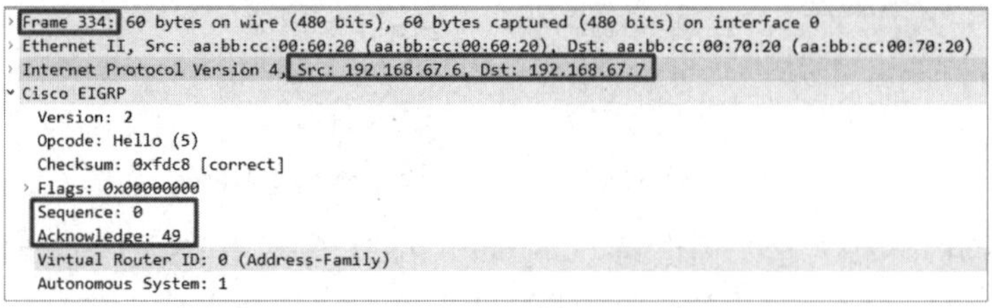

```
> Frame 334: 60 bytes on wire (480 bits), 60 bytes captured (480 bits) on interface 0
> Ethernet II, Src: aa:bb:cc:00:60:20 (aa:bb:cc:00:60:20), Dst: aa:bb:cc:00:70:20 (aa:bb:cc:00:70:20)
> Internet Protocol Version 4, Src: 192.168.67.6, Dst: 192.168.67.7
∨ Cisco EIGRP
    Version: 2
    Opcode: Hello (5)
    Checksum: 0xfdc8 [correct]
  > Flags: 0x00000000
    Sequence: 0
    Acknowledge: 49
    Virtual Router ID: 0 (Address-Family)
    Autonomous System: 1
```

图 7-6　R6 的 e0/2 端口 334 号报文详细内容

在发送以上 Ack 报文之前，R6 还发送了一个携带本地所有路由条目的 Update 报文，这就是 333 号报文，其详细内容如图 7-7 所示。

```
> Frame 333: 762 bytes on wire (6096 bits), 762 bytes captured (6096 bits) on interface 0
> Ethernet II, Src: aa:bb:cc:00:60:20 (aa:bb:cc:00:60:20), Dst: IPv4mcast_0a (01:00:5e:00:00:0a)
> Internet Protocol Version 4, Src: 192.168.67.6, Dst: 224.0.0.10
v Cisco EIGRP
    Version: 2
    Opcode: Update (1)
    Checksum: 0xef6d [correct]
  > Flags: 0x00000008, End Of Table
    Sequence: 79
    Acknowledge: 0
    Virtual Router ID: 0 (Address-Family)
    Autonomous System: 1
  > Internal Route  =   192.168.106.0/24
  > Internal Route  =   6.6.6.0/24
  > Internal Route  =   192.168.68.0/24
  > Internal Route  =   8.8.8.0/24
  > Internal Route  =   192.168.89.0/24
  > Internal Route  =   192.168.110.0/24
  > Internal Route  =   10.10.10.0/24
  > Internal Route  =   9.9.9.0/24
  > Internal Route  =   192.168.11.128/26
  > Internal Route  =   192.168.11.192/26
  > Internal Route  =   192.168.119.0/24
  > Internal Route  =   11.11.11.0/24
  > Internal Route  =   192.168.11.0/26
  > Internal Route  =   192.168.11.64/26
  > Internal Route  =   192.168.117.0/24
  > Internal Route  =   7.7.7.0/24
```

图 7-7　R6 的 e0/2 端口 333 号报文详细内容

333 号报文的目的 IP 地址是组播地址 224.0.0.10，其 Flags 标志为 End of Table，表示路由条目已经到路由表末尾，即该 Update 报文包含所有路由条目。紧接着 R7 也向 R6 发送了携带本地所有路由条目的 Update 报文，这就是 335 号报文，其详细内容如图 7-8 所示。

```
> Frame 335: 762 bytes on wire (6096 bits), 762 bytes captured (6096 bits) on interface 0
> Ethernet II, Src: aa:bb:cc:00:70:20 (aa:bb:cc:00:70:20), Dst: IPv4mcast_0a (01:00:5e:00:00:0a)
> Internet Protocol Version 4, Src: 192.168.67.7, Dst: 224.0.0.10
v Cisco EIGRP
    Version: 2
    Opcode: Update (1)
    Checksum: 0x12be [correct]
  > Flags: 0x00000008, End Of Table
    Sequence: 50
    Acknowledge: 0
    Virtual Router ID: 0 (Address-Family)
    Autonomous System: 1
  > Internal Route  =   192.168.117.0/24
  > Internal Route  =   7.7.7.0/24
  > Internal Route  =   192.168.110.0/24
  > Internal Route  =   11.11.11.0/24
  > Internal Route  =   192.168.11.0/26
  > Internal Route  =   192.168.11.64/26
  > Internal Route  =   192.168.11.128/26
  > Internal Route  =   192.168.11.192/26
  > Internal Route  =   192.168.119.0/24
  > Internal Route  =   9.9.9.0/24
  > Internal Route  =   192.168.89.0/24
  > Internal Route  =   10.10.10.0/24
  > Internal Route  =   192.168.106.0/24
  > Internal Route  =   192.168.68.0/24
  > Internal Route  =   6.6.6.0/24
  > Internal Route  =   8.8.8.0/24
```

图 7-8　R6 的 e0/2 端口 335 号报文详细内容

336 号报文和 339 号报文分别是对以上 Update 报文进行 Ack 确认的报文。接下来 340 号报文和 341 号报文又是 Update 报文，这两个报文与前面的 Update 报文不同。前面两个 Update 报文用于把本地的所有路由表通告给对方，这两个报文用于接收了对方的路由表之后，经过计算，将本地更新后的路由表通告对方，因此其 Flags 标志全部为 0。R6 的 e0/2 端口 340 号报文详细内容如图 7-9 所示。

和 333 号报文相比，340 号报文的路由条目显然少了很多。查看以上报文的路由条目具体信息，可以看到这些路由条目是 R6 接收了 R7 的路由更新后用来向 R7 通告路由的更新变化的。以目的网段为 7.7.7.0/24 的路由条目为例，其详细内容如图 7-10 所示。

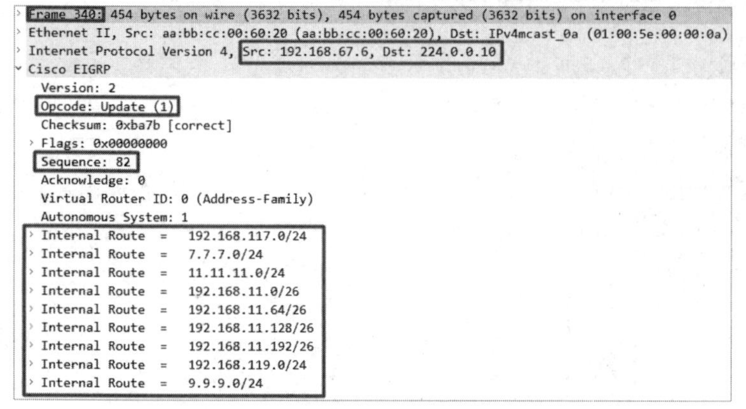

图 7-9 R6 的 e0/2 端口 340 号报文详细内容

```
Internal Route  =  7.7.7.0/24
  Type: Internal Route (0x0602)
  Length: 44
  Topology: 0
  AFI: IPv4 (1)
  RouterID: 7.7.7.7
  Wide Metric
    Offset: 0
    Priority: 0
    Reliability: 255
    Load: 1
    MTU: 1500
    Hop Count: 1
    Delay: Infinity
    Bandwidth: 10000
    Reserved: 0x0000
    Flags
  NextHop: 0.0.0.0
  Prefix Length: 24
  Destination: 7.7.7.0
```

图 7-10 目的网段为 7.7.7.0/24 的路由条目详细内容 1

以上路由条目的 Delay 值为 Infinity，即无限大。R6 通过这种方式告诉 R7，自己原来通往 7.7.7.0 的路由失效，改下一跳为 R7，因为 R7 距离该目的网段的开销值更小。这是 EIGRP 的水平分割机制。实际上 340 号报文中所有路由条目的 Daley 值都是 Infinity，说明 R6 和 R7 的邻居关系重新建立后，R6 去往报文中目的网段的下一跳不再是其他路由器，而是 R7。那么 R6 是否会将这些路由更新通告给其他路由器呢？答案是肯定的。R7 的 e0/2 端口被重新启用后，从 R6 的 e0/3 端口抓取的 EIGRP 报文列表如图 7-11 所示。

No.	Time	Source	Destination	Protocol	Length	Info
414	601.475110	192.168.106.6	224.0.0.10	EIGRP	74	Hello
415	601.924486	192.168.106.10	224.0.0.10	EIGRP	74	Hello
416	603.357721	192.168.106.6	224.0.0.10	EIGRP	454	Update
417	603.367452	192.168.106.10	192.168.106.6	EIGRP	60	Hello (Ack)
418	603.386802	192.168.106.10	224.0.0.10	EIGRP	98	Update
419	603.396776	192.168.106.6	192.168.106.10	EIGRP	60	Hello (Ack)
422	608.360517	192.168.106.6	224.0.0.10	EIGRP	74	Hello
423	608.395752	192.168.106.10	224.0.0.10	EIGRP	74	Hello

图 7-11 从 R6 的 e0/3 端口抓取的 EIGRP 报文列表

在以上报文列表中，416 号报文是一个 Update 报文，其详细内容如图 7-12 所示。

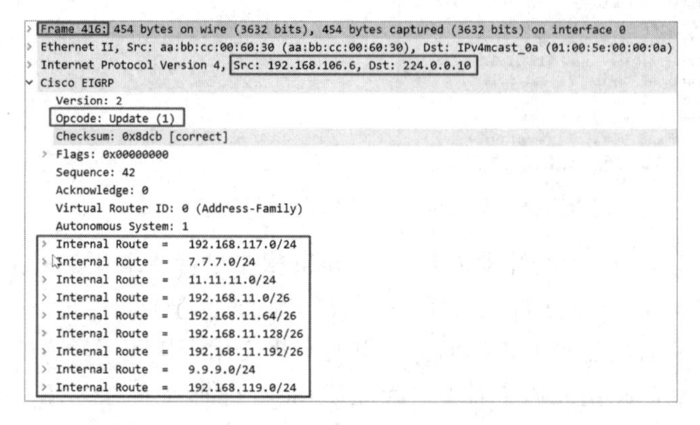

图 7-12 R6 的 e0/3 端口 416 号报文详细内容

从图 7-12 中可以看到，该 Update 报文与前面 340 号报文中的路由条目是完全一样的，说明 R6 将对应的更新路由条目也发送给了 R10。但是，查看每条路由条目的详细内容可以发现，它们还是有差别的。还是以目的网段为 7.7.7.0/24 的路由条目为例，其详细内容如图 7-13 所示。

从图 7-13 中可以看到，发给 R10 的路由条目的 Delay 值不再是 Infinity，而是一个具体的数值。数值 6000000000 就是 R6 到达 7.7.7.0 的总延时，最大带宽值是 10000。当 R10 接收到该路由条目后，也向 R6 发送一个路由更新信息，这就是 418 号报文，其详细内容如图 7-14 所示。

```
v Internal Route  =    7.7.7.0/24
    Type: Internal Route (0x0602)
    Length: 44
    Topology: 0
    AFI: IPv4 (1)
    RouterID: 7.7.7.7
  v Wide Metric
      Offset: 0
      Priority: 0
      Reliability: 255
      Load: 1
      MTU: 1500
      Hop Count: 1
      Delay: 6000000000
      Bandwidth: 10000
      Reserved: 0x0000
    > Flags
    NextHop: 0.0.0.0
    Prefix Length: 24
    Destination: 7.7.7.0
```

图 7-13　目的网段为 7.7.7.0/24 的路由条目详细内容 2

```
> Frame 418: 98 bytes on wire (784 bits), 98 bytes captured (784 bits) on interface 0
> Ethernet II, Src: aa:bb:cc:00:a0:30 (aa:bb:cc:00:a0:30), Dst: IPv4mcast_0a (01:00:5e:00:00:0a)
> Internet Protocol Version 4, Src: 192.168.106.10, Dst: 224.0.0.10
v Cisco EIGRP
    Version: 2
    Opcode: Update (1)
    Checksum: 0xc88b [correct]
  > Flags: 0x00000000
    Sequence: 13
    Acknowledge: 0
    Virtual Router ID: 0 (Address-Family)
    Autonomous System: 1
  > Internal Route  =    7.7.7.0/24
```

图 7-14　R6 的 e0/3 端口的 418 号报文详细内容

418 号报文是 Update 报文，只有一条路由条目，即 7.7.7.0。其 Delay 值为 Infinity，表明 R10 通过计算，只更改了到达 7.7.7.0 的路由表，即最佳下一跳为 R6，并通告 R6。

因此，由以上过程可知，EIGRP 协议在链路初始化、建立邻居关系时，会发送本地所有的路由条目，初始化以后只发送更新的路由条目。

7.3.4　EIGRP 如何选择路由路径

为了更好理解 EIGRP 是如何选择最优路径的，需要先要理解 EIGRP 中以下重要概念。

（1）邻居表（Neighbor Table）。

（2）拓扑表（Topology Table）。

（3）路由表（Route Table）。

（4）可行条件（Feasible Condition，FC）。

（5）通告距离（Advertisement Distance，AD）。

（6）可行距离（Feasible Distance，FD）。

（7）后继路由（Successor Route）。

（8）可行后继路由（Feasible Successor Route）。

下面结合实验网络拓扑中的具体信息分别举例介绍。首先，EIGRP 维护了 3 个信息表：邻居表、拓扑表和路由表。这 3 个表中的信息是递进依赖的关系。其次，当 EIGRP 检测到新邻居时，会将邻居信息加入邻居表，并根据邻居表构建拓扑表，拓扑表中保存了当前 EIGRP 自治系统中的完整拓扑信息。最后，通过 DUAL 选出最佳路由，并将最佳路由条目放到路由表中。可以通过相关命令查看以上信息表中的内容。以 R6 为例，结果显示如下：

```
R6#show ip eigrp neighbors   #查看 R6 的邻居表
EIGRP-IPv4 Neighbors for AS(1)
H   Address        Interface     Hold  Uptime     SRTT   RTO    Q     Seq
                                 (sec)            (ms)   Cnt    Num
2   192.168.68.8    Se1/2         13   01:01:48    13    100    0     22
1   192.168.106.10  Et0/3         13   01:01:48    1     100    0     13
0   192.168.67.7    Et0/2         13   01:01:48    1     100    0     15
```

由此可以看到，R6 当前有 3 个 EIGRP 邻居，对端地址分别为 192.168.67.7、192.168.68.8 及 192.168.106.10，即对应路由器 R7、R8 及 R10，对应的连接端口分别是 e0/2、s1/2 和 e0/3。Hold 表示该时间（单位为 s）内，如果没有接收到对端的 Hello 报文，则邻居关系失效。邻居表中还包括以下信息。

（1）Uptime 表示当前邻居关系建立后维持的时间。

（2）SRTT 全称为 Smoothed Round Trip Time，即平滑往返时间。RTT（往返时间）是从发出报文到接收到 Ack 应答报文所需要的时间，而 SRTT 是对往返时间的平均估算（单位为 ms），计算公式为 SRTT(new)=0.8×SRTT(old)+0.2×RTT。应答报文发送出去一段时间后，如果没有得到邻居路由器的 Ack 应答报文，就会重传该报文。重传 16 次后如果还没有得到应答，就将该邻居路由器复位。

（3）RTO 全称为 Retransmit Time Out，即超时重传时限，表示从报文发送后到重传该报文之间的这段时间，单位为 ms。

（4）Q Cnt 表示当前发送队列中的报文数量。

（5）Seq Num 表示当前发送的报文序号。

EIGRP 就是通过以上参数维护邻居关系的。接下来查看 R6 的拓扑表，结果显示如下：

```
R6#show ip eigrp topology   #查看 R6 的拓扑表
EIGRP-IPv4 Topology Table for AS(1)/ID(6.6.6.6)
Codes: P - Passive, A - Active, U - Update, Q - Query, R - Reply,
      r - reply Status, s - sia Status
P 192.168.89.0/24, 1 successors, FD is 2681856
       via 192.168.68.8 (2681856/2169856), Serial1/2
P 9.9.9.0/24, 2 successors, FD is 2349056
       via 192.168.67.7 (2349056/2323456), Ethernet0/2
       via 192.168.106.10 (2349056/2323456), Ethernet0/3
       via 192.168.68.8 (2809856/2297856), Serial1/2
P 192.168.110.0/24, 1 successors, FD is 307200
       via 192.168.106.10 (307200/281600), Ethernet0/3
P 192.168.106.0/24, 1 successors, FD is 281600
       via Connected, Ethernet0/3
P 192.168.68.0/24, 1 successors, FD is 2169856
       via Connected, Serial1/2
```

```
P 192.168.67.0/24, 1 successors, FD is 281600
      via Connected, Ethernet0/2
P 192.168.11.128/26, 2 successors, FD is 435200
      via 192.168.67.7 (435200/409600), Ethernet0/2
      via 192.168.106.10 (435200/409600), Ethernet0/3
P 192.168.117.0/24, 1 successors, FD is 307200
      via 192.168.67.7 (307200/281600), Ethernet0/2
P 192.168.11.192/26, 2 successors, FD is 435200
      via 192.168.67.7 (435200/409600), Ethernet0/2
      via 192.168.106.10 (435200/409600), Ethernet0/3
P 7.7.7.0/24, 1 successors, FD is 409600
      via 192.168.67.7 (409600/128256), Ethernet0/2
P 6.6.6.0/24, 1 successors, FD is 128256
      via Connected, Loopback0
P 192.168.119.0/24, 2 successors, FD is 2221056
      via 192.168.67.7 (2221056/2195456), Ethernet0/2
      via 192.168.106.10 (2221056/2195456), Ethernet0/3
P 11.11.11.0/24, 2 successors, FD is 435200
      via 192.168.67.7 (435200/409600), Ethernet0/2
      via 192.168.106.10 (435200/409600), Ethernet0/3
P 192.168.11.0/26, 2 successors, FD is 435200
      via 192.168.67.7 (435200/409600), Ethernet0/2
      via 192.168.106.10 (435200/409600), Ethernet0/3
P 8.8.8.0/24, 1 successors, FD is 2297856
      via 192.168.68.8 (2297856/128256), Serial1/2
P 192.168.11.64/26, 2 successors, FD is 435200
      via 192.168.67.7 (435200/409600), Ethernet0/2
      via 192.168.106.10 (435200/409600), Ethernet0/3
P 10.10.10.0/24, 1 successors, FD is 409600
      via 192.168.106.10 (409600/128256), Ethernet0/3
```

EIGRP 的拓扑信息主要描述了当前路由器到达某个目的网段可能的路径信息。从以上显示结果中可以看到，所有目的网段的前缀字母为 P（Passive），表示当前所有目的网段为被动状态。当 EIGRP 没有发现可能的路由更新时，路由就被认为是被动的。因此，当拓扑表中的所有目的网段处于 P 状态时，网络是完全收敛的，否则某个目的网段的状态就变为活跃状态 A（Active）或更新状态 U（Update）。

拓扑表中的路径信息不一定会全部加到路由表中，因为路由表中仅包含这些可能的路径中符合相关条件的路径，这个条件就是 EIGRP 定义的 FC。下面以拓扑信息中的目的网段 9.9.9.0/24 为例，说明 FC 是如何定义的。与 9.9.9.0/24 网段有关的可选路径如下所示：

```
R6#show ip eigrp topology all-links | section 9.9.9.0    #显示所有可能的路径
P 9.9.9.0/24, 2 successors, FD is 2349056, serno 20
      via 192.168.67.7 (2349056/2323456), Ethernet0/2
      via 192.168.106.10 (2349056/2323456), Ethernet0/3
      via 192.168.68.8 (2809856/2297856), Serial1/2
R6#show ip eigrp topology | section 9.9.9.0    #显示所有可以作为后继路由的路径
```

```
P 9.9.9.0/24, 2 successors, FD is 2349056
        via 192.168.67.7 (2349056/2323456), Ethernet0/2
        via 192.168.106.10 (2349056/2323456), Ethernet0/3
        via 192.168.68.8 (2809856/2297856), Serial1/2
R6#show ip route eigrp | section 9.0.0.0   #显示当前路由表
      9.0.0.0/24 is subnetted, 1 subnets
D      9.9.9.0 [90/2349056] via 192.168.106.10, 04:48:44, Ethernet0/3
            [90/2349056] via 192.168.67.7, 04:48:44, Ethernet0/2
```

由以上信息可知，从 R6 去往 9.9.9.0/24 网段，有 3 条可能路径可走，下一跳分别是 R7（192.168.67.7）、R10（192.168.106.10）及 R8（192.168.68.8）。每条路径中都有两个对应的开销值，如第一条路径的开销值为 2349056/2323456，其中前一个数值称为 FD，后一个数值称为 AD。FD 是指从当前路由器到达目的网段的总开销值，AD 是指从对应路径的下一跳路由器到达目的网段的开销值。也就是说，从 R6 到达 9.9.9.0/24 网段的开销值为 2349056，从下一跳路由器 R7 到达 9.9.9.0/24 网段的开销值为 2323456。因此，FD 实际上是 AD 加上到达邻居路由器的开销值。换句话说，FD 永远大于 AD。去往一个目的网段，不管可能的路径有多少条，FD 最小的那条路径都被称为最优路径。最优路径的 FD 也是去往该目的网段的 FD，即上面显示的 FD 是 2349056。最优路径又称为后继路由，只有后继路由条目才会被加到路由表中，而其他路径信息仅作为备份路径存在于拓扑表中，而不会被加到路由表中。以上路由表中，到达 9.9.9.0/24 网段的最优路径有 2 条，因为它们的 FD 恰好相同，都是 2349056，所以同时被加到路由表中。既然可以通过 FD 确定后继路由，为什么还要设计一个 AD 的概念呢？这与 EIGRP 可行后继路由的定义有关。

可行后继路由是后继路由的候选者，也就是可能的备份路径。为了加快路由收敛，当后继路由出现问题（如下一跳邻居路由器失效）时，EIGRP 不会向其他邻居路由器请求或重新计算新的后继路由，而会直接选择一个 FD 最小的可行后继路由代替后继路由。拓扑表中的备份路径成为可行后继路由的条件称为可行条件。可行条件的定义：该路径的 AD 要小于当前后继路由的 FD，只有符合可行条件的备份路径才可以成为可行后继路由。

在上面的例子中，第 3 条路径 via 192.168.68.8 (2809856/2297856), Serial1/2 的 AD 为 2297856，小于当前后继路由的 FD，即 2349056，所以第 3 条路径可以作为可行后继路由。下面来看一个不符合可行条件的例子：

```
R6#show ip eigrp topology all-links | section 192.168.119.0   #显示所有可能的路径
P 192.168.119.0/24, 2 successors, FD is 2221056, serno 22
        via 192.168.67.7 (2221056/2195456), Ethernet0/2
        via 192.168.106.10 (2221056/2195456), Ethernet0/3
        via 192.168.68.8 (3193856/2681856), Serial1/2   #这条路径不符合可行条件
#显示所有可以作为可行后继路由的路径
R6#show ip eigrp topology | section 192.168.119.0
P 192.168.119.0/24, 2 successors, FD is 2221056
        via 192.168.67.7 (2221056/2195456), Ethernet0/2
        via 192.168.106.10 (2221056/2195456), Ethernet0/3
R6#show ip route eigrp | section 192.168.119.0   #显示当前路由表
```

```
D      192.168.119.0/24 [90/2221056] via 192.168.106.10, 05:46:49, Ethernet0/3
                        [90/2221056] via 192.168.67.7, 05:46:49, Ethernet0/2
```

在上面的例子中，第 3 条路径 via 192.168.68.8 (3193856/2681856), Serial1/2 的 AD 为 2681856，大于当前路由的 FD，即 2221056，不符合可行条件。因此可以看到，show ip eigrp topology | section 192.168.119.0 命令执行结果中只有 2 条路径，而非 3 条路径。可行条件是 EIGRP 保证整个自治系统内没有路由环路的重要机制。在端口配置模式下关闭 EIGRP 的水平分割机制（配置命令为 R(config-if)#noip split-horizon eigrp），也可以避免形成路由环路。

7.3.5　EIGRP 路由请求与应答

如前所述，如果后继路由失效，那么 EIGRP 会直接选择一个 FD 最小的可行后继路由替代后继路由，使得 EIGRP 路由的收敛速度比 RIPv2 路由快得多。但是，如果当前没有任何可行后继路由，那么 EIGRP 的 DUAL 会向所有邻居路由器发送去往该目的网段的路由请求（请求报文）。如果本地存在该目的网段的路由，接收到该请求报文的路由器则会进行应答，否则将会把该请求报文继续向其他邻居路由器扩散，直到接收到应答报文为止。因此，路由请求报文会在整个 EIGRP 网络进行扩散，这就是 DUAL 算法的“弥散”特性。

为了验证该特性，我们再次将 R7 的 e0/2 端口禁用，用 Wireshark 抓取 R6 的 e0/3 端口 EIGRP 报文，报文列表如图 7-15 所示。

No.	Time	Source	Destination	Protocol	Length	Info
69	102.202693	192.168.106.6	224.0.0.10	EIGRP	74	Hello
73	104.736102	192.168.106.10	224.0.0.10	EIGRP	74	Hello
74	106.596781	192.168.106.6	224.0.0.10	EIGRP	74	Hello
75	106.918503	192.168.106.6	224.0.0.10	EIGRP	142	Query
76	106.926316	192.168.106.10	192.168.106.6	EIGRP	60	Hello (Ack)
77	106.935617	192.168.106.6	224.0.0.10	EIGRP	366	Update
78	106.945848	192.168.106.10	192.168.106.6	EIGRP	142	Reply
79	106.954328	192.168.106.6	192.168.106.10	EIGRP	60	Hello (Ack)
80	106.960031	192.168.106.10	224.0.0.10	EIGRP	98	Update
81	106.970175	192.168.106.6	192.168.106.10	EIGRP	60	Hello (Ack)
82	106.997459	192.168.106.6	224.0.0.10	EIGRP	98	Update
83	107.008190	192.168.106.10	192.168.106.6	EIGRP	60	Hello (Ack)
84	107.088589	192.168.106.6	224.0.0.10	EIGRP	98	Update
85	107.098667	192.168.106.10	192.168.106.6	EIGRP	60	Hello (Ack)
86	111.960490	192.168.106.10	224.0.0.10	EIGRP	74	Hello
87	112.094315	192.168.106.6	224.0.0.10	EIGRP	74	Hello

图 7-15　R6 的 e0/3 端口 EIGRP 报文列表

该报文列表中的 75 号报文就是 R6 在 Hold Time（15s）内没有接收到 R7 的 Hello 报文，向 R10 发出的 Query 报文，其详细内容如图 7-16 所示。

```
> Frame 75: 142 bytes on wire (1136 bits), 142 bytes captured (1136 bits) on interface 0
> Ethernet II, Src: aa:bb:cc:00:60:30 (aa:bb:cc:00:60:30), Dst: IPv4mcast_0a (01:00:5e:00:00:0a)
> Internet Protocol Version 4, Src: 192.168.106.6, Dst: 224.0.0.10
v Cisco EIGRP
    Version: 2
    Opcode: Query (3)
    Checksum: 0xf0e3 [correct]
  > Flags: 0x00000000
    Sequence: 32
    Acknowledge: 0
    Virtual Router ID: 0 (Address-Family)
    Autonomous System: 1
  > Internal Route  =    192.168.117.0/24
  > Internal Route  =    7.7.7.0/24
```

图 7-16　75 号报文详细内容

查询的路由只有两条：192.168.117.0/24 和 7.7.7.0/24。因为只有这两条路由的下一跳为R7且没有其他可行后继路由（可参考前面R6的拓扑表中的内容）。因此，当R7失效时，R6向其他邻居路由器（包括R8和R10）发出路由查询报文。为了验证R8和R10都接收到了该Query报文，可以在R8和R10上打开Query报文的debug开关，如下所示：

```
R8#debug eigrp packets query    #打开Query报文的debug开关
 (QUERY)EIGRP Packet debugging is on
*Jul 12 10:05:02.150: EIGRP: Received QUERY on Se1/2 - paklen 88 nbr 192.168.68.6
*Jul 12 10:05:02.150:   AS 1, Flags 0x0:(NULL), Seq 43/45 interfaceQ 0/0 iidbQ un/rely 0/0 peerQ un/rely 0/0

R10#debug eigrp packets query
 (QUERY)EIGRP Packet debugging is on
*Jul 12 10:05:02.124: EIGRP: Received QUERY on Et0/3 - paklen 88 nbr 192.168.106.6
*Jul 12 10:05:02.124:   AS 1, Flags 0x0:(NULL), Seq 42/0 interfaceQ 0/0 iidbQ un/rely 0/0 peerQ un/rely 0/0
```

由以上信息可知，R8和R10确实接收到了R6发出的Query报文。该报文中的路由条目的Delay值都为Infinity，表明路由失效。R10在接收到Query报文时，先回复一个Ack报文（对应报文列表中的76号报文），紧接着回复一个应答报文（对应报文列表中的78号报文），因为R10有去往这两个目的网段的路由条目。可以在R10上查看邻居表，如下所示：

```
R10#show ip eigrp topology
EIGRP-IPv4 Topology Table for AS(1)/ID(10.10.10.10)
Codes: P - Passive, A - Active, U - Update, Q - Query, R - Reply,
      r - reply Status, s - sia Status
P 192.168.89.0/24, 2 successors, FD is 2707456
       via 192.168.106.6 (2707456/2681856), Ethernet0/3
       via 192.168.110.11 (2707456/2681856), Ethernet0/1
P 9.9.9.0/24, 1 successors, FD is 2323456
       via 192.168.110.11 (2323456/2297856), Ethernet0/1
P 192.168.110.0/24, 1 successors, FD is 281600
       via Connected, Ethernet0/1
P 192.168.106.0/24, 1 successors, FD is 281600
       via Connected, Ethernet0/3
P 192.168.68.0/24, 1 successors, FD is 2195456
       via 192.168.106.6 (2195456/2169856), Ethernet0/3
P 192.168.67.0/24, 1 successors, FD is 307200
       via 192.168.106.6 (307200/281600), Ethernet0/3
P 192.168.11.128/26, 1 successors, FD is 409600
       via 192.168.110.11 (409600/128256), Ethernet0/1
P 192.168.117.0/24, 1 successors, FD is 307200   #去往192.168.117.0，后继路由为R11
       via 192.168.110.11 (307200/281600), Ethernet0/1
P 192.168.11.192/26, 1 successors, FD is 409600
       via 192.168.110.11 (409600/128256), Ethernet0/1
P 7.7.7.0/24, 2 successors, FD is 435200   #去往7.7.7.0，后继路由除了R6，还有R11
```

```
        via 192.168.106.6 (435200/409600), Ethernet0/3
        via 192.168.110.11 (435200/409600), Ethernet0/1
P 6.6.6.0/24, 1 successors, FD is 409600
        via 192.168.106.6 (409600/128256), Ethernet0/3
P 192.168.119.0/24, 1 successors, FD is 2195456
        via 192.168.110.11 (2195456/2169856), Ethernet0/1
P 11.11.11.0/24, 1 successors, FD is 409600
        via 192.168.110.11 (409600/128256), Ethernet0/1
P 192.168.11.0/26, 1 successors, FD is 409600
        via 192.168.110.11 (409600/128256), Ethernet0/1
P 8.8.8.0/24, 1 successors, FD is 2323456
        via 192.168.106.6 (2323456/2297856), Ethernet0/3
P 192.168.11.64/26, 1 successors, FD is 409600
        via 192.168.110.11 (409600/128256), Ethernet0/1
P 10.10.10.0/24, 1 successors, FD is 128256
        via Connected, Loopback0
```

R10 发出的 78 号应答报文详细内容如图 7-17 所示。

进一步查看路由条目信息，可以看到应答报文中路由条目的 Delay 值换成了具体的数值（见图 7-18），不再是 Infinity，表明 R10 具有通往这两个目的网段的后继路由。

```
> Frame 78: 142 bytes on wire (1136 bits), 142 bytes captured (1136 bits) on interface 0
> Ethernet II, Src: aa:bb:cc:00:a0:30 (aa:bb:cc:00:a0:30), Dst: aa:bb:cc:00:60:30 (aa:bb:cc:00:60:30)
> Internet Protocol Version 4, Src: 192.168.106.10, Dst: 192.168.106.6
v Cisco EIGRP
    Version: 2
    Opcode: Reply (4)
    Checksum: 0x000f [correct]
  > Flags: 0x00000000
    Sequence: 10
    Acknowledge: 34
    Virtual Router ID: 0 (Address-Family)
    Autonomous System: 1
  > Internal Route  =  192.168.117.0/24
  > Internal Route  =  7.7.7.0/24
```

图 7-17　R10 发出的 78 号应答报文详细内容

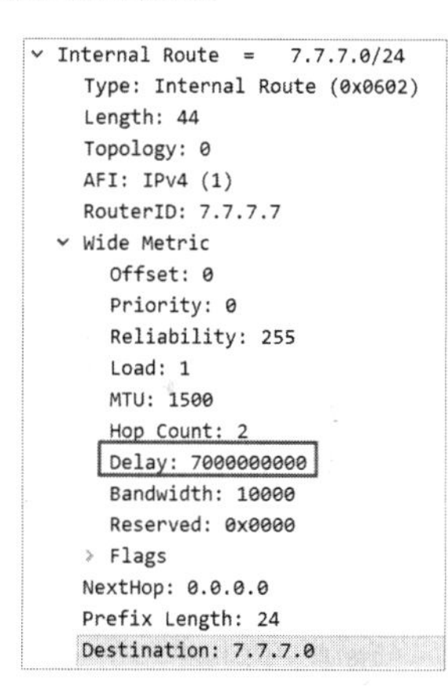

图 7-18　目的网段为 7.7.7.0/24 的路由条目详细内容

紧接着，R6 和 R10 相互发送相关 Update 报文（报文序号为 77、80、82 和 84），告知对方相关的路由更新，最终全部达到路由收敛状态。收敛后的 R6 的拓扑信息如下：

```
R6#show ip eigrp topology
EIGRP-IPv4 Topology Table for AS(1)/ID(6.6.6.6)
Codes: P - Passive, A - Active, U - Update, Q - Query, R - Reply,
      r - reply Status, s - sia Status

P 192.168.89.0/24, 1 successors, FD is 2681856
        via 192.168.68.8 (2681856/2169856), Serial1/2
P 9.9.9.0/24, 1 successors, FD is 2349056
        via 192.168.106.10 (2349056/2323456), Ethernet0/3
```

```
        via 192.168.68.8 (2809856/2297856), Serial1/2
P 192.168.110.0/24, 1 successors, FD is 307200
        via 192.168.106.10 (307200/281600), Ethernet0/3
P 192.168.106.0/24, 1 successors, FD is 281600
        via Connected, Ethernet0/3
P 192.168.68.0/24, 1 successors, FD is 2169856
        via Connected, Serial1/2
P 192.168.67.0/24, 1 successors, FD is 281600
        via Connected, Ethernet0/2
P 192.168.11.128/26, 1 successors, FD is 435200
        via 192.168.106.10 (435200/409600), Ethernet0/3
P 192.168.117.0/24, 1 successors, FD is 332800
        via 192.168.106.10 (332800/307200), Ethernet0/3
P 192.168.11.192/26, 1 successors, FD is 435200
        via 192.168.106.10 (435200/409600), Ethernet0/3
P 7.7.7.0/24, 1 successors, FD is 460800
        via 192.168.106.10 (460800/435200), Ethernet0/3
P 6.6.6.0/24, 1 successors, FD is 128256
        via Connected, Loopback0
P 192.168.119.0/24, 1 successors, FD is 2221056
        via 192.168.106.10 (2221056/2195456), Ethernet0/3
P 11.11.11.0/24, 1 successors, FD is 435200
        via 192.168.106.10 (435200/409600), Ethernet0/3
P 192.168.11.0/26, 1 successors, FD is 435200
        via 192.168.106.10 (435200/409600), Ethernet0/3
P 8.8.8.0/24, 1 successors, FD is 2297856
        via 192.168.68.8 (2297856/128256), Serial1/2
P 192.168.11.64/26, 1 successors, FD is 435200
        via 192.168.106.10 (435200/409600), Ethernet0/3
P 10.10.10.0/24, 1 successors, FD is 409600
        via 192.168.106.10 (409600/128256), Ethernet0/3
```

由此可以看到，由于 R7 失效，从 R6 去往大部分网段的下一跳都变成了 R10，该结果是符合预期的。由以上分析也可以看出，EIGRP 邻居路由失效后的路由收敛时间一般为 15～20s，比 RIPv2（需要约 240s）快得多。

一种特殊情况是，如果源路由器发出 Query 报文后，由于某些链路问题，始终没有接收到邻居路由器的应答报文，此时该如何处理呢？最开始 EIGRP 的激进处理方式是等待 180s 超时时间，重置邻居关系，这样显然是不合理的，因为接收不到应答报文就重置邻居关系，影响面太大。后来 EIGRP 对此进行了改进，即如果进行到超时时间的一半（90s）还没有接收到应答报文，就发送一个 SIA（Stuck In Active）报文，邻居路由器若接收到 SIA 报文，则回应 SIA 报文，说明还在进行目标路由寻找。如果确实找不到目标路由，邻居路由器就会发送一条 SIA 报文告知源路由器目标路由找不到，源路由器则删除这条活跃路由条目，从而保持邻居关系不变。

7.4　进阶实验

7.4.1　EIGRP 不等价路径负载均衡

EIGRP 不仅支持等价路径负载均衡，还支持不等价路径负载均衡。先来看一下等价路径负载均衡的场景。在默认情况下，只有 FD 相等的后继路由会被加到路由表中。也就是说，去往同一目的网段存在的并列最优路径会被加到路由表中。以 R6 为例，去往 9.9.9.0/24 有两个等价后继路由，下一跳分别是 R7 和 R10，如下所示：

```
R6#show ip route eigrp | section 9.0.0.0
      9.0.0.0/24 is subnetted, 1 subnets
D        9.9.9.0 [90/2349056] via 192.168.106.10, 04:48:44, Ethernet0/3
                 [90/2349056] via 192.168.67.7, 04:48:44, Ethernet0/2
```

通过 traceroute 命令测试到 9.9.9.9 的路径的负载均衡情况，测试结果如下：

```
R6#traceroute 9.9.9.9 source 6.6.6.6 probe 6    #每跳发送 6 个探测报文
Type escape sequence to abort.
Tracing the route to 9.9.9.9
VRF info: (vrf in name/id, vrf out name/id)
  1 192.168.106.10 0 msec    #轮流发给 2 个下一跳，每个发送 3 个探测报文
    192.168.67.7 0 msec
    192.168.106.10 0 msec
    192.168.67.7 0 msec
    192.168.106.10 0 msec
    192.168.67.7 1 msec
  2 192.168.110.11 0 msec
    192.168.117.11 1 msec
    192.168.110.11 0 msec
    192.168.117.11 1 msec
    192.168.110.11 0 msec
    192.168.117.11 1 msec
  3 192.168.119.9 12 msec *  13 msec *  13 msec *
```

由此可以看到，从 R6 向 9.9.9.9 发送的 6 个探测报文中，其中 3 个的下一跳为 R10，另外 3 个的下一跳为 R7，因此两条等价路由起到了负载均衡的作用。

从网络拓扑结构上看，从 R6 去往 9.9.9.0/24 还可以经过 R8，只不过其 FD 大于与前面两条路径的 FD，因此只能作为后继路由的备份路径（可行后继路由），并不会真正加到路由表中。但在实际应用中，有时我们希望将更多的可行后继路由加到路由表中，以分担网络流量，虽然它们的 FD 并不相同，这就是不等价路径负载均衡的由来。EIGRP 通过一个 variance 参数使得不等价路径负载均衡成为可能，默认最多可以有 4 条负载均衡路径。可以通过 show eigrp protocols 命令显示 EIGRP 当前的参数，如下所示：

```
R6#show eigrp protocols
EIGRP-IPv4 Protocol for AS(1)
  Metric weight K1=1, K2=0, K3=1, K4=0, K5=0
```

```
  Soft SIA disabled
  NSF-aware route hold timer is 240
  Router-ID: 6.6.6.6
  Topology : 0 (base)
    Active Timer: 3 min
    Distance: internal 90 external 170
    Maximum path: 4   #最大负载均衡路径为 4
    Maximum hopcount 100
    Maximum metric variance 1   #variance 参数默认为 1
```

variance 参数如何实现不等价路径负载均衡呢？其原理是，设当前后继路由的 FD 为 FD_1，再设一条可行后继路由的 FD 为 FD_2，则这条可行后继路由能添加到路由表中需要满足以下条件：

$$FD_1 \leqslant FD_2 \leqslant FD_1 \times variance$$

由于 variance 参数默认为 1，因此可行后继路由能添加到路由表中的条件只能是 $FD_2=FD_1$，即等价后继路由。可以通过以下命令修改 variance 参数：

```
R6(config-router)#variance ?
<1-128>  Metric variance multiplier   #variance 参数的范围为 1～128
R6(config-router)#variance 2   #将 R6 的 variance 参数修改为 2
R6(config-router)#maximum-paths ?
<1-32>  Number of paths   #最大负载均衡路径为 32 条
R6(config-router)#maximum-paths 6   #将最大负载均衡路径修改为 6
R6(config-router)#traffic-share balanced   #设置不等价路径流量均衡模式
R6(config-router)#end
#再次查看 9.9.9.0 的路由表，由原来的 2 条路径变成了 3 条路径
R6#show ip route eigrp | section 9.9.9.0
D       9.9.9.0 [90/2349056] via 192.168.106.10, 00:01:32, Ethernet0/3
                [90/2809856] via 192.168.68.8, 00:01:32, Serial1/2   #新增可行路径
                [90/2349056] via 192.168.67.7, 00:01:32, Ethernet0/2
```

由以上结果可知，从 R6 去往 9.9.9.0/24 的路由添加了一个不等价路径（下一跳是 R8），该路径的 FD=2809856，显然 2809856≤2349056×2，满足不等价路径负载均衡条件。去往该网段的下一跳路径负载均衡情况如下：

```
R6#show ip route 9.9.9.0 255.255.255.0   #显示去往 9.9.9.0 的详细路径信息
Routing entry for 9.9.9.0/24
  Known via "eigrp 1", distance 90, metric 2349056, type internal
  Redistributing via eigrp 1
  Last update from 192.168.106.10 on Ethernet0/3, 01:23:10 ago
  Routing Descriptor Blocks:
    192.168.106.10, from 192.168.106.10, 01:23:10 ago, via Ethernet0/3
Route metric is 2349056, traffic share count is 80 #下一跳为 R10 的路径，流量占比为 80
      Total delay is 27000 microseconds, minimum bandwidth is 1544 Kbit
      Reliability 255/255, minimum MTU 1500 bytes
      Loading 1/255, Hops 3
```

```
  * 192.168.68.8, from 192.168.68.8, 01:23:10 ago, via Serial1/2
Route metric is 2809856, traffic share count is 67  #下一跳为 R8 的路径，流量占比为 67
     Total delay is 45000 microseconds, minimum bandwidth is 1544 Kbit
     Reliability 255/255, minimum MTU 1500 bytes
     Loading 1/255, Hops 2
   192.168.67.7, from 192.168.67.7, 01:23:10 ago, via Ethernet0/2
Route metric is 2349056, traffic share count is 80   #下一跳为 R7 的路径，流量占比为 80
     Total delay is 27000 microseconds, minimum bandwidth is 1544 Kbit
     Reliability 255/255, minimum MTU 1500 bytes
     Loading 1/255, Hops 3
```

由此可以看到，3 条不等价路径的流量占比分别为 80、67、80，这是通过路径的 FD 计算出来的，FD 越小，流量占比越大，即流量占比与 FD 成反比。再次通过 traceroute 命令测试去往 9.9.9.9 的路径负载均衡情况，测试结果如下：

```
R6#traceroute 9.9.9.9 probe 227   #每跳发送 227 个探测报文
Type escape sequence to abort.
Tracing the route to 9.9.9.9
VRF info: (vrf in name/id, vrf out name/id)
  #向 R7 发送了 80 个探测报文
  1 192.168.67.7 1 msec 0 msec 0 msec 1 msec 0 msec 0 msec 0 msec 1 msec 0 msec
0 msec 0 msec 1 msec 0 msec 0 msec 1 msec 0 msec 0 msec 0 msec 1 msec 0 msec 0 msec
0 msec 1 msec 0 msec 0 msec 1 msec 0 msec 0 msec 1 msec 1 msec 0 msec 1 msec 0 msec
0 msec 1 msec 0 msec 0 msec 0 msec 0 msec 0 msec 1 msec 0 msec 0 msec 0 msec 1 msec
0 msec 0 msec 1 msec 0 msec 0 msec 0 msec 1 msec 0 msec 0 msec 0 msec 0 msec 0 msec
0 msec 1 msec 0 msec 0 msec 0 msec 0 msec 0 msec 6 msec 0 msec 1 msec 0 msec 0 msec
0 msec 1 msec 0 msec 0 msec 6 msec 0 msec 1 msec 0 msec 0 msec 0 msec 0 msec
    #向 R10 也发送了 80 个探测报文
    192.168.106.10 0 msec 0 msec 0 msec 0 msec 0 msec 0 msec 0 msec 0 msec 0 msec
0 msec 0 msec 0 msec 1 msec 0 msec 0 msec 0 msec 0 msec 0 msec 0 msec 0 msec 1 msec
0 msec 0 msec 0 msec 0 msec 0 msec 0 msec 1 msec 0 msec 0 msec 0 msec 5 msec 4 msec
5 msec 0 msec 0 msec 0 msec 1 msec 0 msec 0 msec 1 msec 0 msec 0 msec 0 msec 1 msec
0 msec 0 msec 1 msec 0 msec 0 msec 1 msec 0 msec 0 msec 5 msec 2 msec 1 msec 1 msec
0 msec 1 msec 0 msec 0 msec 1 msec 0 msec 0 msec 0 msec 1 msec 0 msec 0 msec 0 msec
0 msec 0 msec 0 msec 0 msec 0 msec 1 msec 0 msec 0 msec 0 msec 0 msec 1 msec
    #向 R8 只发送了 67 个探测报文，并且串行链路的延时明显比上面以太网链路高
    192.168.68.8 10 msec 10 msec 10 msec 12 msec 11 msec 9 msec 12 msec 11 msec 10
msec 12 msec 12 msec 10 msec 12 msec 12 msec 8 msec 13 msec 10 msec 9 msec 10 msec 12
msec 10 msec 11 msec 11 msec 9 msec 11 msec 10 msec 10 msec 12 msec 10 msec 11 msec
9 msec 14 msec 12 msec 7 msec 17 msec 9 msec 12 msec 12 msec 11 msec 14 msec 10 msec
6 msec 12 msec 12 msec 11 msec 12 msec 10 msec 14 msec 15 msec 11 msec 7 msec 11 msec
13 msec 10 msec 11 msec 9 msec 12 msec 13 msec 11 msec 6 msec 16 msec 11 msec 10 msec
13 msec 11 msec 11 msec 15 msec
#以下输出省略
```

由以上结果可知，3 条路径分别承担了 80 个、80 个和 67 个探测报文，与预期是一致的。这就验证了 EIGRP 不等价路径负载均衡的效果。

7.4.2 EIGRP 路由汇总

与 RIPv2 一样，EIGRP 也提供了路由汇总功能，但在默认情况下，EIGRP 的自动汇总功能是没有开启的。其原因是尽量避免不精确的自动汇总导致形成路由黑洞。按照前面的 IP 地址规划，我们为 R11 配置了 4 个环回端口，即 Loopback1～Loopback4，其网段分别是 192.168.11.0/26、192.168.11.64/26、192.168.11.128/26、192.168.11.192/26，正好可以自动汇总成一个 C 类网段，即 192.168.11.0/24。下面以 R11 为例，验证 EIGRP 的自动汇总功能。在开启自动汇总功能之前，R11 上 EIGRP 的路由表如下：

```
R11#show ip route eigrp    #只显示EIGRP路由条目
Gateway of last resort is not set
     6.0.0.0/24 is subnetted, 1 subnets
D       6.6.6.0 [90/435200] via 192.168.117.7, 00:31:09, Ethernet0/0
                [90/435200] via 192.168.110.10, 00:31:09, Ethernet0/1
     7.0.0.0/24 is subnetted, 1 subnets
D       7.7.7.0 [90/409600] via 192.168.117.7, 00:31:09, Ethernet0/0
     8.0.0.0/24 is subnetted, 1 subnets
D       8.8.8.0 [90/2349056] via 192.168.117.7, 00:31:08, Ethernet0/0
                [90/2349056] via 192.168.110.10, 00:31:08, Ethernet0/1
     9.0.0.0/24 is subnetted, 1 subnets
D       9.9.9.0 [90/2297856] via 192.168.119.9, 00:31:08, Serial1/1
     10.0.0.0/24 is subnetted, 1 subnets
D       10.10.10.0 [90/409600] via 192.168.110.10, 00:31:09, Ethernet0/1
D    192.168.67.0/24 [90/307200] via 192.168.117.7, 00:31:09, Ethernet0/0
D    192.168.68.0/24 [90/2221056] via 192.168.117.7, 00:31:08, Ethernet0/0
                     [90/2221056] via 192.168.110.10, 00:31:08, Ethernet0/1
D    192.168.89.0/24 [90/2681856] via 192.168.119.9, 00:31:08, Serial1/1
D    192.168.106.0/24 [90/307200] via 192.168.110.10, 00:31:09, Ethernet0/1
```

由此可以看到，进行路由汇总之前的 R11 没有 192.168.11.0 网段的 EIGRP 路由，也有没有 11.11.11.0/24 网段的路由，因为与以上网段对应的端口都是本地直连的环回端口。再来查看邻居路由器 R10 的 EIGRP 路由表，结果如下：

```
R10#show ip route eigrp    #同样只显示EIGRP路由条目
Gateway of last resort is not set
     6.0.0.0/24 is subnetted, 1 subnets
D       6.6.6.0 [90/409600] via 192.168.106.6, 00:33:11, Ethernet0/3
     7.0.0.0/24 is subnetted, 1 subnets
D       7.7.7.0 [90/435200] via 192.168.110.11, 00:33:11, Ethernet0/1
                [90/435200] via 192.168.106.6, 00:33:11, Ethernet0/3
     8.0.0.0/24 is subnetted, 1 subnets
D       8.8.8.0 [90/2323456] via 192.168.106.6, 00:33:10, Ethernet0/3
     9.0.0.0/24 is subnetted, 1 subnets
D       9.9.9.0 [90/2323456] via 192.168.110.11, 00:33:10, Ethernet0/1
     11.0.0.0/24 is subnetted, 1 subnets
D       11.11.11.0 [90/409600] via 192.168.110.11, 00:33:11, Ethernet0/1
```

```
     192.168.11.0/26 is subnetted, 4 subnets   #没有对 4 个子网进行路由汇总
D       192.168.11.0 [90/409600] via 192.168.110.11, 00:33:11, Ethernet0/1
D       192.168.11.64 [90/409600] via 192.168.110.11, 00:33:11, Ethernet0/1
D       192.168.11.128 [90/409600] via 192.168.110.11, 00:33:11, Ethernet0/1
D       192.168.11.192 [90/409600] via 192.168.110.11, 00:33:11, Ethernet0/1
D    192.168.67.0/24 [90/307200] via 192.168.106.6, 00:33:11, Ethernet0/3
D    192.168.68.0/24 [90/2195456] via 192.168.106.6, 00:33:11, Ethernet0/3
D    192.168.89.0/24 [90/2707456] via 192.168.110.11, 00:33:10, Ethernet0/1
                     [90/2707456] via 192.168.106.6, 00:33:10, Ethernet0/3
D    192.168.117.0/24 [90/307200] via 192.168.110.11, 00:33:11, Ethernet0/1
D    192.168.119.0/24 [90/2195456] via 192.168.110.11, 00:33:11, Ethernet0/1
```

由此可以看出，R10 的 EIGRP 路由表中，4 个子网（192.168.11.0/26、192.168.11.64/26、192.168.11.128/26、192.168.11.192/26）都分别对应 1 条 EIGRP 路由，说明 EIGRP 并未对这 4 个子网进行自动汇总。接下来为 R11 开启自动汇总功能，命令如下：

```
R11(config)#router eigrp 1
R11(config-router)#auto-summary   #为 R11 开启自动汇总功能
```

开启自动汇总功能以后，再次显示 R11 和 R10 的 EIGRP 路由表，结果如下：

```
R11#show ip route eigrp
   Gateway of last resort is not set
     6.0.0.0/24 is subnetted, 1 subnets
D       6.6.6.0 [90/435200] via 192.168.117.7, 00:36:18, Ethernet0/0
                [90/435200] via 192.168.110.10, 00:36:18, Ethernet0/1
     7.0.0.0/24 is subnetted, 1 subnets
D       7.7.7.0 [90/409600] via 192.168.117.7, 00:36:18, Ethernet0/0
     8.0.0.0/24 is subnetted, 1 subnets
D       8.8.8.0 [90/2349056] via 192.168.117.7, 00:36:17, Ethernet0/0
                [90/2349056] via 192.168.110.10, 00:36:17, Ethernet0/1
     9.0.0.0/24 is subnetted, 1 subnets
D       9.9.9.0 [90/2297856] via 192.168.119.9, 00:36:17, Serial1/1
     10.0.0.0/24 is subnetted, 1 subnets
D       10.10.10.0 [90/409600] via 192.168.110.10, 00:07:28, Ethernet0/1
     11.0.0.0/8 is variably subnetted, 3 subnets, 3 masks
D       11.0.0.0/8 is a summary, 00:00:11, Null0   #第一个环回端口的黑洞路由
192.168.11.0/24 is variably subnetted, 9 subnets, 3 masks
D       192.168.11.0/24 is a summary, 00:00:11, Null0   #其他环回端口的黑洞路由
D    192.168.67.0/24 [90/307200] via 192.168.117.7, 00:36:18, Ethernet0/0
D    192.168.68.0/24 [90/2221056] via 192.168.117.7, 00:36:17, Ethernet0/0
                     [90/2221056] via 192.168.110.10, 00:36:17, Ethernet0/1
D    192.168.89.0/24 [90/2681856] via 192.168.119.9, 00:36:17, Serial1/1
D    192.168.106.0/24 [90/307200] via 192.168.110.10, 00:36:18, Ethernet0/1
```

由以上结果可以看到，开启自动汇总功能后，R11 的 EIGRP 路由表中自动添加了两条下一跳为 Null0 的黑洞路由，以防止因自动汇总形成路由黑洞，这一点和 RIPv2 相比是很好的

改进。另外一个和 RIPv2 不同的地方是，EIGRP 只自动汇总本地的直连网段，并不会自动汇总从邻居路由器学习过来的网段。例如，R10 的 10.10.10.0/24 网段并没有被自动汇总成 10.0.0.0/8。再次查看 R10 的 EIGRP 路由表，结果如下：

```
R10#show ip route eigrp
Gateway of last resort is not set
     6.0.0.0/24 is subnetted, 1 subnets
D       6.6.6.0 [90/409600] via 192.168.106.6, 01:16:15, Ethernet0/3
     7.0.0.0/24 is subnetted, 1 subnets
D       7.7.7.0 [90/435200] via 192.168.110.11, 01:16:15, Ethernet0/1
                [90/435200] via 192.168.106.6, 01:16:15, Ethernet0/3
     8.0.0.0/24 is subnetted, 1 subnets
D       8.8.8.0 [90/2323456] via 192.168.106.6, 01:16:14, Ethernet0/3
     9.0.0.0/24 is subnetted, 1 subnets
D       9.9.9.0 [90/2323456] via 192.168.110.11, 01:16:14, Ethernet0/1
D    11.0.0.0/8 [90/409600] via 192.168.110.11, 00:08:32, Ethernet0/1#汇总后的路由
D    192.168.11.0/24 [90/409600] via 192.168.110.11, 00:08:32, Ethernet0/1
D    192.168.67.0/24 [90/307200] via 192.168.106.6, 01:16:15, Ethernet0/3
D    192.168.68.0/24 [90/2195456] via 192.168.106.6, 01:16:15, Ethernet0/3
D    192.168.89.0/24 [90/2707456] via 192.168.110.11, 01:16:14, Ethernet0/1
                     [90/2707456] via 192.168.106.6, 01:16:14, Ethernet0/3
D    192.168.117.0/24 [90/307200] via 192.168.110.11, 01:16:15, Ethernet0/1
D    192.168.119.0/24 [90/2195456] via 192.168.110.11, 01:16:15, Ethernet0/1
```

由此可以看到，在 R10 中有 R11 自动汇总后的两条路由，汇总后的网段为 11.0.0.0/8 和 192.168.11.0/24。分析以上过程可知，EIGRP 在开启自动汇总功能上是非常谨慎的，这样可以有效避免不精确的自动汇总导致形成路由黑洞。

和 RIPv2 一样，EIGRP 不仅支持自动汇总，还支持手工汇总。以 R10 为例，我们可以将其环回端口的 IP 地址 10.10.10.0/24 手工汇总成 10.10.0.0/16，命令如下：

```
R10(config)#interface e0/1    #进入与R11连接的端口
R10(config-if)#ip summary-address eigrp 1 10.10.0.0 255.255.0.0   #手工汇总
```

此时分别查看 R11、R10、R7 及 R6 的关于 10.0.0.0/8 网段的 EIGRP 路由，显示结果各不相同，下面进行简要分析。

R11：

```
  10.0.0.0/8 is variably subnetted, 2 subnets, 2 masks
D       10.10.0.0/16 [90/409600] via 192.168.110.10, 00:00:25, Ethernet0/1
```

由于以上手工汇总是在和 R11 直连的端口上进行的，因此 R11 接收到的路由是手工汇总后的 10.10.0.0/16 信息。

R10：

```
10.0.0.0/8 is variably subnetted, 3 subnets, 3 masks
D       10.10.0.0/16 is a summary, 00:00:12, Null0
```

和自动汇总的原理一样，在 R10 上自动添加了一条黑洞路由。

R7：

```
10.0.0.0/8 is variably subnetted, 2 subnets, 2 masks
D        10.10.0.0/16 [90/435200] via 192.168.117.11, 00:05:24, Ethernet0/0
```

R7 上的路由条目和 R11 上的一样，因为这条汇总路由就是 R11 发送给它的。实际上 R9 上的结果和 R7 上的也是相同的。

R6：

```
10.0.0.0/8 is variably subnetted, 2 subnets, 2 masks
D        10.10.0.0/16 [90/460800] via 192.168.67.7, 00:00:53, Ethernet0/2
D        10.10.10.0/24 [90/409600] via 192.168.106.10, 00:31:33, Ethernet0/3
```

R6 上的结果比较特殊，它有两条不同的关于 10.0.0.0/8 的路由。因为 R6 既从 R10 接收 10.10.10.0/24 的路由条目（因为 R10 与 R6 连接的端口上没有输入手工汇总命令），又从 R7 接收 10.10.0.0/16 的路由条目。实际上 R8 上的结果与 R6 上的类似，也有两条关于 10.0.0.0/8 的路由条目。为了消除以上差别，可以在 R10 与 R6 连接的端口上再进行以上汇总，如下所示：

```
R10(config)#interface e0/1   #进入与 R11 连接的端口
R10(config-if)#ip summary-address eigrp 1 10.10.0.0 255.255.0.0   #手工汇总
```

经过以上手工汇总后，所有路由器上关于 10.0.0.0 的路由条目变得一致了。因此，建议在进行 EIGRP 手工汇总时，最好在所有邻居路由器端口上都进行相同的汇总，除非有特殊的考虑。

7.4.3　EIGRP 末节路由器与加密认证

和 RIPv2 一样，EIGRP 也提供了被动端口功能，但是和 RIPv2 的被动端口功能效果是有差别的。RIPv2 的被动端口虽然不发送路由通告报文，但可以接收路由通告报文，因为 Hello 报文携带路由条目。RIPv2 路由器由于并不需要建立邻居关系，因此对于维持单向路由没有问题。但是 EIGRP 需要依赖 Hello 报文维持邻居关系，一旦配置被动端口，则会停止发送 Hello 报文，相当于解除了邻居关系，这将严重影响拓扑表和路由表。以 R7 为例，被动端口配置命令和效果如下所示：

```
R7(config)#router eigrp 1
R7(config-router)#passive-interface e0/0   #配置被动端口
*Jul 13 01:54:49.066: %DUAL-5-NBRCHANGE: EIGRP-IPv4 1: Neighbor 192.168.117.11
(Ethernet0/0) is down: interface passive   #邻居关系 down
R7(config-router)#no passive-interface e0/0   #取消被动端口
*Jul 13 02:23:07.025: %DUAL-5-NBRCHANGE: EIGRP-IPv4 1: Neighbor 192.168.117.11
(Ethernet0/0) is up: new adjacency   #邻居关系重新 up
```

因此，除非确定需要解除邻居关系，否则不建议使用 EIGRP 的被动端口功能。为了优化路由条目，EIGRP 提供了末节路由器（stub）功能，末节路由器不发送路由更新，但可以接收邻居路由器发送的路由更新，甚至可以控制把哪些特定路由条目通告给邻居路由器，哪些路由条目不通告给邻居路由器。末节路由器的另外一个特点是，它不需要响应路由查询，从而减小了路由查询带来的开销。还是以 R7 为例，将 R7 配置为 EIGRP 末节路由器，配置命令如下：

```
R7(config-router)#eigrp stub   #配置 EIGRP 末节路由器
*Jul 13 02:26:36.003: %DUAL-5-NBRCHANGE: EIGRP-IPv4 1: Neighbor 192.168.117.11
(Ethernet0/0) is down: peer info changed   #邻居关系 down
*Jul 13 02:26:36.004: %DUAL-5-NBRCHANGE: EIGRP-IPv4 1: Neighbor 192.168.67.6
(Ethernet0/2) is down: peer info changed
*Jul 13 02:26:37.973: %DUAL-5-NBRCHANGE: EIGRP-IPv4 1: Neighbor 192.168.117.11
(Ethernet0/0) is up: new adjacencyR7(config-router)#   #邻居关系重新 up
*Jul 13 02:26:39.768: %DUAL-5-NBRCHANGE: EIGRP-IPv4 1: Neighbor 192.168.67.6
(Ethernet0/2) is up: new adjacency
```

由此可以看到，在配置了末节路由器后，系统提示 R7 和 R6/R11 的邻居关系先 down，然后重新 up。此时在 R11 上查看 EIGRP 邻居表详细信息，如下所示：

```
R11#show ip eigrp neighbors detail  #查看邻居表详细信息
EIGRP-IPv4 Neighbors for AS(1)

H   Address        Interface    Hold    Uptime      SRTT   RTO    Q    Seq
                                (sec)               (ms)          Cnt  Num
0   192.168.117.7   Et0/0       12     00:09:44     15    100     0    133
    Version 23.0/2.0, Retrans: 0, Retries: 0, Prefixes: 2
    Topology-ids from peer - 0
    Topologies advertised to peer:   base
    Stub Peer Advertising (CONNECTED SUMMARY ) Routes  #对端 R7 为末节路由器
    Suppressing queries   #不会发送 Query 报文给对端
2   192.168.119.9   Se1/1      14  03:22:20    24     144   0  163
    Time since Restart 02:14:35
    Version 23.0/2.0, Retrans: 1, Retries: 0, Prefixes: 4
    Topology-ids from peer - 0
    Topologies advertised to peer:   base
1   192.168.110.10  Et0/1      13 03:22:20    6      100    0  119
    Time since Restart 01:51:10
    Version 23.0/2.0, Retrans: 1, Retries: 0, Prefixes: 6
    Topology-ids from peer - 0
    Topologies advertised to peer:   base
```

由以上信息可知，R11 已经检查到对端 R7 为末节路由器。末节路由器默认只发送本地直连路由和汇总路由，其他路由都不发送。因此，R11 理论上不会将 R7 作为去往其他网段的下一跳。可以通过查看 R11 此时的 EIGRP 路由表进行验证，结果如下：

```
R11#show ip route eigrp
Gateway of last resort is not set
      6.0.0.0/24 is subnetted, 1 subnets
D        6.6.6.0 [90/435200] via 192.168.110.10, 00:04:44, Ethernet0/1
      7.0.0.0/24 is subnetted, 1 subnets
#与 R7 直连的网段
```

```
D       7.7.7.0 [90/409600] via 192.168.117.7, 00:04:42, Ethernet0/0
     8.0.0.0/24 is subnetted, 1 subnets
D       8.8.8.0 [90/2349056] via 192.168.110.10, 00:04:44, Ethernet0/1
     9.0.0.0/24 is subnetted, 1 subnets
D       9.9.9.0 [90/2297856] via 192.168.119.9, 00:08:13, Serial1/1
     10.0.0.0/16 is subnetted, 1 subnets
D       10.10.0.0 [90/409600] via 192.168.110.10, 00:08:13, Ethernet0/1
     11.0.0.0/8 is variably subnetted, 3 subnets, 3 masks
D       11.0.0.0/8 is a summary, 02:09:33, Null0
     192.168.11.0/24 is variably subnetted, 9 subnets, 3 masks
D       192.168.11.0/24 is a summary, 02:09:33, Null0
#与 R7 直连的网段
D    192.168.67.0/24 [90/307200] via 192.168.117.7, 00:04:42, Ethernet0/0
D    192.168.68.0/24 [90/2221056] via 192.168.110.10, 00:04:44, Ethernet0/1
D     192.168.89.0/24 [90/2681856] via 192.168.119.9, 00:08:13, Serial1/1
D     192.168.106.0/24 [90/307200] via 192.168.110.10, 00:08:13, Ethernet0/1
```

由以上路由表可以看出，从 R11 去往其他网段的路由条目中下一跳都不是 R7，只有 7.7.7.0/24 和 192.168.67.0/24 这两个和 R7 直连网段的路由条目下一跳是 R7，这就验证了末节路由器 R7 默认只向邻居路由器通告了直连路由。同时，邻居路由器 R6 和 R11 也不会向 R7 传播 Query 报文。但是，末节路由器通告路由的方式是可以更改的，如可以设置允许通告静态路由或外部重发布路由等。可以通过 eigrp stub 命令的可选项进行配置，如下所示。限于篇幅，以下功能请读者自行验证。

```
R7(config-router)#eigrp stub ?
  connected       Do advertise connected routes    #允许发送直连路由
  leak-map       Allow dynamic prefixes based on the leak-map   #允许发送动态前缀路由
  receive-only   Set receive only neighbor   #只接收邻居路由
  redistributed  Do advertise redistributed routes   #允许发送重发布路由
  static         Do advertise static routes   #允许发送静态路由
  summary        Do advertise summary routes   #允许发送汇总路由
```

同样 EIGRP 也提供了加密认证功能。相关的配置步骤和 RIPv2 大同小异。下面以 R10 与 R11 之间的链路为例，描述 EIGRP 加密认证的配置过程与效果。首先在 R10 的 e0/1 端口上配置加密认证：

```
R10(config)#key chain test
R10(config-keychain)#key 1
R10(config-keychain-key)#key-string 12345   #密码为 12345
R10(config-keychain-key)#exit
R10(config-keychain)#eixt
R10(config)#interface e0/1
R10(config-if)#ip authentication mode eigrp 1 md5   #在端口上应用 EIGRP 的 md5 加密认证
R10(config-if)#ip authentication key-chain eigrp 1 test   #在端口中进行应用
*Jul 13 04:12:24.060: %DUAL-5-NBRCHANGE: EIGRP-IPv4 1: Neighbor 192.168.110.11
(Ethernet0/1) is down: authentication mode changed
```

由以上提示可以看出，由于只有R10配置了加密认证，因此R10和R11邻居关系down。为了使得邻居关系重新正常建立，需要在R11的e0/1端口上也配置对应的加密认证，并且要保证密码一致，配置命令如下：

```
R11(config)#key chain test
R11(config-keychain)#key 1
R11(config-keychain-key)#key-string 12345   #密码为12345
R11(config-keychain-key)#exit
R11(config-keychain)#eixt
R11(config)#interface e0/1
R11(config-if)#ip authentication mode eigrp 1 md5   #在端口上应用EIGRP的md5加密认证
R11(config-if)#ip authentication key-chain eigrp 1 test   #在端口中进行应用
*Jul 13 04:21:58.059: %DUAL-5-NBRCHANGE: EIGRP-IPv4 1: Neighbor 192.168.110.10
(Ethernet0/1) is up: new adjacency
```

由此可以看到，R11配置了加密认证以后，邻居关系重新建立起来了，实验成功。

7.4.4 默认路由自动传播

到目前为止，RIP网络区域和EIGRP网络区域是完全独立的两个网络，两边无法进行网络互通。为了使得两边能够相互通信，需要用到路由重发布技术，即把RIPv2网络区域的路由条目重发布到EIGRP网络区域，同时把EIGRP网络区域的路由条目重发布到RIPv2网络区域。

在重发布动态路由条目之前，我们先来了解一下如何将静态默认路由进行重发布。在很多应用场景下都会配置静态默认路由，如一个园区网的出口路由器，可以配置一条静态默认路由指向运营商的末节路由器。在本章实验环境中，ISP用来模拟运营商的末节路由器，R6用来模拟连接ISP的出口路由器。因此，在R6上配置一条指向ISP的静态默认路由是理所当然的，配置命令如下：

```
R6(config)#ip route 0.0.0.0 0.0.0.0  202.1.1.2   #配置一条默认路由
R6(config)#end
R6#show ip route static   #只显示静态路由
Gateway of last resort is 202.1.1.2 to network 0.0.0.0
S*    0.0.0.0/0 [1/0] via 202.1.1.2   #静态默认路由指向ISP的端口IP
```

这样R6的静态默认路由就配置好了。下面测试从R6到ISP的环回端口的连通性，测试结果如下：

```
R6#ping 12.12.12.12   #成功，使用202.1.1.1作为源IP地址，可以ping通
Type escape sequence to abort.
Sending 5, 100-byte ICMP Echos to 12.12.12.12, timeout is 2 seconds:
!!!!!
Success rate is 100 percent (5/5), round-trip min/avg/max = 11/12/13 ms
R6#ping 12.12.12.12 source 6.6.6.6 #失败，使用R6的环回端口IP地址作为源地址，ping不通
```

```
Type escape sequence to abort.
Sending 5, 100-byte ICMP Echos to 12.12.12.12, timeout is 2 seconds:
Packet sent with a source address of 6.6.6.6
.....
Success rate is 0 percent (0/5)
```

以上结果显示，如果不指定源 IP 地址，则可以 ping 通，因为默认源 IP 地址为 202.1.1.1，该地址是 R6 与 ISP 的直连网段，没有问题。如果采用 6.6.6.6 作为源 IP 地址，则 ping 不通，因为 ISP 并没有去往 6.6.6.6 的路由，所以 ICMP 报文无法返回。因此，我们还需要为 ISP 配置一条静态默认路由，指向 R6 的端口，配置命令如下：

```
ISP(config)#ip route 0.0.0.0 0.0.0.0 202.1.1.1    #为 ISP 配置一条静态默认路由
ISP(config)#end
ISP#show ip route static
Gateway of last resort is 202.1.1.1 to network 0.0.0.0
S*    0.0.0.0/0 [1/0] via 202.1.1.1   #静态默认路由指向 R6 的端口
```

再次用 6.6.6.6 作为源 IP 地址测试从 R6 到 ISP 的连通性，现在可以 ping 通，结果如下：

```
R6#ping 12.12.12.12 source 6.6.6.6   #成功
Type escape sequence to abort.
Sending 5, 100-byte ICMP Echos to 12.12.12.12, timeout is 2 seconds:
Packet sent with a source address of 6.6.6.6
!!!!!
Success rate is 100 percent (5/5), round-trip min/avg/max = 9/11/13 ms
```

现在问题是，R6 能和外网正常通信，那么其他路由器是否可以 ISP 进行通信呢？答案是否定的，因为其他路由器并没有到 12.12.12.0/24 网段的路由，也没有为它们配置静态默认路由。假如要为这些路由器配置静态默认路由，则需要根据实际网络拓扑情况小心地为其指定正确的下一跳，因为这些路由器并没有和 ISP 直连。例如，R2 的静态默认路由的下一跳是 R6，R1 的静态默认路由的下一跳是 R2、R5 或 R3。同理，R11 的静态默认路由的下一跳应该是 R7、R10 或 R9。

难道要手工为所有路由器逐个配置静态默认路由吗？答案是不需要。因为 RIPv2 和 EIGRP 提供了一种自动重发布静态默认路由的功能，只需要在末节路由器 R6 上配置一条命令，就可以将 R6 的静态默认路由条目动态传播到整个网络区域，配置命令如下：

```
R6(config)#router rip
R6(config-router)#redistribute static    #重发布静态默认路由
R6(config)#router eigrp 1
R6(config-router)#redistribute static    #重发布静态默认路由
```

通过以上命令，R6 就可将本地的静态默认路由重发布到 RIPv2 网络区域和 EIGRP 网络区域的所有路由器。下面在 R1、R2、R3、R10、R11 上查看重发布的静态默认路由情况，结果如下：

```
R1#show ip route static
Gateway of last resort is 192.168.12.2 to network 0.0.0.0
```

```
#如果本地路由器已经配置了静态默认路由，则不会接受重发布的静态默认路由
S*    0.0.0.0/0 [1/0] via 192.168.12.2
      192.168.1.0/24 is variably subnetted, 7 subnets, 2 masks
S        192.168.1.128/26 is directly connected, Null0
```

由于 R1 已经配置过一条静态默认路由，因此 RIPv2 并不会用重发布的静态默认路由替代本地静态默认路由。通过 show ip route rip 命令查看 R2 的 RIPv2 路由条目，结果如下：

```
R2#show ip route rip    #只查看RIPv2路由条目
Gateway of last resort is 192.168.26.6 to network 0.0.0.0
#重发布的静态默认路由
R*    0.0.0.0/0 [120/1] via 192.168.26.6, 00:00:19, Ethernet0/1
      1.0.0.0/16 is subnetted, 1 subnets
R        1.1.0.0 [120/1] via 192.168.12.1, 00:00:12, Ethernet0/0
      3.0.0.0/24 is subnetted, 1 subnets
R        3.3.3.0 [120/2] via 192.168.12.1, 00:00:12, Ethernet0/0
      4.0.0.0/24 is subnetted, 1 subnets
R        4.4.4.0 [120/2] via 192.168.26.6, 00:00:19, Ethernet0/1
      5.0.0.0/24 is subnetted, 1 subnets
R        5.5.5.0 [120/2] via 192.168.12.1, 00:00:12, Ethernet0/0
      6.0.0.0/24 is subnetted, 1 subnets
R        6.6.6.0 [120/1] via 192.168.26.6, 00:00:19, Ethernet0/1
R     192.168.1.0/24 [120/1] via 192.168.12.1, 00:00:12, Ethernet0/0
R     192.168.13.0/24 [120/1] via 192.168.12.1, 00:00:12, Ethernet0/0
R     192.168.15.0/24 [120/1] via 192.168.12.1, 00:00:12, Ethernet0/0
R     192.168.34.0/24 [120/2] via 192.168.26.6, 00:00:19, Ethernet0/1
                      [120/2] via 192.168.12.1, 00:00:12, Ethernet0/0
R     192.168.46.0/24 [120/1] via 192.168.26.6, 00:00:19, Ethernet0/1
R     192.168.56.0/24 [120/1] via 192.168.26.6, 00:00:19, Ethernet0/1
```

由此可以看到，R2 中增加了一条带 R*标志的路由条目，该路由条目正是 R6 重发布的静态默认路由。该路由条目的参数为[120/1]，说明跳数为 1，且下一跳指向 R6。查看 R3 的 RIPv2 路由情况，结果如下：

```
R3#show ip route rip
#其他输出信息省略
R*    0.0.0.0/0 [120/2] via 192.168.34.4, 00:00:06, Serial1/1
```

由此可以看到，R3 中也增加了一条带 R*标志的路由条目，但是跳数变为 2，下一跳指向 R4。这是符合预期的，因为 R3 与重发布静态默认路由的源路由器 R6 之间还隔了一个 R5。再来查看 R10 的路由情况，结果如下：

```
R10#show ip route eigrp    #只查看EIGRP路由
   Gateway of last resort is 192.168.106.6 to network 0.0.0.0
#重发布的静态默认路由
D*EX  0.0.0.0/0 [170/2195456] via 192.168.106.6, 00:25:06, Ethernet0/3
      6.0.0.0/24 is subnetted, 1 subnets
```

```
D       6.6.6.0 [90/409600] via 192.168.106.6, 01:43:31, Ethernet0/3
     7.0.0.0/24 is subnetted, 1 subnets
D       7.7.7.0 [90/435200] via 192.168.110.11, 01:43:31, Ethernet0/1
                [90/435200] via 192.168.106.6, 01:43:31, Ethernet0/3
     8.0.0.0/24 is subnetted, 1 subnets
D       8.8.8.0 [90/2323456] via 192.168.106.6, 01:43:31, Ethernet0/3
     9.0.0.0/24 is subnetted, 1 subnets
D       9.9.9.0 [90/2323456] via 192.168.110.11, 01:43:36, Ethernet0/1
     10.0.0.0/8 is variably subnetted, 3 subnets, 3 masks
D       10.10.0.0/16 is a summary, 06:59:14, Null0
D    11.0.0.0/8 [90/409600] via 192.168.110.11, 01:43:36, Ethernet0/1
D    192.168.11.0/24 [90/409600] via 192.168.110.11, 01:43:36, Ethernet0/1
D    192.168.67.0/24 [90/307200] via 192.168.106.6, 01:43:31, Ethernet0/3
D    192.168.68.0/24 [90/2195456] via 192.168.106.6, 01:43:31, Ethernet0/3
D    192.168.89.0/24 [90/2707456] via 192.168.110.11, 01:43:36, Ethernet0/1
                     [90/2707456] via 192.168.106.6, 01:43:36, Ethernet0/3
D    192.168.117.0/24 [90/307200] via 192.168.110.11, 01:43:31, Ethernet0/1
D    192.168.119.0/24 [90/2195456] via 192.168.110.11, 01:43:36, Ethernet0/1
```

由此可以看到，R10 增加了一条带 D*EX 标志的路由条目，D*代表该路由是通过 EIGRP 重发布的静态默认路由，EX 表示该路由是一条 EIGRP 外部路由，并不是 EIGRP 协议产生的内部路由。该路由条目的参数为[170/2195456]，其中 170 为 EIGRP 外部路由的管理距离（EIGRP 内部路由的管理距离为 120），2195456 为 FD，该静态默认路由的下一跳指向 R6。再来查看 R11 的路由情况，结果如下：

```
R11#show ip route eigrp
#增加一条重发布的静态默认路由
D*EX  0.0.0.0/0 [170/2221056] via 192.168.110.10, 00:16:19, Ethernet0/1
#其他输出信息省略
```

同样，R11 也增加了一条带 D*EX 标志的路由条目，下一跳指向 R10。很显然，其 FD（2221056）比 R10 中重发布的默认路由的 FD（2195456）大，说明 EIGRP 会根据网络拓扑结构自动计算静态默认路由的开销。

总而言之，静态默认路由重发布是一个非常有用的功能，可以省去大量的默认路由配置工作，且不容易出错。现在从 R1 和 R11 测试与 ISP 的连通性，可以成功 ping 通 ISP 的环回端口，结果如下：

```
R1#ping 12.12.12.12   #成功
Type escape sequence to abort.
Sending 5, 100-byte ICMP Echos to 12.12.12.12, timeout is 2 seconds:
!!!!!
Success rate is 100 percent (5/5), round-trip min/avg/max = 11/12/16 ms

R11#ping 12.12.12.12   #成功
Type escape sequence to abort.
Sending 5, 100-byte ICMP Echos to 12.12.12.12, timeout is 2 seconds:
```

```
!!!!!
Success rate is 100 percent (5/5), round-trip min/avg/max = 12/12/12 ms
```

7.4.5 RIPv2 和 EIGRP 路由重发布

虽然目前所有路由器都可以和外网进行通信，但是 RIPv2 网络区域和 EIGRP 网络区域的路由器是不能通信的，因为两边的路由条目是隔离的。与静态默认路由重发布原理一样，不同的路由协议之间也可以进行路由重发布，进行路由重发布的地点为末节路由器。对于本实验网络拓扑来说，R6 既配置了 RIPv2 协议，又配置了 EIGRP 协议，是一个典型的多协议末节路由器。

在不同的路由协议之间重发布路由的关键点在于，统一不同的路由协议的开销值。因为不同的路由协议具有完全不同的开销值计算方法。下面描述将 RIPv2 和 EIGRP 的路由表相互发布到对方的网络区域的配置，配置命令如下：

```
R6(config)#router rip   #先进入 RIP 路由模式
R6(config-router)#redistribute eigrp 1 metric 1 #将 EIGRP 的路由表重发布到 RIPv2 网络区域
R6(config-router)#exit
R6(config)#router eigrp 1   #再进入 EIGRP 路由模式
#将 RIP 路由重发布到 EIGRP
R6(config-router)#redistribute rip metric 10000 100000 255 1 1500
```

以上命令需要解释一下：redistribute eigrp 1 metric 1 命令中关键字 metirc 后面的 1 表示所有 EIGRP 路由条目发布到 RIPv2 网络区域以后，其跳数统一为 1。当然，这个跳数可以根据实际需要进行更改，取值范围为 0～16。redistribute rip metric 10000 100000 255 1 1500 命令中关键字 metric 后面共有 5 个参数，依次表示 EIGRP 中的带宽、延时、可靠性、负载及最大传输单元。这些参数也可以根据实际需要进行更改。也就是说，重发布到 EIGRP 网络区域的 RIPv2 路由是统一通过这些参数来计算开销值的。现在查看 R2 和 R7 的路由表，结果如下：

```
R2#show ip route
Gateway of last resort is 192.168.26.6 to network 0.0.0.0
R*    0.0.0.0/0 [120/1] via 192.168.26.6, 00:00:11, Ethernet0/1
      1.0.0.0/16 is subnetted, 1 subnets
R        1.1.0.0 [120/1] via 192.168.12.1, 00:00:07, Ethernet0/0
      2.0.0.0/8 is variably subnetted, 2 subnets, 2 masks
C        2.2.2.0/24 is directly connected, Loopback0
L        2.2.2.2/32 is directly connected, Loopback0
      3.0.0.0/24 is subnetted, 1 subnets
R        3.3.3.0 [120/2] via 192.168.12.1, 00:00:07, Ethernet0/0
      4.0.0.0/24 is subnetted, 1 subnets
R        4.4.4.0 [120/2] via 192.168.26.6, 00:00:11, Ethernet0/1
      5.0.0.0/24 is subnetted, 1 subnets
R        5.5.5.0 [120/2] via 192.168.12.1, 00:00:07, Ethernet0/0
      6.0.0.0/24 is subnetted, 1 subnets
R        6.6.6.0 [120/1] via 192.168.26.6, 00:00:11, Ethernet0/1
#7.0.0.0/24 是重发布的 EIGRP 网段
```

```
     7.0.0.0/24 is subnetted, 1 subnets
R       7.7.7.0 [120/1] via 192.168.26.6, 00:00:11, Ethernet0/1
     8.0.0.0/24 is subnetted, 1 subnets
R       8.8.8.0 [120/1] via 192.168.26.6, 00:00:11, Ethernet0/1
     9.0.0.0/24 is subnetted, 1 subnets
R       9.9.9.0 [120/1] via 192.168.26.6, 00:00:11, Ethernet0/1
     10.0.0.0/16 is subnetted, 1 subnets
R       10.10.0.0 [120/1] via 192.168.26.6, 00:00:11, Ethernet0/1
R    11.0.0.0/8 [120/1] via 192.168.26.6, 00:00:11, Ethernet0/1
R    192.168.1.0/24 [120/1] via 192.168.12.1, 00:00:07, Ethernet0/0
#192.168.11.0/24 是重发布的 EIGRP 网段
R    192.168.11.0/24 [120/1] via 192.168.26.6, 00:00:11, Ethernet0/1
     192.168.12.0/24 is variably subnetted, 2 subnets, 2 masks
C       192.168.12.0/24 is directly connected, Ethernet0/0
L       192.168.12.2/32 is directly connected, Ethernet0/0
R    192.168.13.0/24 [120/1] via 192.168.12.1, 00:00:07, Ethernet0/0
R    192.168.15.0/24 [120/1] via 192.168.12.1, 00:00:07, Ethernet0/0
     192.168.26.0/24 is variably subnetted, 2 subnets, 2 masks
C       192.168.26.0/24 is directly connected, Ethernet0/1
L       192.168.26.2/32 is directly connected, Ethernet0/1
R    192.168.34.0/24 [120/2] via 192.168.26.6, 00:00:11, Ethernet0/1
                     [120/2] via 192.168.12.1, 00:00:07, Ethernet0/0
R    192.168.46.0/24 [120/1] via 192.168.26.6, 00:00:11, Ethernet0/1
R    192.168.56.0/24 [120/1] via 192.168.26.6, 00:00:11, Ethernet0/1
#以下全部是重发布的 EIGRP 网段
R    192.168.67.0/24 [120/1] via 192.168.26.6, 00:00:11, Ethernet0/1
R    192.168.68.0/24 [120/1] via 192.168.26.6, 00:00:11, Ethernet0/1
R    192.168.89.0/24 [120/1] via 192.168.26.6, 00:00:11, Ethernet0/1
R    192.168.106.0/24 [120/1] via 192.168.26.6, 00:00:11, Ethernet0/1
R    192.168.110.0/24 [120/1] via 192.168.26.6, 00:00:11, Ethernet0/1
R    192.168.117.0/24 [120/1] via 192.168.26.6, 00:00:11, Ethernet0/1
R    192.168.119.0/24 [120/1] via 192.168.26.6, 00:00:11, Ethernet0/1
```

由此可以看到，R2 的路由表中的路由条目已经涵盖了所有 EIGRP 网络区域的目的网段，但这些路由条目的标志并不是 D，而是 R，说明这些网段是通过 RIPv2 协议重发布而来的。而且，这些路由不管距离远近，其参数全部为[120/1]，说明重发布路由时，RIPv2 把所有 EIGRP 路由的跳数全部看成 1。从理论上来说，这当然是不合理的，但也没有更好的方式进行转换，因为 EIGRP 路由的开销值计算方式和 RIPv2 路由迥然不同。再来查看 R7 的路由表，结果如下：

```
R7#show ip route
Gateway of last resort is 192.168.67.6 to network 0.0.0.0
D*EX  0.0.0.0/0 [170/2195456] via 192.168.67.6, 01:39:05, Ethernet0/2
      1.0.0.0/16 is subnetted, 1 subnets
#以下为重发布的外部路由
D EX     1.1.0.0 [170/25881600] via 192.168.67.6, 00:25:18, Ethernet0/2
```

```
     2.0.0.0/24 is subnetted, 1 subnets
D EX    2.2.2.0 [170/25881600] via 192.168.67.6, 00:25:18, Ethernet0/2
     3.0.0.0/24 is subnetted, 1 subnets
D EX    3.3.3.0 [170/25881600] via 192.168.67.6, 00:25:18, Ethernet0/2
     4.0.0.0/24 is subnetted, 1 subnets
D EX    4.4.4.0 [170/25881600] via 192.168.67.6, 00:25:18, Ethernet0/2
     5.0.0.0/24 is subnetted, 1 subnets
D EX    5.5.5.0 [170/25881600] via 192.168.67.6, 00:25:18, Ethernet0/2
     6.0.0.0/24 is subnetted, 1 subnets
D       6.6.6.0 [90/409600] via 192.168.67.6, 02:57:30, Ethernet0/2
     7.0.0.0/8 is variably subnetted, 2 subnets, 2 masks
C       7.7.7.0/24 is directly connected, Loopback0
L       7.7.7.7/32 is directly connected, Loopback0
     8.0.0.0/24 is subnetted, 1 subnets
D       8.8.8.0 [90/2323456] via 192.168.67.6, 02:57:30, Ethernet0/2
     9.0.0.0/24 is subnetted, 1 subnets
D       9.9.9.0 [90/2323456] via 192.168.117.11, 02:57:35, Ethernet0/0
     10.0.0.0/16 is subnetted, 1 subnets
D       10.10.0.0 [90/435200] via 192.168.117.11, 02:57:30, Ethernet0/0
                  [90/435200] via 192.168.67.6, 02:57:30, Ethernet0/2
D    11.0.0.0/8 [90/409600] via 192.168.117.11, 02:57:35, Ethernet0/0
D    192.168.11.0/24 [90/409600] via 192.168.117.11, 02:57:35, Ethernet0/0
#以下为重发布的外部路由
D EX 192.168.1.0/24 [170/25881600] via 192.168.67.6, 00:25:18, Ethernet0/2
D EX 192.168.12.0/24 [170/25881600] via 192.168.67.6, 00:25:18, Ethernet0/2
D EX 192.168.13.0/24 [170/25881600] via 192.168.67.6, 00:25:18, Ethernet0/2
D EX 192.168.15.0/24 [170/25881600] via 192.168.67.6, 00:25:18, Ethernet0/2
D EX 192.168.26.0/24 [170/25881600] via 192.168.67.6, 00:25:18, Ethernet0/2
D EX 192.168.34.0/24 [170/25881600] via 192.168.67.6, 00:25:18, Ethernet0/2
D EX 192.168.46.0/24 [170/25881600] via 192.168.67.6, 00:25:18, Ethernet0/2
D EX 192.168.56.0/24 [170/25881600] via 192.168.67.6, 00:25:18, Ethernet0/2
     192.168.67.0/24 is variably subnetted, 2 subnets, 2 masks
C       192.168.67.0/24 is directly connected, Ethernet0/2
L       192.168.67.7/32 is directly connected, Ethernet0/2
D    192.168.68.0/24 [90/2195456] via 192.168.67.6, 02:57:30, Ethernet0/2
D    192.168.89.0/24 [90/2707456] via 192.168.117.11, 02:57:35, Ethernet0/0
                     [90/2707456] via 192.168.67.6, 02:57:35, Ethernet0/2
D    192.168.106.0/24 [90/307200] via 192.168.67.6, 02:57:30, Ethernet0/2
D    192.168.110.0/24 [90/307200] via 192.168.117.11, 02:57:35, Ethernet0/0
     192.168.117.0/24 is variably subnetted, 2 subnets, 2 masks
C       192.168.117.0/24 is directly connected, Ethernet0/0
L       192.168.117.7/32 is directly connected, Ethernet0/0
D    192.168.119.0/24 [90/2195456] via 192.168.117.11, 02:57:35, Ethernet0/0
```

由以上结果来看，R7 的路由表中的路由条目也涵盖了所有 RIPv2 网络区域的目的网段，这些网段对应的标志是 D EX，说明这些路由条目是通过 EIGRP 协议重发布而来的外部路由。

同样，这些路由不管距离远近，其参数全部为[170/25881600]，其中 170 是 EIGRP 外部路由的管理距离，25881600 是通过以上命令中 metric 参数计算而来的 FD。当一个路由器中存在多个去往同一目的网段的路由条目时，可以比较这些路由条目的管理距离，管理距离越小，优先级越高。目前介绍过的路由优先级排序为静态路由（1）>EIGRP 内部路由（90）>RIPv2 路由（120）>EIGRP 外部路由（170）。

通过默认路由重发布功能，我们已经将 RIPv2 网络区域和 EIGRP 网络区域的路由器全部打通。现在可以开始测试 RIPv2 网络区域和 EIGRP 网络区域的连通性。从 R1 ping R11 的环回端口，可以 ping 通，结果如下：

```
R1#ping 11.11.11.11    #成功
Type escape sequence to abort.
Sending 5, 100-byte ICMP Echos to 11.11.11.11, timeout is 2 seconds:
!!!!!
Success rate is 100 percent (5/5), round-trip min/avg/max = 1/1/2 ms
```

至此，RIPv2 协议和 EIGRP 协议的实验圆满结束。

7.5 本章小结

本章首先介绍了 EIGRP 协议的工作原理、配置命令、主要特性，以及在实际应用中应注意的问题，并通过抓取 EIGRP 报文分析其路由收敛过程。其次介绍了 EIGRP 路由开销值计算与验证、5 种 EIGRP 报文、不等价路径负载均衡、DUAL 弥散更新算法、路由汇总、末节路由器与加密认证。最后介绍了静态默认路由如何通过 RIPv2 和 EIGRP 进行自动传播，以及 RIPv2 和 EIGRP 之间如何进行路由重发布。以上路由功能基本囊括了实际应用中的大部分应用场景，相信通过本章的学习，读者能够很好地掌握 EIGRP 协议的工作原理，并能够在实际网络中对其进行灵活应用。

第 8 章　应用层服务器技术

8.1　应用层协议和服务概述

搭建网络的目的是让用户能够使用网络中提供的服务，这些服务主要通过应用层协议进行交互。一般来说，常见的应用层协议包括以下几种。

（1）超文本传输协议/安全超文本传输协议（Hyper Text Transport Protocol/Hyper Text Transport Protocol Secure，HTTP/HTTPS）。HTTP/HTTPS 为用户提供 Web 网页访问服务。

（2）文件传输协议/轻量级文件传输协议（File Transfer Protocol /Trivial File Transfer Protocol，FTP/TFTP）。FTP/TFTP 为用户提供文件管理传输服务。

（3）简单邮件传输协议/邮局协议第 3 版（Simple Mail Transport Protocol/Post Office Protocol Version 3，SMTP/POP3）。SMTP/POP3 为用户提供邮件收发服务。

（4）域名系统（Domain Name System，DNS）协议。DNS 协议为用户提供 IP 地址和域名的转换服务，即将字母和数字组成的域名转换成 IP 地址，以方便用户记忆。

除了以上常见的应用层协议，还有用于网络系统管理的应用层协议，主要包括以下几种。

（1）动态主机配置协议（Dynamic Host Configuration Protocol，DHCP）。DHCP 为主机动态配置 IP 地址、子网掩码、网关和域名服务器。

（2）简单网络管理协议（Simple Network Management Protocol，SNMP）。SNMP 用于远程获取网络设备（如交换机、路由器）的信息和状态，或者为设备下发配置信息。

（3）网络时间协议（Network Time Protocol，NTP）。NTP 用于在不同网络设备之间进行时间同步。

（4）认证授权计费（Authentication Authorization and Accounting，AAA）相关协议：RADIUS 协议和 TACACS+协议。AAA 相关协议为用户提供上网准入认证、操作授权和网络计费等服务。

（5）系统日志（SysLog）协议：SysLog 协议用于记录设备运行的状态和错误信息，以便有效排除网络故障。

网络系统通过以上应用层协议为网络用户或网络管理员提供相关的服务，这些服务必须部署在对应的服务器设备中。应用层协议众多，限于篇幅，本章实验网络拓扑中只选取部署了 DHCP、SysLog 协议、HTTP/HTTPS、DNS 协议、FTP/TFTP 及 SMTP/POP3 的服务器，通过实验验证的方式，详细介绍以上网络服务的应用场景和配置方法，从而使读者加深对这些应用层协议工作原理的理解，并能对其进行灵活应用。

8.2　综合实验案例设计

8.2.1　实验内容与目标

本章的实验内容主要围绕应用层服务器的配置和部署技术展开，实验目标是让读者获得以下知识和技能。

（1）理解 DHCP 的基本工作原理，能够配置 DHCP 服务器和 DHCP 中继，并验证 IP 地址获取过程。

（2）理解 IPv4 共有地址和私有地址的差别，以及网络地址转换（Network Address Translation，NAT）技术的基本原理，并能够通过 NAT 技术为服务器配置静态地址映射，以及为局域网主机配置基于端口的地址转换（Port-Based Address Translation，PAT）。

（3）理解 HTTP/HTTPS 的基本工作原理，掌握 Web 服务器的实际部署方式，内网和外网访问 Web 服务器的原理与机制，并验证其正确性。

（4）理解 DNS 协议的基本工作原理，掌握多级 DNS 服务器的实际部署结构和层次化查找方式，掌握多级 DNS 服务器的配置方法，并验证其正确性。

（5）理解 SysLog 协议的基本工作原理，能够配置简单的 SysLog 服务器，并验证其正确性。

（6）理解 FTP/TFTP 的基本工作原理，掌握 FTP/TFTP 服务器的实际部署和登录方式，掌握 FTP 服务器的登录方式和基本操作命令，并验证其正确性。

（7）理解 SMTP/POP3 的基本工作原理，掌握跨域名 Email 服务器的部署方式和配置过程，并验证其正确性。

其中，（1）～（4）为基础实验目标，（5）～（7）为进阶实验目标。

8.2.2　实验学时与选择建议

本章实验学时与选择建议如表 8-1 所示。

表 8-1　本章实验学时与选择建议

主要实验内容	对应章节	实验学时建议	选择建议
网络拓扑搭建	8.2.3、8.2.4	1 学时	必选
服务器配置基础实验	8.3.1～8.3.4	2 学时	必选
服务器配置进阶实验 1	8.4.1、8.4.2	2 学时	可选
服务器配置进阶实验 2	8.4.3	2 学时	可选

8.2.3　实验环境与网络拓扑

EVE-NG 模拟器软件对各种应用层服务器的支持并不是很好，而 PKT 模拟器软件对应用层服务器的支持比较全面，而且操作简单、直观，因此本章实验拟采用 PKT 模拟器软件，版本为 V8.1.1，操作系统为 Windows 10。本章实验网络拓扑结构图如图 8-1 所示。

本章实验网络拓扑分为两个内网区域（企业内网、事业单位内网）和一个外网区域，外网区域包含 3 个路由器（R1、R2 和 ISP），其中 R1 和 R2 模拟内网和外网的边界设备。以上路由器型号都采用 R2911。在默认情况下，R2911 型号的路由器没有串口模块，需要手工为其添加一个 HWIC-2T 模块，该模块提供 2 个串口，用于连接外网。以上网络拓扑结构设计的主要意图说明如下。

（1）为了简化相关网段配置，把重点放在服务器配置本身，两个内网都只部署 1 个二层交换机，分别为S1和S2（型号都为S2960），相关服务器和PC终端直接和S1或S2连接，整个内网全部处于同一网段（192.168.1.0/24），R1和R2作为这些服务器和PC终端的网关。

（2）企业内网部署了1个Web1服务器、1个FTP1服务器、1个Email1服务器、1个DNS1服务器。DHCP服务和SysLog服务部署在同一个服务器上，这就是图8-1中显示的DHCP/SysLog服务器。事业单位内网部署了1个Web2服务器、1个FTP2服务器、1个Email2服务器和1个DNS2服务器。

（3）在R1、R2上为所有服务器配置一对一的静态NAT映射，同时为内网网段配置动态PAT映射，模拟内网和外网的通信过程。

（4）在两个内网中，企业内网域名为abc.com，事业单位内网域名为xyz.org，内网的DNS服务器只为内网主机服务，同时在外网配置1个根DNS（Root-DNS）服务器，PC3作为外网主机用来从外网连接内网服务器，两者都与交换机S3相连。内网DNS服务器和根DNS服务器形成多级DNS服务器架构，用来验证DNS服务器的多级查询功能。

（5）两个内网的Web服务器和Email服务器分别属于两个不同域名的网络，用来验证内网/外网Web访问，以及跨域名Email服务器之间收发邮件过程。

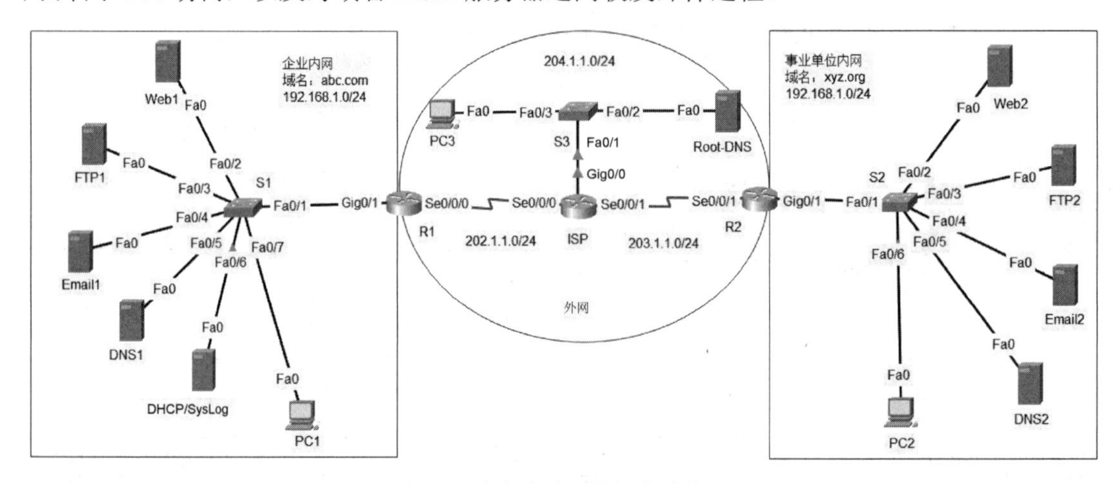

图8-1　本章实验网络拓扑结构图

8.2.4　端口连接与IP地址规划

本章实验网络拓扑的端口连接和IP地址规划如表8-2所示。

表8-2　本章实验网络拓扑的端口连接和IP地址规划

设　备　名	端　　口	IP　地　址	对端设备端口	其他备注
R1	Gig0/1	192.168.1.254/24	S1-Fa0/1	作为企业内网的网关
	Se0/0/0	202.1.1.1/24	ISP-Se0/0/0	
R2	Gig0/1	192.168.1.254/24	S2-Fa0/1	作为事业单位内网的网关
	Se0/0/1	203.1.1.1/24	ISP-Se0/0/1	
ISP	Se0/0/0	202.1.1.2/24	R1-Se0/0/0	
	Se0/0/1	203.1.1.2/24	R2-Se0/0/1	
	Gig0/0	204.1.1.254/24	S3-Fa0/1	

续表

设 备 名	端　口	IP 地 址	对端设备端口	其他备注
S1	Fa0/1	无	R1-Ge0/1	
	Fa0/2	无	Web1-Fa0	
	Fa0/3	无	FTP1-Fa0	
	Fa0/4	无	Email1-Fa0	
	Fa0/5	无	DNS1-Fa0	
	Fa0/6	无	DHCP/SysLog-Fa0	
	Fa0/7	无	PC1-Fa0	
S2	Fa0/1	无	R2-Gig0/1	
	Fa0/2	无	Web2-Fa0	
	Fa0/3	无	FTP2-Fa0	
	Fa0/4	无	Email2-Fa0	
	Fa0/5	无	DNS2-Fa0	
	Fa0/6	无	PC2-Fa0	
Web1	Fa0	192.168.1.1/24	S1-Fa0/2	网关：192.168.1.254
FTP1	Fa0	192.168.1.2/24	S1-Fa0/3	同上
Email1	Fa0	192.168.1.3/24	S1-Fa0/4	同上
DNS1	Fa0	192.168.1.4/24	S1-Fa0/5	同上
DHCP/SysLog	Fa0	192.168.1.5/24	S1-Fa0/6	同上
PC1	Fa0	DHCP 获取	S1-Fa0/7	同上
Web2	Fa0	192.168.1.1/24	S2-Fa0/2	网关：192.168.1.254
FTP2	Fa0	192.168.1.2/24	S2-Fa0/3	同上
Email2	Fa0	192.168.1.3/24	S2-Fa0/4	同上
DNS2	Fa0	192.168.1.4/24	S2-Fa0/5	同上
PC2	Fa0	192.168.1.10/24	S2-Fa0/6	同上
S3	Fa0/1	无	ISP-Gig0/0	
	Fa0/2	无	Root-DNS-Fa0	
	Fa0/3	无	PC3-Fa0	
Root-DNS	Fa0	204.1.1.4/24	S3-Fa0/2	网关：204.1.1.254/24
PC3	Fa0	204.1.1.1/24	S3-Fa0/3	同上

注意： 本实验将两个内网的网段设置成同一个私有 IP 地址网段 192.168.1.0/24，这是可行的，也符合很多实际网络应用的 IP 地址规划情况。因为通过 NAT 技术，可以使得重叠私有 IP 地址的内部网络相互通信，这也是 IPv4 地址能够一直沿用到今天的主要原因。

8.3 基础实验

8.3.1 网络基础配置

在进行服务器配置和验证之前，首先按照表 8-2 中的信息，为所有设备的端口配置对应的 IP 地址、默认网关或静态路由（二层交换机 S1 和 S2 不用进行任何配置）。配置静态路由主要是指为 R1 和 R2 分别添加一条默认路由，下一跳指向 ISP。由于端口 IP 地址、网关、默认路由配置已经在前面的实验中做过很多次，这里不再重复描述其配置过程，请读者自行配置。下面仅以 Web1 服务器、DNS1 服务器为例介绍其配置，其他服务器和 PC 终端的配置类似。Web1 服务器配置窗口如图 8-2 所示。

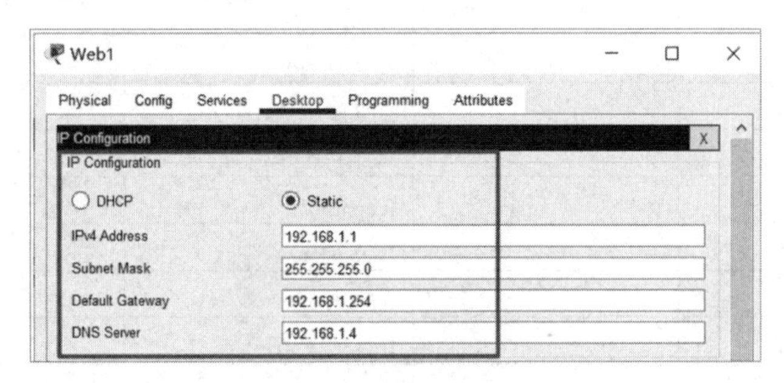

图 8-2　Web1 服务器配置窗口

DHCP/SysLog 服务器配置窗口如图 8-3 所示。

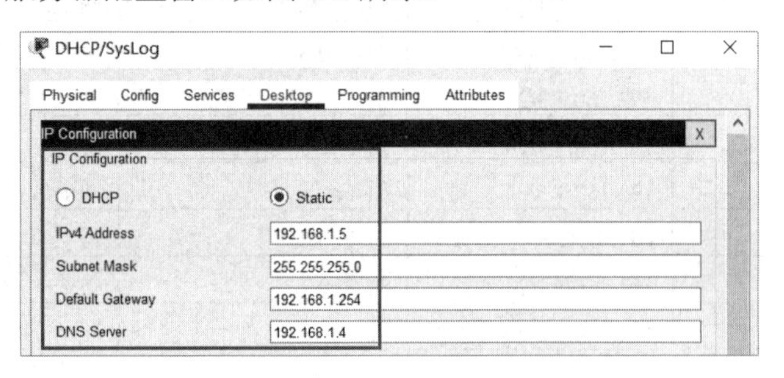

图 8-3　DHCP/SysLog 服务器配置窗口

我们将所有服务器和 PC 终端的 DNS 地址都填了 DNS 服务器地址，即 192.168.1.4，网关都是 192.168.1.254，该地址为 R1 的内网端口 IP 地址。

查看 R1 和 R2 的端口 IP 地址和路由条目，结果如下：

```
R1#show ip interface brief
Interface            IP-Address      OK? Method Status                Protocol
GigabitEthernet0/0   unassigned      YES unset  administratively down down
GigabitEthernet0/1   192.168.1.254   YES manual up                    up
GigabitEthernet0/2   unassigned      YES unset  administratively down down
Serial0/0/0          202.1.1.1       YES manual up                    up
Serial0/0/1          unassigned      YES unset  administratively down down
Vlan1                unassigned      YES unset  administratively down down
R1#show ip route
Codes: L - local, C - connected, S - static, R - RIP, M - mobile, B - BGP
       D - EIGRP, EX - EIGRP external, O - OSPF, IA - OSPF inter area
       N1 - OSPF NSSA external type 1, N2 - OSPF NSSA external type 2
       E1 - OSPF external type 1, E2 - OSPF external type 2, E - EGP
       i - IS-IS, L1 - IS-IS level-1, L2 - IS-IS level-2, ia - IS-IS inter area
       * - candidate default, U - per-user static route, o - ODR
```

```
      P - periodic downloaded static route
Gateway of last resort is 202.1.1.2 to network 0.0.0.0
    192.168.1.0/24 is variably subnetted, 2 subnets, 2 masks
C       192.168.1.0/24 is directly connected, GigabitEthernet0/1
L       192.168.1.254/32 is directly connected, GigabitEthernet0/1
    202.1.1.0/24 is variably subnetted, 2 subnets, 2 masks
C       202.1.1.0/24 is directly connected, Serial0/0/0
L       202.1.1.1/32 is directly connected, Serial0/0/0
S*   0.0.0.0/0 [1/0] via 202.1.1.2   #默认路由指向 ISP
```

R2 的端口 IP 地址和默认路由条目如下：

```
R2#show ip interface brief
Interface              IP-Address      OK? Method Status                Protocol
GigabitEthernet0/0     unassigned      YES unset  administratively down down
GigabitEthernet0/1     192.168.1.254   YES manual up                    up
GigabitEthernet0/2     unassigned      YES unset  administratively down down
Serial0/0/0            unassigned      YES unset  administratively down down
Serial0/0/1            203.1.1.1       YES manual up                    up
Vlan1                  unassigned      YES unset  administratively down down
R2#show ip route
Codes: L - local, C - connected, S - static, R - RIP, M - mobile, B - BGP
      D - EIGRP, EX - EIGRP external, O - OSPF, IA - OSPF inter area
      N1 - OSPF NSSA external type 1, N2 - OSPF NSSA external type 2
      E1 - OSPF external type 1, E2 - OSPF external type 2, E - EGP
      i - IS-IS, L1 - IS-IS level-1, L2 - IS-IS level-2, ia - IS-IS inter area
      * - candidate default, U - per-user static route, o - ODR
      P - periodic downloaded static route
Gateway of last resort is 203.1.1.2 to network 0.0.0.0
    192.168.1.0/24 is variably subnetted, 2 subnets, 2 masks
C       192.168.1.0/24 is directly connected, GigabitEthernet0/1
L       192.168.1.254/32 is directly connected, GigabitEthernet0/1
    203.1.1.0/24 is variably subnetted, 2 subnets, 2 masks
C       203.1.1.0/24 is directly connected, Serial0/0/1
L       203.1.1.1/32 is directly connected, Serial0/0/1
S*   0.0.0.0/0 [1/0] via 203.1.1.2   #默认路由指向 ISP
```

ISP 上仅配置端口 IP 地址即可，不需要配置默认路由，因为两个内网对 ISP 都是不可见的。

```
ISP#show ip interface brief
Interface              IP-Address      OK? Method Status                Protocol
GigabitEthernet0/0     204.1.1.254     YES manual up                    up
GigabitEthernet0/1     unassigned      YES unset  up                    down
GigabitEthernet0/2     unassigned      YES unset  up                    down
Serial0/0/0            202.1.1.2       YES manual up                    up
Serial0/0/1            203.1.1.2       YES manual up                    up
Vlan1                  unassigned      YES unset  up                    down
```

8.3.2 DHCP 服务器配置与验证

服务器的 IP 地址一般手工静态配置，因为其数量少，而且服务器的 IP 地址不宜随意更改。但普通的 PC 终端数量众多，且接入位置变更频繁，一般采用动态获取 IP 地址的方式，DHCP 就是为主机提供动态 IP 地址配置服务的协议。与静态 IP 地址配置方式相比，基于 DHCP 的动态 IP 地址配置方式主要有以下两个优点。

（1）不会导致地址重复、地址冲突。

（2）大大减轻网络管理员的配置工作量，特别是在网络中有成千上万个主机的情况下。

DHCP 采用服务器/客户端的模式为主机提供服务，即主机向 DHCP 服务器发起 IP 地址分配请求，DHCP 服务器根据目前 IP 地址池的情况，为请求主机分配一个可用的 IP 地址，并向主机发送 DHCP 应答报文。DHCP 应答报文中不仅包括分配的 IP 地址信息，还包括对应的子网掩码、网关及 DNS 服务器地址。在实际网络中，充当 DHCP 服务器的设备可以是专用服务器设备，也可以用三层网络设备（路由器或三层交换机）来代替。首先通过 PKT 模拟器软件提供的专业 DHCP 服务器来验证自动获取 IP 地址的功能。

打开 DHCP/SysLog 服务器配置窗口，先单击【Services】功能页按钮，然后单击左边的【DHCP】按钮（注意这里不要单击【DHCPv6】按钮，该功能针对的是 IPv6 地址），右边就会显示 DHCP 服务器配置信息，如图 8-4 所示。

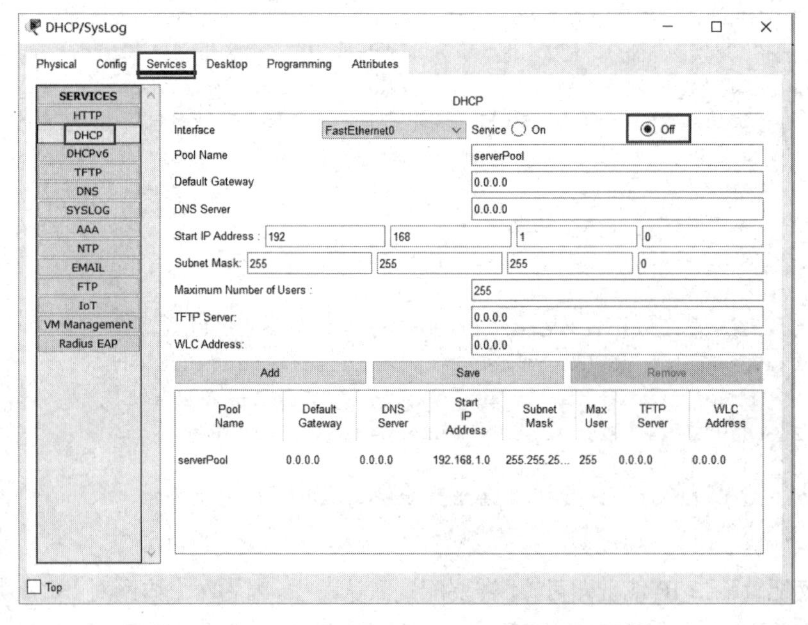

图 8-4　DHCP/SysLog 服务器配置窗口

如图 8-4 所示，DHCP 服务器默认是关闭的（Off）。本节实验目标是 PC1 能够通过 DHCP 服务器获取 IP 地址、子网掩码、网关及 DNS 服务器地址等信息。单击【On】单选按钮，同时设置相关配置参数。

（1）地址池名称（Pool Name）：serverPool。这个名称是 DHCP 服务器默认的地址池名称，不能更改，也不能删除。为了方便，这里直接修改 serverPool 的相关参数。

（2）默认网关（Default Gateway）：192.168.1.254。

（3）DNS Server：192.168.1.4（DNS1 服务器地址）。

（4）地址池的起始 IP 地址（Start IP Address）：192.168.1.6。注意，这里 IP 地址从 192.168.1.6 开始，因为 192.168.1.1～192.168.1.5 都已经静态分配给相关服务器主机了。

（5）子网掩码（Subnet Mask）：255.255.255.0。

（6）最大用户数（Maximum Number of Users）：248。一般最大用户数与地址池中可用 IP 地址数相等。由于 192.168.1.1～192.168.1.5 已经被使用，192.168.1.254 已经作为网关，因此 192.168.1.0/24 网段可用的 IP 地址数为 254−6=248。

（7）TFTP Server 和 WLC Address 为可选项，一般不填。

填入以上信息后，单击【Save】按钮，serverPool 地址池信息就设置好了，效果如图 8-5 所示。如果要重新创建一个新的地址池，则需要修改地址池的名称，并单击【Add】按钮。

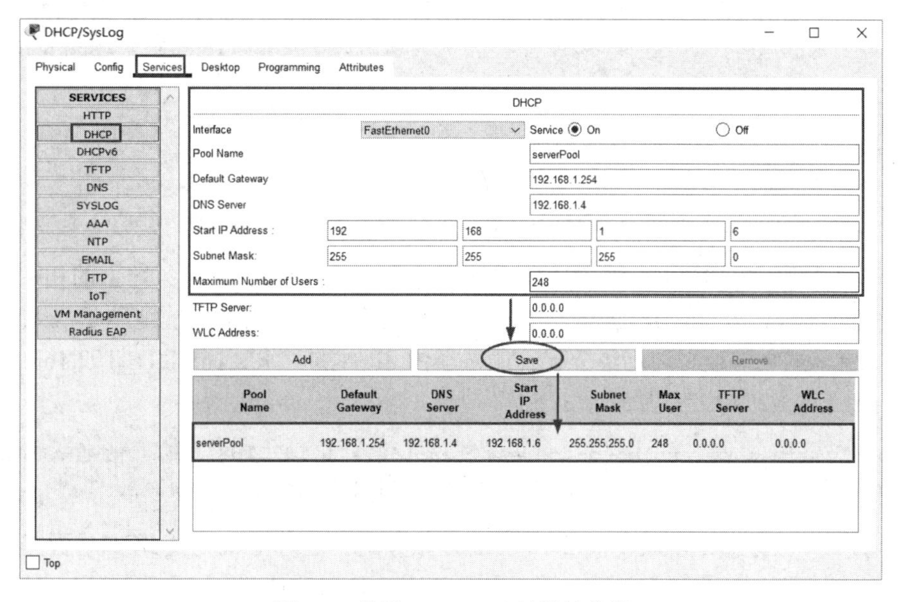

图 8-5　设置 serverPool 地址池信息

下面测试 DHCP 服务器的有效性。打开 PC1 的 IP 地址配置窗口，在【IP Configuration】区域单击【DHCP】单选按钮，开始请求分配 IP 地址，几秒之后，可以看到 PC1 顺利从 DHCP 服务器获取到正确的 IP 地址，如图 8-6 所示。

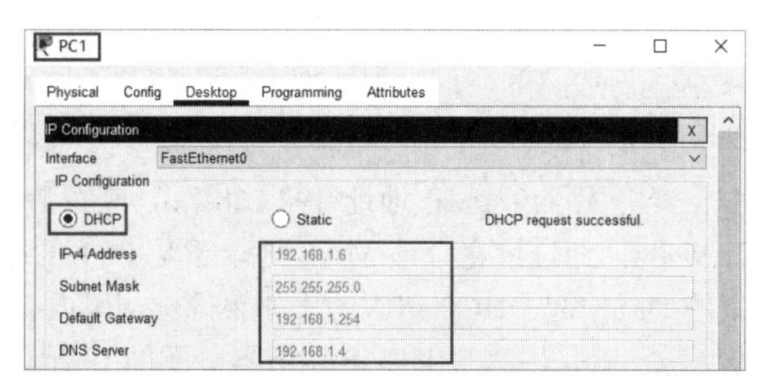

图 8-6　PC1 顺利从 DHCP 服务器获取到正确的 IP 地址

由此可以看到，PC1 获取到的 IP 地址为 192.168.1.6，正是 serverPool 地址池的起始地址，子网掩码、网关和 DNS 服务器地址信息与预期也是一致的。

三层网络设备也可以作为DHCP服务器。下面尝试在R1上配置DHCP服务，配置命令和显示结果如下：

```
R1(config)#ip dhcp pool POOL1    #POOL1是地址池的名称
R1(dhcp-config)#network 192.168.1.0 255.255.255.0   #地址池的网段
R1(dhcp-config)#default-router 192.168.1.254   #指定网关地址
R1(dhcp-config)#dns-server 192.168.1.4   #指定DNS服务器地址
R1(dhcp-config)#end
R1#show ip dhcp pool   #查看当前DHCP服务的状态
Pool POOL1 :
 Utilization mark (high/low)    : 100 / 0
 Subnet size (first/next)       : 0 / 0
 Total addresses                : 254
 Leased addresses               : 0
 Excluded addresses             : 0
 Pending event                  : none
 1 subnet is currently in the pool
 Current index       IP address range                    Leased/Excluded/Total
 192.168.1.1         192.168.1.1      - 192.168.1.254     0    / 0    / 254
```

由此可以看到，在R1上配置DHCP服务的参数与专用DHCP服务器上的相关配置参数基本是一致的。当显示 DCHP 服务状态时，我们发现目前可用的地址范围是 192.168.1.1～192.168.1.254，需要单独去掉已经分配给服务器的 IP 地址（192.168.1.1～192.168.1.5）和网关地址（192.168.1.254）。配置命令如下：

```
R1(config)#ip dhcp excluded-address 192.168.1.1 192.168.1.5   #去掉地址范围
R1(config)#ip dhcp excluded-address 192.168.1.254   #去掉单个地址
```

这样DHCP服务器地址就从192.168.1.6开始分配。这时重新测试PC1是否能够获取IP地址。操作方式是，在【IP Configuration】区域重新单击【DHCP】单选按钮，这样PC1会重新发起DHCP请求。测试结果表明，PC1仍然可以正确获取到IP地址192.168.1.6。

但是，目前192.168.1.0/24网段中同时有两个DHCP服务器，那么究竟是哪个DHCP服务器为PC1提供了IP地址呢？可以在R1中通过以下命令进行查看：

```
R1#show ip dhcp binding   #查看当前IP地址分配情况
IP address       Client-ID/              Lease expiration        Type
            Hardware address
192.168.1.6     00D0.FF22.9D06          --                   Automatic
```

由此可以看到，R1 已经分配了一个 IP 地址 192.168.1.6，获得该 IP 地址的 PC 终端的MAC 地址为 00D0.FF22.9D06，通过检查，该 MAC 地址正是 PC1 的端口 MAC 地址。实际上，PC 终端是通过广播的形式发起 DHCP 请求的，如果同一网段内有多个 DHCP 服务器，则哪个 DHCP 服务器先回应，就采用哪个 DHCP 服务器分配的 IP 地址，这是一个完全随机的过程。

这就带来一个问题：如果两个 DHCP 服务器的地址池是重复的，则可能导致为不同 PC终端分配一样的 IP 地址，导致地址冲突。因此，在实际应用中，应尽量避免在同一网段内部署多个 DHCP 服务器，即使部署多个 DHCP 服务器，也必须把地址池的范围设置为不重复。但是也不排除有攻击者终端冒充 DHCP 服务器，故意对正常的 DHCP 服务器造成干扰，这种情况可以通过 DHCP 嗅探（DHCP Snooping）技术来阻止，限于篇幅，本节不展开描述。

在实际应用中，局域网内部存在很多网段，一般不可能为每个局域网网段都部署一个 DHCP 服务器。通常的做法是，在整个网络管理域部署 1 个 DHCP 服务器，为所有的网段提供 IP 地址配置服务。但是，PC 终端发出的 DHCP 请求不能跨越网段，那么如何让不同网段的 DHCP 服务器为本网段 PC 终端提供 IP 地址配置服务呢？解决方案是 DHCP 中继（DHCP Relay）。DHCP 中继的工作原理是，在本网段的网关设备上配置 DHCP 中继服务，当网关设备接收到本网段的 DHCP 请求报文后，把该 DHCP 请求报文送到远程 DHCP 服务器，远程 DHCP 服务器接收到 DHCP 请求报文后，把 DHCP 应答报文发给网关，网关再把其发给本地 PC 终端，这样本地 PC 终端就可以获得 DHCP 服务器提供的 IP 地址。由此可以看出，网关设备相当于一个代理，它对于 PC 终端来说就是 DHCP 服务器，但对于真正的 DCHP 服务器来说，它就是一个客户端。下面描述 DHCP 中继的配置步骤。

第 1 步：把本网段的 DHCP 服务全部关闭。关闭 R1 上的 DHCP 服务，命令如下：

```
R1(config)#no ip dhcp pool POOL1
```

关闭 DHCP 服务直接单击 DHCP 服务器配置界面上的【Off】单选按钮即可。再次从 PC1 尝试获取 IP 地址，结果如图 8-7 所示。

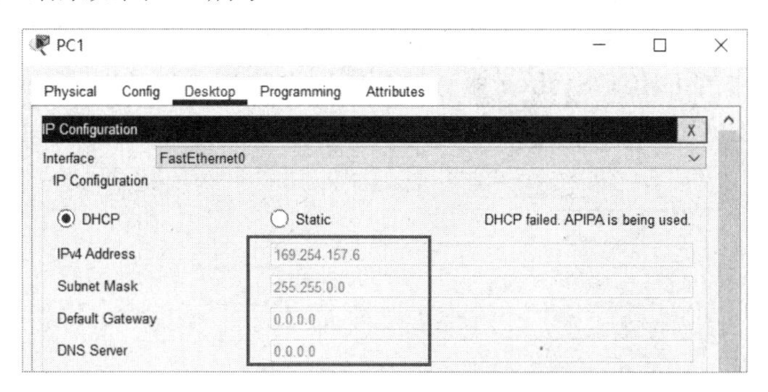

图 8-7　PC1 获取 IP 地址失败

由此可以看到，PC1 获取 IP 地址失败后，IP 地址会显示以 169.254 开头的地址，这种地址是获取 IP 地址失败后，Windows 系统为 PC 终端随机分配的链路本地地址，不能用于正常的网络通信。

第 2 步：在 ISP 上配置一个 DHCP 服务，配置命令与前面在 R1 上配置 DHCP 服务类似，如下所示：

```
ISP(config)#ip dhcp pool POOL1
ISP(dhcp-config)#network 192.168.1.0 255.255.255.0
ISP(dhcp-config)#default-router 192.168.1.254
ISP(dhcp-config)#dns-server 192.168.1.4
ISP(config)#ip dhcp excluded-address 192.168.1.1 192.168.1.5
ISP(config)#ip dhcp excluded-address 192.168.1.254
#为 ISP 配置一条到达 192.168.1.0/24 网段的路由
ISP(config)#ip route 192.168.1.0 255.255.255.0 202.1.1.1
```

在以上命令中，为 ISP 配置了一条到达 192.168.1.0/24 网段的路由，这很重要。因为网关发出的 DHCP 请求报文的源 IP 地址为网关 192.168.1.254，如果 ISP 没有到达 192.168.1.0/24 网段的路由，DHCP 应答报文就发不出去。

第 3 步：在网关设备 R1 上配置 DHCP 中继服务，配置命令如下：

```
R1(config)#interface gigabitEthernet 0/1    #进入网关的端口配置模式
#DHCP 中继，202.1.1.2 是远程 DHCP 服务器的地址
R1(config-if)#ip helper-address 202.1.1.2
```

此时，重新为 PC1 获取动态 IP 地址，可以成功获取到正确的 IP 地址，实验成功。

注意： 以上实验用外网的 ISP 作为远程 DHCP 服务器，仅仅是为了在本实验网络拓扑中方便演示 DHCP 中继功能。在实际应用中，是不可能把 DHCP 服务器部署在外网的，读者要注意分辨这一点。

8.3.3 SysLog 服务器配置与验证

SysLog 服务器的主要作用是实时获取和保存网络设备（如路由器、交换机等）的运行日志，供网络管理员查看或分析，以便更好地排除网络故障或优化网络性能。当我们查看每个设备的运行日志时，该日志包含当前设备的系统时间，也就是说这些日志的产生时间。为了简化实验网络拓扑，本节将 SysLog 服务和 DHCP 服务部署在同一个服务器上。

打开企业内网中的 DHCP/SysLog 服务器配置窗口，先单击【Services】功能页按钮，然后单击左边的【SYSLOG】按钮，可以查看当前 SysLog 服务是否开启，如图 8-8 所示。

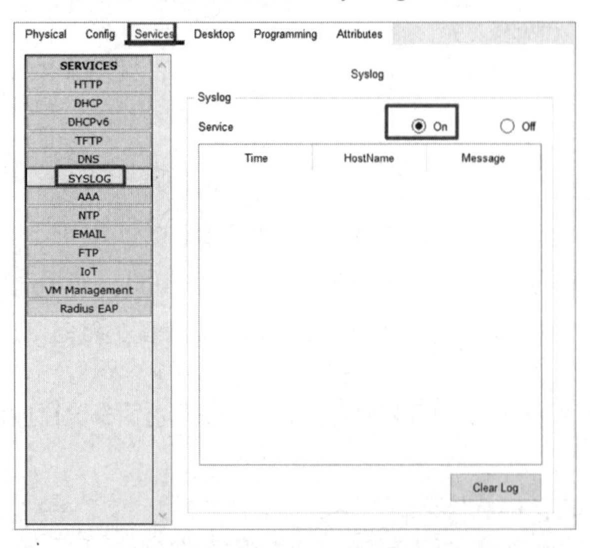

图 8-8　PKT 模拟器软件中的 SysLog 服务默认是开启的

由此可以看到，当前服务器的 SysLog 服务默认是开启的。接下来先为企业内网中的 S1 和 R1 配置系统日志功能。

由于 S1 是一个二层交换机，因此如果要将 S1 产生的日志传送到 SysLog 服务器，则必须先为 S1 的默认 VLAN 配置管理 IP 地址，再为其配置系统日志服务。否则 S1 作为二层交

换机，无法与 SysLog 服务器进行三层通信。配置命令如下：

```
S1(config)#interface vlan 1#进入 VLAN 1 的 SVI 端口
#S1 的管理 IP 地址为 192.168.1.100
S1(config-if)#ip address 192.168.1.100 255.255.255.0
S1(config-if)#exit
S1(config)#logging on   #开启记录日志功能
S1(config)#logging host 192.168.1.5   #设置 SysLog 服务器的地址
S1(config)#logging trap debugging   #设置日志级别为 debugging
```

以上 logging trap 命令用来设定需要记录的日志级别。网络设备中会产生各种各样的日志，这些日志是分级别的，日志级别代表了日志的重要程度。一般来说，大部分网络设备厂商的日志分为以下 8 个级别（用数字 0～7 表示）。

- 0：紧急（emergencies）。
- 1：告警（alerts）。
- 2：严重的（critical）。
- 3：错误（errors）。
- 4：警告（warnings）。
- 5：通知（notifications）。
- 6：信息（informational）。
- 7：调试（debugging）。

以上日志的重要性从高到低逐级递减，可以根据实际情况为网络设备设置要输出哪些级别的日志，设定日志级别的规则是按照级别序号向下包含。举例来说，如果设置了日志级别为 7，则所有级别小于或等于 7 的日志都要输出；如果设置了日志级别为 4，则所有级别小于或等于 4 的日志都要输出，但不输出级别大于 4 的日志。在 PKT 模拟器软件中，默认只支持设定 debugging 日志级别（序号为 7），即默认输出所有日志。在 EVE-NG 模拟器软件中，支持设定日志级别为 0～7，对比如下：

```
S1(config)#logging trap ?   #在 PKT 模拟器软件中只支持设置日志级别为 7
  debugging  Debugging messages                (severity=7)
<cr>

MS1(config)#logging trap ?   #在 EVE-NG 模拟器软件中支持设置日志级别为 0～7
<0-7>              Logging severity level
  alerts           Immediate action needed               (severity=1)
  critical         Critical conditions                   (severity=2)
  debugging        Debugging messages                    (severity=7)
  emergencies      System is unusable                    (severity=0)
  errors           Error conditions                      (severity=3)
  informational    Informational messages                (severity=6)
  notifications    Normal but significant conditions     (severity=5)
  warnings         Warning conditions                    (severity=4)
<cr>
```

PKT 模拟器软件默认设定日志级别为 debugging，下面测试 S1 中的 debug 信息是否可以送到 SysLog 服务器。在 S1 中打开 ICMP 报文的调试开关，从 PC1 ping S1 的管理 IP 地址 192.168.1.100，结果如下：

```
C:\>ping 192.168.1.100
Pinging 192.168.1.100 with 32 bytes of data:
Reply from 192.168.1.100: bytes=32 time<1ms TTL=255
Reply from 192.168.1.100: bytes=32 time<1ms TTL=255
Reply from 192.168.1.100: bytes=32 time<1ms TTL=255
Reply from 192.168.1.100: bytes=32 time<1ms TTL=255
Ping statistics for 192.168.1.100:
    Packets: Sent = 4, Received = 4, Lost = 0 (0% loss),
Approximate round trip times in milli-seconds:
    Minimum = 0ms, Maximum = 0ms, Average = 0ms

S1#debug ip icmp   #打开 ICMP 报文的调试开关
ICMP packet debugging is on
S1#
ICMP: echo reply sent, src 192.168.1.100, dst 192.168.1.10
ICMP: echo reply sent, src 192.168.1.100, dst 192.168.1.10
ICMP: echo reply sent, src 192.168.1.100, dst 192.168.1.10
ICMP: echo reply sent, src 192.168.1.100, dst 192.168.1.10
```

由此可以看到，S1 打开了 ICMP 报文的调试开关，当从 PC1 ping S1 的管理 IP 地址时，在 S1 的控制台上出现了 4 条 ICMP 报文的 debug 信息。现在验证这些 debug 信息是否真的传到了 SysLog 服务器中，结果如图 8-9 所示。

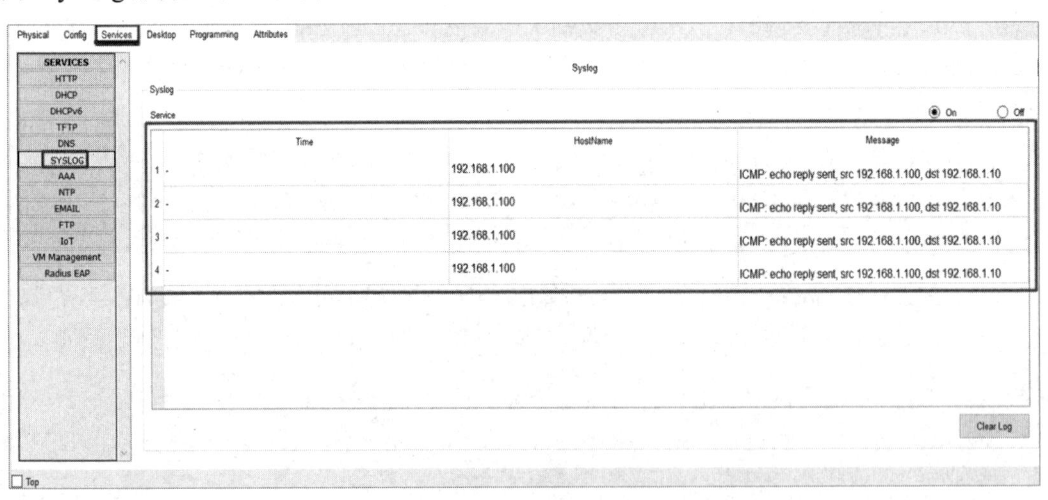

图 8-9　SysLog 服务器上的 4 条 ICMP 报文的 debug 信息

如图 8-9 所示，这些 debug 信息确实已经保存到 SysLog 服务器中了（如果没有看到 debug 信息，则需要再单击一下左边【SYSLOG】按钮刷新一下）。每条日志的格式包含三列内容：时间（Time）、主机名（Hostname）及日志信息（Message）。当前并没有显示日志时间，后面介绍 NTP 服务时将会配置。主机名一般为产生日志的网络设备的 IP 地址，用来区分该条日志是由哪个设备产生的，因为在网络系统中，不同的网络设备可以共用同一个 SysLog 服务器。Message 列就是日志信息内容本身，一般和设备控制台的内容保持一致。

如前所述，除了 debug 信息，其他级别的日志同样会传到 SysLog 服务器。下面手工将 S1 的 Fa0/2 端口进行 shutdown/no shutdown，验证端口 up/down 日志是否可以传到 SysLog 服务器。交换机终端的显示如下：

```
    S1(config)#interface fastEthernet 0/2
    S1(config-if)#shutdown
    S1(config-if)#
    #端口 down 日志信息
    %LINK-5-CHANGED: Interface FastEthernet0/2, changed state to administratively down
    %LINEPROTO-5-UPDOWN: Line protocol on Interface FastEthernet0/2, changed state to
down
    S1(config-if)#no shutdown
    S1(config-if)#
    #端口 up 日志信息
    %LINK-5-CHANGED: Interface FastEthernet0/2, changed state to up
    %LINEPROTO-5-UPDOWN: Line protocol on Interface FastEthernet0/2, changed state to
up
```

SysLog 服务器的日志信息更新如图 8-10 所示。

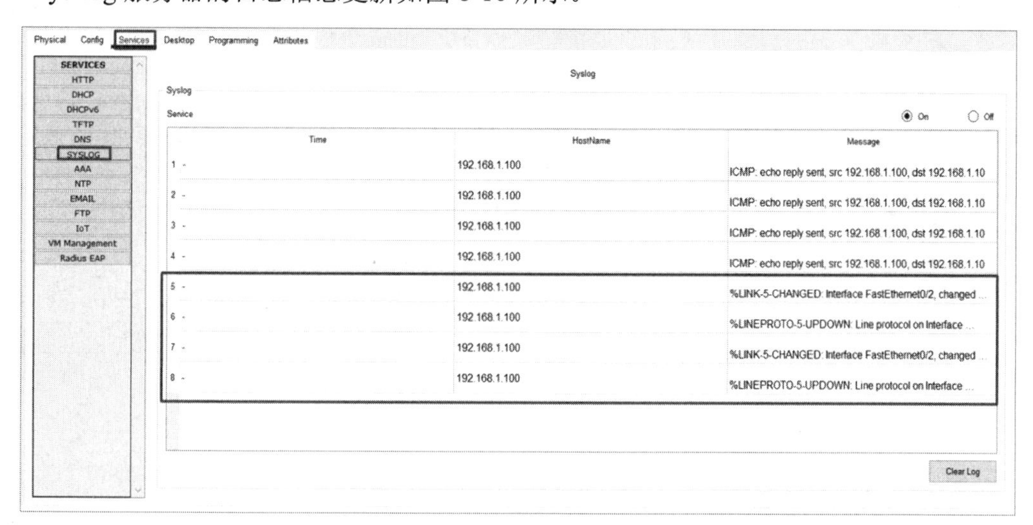

图 8-10　SysLog 服务器的日志信息更新

如预期的那样，以上 4 条端口 up/down 日志也已经传到 SysLog 服务器了。一个 SysLog 服务器可以为多个网络设备提供日志记录功能。下面在 R1 上也开启日志记录功能，并通过 ping 命令产生 ICMP 调试日志信息，命令和结果如下：

```
    R1(config)#logging on   #开启日志记录功能
    R1(config)#logging host 192.168.1.5   #设置 SysLog 服务器的地址
    R1(config)#logging trap debugging   #设置日志级别为 debugging
    R1(config)#end
    R1#debug ip icmp   #开启 ICMP 报文的调试开关
```

```
ICMP packet debugging is on
R1#ping 192.168.1.10
Type escape sequence to abort.
Sending 5, 100-byte ICMP Echos to 192.168.1.10, timeout is 2 seconds:
.!
ICMP: echo reply rcvd, src 192.168.1.10, dst 192.168.1.254
!
ICMP: echo reply rcvd, src 192.168.1.10, dst 192.168.1.254
!
ICMP: echo reply rcvd, src 192.168.1.10, dst 192.168.1.254
!
ICMP: echo reply rcvd, src 192.168.1.10, dst 192.168.1.254
#成功 4 个报文，丢了 1 个报文
Success rate is 80 percent (4/5), round-trip min/avg/max = 0/0/1 ms
```

再次刷新 SysLog 服务器信息，可以看到 R1 的日志信息也保存到 SysLog 服务器中了，如图 8-11 所示。

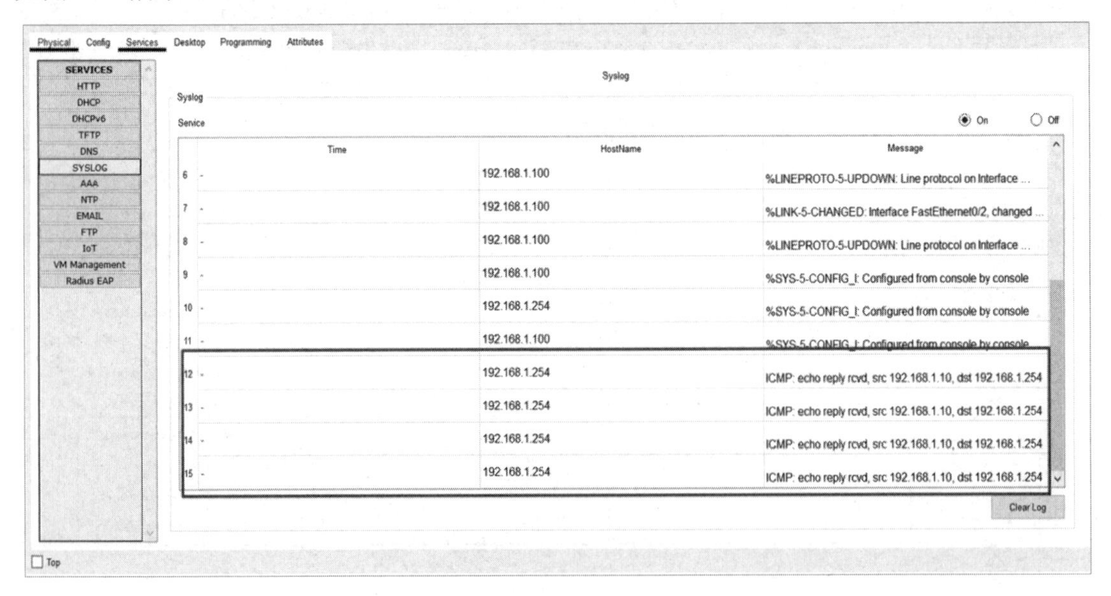

图 8-11　SysLog 服务器增加了 R1 的日志信息

由此可以看到，R1 产生的日志信息其 Hostname 列显示的 IP 地址为 192.168.1.254，这正是 R1 连接内网端口 Gig0/1 的 IP 地址，实验成功。

8.3.4　Web 服务器配置与验证

本节配置 Web 服务器。打开 Web1 服务器配置窗口，先单击【Services】功能页按钮，然后单击左边的【HTTP】按钮，右边会显示 HTTP 的相关配置信息，如图 8-12 所示。

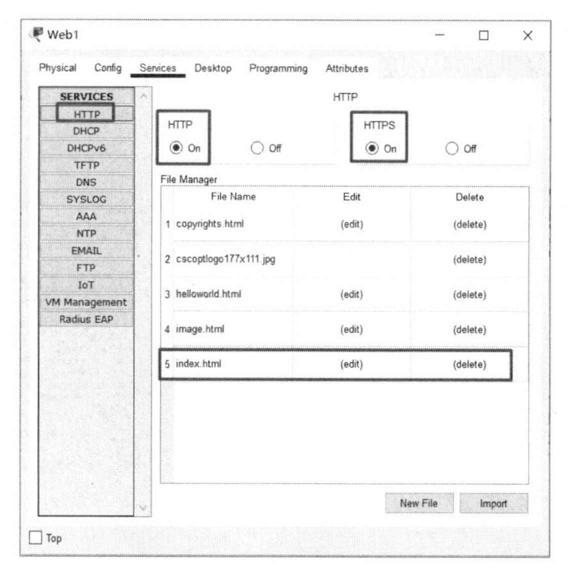

图 8-12　Web1 服务器配置窗口

图 8-12 中有两个 HTTP 服务开关，一个是 HTTP，另一个是 HTTPS，两者的区别是 HTTPS 是对 HTTP 的安全加固，以加密的方式传输 HTTP 报文。在默认情况下，PKT 模拟器软件中这两个服务都是打开的。Web1 服务器的文件管理器（File Manager）中默认有 5 个文件，其中名为 index.html 的文件是 Web1 服务器的主页文件。可以在 PC1 上打开浏览器，并在地址栏中输入 Web1 服务器的内网私有 IP 地址，验证 Web1 服务是否开启。打开 PC1 窗口，单击【Desktop】功能页按钮，单击【Web Browser】图标（见图 8-13），在浏览器的地址栏中输入 IP 地址 192.168.1.1，验证结果如图 8-14 所示。

图 8-13　PC1 上的 Web 浏览器应用程序

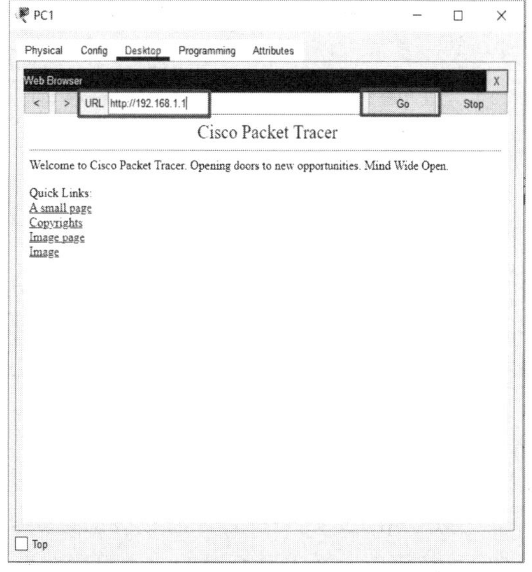

图 8-14　PC1 访问 Web1 服务器主页成功

由此可以看到，页面可以正常访问。为了进一步验证访问的页面就是 Web1 服务器主页，我们可以尝试修改主页内容，并再次访问。修改的方式是，找到 index.html 所在的文件的【edit】

按钮，单击打开，出现 HTML 文件编辑页面，在 HTML 文件编辑页面中增加一行代码：
 <font size='+2' color='blue'>This is the homepage for Web1</font>。完成后单击【Save】按钮保存主页内容，如图 8-15 和图 8-16 所示。

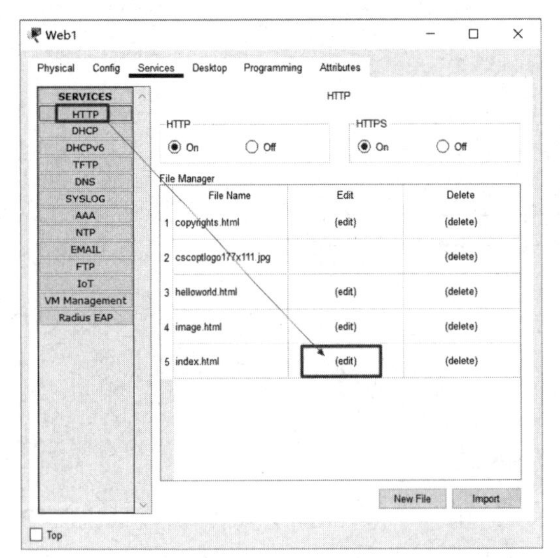

图 8-15　修改 Web1 服务器主页内容 1

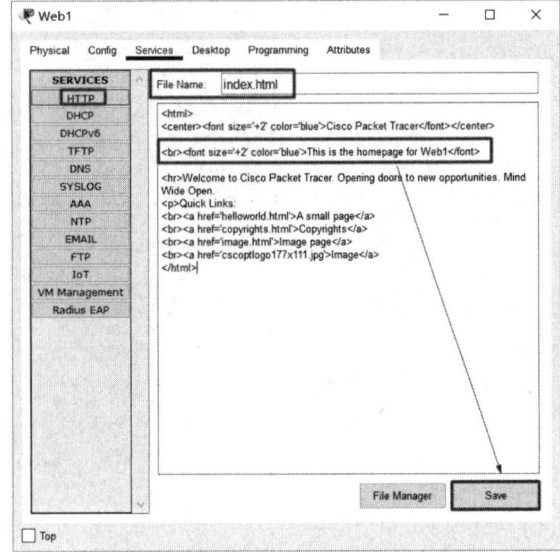

图 8-16　修改 Web1 服务器主页内容 2

此时若再次从 PC1 访问 Web1 服务器，则可以看到刚才更改的主页内容显示在页面上，访问结果如图 8-17 所示。这样就验证了 PC1 访问的确实是 Web 服务器主页。

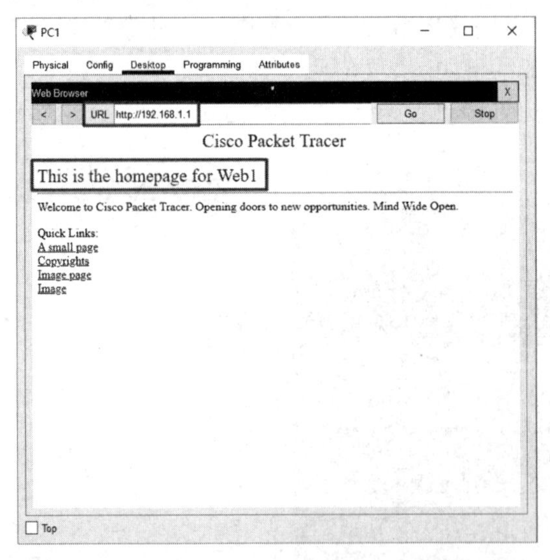

图 8-17　PC1 成功访问修改后的 Web1 服务器主页

另外，由于基于 HTTPS 的服务也是默认开启的，在浏览器的地址栏中输入 HTTPS:#192.168.1.1 访问该主页也是可以的，主页内容和 HTTP 访问内容一样，这里不再重复展示。

此时虽然可以从外网访问 Web 服务器，但是实际应用中是不允许从外网访问的，因为从外网不能直接访问内网的私有 IP 地址。前面做 DHCP 中继实验时为 ISP 添加的静态路由在实际应用中是非法的。下面我们把 ISP 上的非法静态路由删除，同时重新开启内网 DHCP 服务，使得 PC1 重新从内网 DHCP 服务器获取 IP 地址，命令如下：

```
#先把 ISP 上的非法路由删除
ISP(config)#no ip route 192.168.1.0 255.255.255.0 202.1.1.1
```

为了使得外网主机也能够访问 Web 服务器，通常的做法是在 R1 上为 Web1 服务器配置静态 NAT 映射，配置命令如下：

```
R1(config)#interface serial 0/0/0   #进入外部串口
R1(config-if)#ip nat outside   #串口为 NAT 外部端口
R1(config-if)#exit
R1(config)#interface gigabitEthernet 0/1   #进入内部以太网端口
R1(config-if)#ip nat inside   #将以太网端口设置为 NAT 内部端口
R1(config-if)#exit
R1(config)#ip nat inside source static 192.168.1.1 202.1.1.11   #配置静态 NAT 映射
```

以上配置静态 NAT 映射命令将私有 IP 地址映射成外网 IP 地址 202.1.1.11。这样外网主机如果要访问 Web1 服务器，则只需在浏览器地址栏中输入 202.1.1.11。从外网主机 PC3 访问 Web1 服务器，结果如图 8-18 所示。

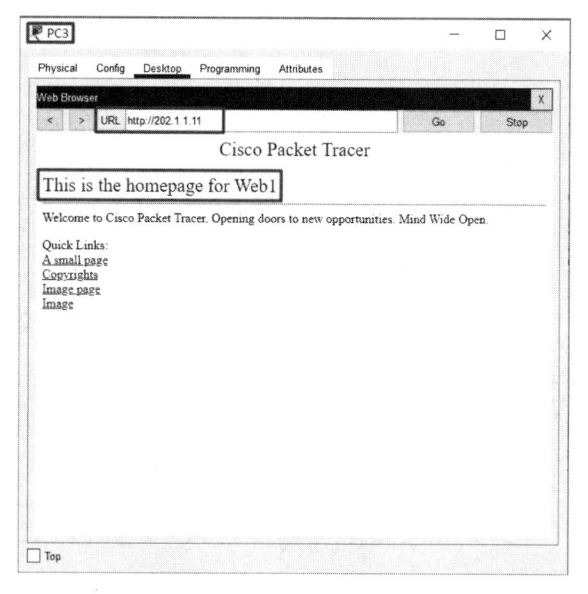

图 8-18　从外网主机 PC3 成功访问 Web1 服务器

由此可以看到，从外网主机 PC3 可以成功访问企业内网的 Web1 服务器。如果要从事业单位内网主机 PC2 访问企业内网的 Web1 服务器，该如何处理呢？还是同样的原理，只需要在 R2 上为事业单位内网的网段配置动态 PAT 映射即可，配置命令如下：

```
R2(config)#interface serial 0/0/1   #进入外部串口
R2(config-if)#ip nat outside   #串口为 NAT 外部端口
R2(config-if)#exit
R2(config)#interface gigabitEthernet 0/1   #进入内部以太网端口
R2(config-if)#ip nat inside   #将以太网端口设置为 NAT 内部端口
```

```
R2(config-if)#exit
R2(config)#access-list 1 permit 192.168.1.0 0.0.0.255#定义内网网段为 list 1
#将内网所有私有 IP 地址通过重载（overload）的方式映射成外网端口 IP 地址
R2(config)#ip nat inside source list 1 interface serial 0/0/1 overload
```

现在可以从事业单位内网主机 PC2 访问 Web1 服务器，结果如图 8-19 所示。

由于 Web2 服务器与 Web1 服务器的配置方式完全一样，这里不再重复描述。下面直接进行测试，从事业单位内网主机 PC2 访问 Web2 服务器的结果如图 8-20 所示。

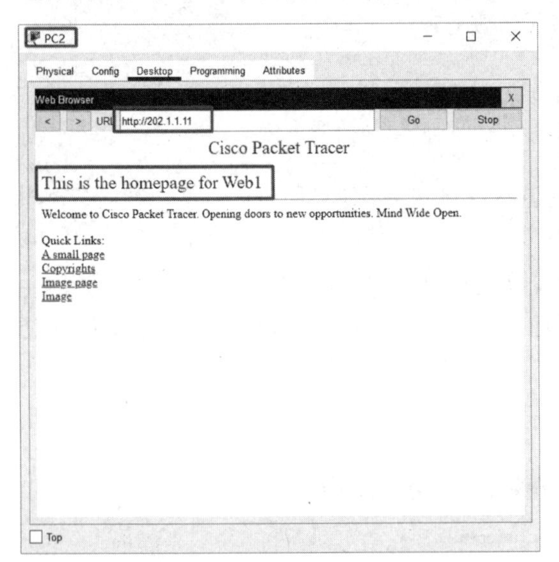

图 8-19　从事业单位内网主机 PC2 成功访问 Web1 服务器

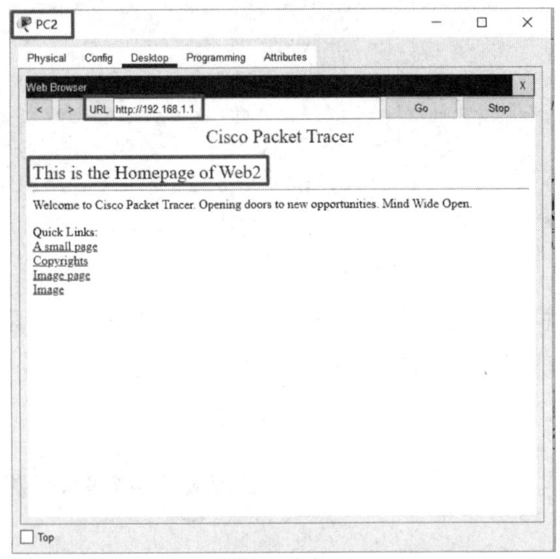

图 8-20　从事业单位内网主机 PC2 成功访问 Web2 服务器

如果要从外网主机 PC3 和企业内网主机 PC1 访问 Web2 服务器，则同样需要先在 R2 上配置静态 NAT 映射，然后在 R1 上配置基于端口重载（overload）的 NAT 映射，配置命令如下：

```
R2(config)#interface serial 0/0/1
R2(config-if)#ip nat outside
R2(config-if)#exit
R2(config)#interface gigabitEthernet 0/1
R2(config-if)#ip nat inside
R2(config-if)#exit
R2(config)#ip nat inside source static 192.168.1.1 203.1.1.11   #配置静态 NAT 映射

R1(config-if)#exit
R1(config)#interface gigabitEthernet 0/1
R1(config-if)#ip nat inside
R1(config-if)#exit
R1(config)#access-list 1 permit 192.168.1.0 0.0.0.255#定义内网网段为 list 1
#将内网所有私有 IP 地址通过重载（overload）的方式映射成外网端口 IP 地址
R1(config)#ip nat inside source list 1 interface serial 0/0/1 overload
```

由于 Web2 服务器映射的外网地址为 203.1.1.11，因此当从外网主机 PC3 和企业内网主机 PC1 访问 Web2 服务器时，直接在地址栏中输入 203.1.1.1 即可，结果如图 8-21 和图 8-22 所示。

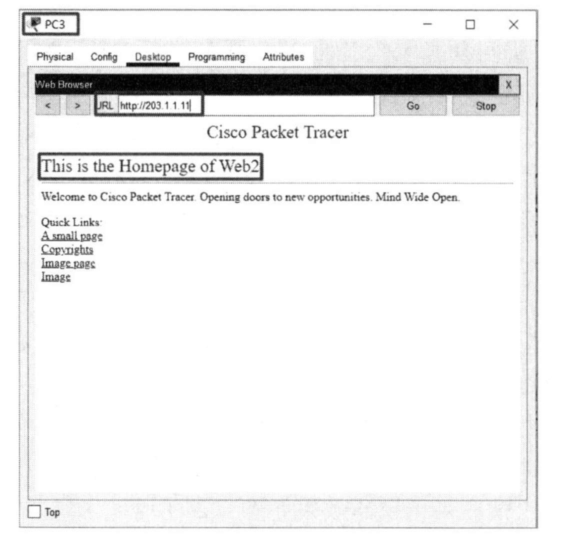

图 8-21　从外网主机 PC3 成功访问 Web2 服务器

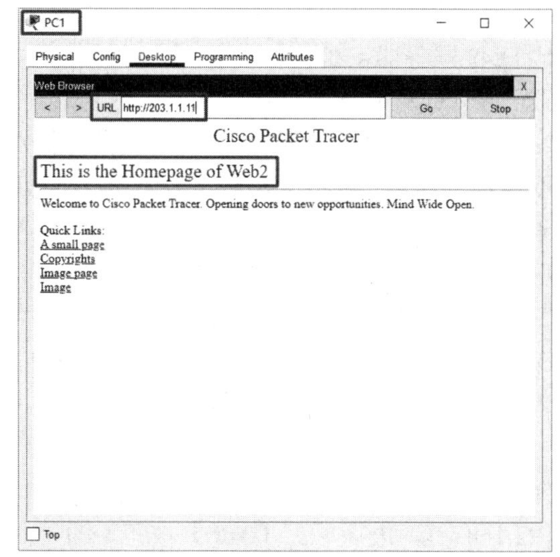

图 8-22　从企业内网主机 PC1 成功访问 Web2 服务器

8.4　进阶实验

8.4.1　多级 DNS 服务器配置与验证

在大部分情况下，网络用户访问 Web 服务器并不是通过直接在地址栏中输入 IP 地址的方式实现的，而是通过网站域名实现的，因为网站域名比 IP 地址容易记住。例如，访问百度网站，可直接在浏览器地址栏中输入 www.baidu.com，前提是要为客户端主机指定正确的 DNS 服务器。本节将详细介绍如何为 Web1 和 Web2 服务器部署并配置 DNS 服务器。

在配置 DNS 服务器之前，我们必须先了解一下 DNS 服务器的基本工作原理。DNS 服务器的主要作用是将由字母和符号组成的域名，通过查找域名数据库转换为 Web 服务器的 IP 地址。域名采用以点号进行分隔的分级结构，最右边的域名为一级域名（也称为顶级域名或根域名），依次向左称为二级域名、三级域名等。以百度主页 www.baidu.com 为例，com 为一级域名，baidu 为二级域名，www 为三级域名。

Internet 上的每个域名都是独一无二的，域名的注册与撤销由专门的机构进行管理。管理 Internet 域名的最高级别机构为互联网号码分配局（Internet Assigned Numbers Authority，IANA），它管理着当前 Internet 上 13 个根 DNS 服务器。通常企业或组织注册二级域名需要向 IANA 或其下属的分支机构申请，而三级域名可由公司或组织自行定义。例如，百度申请注册了 baidu.com 域名，因此百度可以自由添加诸如 www、ftp、smtp、www2 等三级域名，但百度必须有自己的域名服务器，负责解析这些域名并将其翻译成对应的 IP 地址。

当通过域名访问某个网站时，客户端主机首先会查找主机本地缓存的域名信息（如 Linux 系统中的 hosts 文件），如果找不到，则向本地 DNS 服务器（本地 DNS 服务器由网络管理员直接指定，如上述 PC1 的 DNS 地址为 192.168.1.4）发送请求，本地 DNS 服务器接收到请求后，如果找到对应域名，则以对应的 IP 地址进行应答。如果本地 DNS 服务器上没有对应域名，则会向上一级 DNS 服务器发起请求，上一级 DNS 服务器如果找到对应域名，则回复本地 DNS 服务器，本地 DNS 服务器再向客户端主机回复对应的 IP 地址，域名解析成功。如果上一级 DNS 服务器也找不到对应域名，则会重复同样的动作，再向它的上一级域名服务器发起请求，一直向上直到找到互联网的根 DNS 服务器为止。如果一直到根 DNS 服务器都找不到对应域名，则域名解析失败。为了模拟以上过程，本实验网络拓扑中设置了两级 DNS 服务器，本地 DNS 服务器和根 DNS 服务器。内网主机首先查找本地 DNS 服务器，如果找不到域名记录，则本地 DNS 服务器会向根 DNS 服务器发起请求。

下面首先介绍如何在 PKT 模拟器软件中开启 DNS 服务，并添加一条域名记录。打开 DNS1 服务器配置窗口，先单击【Services】功能页按钮，然后单击左边的【DNS】按钮，右边会显示 DNS 服务器配置信息，如图 8-23 所示。

在右边的 DNS 操作区，单击【On】单选按钮开启 DNS 服务。在【Type】下拉列表中选择【A Record】选项，在【Name】输入框中输入 www.abc.com，在【Address】输入框中输入 192.168.1.1，最后单击【Add】按钮，即可添加一条域名记录，效果如图 8-24 所示。

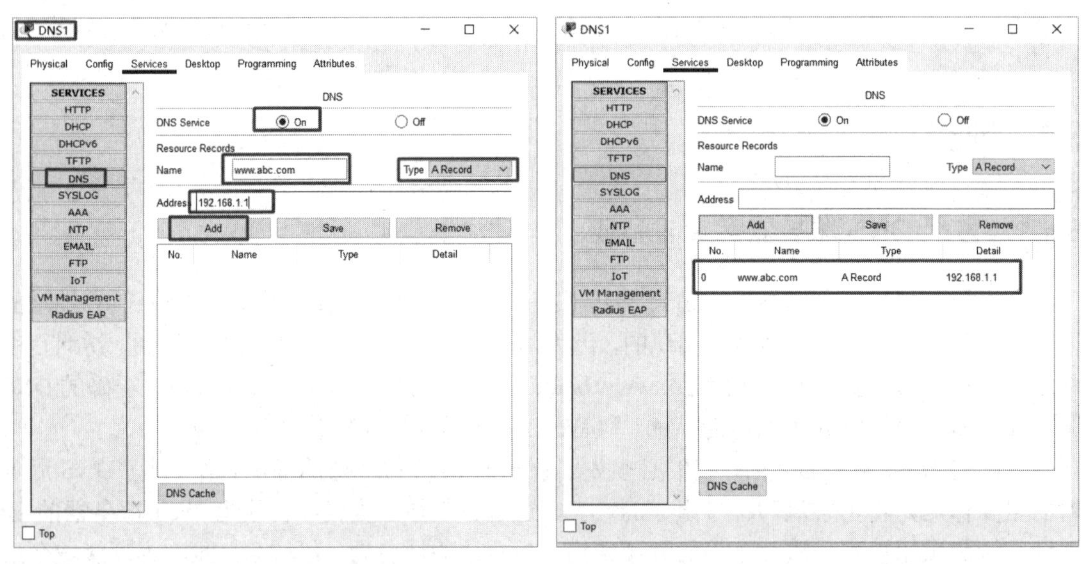

图 8-23　DNS1 服务器配置窗口　　　　图 8-24　添加 www.abc.com 域名记录

以上操作为 Web1 服务器添加了 www.abc.com 域名记录，对应 IP 地址是私有 IP 地址 192.168.1.1，这样在从 PC1 访问 Web1 服务器时，就可以通过 www.abc.com 进行访问，效果如图 8-25 所示。

由于以上域名 www.abc.com 对应的是私有 IP 地址，因此从外网主机 PC3 肯定是不能访问的。为了从外网主机 PC3 也能通过域名 www.abc.com 来访问 Web1 服务器，可以在根 DNS 服务器上也设置一条对应的记录，并把外网主机 PC3 的 DNS 地址指定为根 DNS 服务器的 IP 地址 202.1.1.4，结果如图 8-26 和图 8-27 所示。

注意： 外网根 DNS 服务器中的域名 www.abc.com 对应的 IP 地址不能再填私网 IP 地址

192.168.1.1，而要填其静态 NAT 映射的外网 IP 地址 202.1.1.11。外网主机 PC3 通过域名成功访问 Web1 服务器如图 8-28 所示。

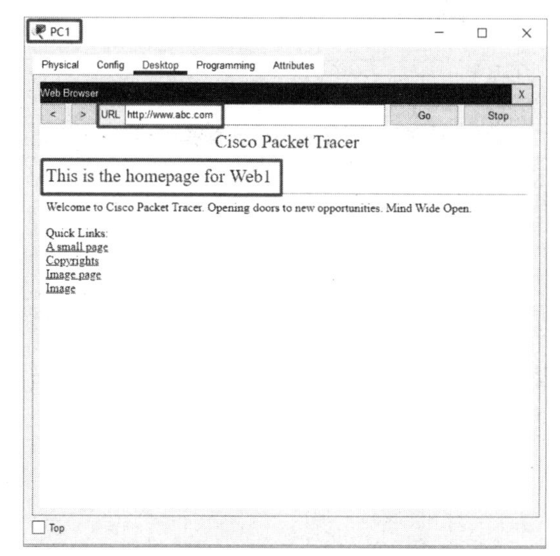

图 8-25　通过域名成功访问 Web1 服务器

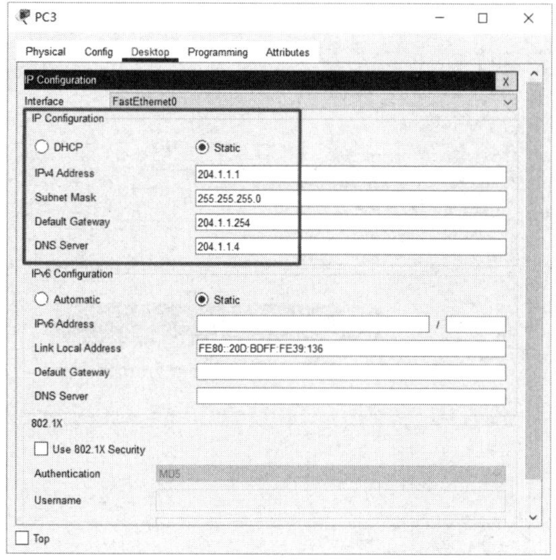

图 8-26　外网主机 PC3 的 DNS 地址设置

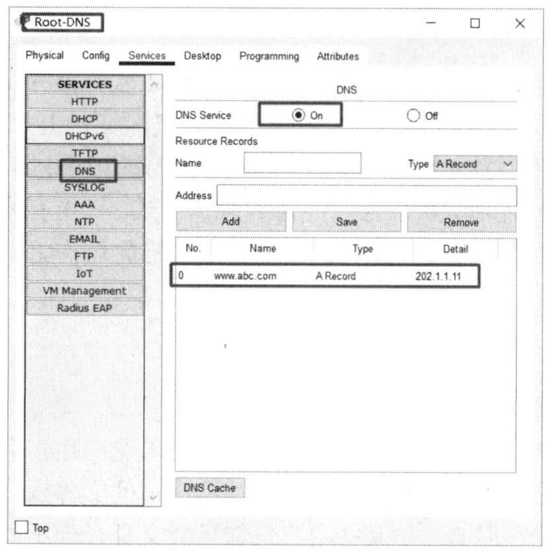

图 8-27　为根 DNS 服务器添加 www.abc.com 域名记录

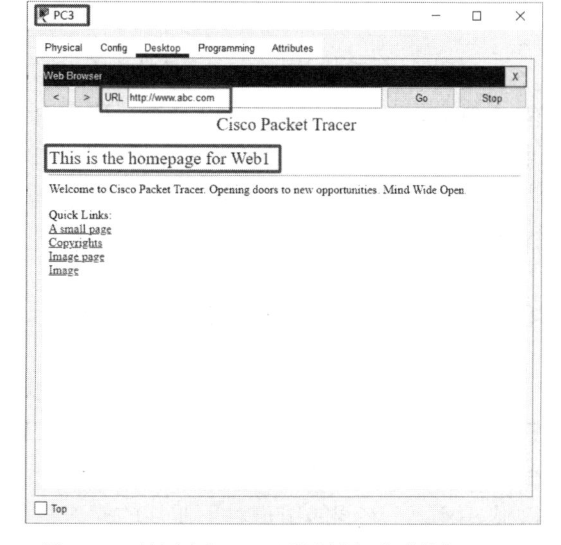

图 8-28　外网主机 PC3 通过域名成功访问 Web1 服务器

接下来一个难点在于，事业单位内网主机 PC2 如何通过域名 www.abc.com 访问 Web1 服务器。因为事业单位内网主机 PC2 的本地 DNS 服务器设置为 DNS2 服务器，但 DNS2 服务器上并没有 www.abc.com 域名记录，且本地 DNS 服务器一般会不会添加其他内网的域名信息。这时，DNS2 服务器就要向上一级服务器，即根 DNS 服务器发出请求。那么 DNS2 服务器如何知道它的上一级服务器是根 DNS 服务器呢？其实很简单，只需要在 DNS2 服务器中添加两条记录，这两条记录类型（Type）分别是 NS Record 和 A Record。

如图 8-29 所示，第一条记录类型为 NS Record，在【Name】输入框中填入点号（.），代表上一级 DNS 服务器，在【Server Name】输入框中输入 root-dns，该名称可自定义。接着为 root-dns 名称添加一条类型为 A Record 的记录，地址为根 DNS 服务器的 IP 地址 204.1.1.4。PC2 通过域名 www.abc.com 成功访问 Web1 服务器如图 8-30 所示。

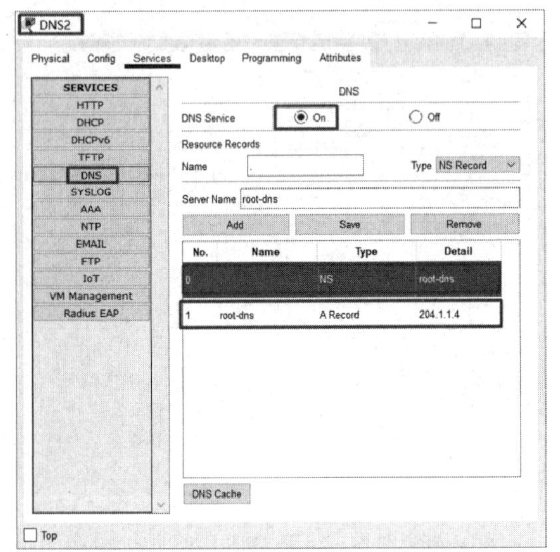

图 8-29　在 DNS2 服务器中添加上级服务器信息

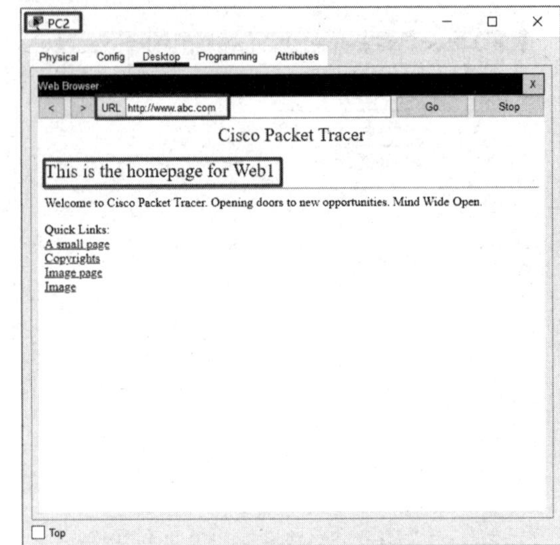

图 8-30　PC2 通过域名 www.abc.com 成功访问 Web1 服务器

如图 8-30 所示，PC2 可以通过域名成功访问 Web1 服务器。实际上，DNS2 服务器并没有 www.abc.com 域名记录，而是通过请求上一级根 DNS 服务器才获取到该域名对应的 IP 地址 202.1.1.11 的。因此，现在企业内网、事业单位内网及外网都可以通过域名访问 Web1 服务器。

本实验将 Web2 服务器的域名设置为 www.xyz.org，可以通过同样的操作方式，让所有网络区域都可以通过该域名访问 Web2 服务器。限于篇幅，以上功能请读者自行配置并验证。

8.4.2　FTP/TFTP 服务器配置与验证

FTP 是一种用于共享与传输文件的协议，用户可以登录 FTP 服务器上传、下载、修改、删除服务器里的文件。为了安全，用户登录 FTP 服务器需要输入用户名和密码。这些用户名和密码是 FTP 服务器管理员为用户分配的，目的是验证用户登录的合法性和用户的文件操作权限。因此，不同的用户对于文件的操作权限是不同的，如有些用户只能下载文件，但不能上传新文件；有些用户虽然可以下载和上传新文件，但不可以删除已有文件等。

下面以 FTP1 服务器为例，描述 FTP 服务的开启、配置方法，并进行验证。打开 FTP1 服务器配置窗口，先单击【Services】功能页按钮，然后单击左边的【FTP】按钮，右边会显示 FTP 服务器配置信息，如图 8-31 所示。

实际上，在 PKT 模拟器软件中 FTP 服务默认是开启的，并且默认在 FTP 服务器里放入了思科设备的运行文件，如 asa842.bin 等。如前所述，用户登录 FTP 服务器需要输入用户名和密码，PKT 模拟器软件默认为 FTP 服务器创建了一个用户名和密码都为 cisco 的用户，其拥有的操作权限为 Write（写入/上传）、Read（读取/下载）、Delete（删除）、Rename（重命名）、List（列出文件信息）。我们可以创建新用户，也可以删除已创建的用户，或者修改已有用户的信息。例如，添加一个用户名为 abc、密码为 12345、操作权限仅为 Read/List 的用户，如图 8-32 所示。

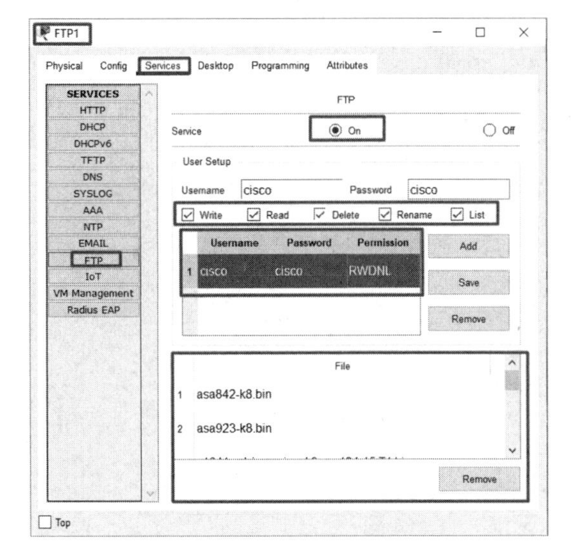

图 8-31　FTP1 服务器配置窗口

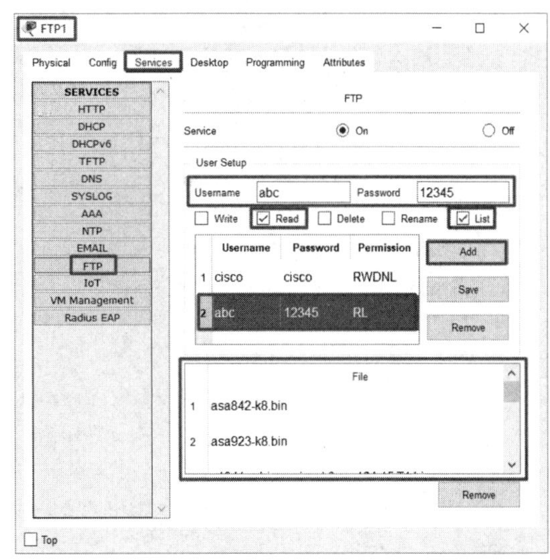

图 8-32　为 FTP1 服务器添加一个 abc 用户

现在从内网主机 PC1 访问该服务器。打开【PC1】窗口，选择【Desktop】→【Command Prompt】选项，打开命令行界面，输入 ftp 192.168.1.2 命令，如图 8-33 所示。

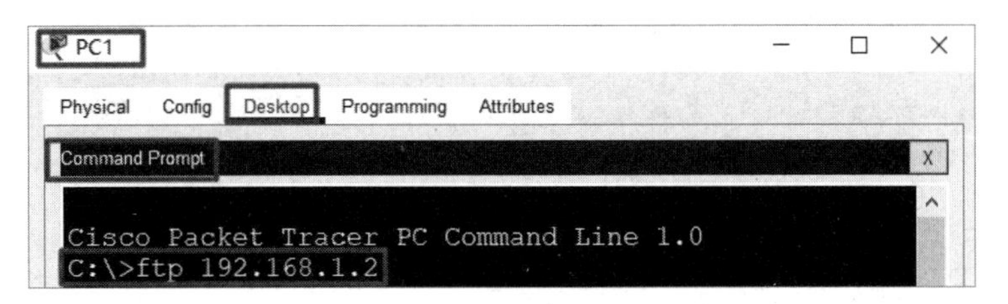

图 8-33　从 PC1 的命令行界面登录 FTP1 服务器

在以上命令行界面中，可以输入用户名和密码登录 FTP1 服务器，并执行各种命令，操作步骤和结果显示如下：

```
Cisco Packet Tracer PC Command Line 1.0
C:\>ftp 192.168.1.2   #连接 FTP 服务器
Trying to connect...192.168.1.2
Connected to 192.168.1.2
220- Welcome to PT Ftp server
Username:cisco   #输入用户名 cisco
331- Username ok, need password
Password:   #输入密码 cisco
230- Logged in   #提示登录成功
(passive mode On)
ftp>?   #进入 FTP 服务器操作界面，输入?列出当前可用命令
        ?
cd   #进入文件夹
```

```
        delete #删除文件
        dir   #列出当前文件
        get   #下载文件
        help   #获取帮助
        passive   #被动模式
        put   #上传文件
        pwd   #显示当前文件列表
        quit   #退出
        rename   #重命名
ftp>dir   #列出当前所有文件信息
Listing /ftp directory from 192.168.1.2:
0   : asa842-k8.bin                                       5571584
1   : asa923-k8.bin                                       30468096
2   : c1841-advipservicesk9-mz.124-15.T1.bin              33591768
3   : c1841-ipbase-mz.123-14.T7.bin                       13832032
4   : c1841-ipbasek9-mz.124-12.bin                        16599160
5   : c1900-universalk9-mz.SPA.155-3.M4a.bin              33591768
……   以下省略
ftp>delete asa842-k8.bin   #删除第一个文件
ftp>dir   #再次显示文件列表，可以看到第一个文件已经被删除了
Listing /ftp directory from 192.168.1.2:
0   : asa923-k8.bin                                       30468096
1   : c1841-advipservicesk9-mz.124-15.T1.bin              33591768
2   : c1841-ipbase-mz.123-14.T7.bin                       13832032
3   : c1841-ipbasek9-mz.124-12.bin                        16599160
4   : c1900-universalk9-mz.SPA.155-3.M4a.bin              33591768
5   : c2600-advipservicesk9-mz.124-15.T1.bin              33591768
……   以下省略
ftp>quit   #退出当前用户登录
221- Service closing control connection.
C:\>ftp 192.168.1.2   #重新登录FTP服务器
Trying to connect...192.168.1.2
Connected to 192.168.1.2
220- Welcome to PT Ftp server
Username:abc   #切换为abc用户登录
331- Username ok, need password
Password:   #输入密码12345
230- Logged in   #提示登录成功
(passive mode On)
ftp>dir   #abc用户可以列出文件列表
Listing /ftp directory from 192.168.1.2:
0   : asa923-k8.bin                                       30468096
1   : c1841-advipservicesk9-mz.124-15.T1.bin              33591768
2   : c1841-ipbase-mz.123-14.T7.bin                       13832032
3   : c1841-ipbasek9-mz.124-12.bin                        16599160
4   : c1900-universalk9-mz.SPA.155-3.M4a.bin              33591768
……以下省略
```

```
ftp>delete asa923-k8.bin    #尝试删除第一个文件 asa923-k8.bin
Deleting file asa923-k8.bin from 192.168.1.2: ftp>
%Error ftp:#192.168.1.2/asa923-k8.bin (No such file or directory Or Permission denied)
550-Requested action not taken. permission denied).   #权限不足，操作被拒绝
```

从以上过程中可以看出，用户可以对当前 FTP 服务器内的文件进行查看、上传、下载、删除、重命名等操作，也可以退出当前用户登录，切换为其他用户重新登录。不同的用户具有不同的文件操作权限，如 abc 用户在尝试删除其中一个文件时，FTP 服务器会提示操作权限不足，拒绝删除。

和 Web1 服务器一样，如果要从外网主机 PC3 和事业单位内网主机 PC2 访问该 FTP 服务器，则需要在 R1 上为 FTP 服务器配置静态 NAT 映射，配置命令如下：

```
R1(config)#ip nat inside source static 192.168.1.2 202.1.1.12
```

这样 PC2/PC3 可以通过 ftp 202.1.1.12 命令访问 FTP1 服务器，结果如下：

```
Cisco Packet Tracer PC Command Line 1.0
C:\>ftp 202.1.1.12    #通过映射后的外网地址访问 FTP 服务器
Trying to connect...202.1.1.12
Connected to 202.1.1.12
220- Welcome to PT Ftp server
Username:cisco
331- Username ok, need password
Password:
230- Logged in    #登录成功
(passive mode On)
ftp>
```

通过外网地址 202.1.1.12 登录 FTP1 服务器后的操作和在内网主机 PC1 上登录 FTP1 服务器后的操作完全相同，这里不再重复描述。与 Web 服务器一样，FTP 服务器也可以通过域名进行访问。为 DNS1 服务器添加一条类型为 A Record 的记录，域名为 ftp.abc.com，地址为 192.168.1.2，如图 8-34 所示。

从 PC1 通过域名访问 FTP1 服务器，结果显示如下：

```
Cisco Packet Tracer PC Command Line 1.0
C:\>ftp ftp.abc.com    #通过域名访问 FTP1 服务器
Trying to connect...ftp.abc.com
Connected to ftp.abc.com
220- Welcome to PT Ftp server
Username:cisco
331- Username ok, need password
Password:
230- Logged in    #登录成功
(passive mode On)
```

同样，PC2 和 PC3 如果要通过域名 ftp.abc.com 访问 FTP1 服务器，则需要在 DNS2 服务器和根 DNS 服务器中添加对应的域名记录。为 3 个 DNS 服务器添加的域名记录如图 8-35、图 8-36 和图 8-37 所示。

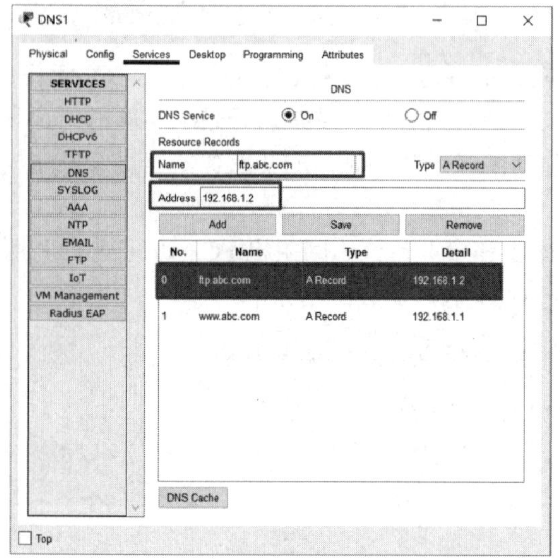

图 8-34　为 FTP1 服务器添加对应域名

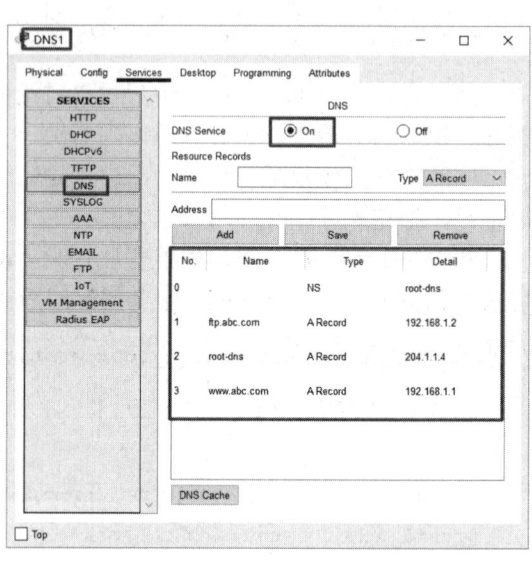

图 8-35　为 DNS1 服务器添加的域名记录

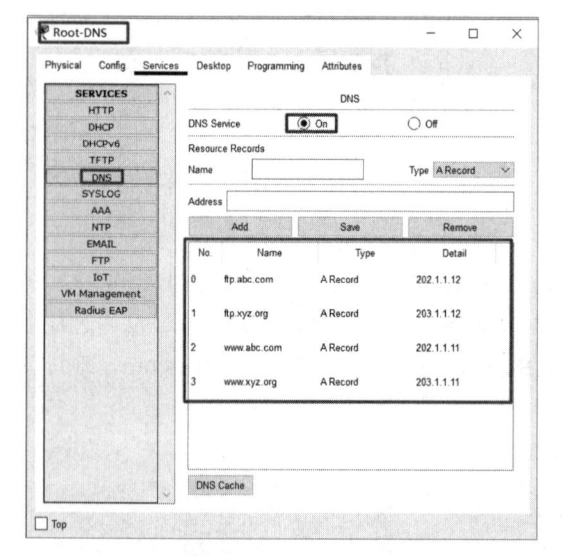

图 8-36　为根 DNS 服务器添加的域名记录

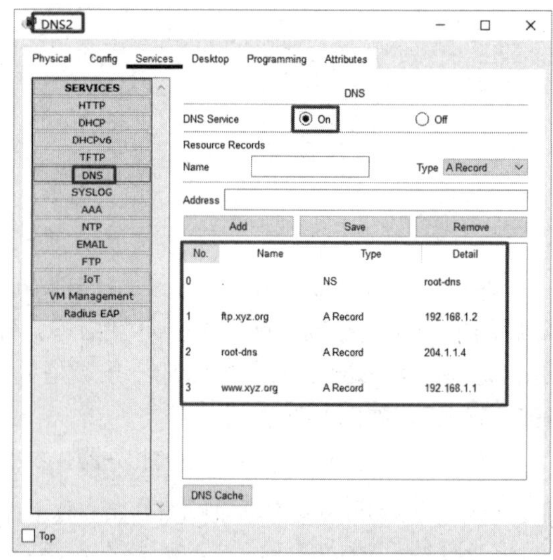

图 8-37　为 DNS2 服务器添加的域名记录

从 PC3 通过域名 ftp.xyz.org 访问 FTP2 服务器，结果如下：

```
C:\>ftp ftp.xyz.org    #访问 FTP2
Trying to connect...ftp.xyz.org
Connected to ftp.xyz.org
220- Welcome to PT Ftp server
Username:cisco
331- Username ok, need password
```

```
Password:
230- Logged in    #登录成功
(passive mode On)
ftp>
```

另外一个和 FTP 类似的协议称为 TFTP，即轻量级 FTP。FTP 的运输层采用 TCP，而 TFTP 的运输层采用 UDP，因此 TFTP 比 FTP 更简单、更轻便。打开 FTP1 服务器配置窗口，先单击【Services】功能页按钮，然后单击左边的【TFTP】按钮，右边会显示 TFTP 服务器配置信息，如图 8-38 所示。单击【On】单选按钮可开启 TFTP 服务。

由于 TFTP 的便捷性，有时使用 TFTP 服务器来备份/恢复网络设备的配置文件或系统文件。例如，把 R1 的配置文件备份到 TFTP 服务器上，操作命令和结果如下：

```
R1#copy running-config tftp:    #将 R1 当前的运行配置备份到 TFTP 服务器
Address or name of remote host []? 192.168.1.2    #输入 TFTP 服务器的 IP 地址
Destination filename [R1-config]?    #按回车键，备份的文件名默认为 R1-config

Writing running-config....!!    #备份完成
[OK - 1317 bytes]

1317 bytes copied in 3.051 secs (431 bytes/sec)
```

此时再次查看 TFTP 服务器的文件列表，可以看到新增了一个 R1-confg 文件，如图 8-39 所示。

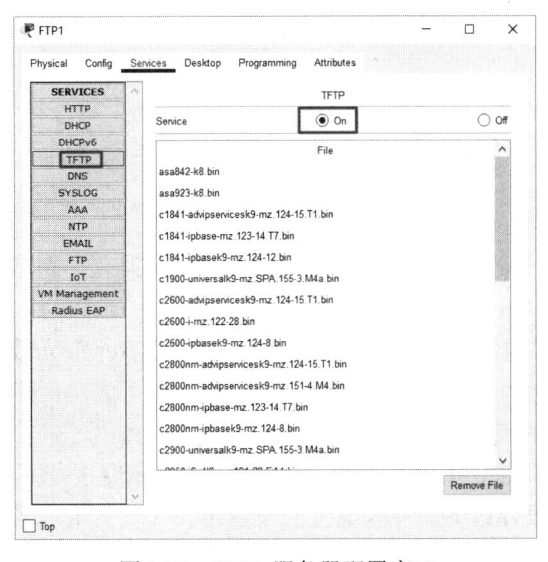

图 8-38　FTP1 服务器配置窗口

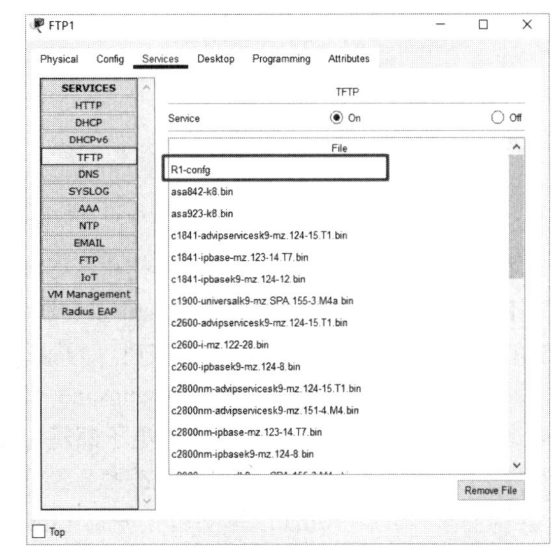

图 8-39　将 R1 的配置文件备份到 TFTP 服务器上

8.4.3　跨域名 Email 服务器配置与验证

电子邮件（Email）收发服务包含两个协议：SMTP 和 POP3。前者负责发送邮件，后者负责接收邮件。在本实验网络拓扑中，企业内网和事业单位内网都部署了 Email 服务器（Email1 和 Email2），由于 2 个内网有不同的域名，因此这 2 个 Email 服务器为用户提供的电子邮箱地址也具有不同的域名。

由于电子邮箱地址的格式为用户名@Email 服务器域名，因此企业内网中 Email1 服务器为用户提供的邮箱格式为 xxx@abc.com，事业单位内网中 Email2 服务器为用户提供的邮箱格式为 xxx@xyz.org，其中 xxx 表示用户名，用户名可以是字母、数字或其他符号（如下画线、横线等）组成的字符串。

接下来首先在 Email1 中开启 Email 收发服务，并为虚拟的张三用户（英文用户名为 zhangsan）创建一个电子邮箱。打开 Email1 服务器配置窗口，先单击【Services】功能页按钮，然后单击左边的【EMAIL】按钮，右边会显示 Email1 服务器配置信息，如图 8-40 所示。

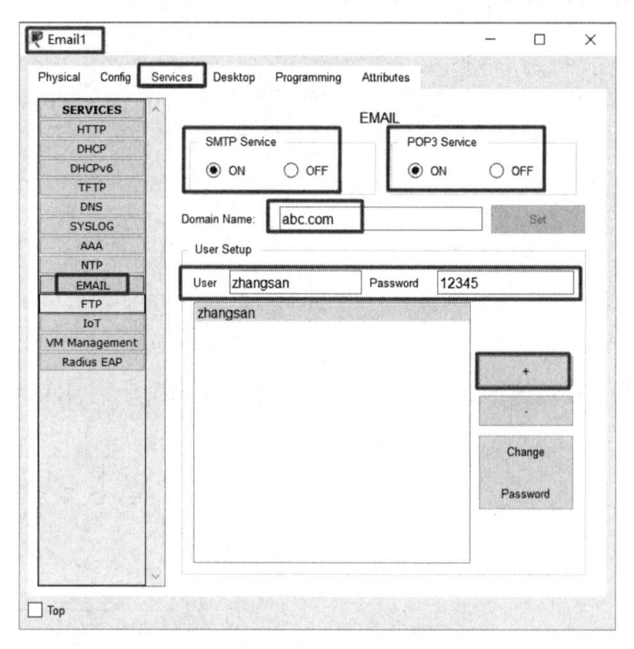

图 8-40　Email1 服务器配置窗口

如图 8-40 所示，Email 服务器提供了 SMTP Service 和 POP3 Service 两种服务功能。先单击【On】单选按钮开启对应的 Email 收发服务。然后在【Domain Name】输入框中输入对应的域名 abc.com，并单击【Set】按钮，为服务器创建对应的域名。最后在下方【User Setup】区域对应输入框中输入用户名（zhangsan）和密码（12345），单击【+】按钮，即可成功创建一个地址为 zhangsan@abc.com 的电子邮箱，如图 8-41 所示。当然，该窗口中还提供了删除用户（【-】按钮）和为已有用户更改邮箱密码的功能（【Change】按钮和【Password】按钮）。

同样，可以在 Email2 服务器上开启 Email 收发服务，并为虚拟的李四用户（英文用户名为 lisi）创建一个电子邮箱，如图 8-42 所示。

将 Email2 服务器的域名设置为 xyz.org，创建的新电子邮箱地址为 lisi@xyz.org。现在虽然已经为两个 Email 服务器设置了域名并创建了电子邮箱，但是两个 Email 服务器之间还是不能收发邮件的，原因是并没有在以上 DNS 服务器上添加对应的 Email 服务器的域名记录，因而用户无法找到电子邮箱地址。

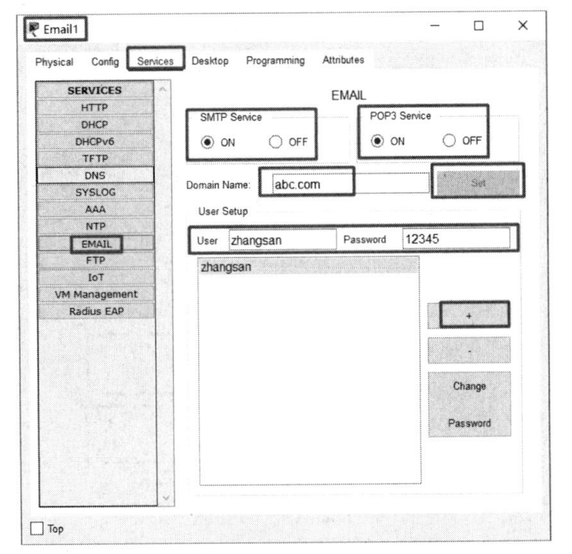

图 8-41　为 Email1 服务器设置域名并添加 zhangsan 用户

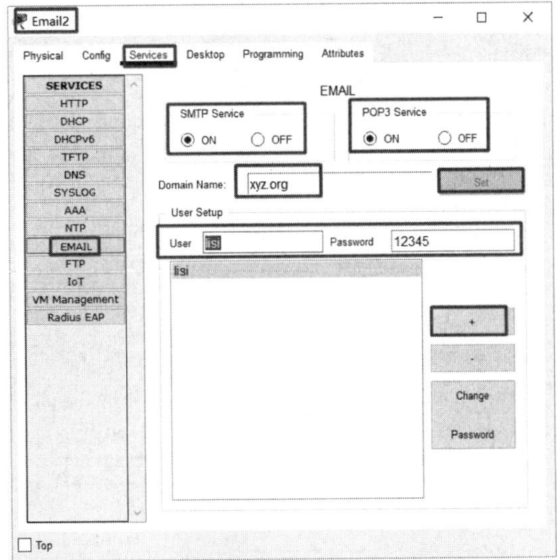

图 8-42　为 Email2 服务器设置域名并添加 lisi 用户

那么 Email 服务器的域名是什么？如前所述，Email 收发服务用到两个协议，即 SMTP 和 POP3，因此其完整域名需要在二级域名前面加上 smtp 和 pop3。例如，Email1 服务器的域名为 smtp.abc.com 和 pop3.abc.com，而 Email2 服务器的域名为 smtp.xyz.org 和 pop3.xyz.org。接下来在 DNS1、根 DNS 及 DNS2 三个服务器上添加对应的域名记录，添加后的域名信息显示如图 8-43、图 8-44 和图 8-45 所示。

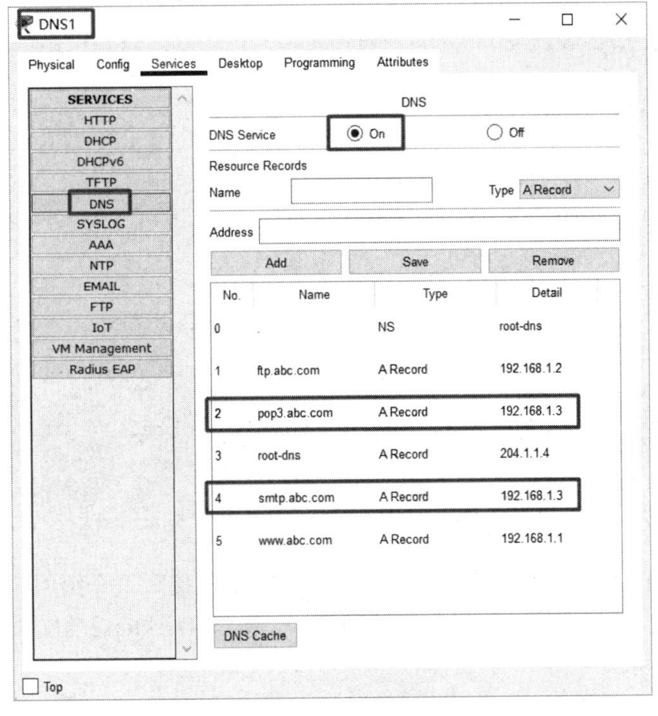

图 8-43　为 Email1 服务器添加域名记录

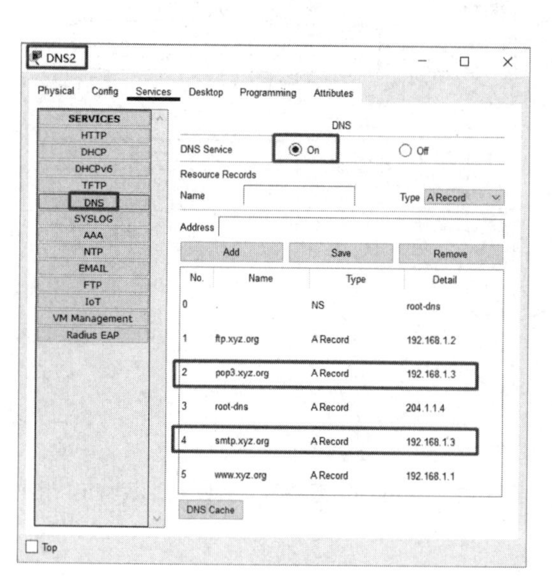

图 8-44　为 Email2 服务器添加域名记录

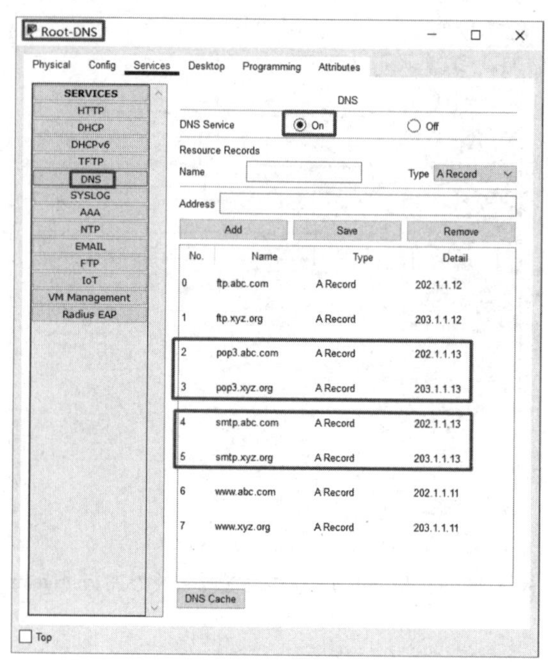

图 8-45　在根 DNS 服务器上为 Email1 和 Email2 服务器添加域名记录

从根 DNS 服务器的域名记录来看，Email1 服务器的 smtp/pop3 域名对应的 IP 地址为 202.1.1.13，Email2 服务器的 smtp/pop3 域名对应的 IP 地址为 203.1.1.13，因此需要在 R1 和 R2 上分别为两个 Email 服务器私有 IP 地址创建静态 NAT 映射，配置命令和结果显示如下：

```
R1(config)#ip nat inside source static 192.168.1.3 202.1.1.13
R1(config)#end
R1#show ip nat translations
Pro  Inside global     Inside local      Outside local      Outside global
---  202.1.1.11        192.168.1.1       ---               --- #Web1 映射
---  202.1.1.12        192.168.1.2       ---               --- #FTP1 映射
---  202.1.1.13        192.168.1.3       ---               --- #Email1 映射

R2(config)#ip nat inside source static 192.168.1.3 203.1.1.13
R2(config)#end
R2#show ip nat translations
Pro  Inside global     Inside local      Outside local      Outside global
---  203.1.1.11        192.168.1.1       ---               ---  #Web2 映射
---  203.1.1.12        192.168.1.2       ---               ---  #FTP2 映射
---  203.1.1.13        192.168.1.3       ---               ---  #Email2 映射
```

现在两个 Email 服务器的网络通信环境已经准备好，接下来介绍用户收发邮件的过程。首先在 PC1 上找到 Email 客户端。打开【PC1】窗口，单击【Desktop】功能页按钮，单击【Email】图标，如图 8-46 所示。

图 8-46　PC1 提供的 Email 客户端

在 PC1 上为 zhangsan 用户设置 Email 客户端，如图 8-47 所示。

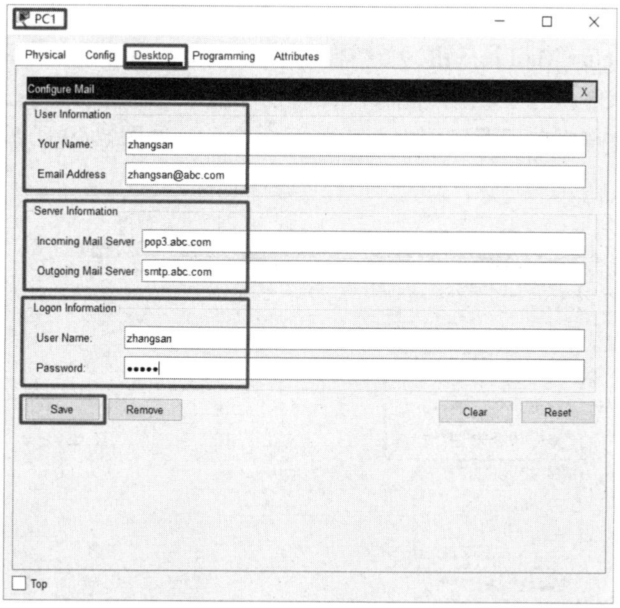

图 8-47　在 PC1 上为 zhangsan 用户设置 Email 客户端

在如图 8-47 所示的界面中，需要输入的信息包括用户名（Your Name：zhangsan），邮件地址（Email Address：zhangsan@abc.com），接收邮件的服务器（Incoming Mail Server：pop3.abc.com），发送邮件的服务器（Outgoing Mail Server：smtp.abc.com），邮箱登录用户名（User Name：zhangsan），以及登录密码（Password：12345）。输入完成后单击【Save】按钮，打开如图 8-48 所示界面。

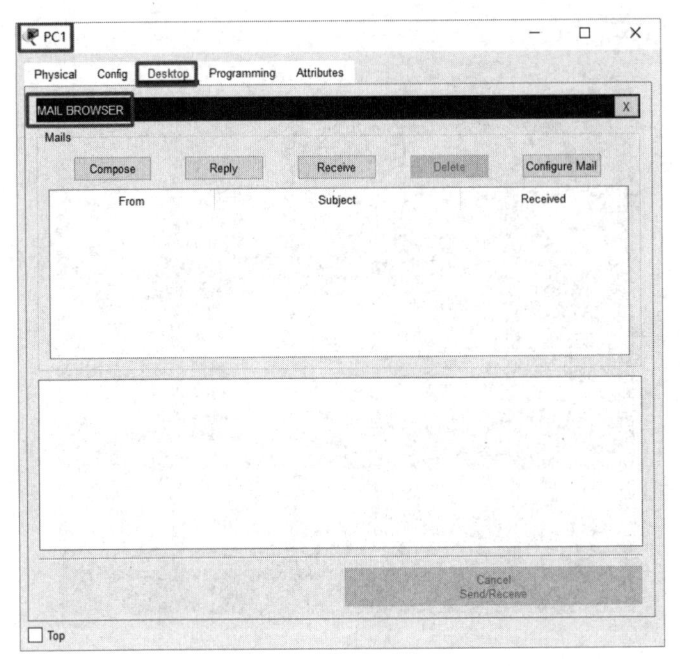

图 8-48　Email 客户端创建邮件、收发邮件界面

在如图 8-48 所示的界面中，用户可以执行的操作包括创建新邮件（【Compose】按钮）、回复邮件（【Reply】按钮）、接收邮件（【Receive】按钮）、删除邮件（【Delete】按钮）及配置邮箱信息（【Configure Mail】按钮）。这样我们就为 zhangsan 用户准备好了邮件收发环境。

同理，可以在 PC2 上为 lisi 用户配置邮件收发环境，该过程与前面 zhangsan 用户的配置过程基本相同，只是需要在配置界面中填入不同的信息，如图 8-49 所示。

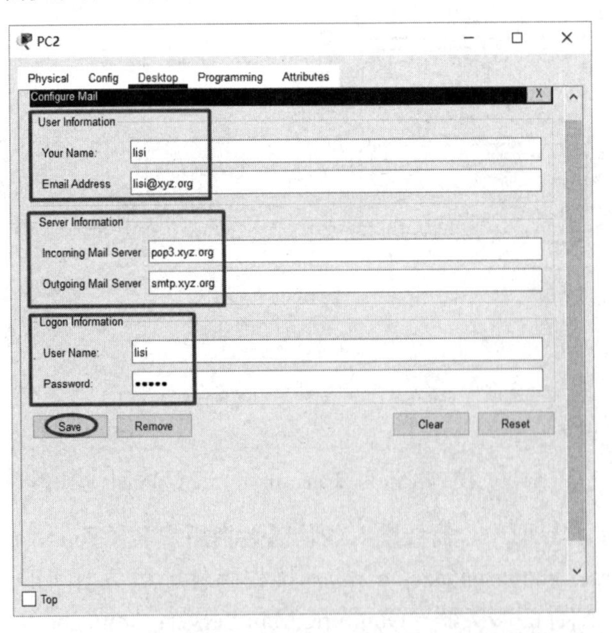

图 8-49　在 PC2 上为 lisi 用户设置 Email 客户端

现在假设 zhangsan 用户需要向 lisi 用户发送一封邮件，可以在 zhangsan 的 Email 客户端

界面，单击【Compose】按钮，开始创建并编辑新的邮件，如图 8-50 所示。

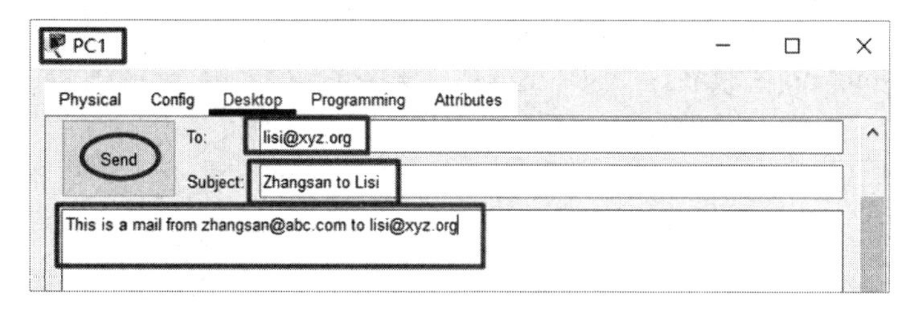

图 8-50　zhangsan 用户发送邮件给 lisi 用户

在如图 8-50 所示的界面中，需要填入的信息包括目标邮件地址（To：lisi@xyz.org），邮件主题（Subject：Zhangsan to Lisi），以及邮件内容（This is a mail from zhangsan@abc.com to lisi@xyz.org）。填入完成后单击【Send】按钮，窗口左下部出现如图 8-51 所示提示信息。

Sending mail to lisi@xyz.org , with subject : zhangshan to lisi .. Mail Server: smtp.abc.com
DNS resolving. Resolving name: smtp.abc.com by querying to DNS Server: 192.168.1.4 DNS resolved ip address: 192.168.1.3
Send Success.

图 8-51　邮件发送成功提示

以上提示说明邮件已经发送成功。接下来在 PC2 上验证 lisi 用户是否真的接收到以上邮件。打开 PC2 的 lisi 用户 Email 客户端，单击【Receive】按钮，发现邮箱仍然是空的，并没有收到以上邮件。重新回到 PC1 的 zhangsan 用户 Email 客户端，单击【Receive】按钮，发现接收到一封邮件投递失败（Delivery Status Notification(Failure)）的通知邮件，如图 8-52 所示。

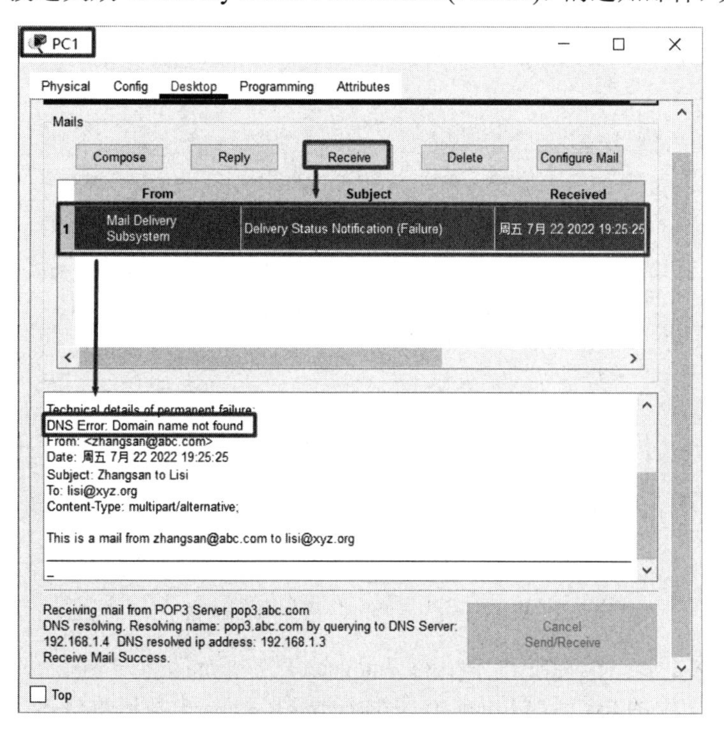

图 8-52　zhangsan 用户接收到一封邮件投递失败的通知邮件

单击该通知邮件，查看其详细信息。可以看到一个错误提示，DNS Error:Domain name not found，即没有找到域名。细心的读者应该还记得前面在根 DNS 服务器中已经为两个 Email 服务器都配置了 smtp/pop3 域名，如果本地 DNS 服务器找不到目标服务器的域名，则可以向根 DNS 服务器发出请求。那么为什么还会提示找不到域名呢？

下面分析其原因：当 PC1 作为 Email 客户端发送邮件时，会在 DNS1 服务器中找到域名 smtp.abc.com 对应 IP 地址 192.168.1.3，从而可以把邮件正确发到本地 Email 服务器 Email1。因此单击【Send】按钮后会出现 Send Success 的提示。但是该提示并不代表邮件已经到达目标地址 lisi@xyz.org，而仅代表邮件从本地客户端到达本地 SMTP 服务器。接下来本地 Email 服务器 Email1 检测邮件的目标地址是 lisi@xyz.org，如果要把要邮件发到这个地址，那么该查找哪个域名对应的 IP 地址呢？是 smtp.xyz.org 还是 pop3.xyz.org？其实都不是，因为邮箱地址中并没有出现 smtp 和 pop3，其对应的域名只有 xyz.org。但是 DNS1 服务器和根 DNS 服务器中都没有该域名记录，因此找不到该域名。解决的方案是，在根 DNS 服务器中添加该域名，如图 8-53 所示。

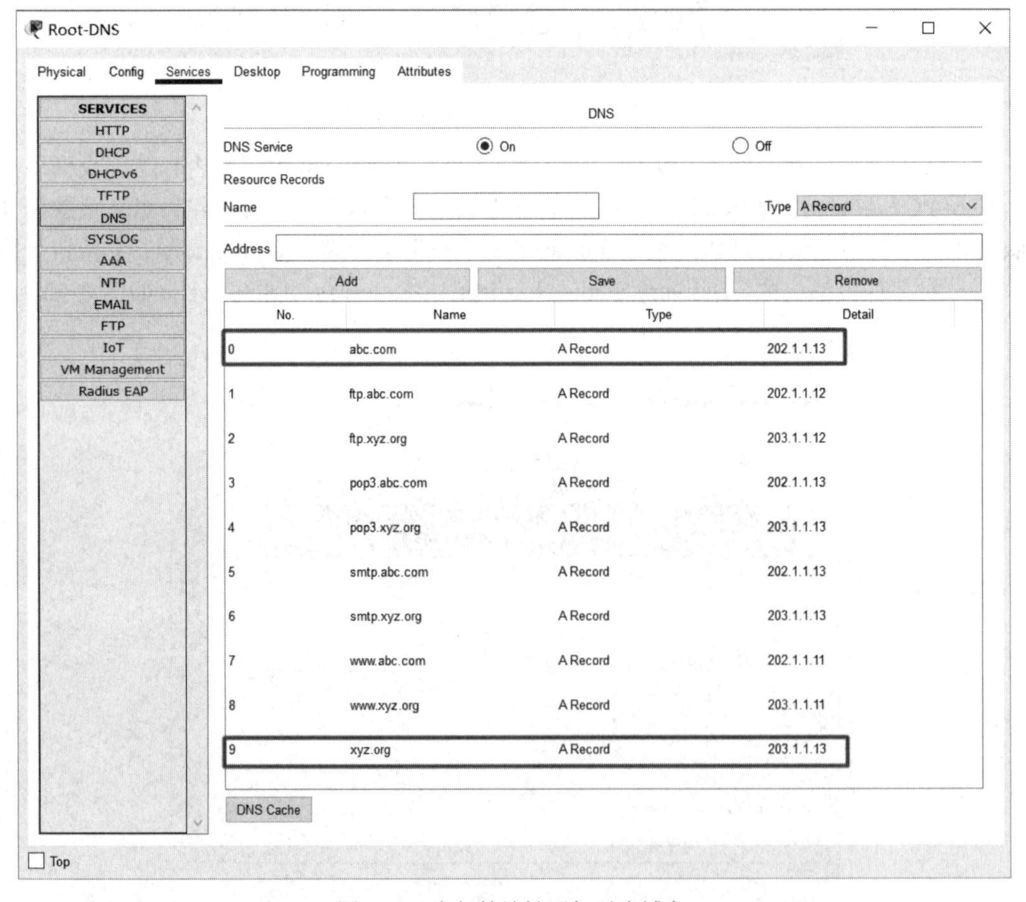

图 8-53　为邮箱地址添加对应域名

添加以上域名后，先重新在 PC1 中的 zhangsan 用户 Email 客户端单击【Send】按钮发送该邮件，再在 PC2 中的 lisi 用户 Email 客户端单击【Receive】按钮重新接收邮件，结果成功收到 zhangsan 用户发来的邮件，结果如图 8-54 所示。

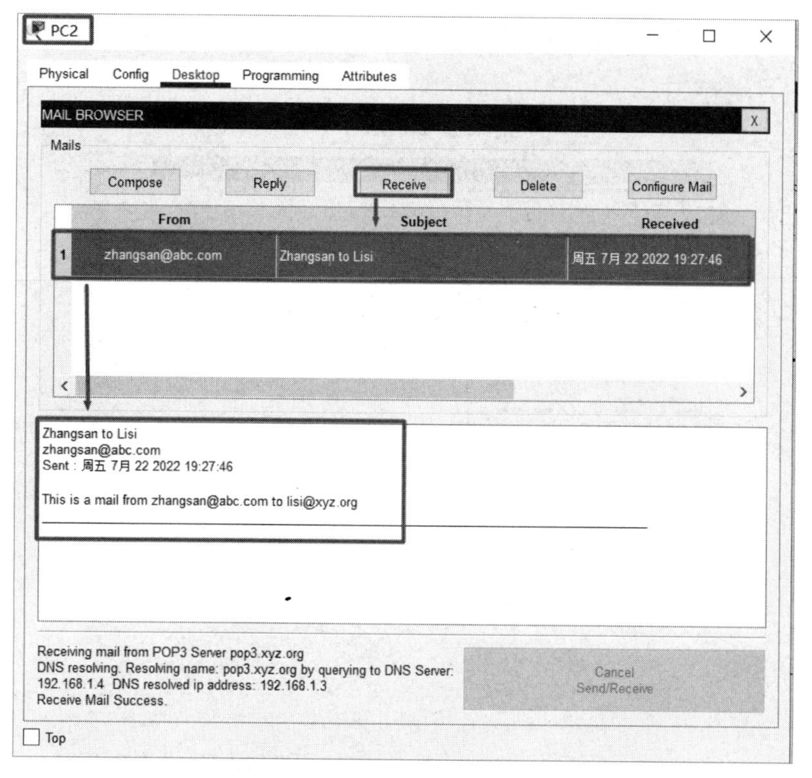

图 8-54　lisi 用户成功收到 zhangsan 用户发来的邮件

这样就实现了跨域名 Email 服务器的邮件发送和接收过程。同样，也可以在外网主机 PC3 上创建 Email 客户端，通过内网 Email 服务器向 PC1 和 PC2 发送邮件。例如，我们先为用户王五（英文用户名为 wangwu）在 Email1 服务器上创建一个地址为 wangwu@abc.com 的邮箱，如图 8-55 所示。

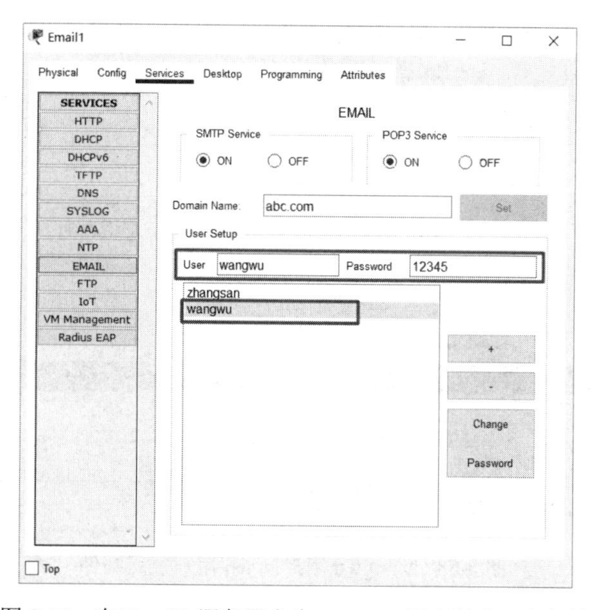

图 8-55　在 Email1 服务器上为 wangwu 用户创建一个邮箱

然后在外网主机PC3上为wangwu用户创建Email客户端，如图8-56所示。

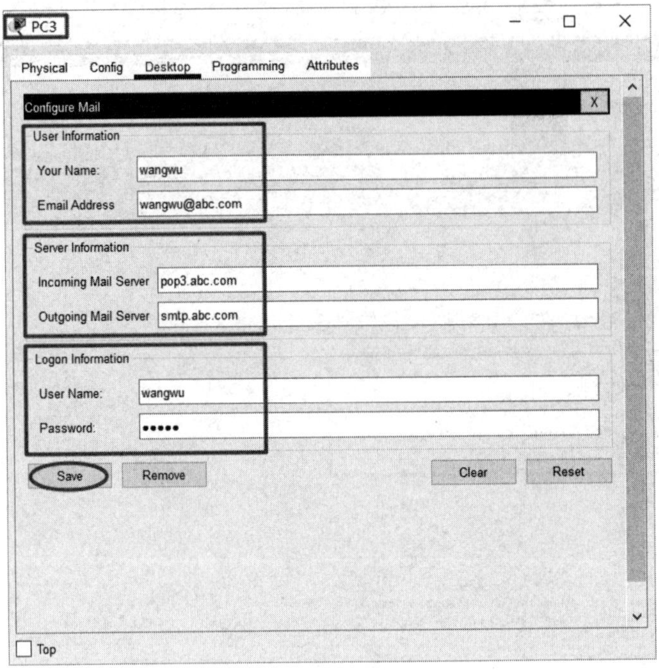

图8-56　在外网主机PC3上为wangwu用户创建Email客户端

下面测试从外网主机PC3分别向企业内网主机PC1和事业单位内网主机PC2发送邮件，如图8-57和图8-58所示。

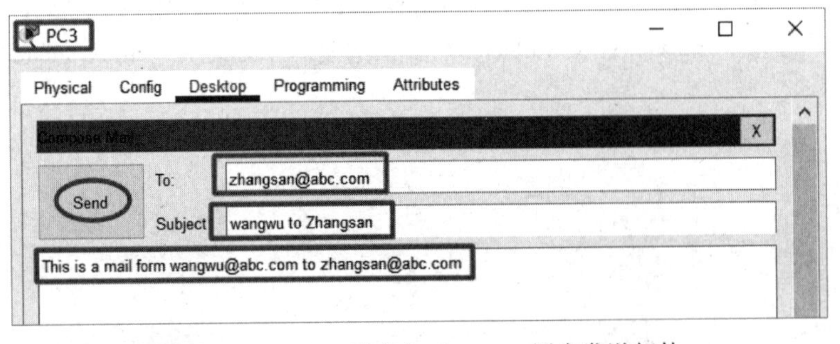

图8-57　wangwu用户向zhangsan用户发送邮件

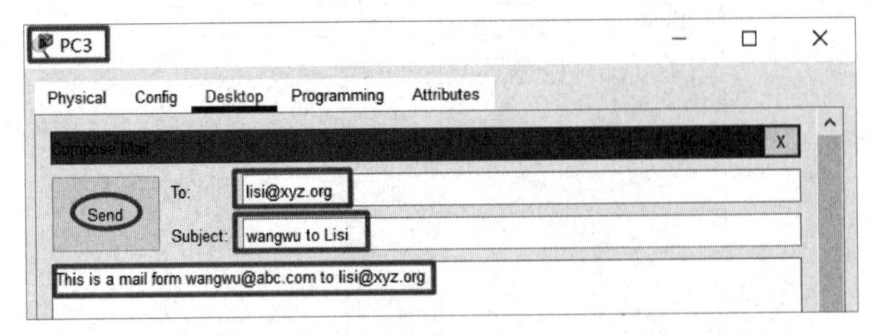

图8-58　wangwu用户向lisi用户发送邮件

下面在PC1和PC2上再次单击【Receive】按钮接收邮件，结果如图8-59和图8-60所示。

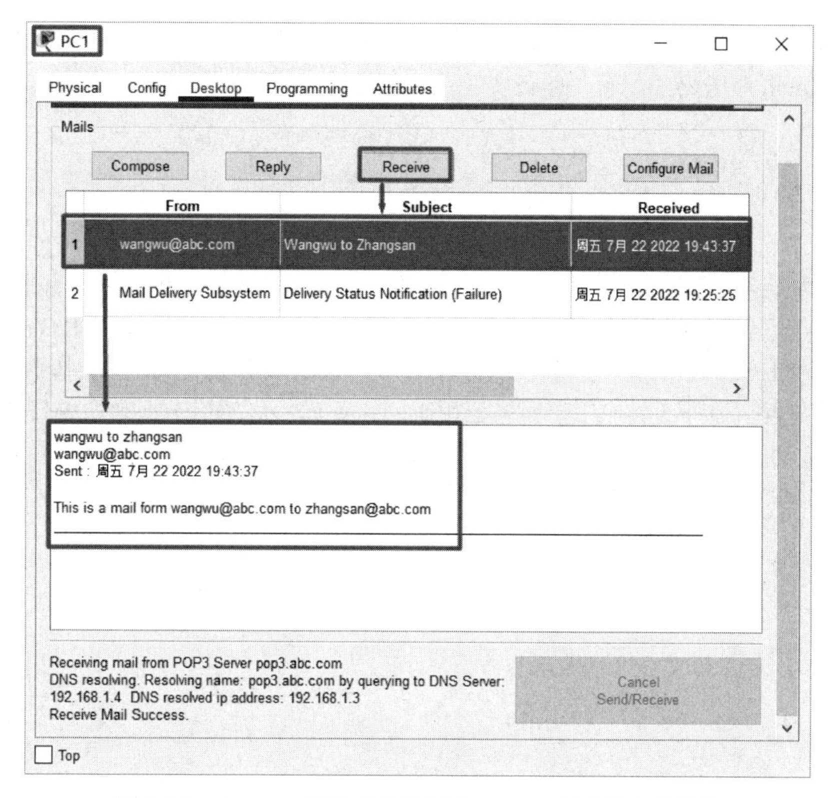

图 8-59　zhangsan 用户成功接收到 wangwu 用户发来的邮件

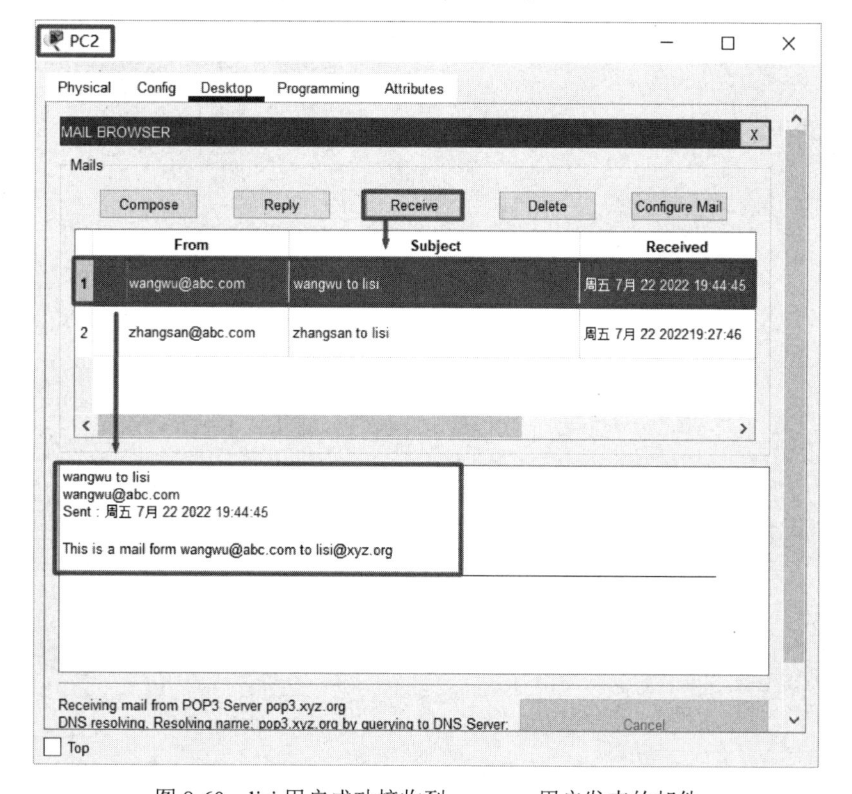

图 8-60　lisi 用户成功接收到 wangwu 用户发来的邮件

从图 8-60 中可以看到，PC1 和 PC2 成功接收到 wangwu 用户从外网主机 PC3 发来的邮件。至此，Email 服务器的配置与验证实验圆满结束。

8.5 本章小结

本章主要介绍了当前流行的应用层服务器的基本工作原理、配置方法，并通过一个统一的网络拓扑来验证这些服务器的功能。常见的应用层服务器包括基于 HTTP/HTTPS 的 Web 服务器、基于 FTP/TFTP 的文件服务器、基于 DNS 协议的域名服务器，以及基于 SMTP/POP3 的 Email 服务器。另外一类应用层服务器用于网络管理，包括用于记录系统日志的 SysLog 服务器、用于动态分配 IP 地址的 DHCP 服务器。相信学习完以上服务器配置和验证实验，读者应该可以在实际应用中灵活配置并应用相关服务器。